Pocket
Reference

Ruby on Rails 7

ポケットリファレンス

WINGSプロジェクト
山内 直——•著
山田祥寛——•監修

技術評論社

はじめに

Ruby on Rails 7のリファレンスをお待ちの皆様、お待たせしました！

本書は、2012年3月刊行の『Ruby on Rails 3ポケットリファレンス』（以降、既刊）をベースに、2021年12月リリースの最新版であるRuby on Rails 7に対応させた逆引きリファレンス形式の書籍です。

Ruby on Rails（以降、Rails）の最初のバージョンがリリースされたのは2005年12月のことです。そして既刊の対応するRails 3.1がリリースされたのは2011年8月です。この間でRailsは大きな変化を遂げて、最新のRails 7においても生き続ける基礎ができあがったと言えます。

その後、Rails 4からRails 6にかけて、さまざまなコンポーネントが組み込まれ、Railsの活用の幅は大きく拡がります。メール送信のAction Mailerに加えてメール受信のAction Mailbox、リッチコンテンツの編集と保存を可能にするAction Text、WebSocketを用いたリアルタイム通信アプリを実現するAction Cable、バックグラウンドジョブの実行のためのActive Jobなど、枚挙にいとまがありません。そして、Amazon S3などの外部ストレージのためのActive Storageによってクラウドとの統合も果たしています。これらについては、本書の7章で個別に取り上げました。

また、Rails 7の目玉とも言えるのがフロントエンド開発のための多彩な選択肢です。Rails 3.1から始まったこの流れは、Rails 5.1におけるwebpackのサポート開始を経て、Rails 7におけるImport Mapsのサポートへとつながっています。アセットパイプラインとバンドラーの選択肢も増えて、さらに5種類あるCSSフレームワークの導入も標準でサポートされるようになっています。こうなると、どれをどのように組み合わせて使えばよいのか？という新たな悩みも発生します。このフロントエンド開発については8章を新たに設けて、基本的な構成から個別の事例まで取り上げました。

本書は、このように進化を続けるRails 7について、よく利用するであろう機能を厳選しました。執筆にあたっては、あまたあるRailsの機能に、できるだけ目的からたどりつきやすいように心がけました。Railsを利用したアプリケーション開発にあたって、本書が座右の1冊となれば幸いです。

★ ★ ★

なお、本書に関するサポートサイトを以下のURLで公開しています。Q＆A掲示板はじめ、サンプルのダウンロードサービス、本書に関するFAQ情報、オンライン公開記事などの情報を掲載していますので、あわせてご利用ください。

`https://wings.msn.to/`

最後になりましたが、タイトなスケジュールの中で筆者の無理を調整いただいた技術評論社／トップスタジオの編集諸氏、内容の精査やアドバイスをいただいたWINGSプロジェクトの山田祥寛氏、山田奈美氏に心から感謝します。

2022年8月
WINGSプロジェクト
山内直

本書の使い方

動作検証環境について

本書内の記述／サンプルプログラムは、以下の環境で検証しています。

- Windows 10 Pro 20H2（64bit）／macOS Monterey
- Ruby 3.0.4-p1（Windows）／Ruby 3.1.0-p0（macOS）
- Ruby on Rails 7.0.2.3
- SQLite 3.19.2（Windows）／SQLite3 3.37.0（macOS）

サンプルプログラムについて

- 本書のサンプルプログラムは、WINGSプロジェクトが運営するサポートサイト「サーバサイド技術の学び舎 - WINGS」（https://wings.msn.to/）－[総合FAQ/訂正＆ダウンロード]からダウンロードできます。サンプルの動作をまず確認したい場合などにご利用ください。

- サンプルコード、その他、データファイルの文字コードはUTF-8です。テキストエディタなどで編集する場合には、文字コードを変更してしまうと、サンプルが正しく動作しない、日本語が文字化けする、などの原因ともなりますので注意してください。

- サンプルコードは、Windows環境での動作に最適化しています。紙面上の実行結果も一部を除きWindows環境でのものを掲載しています。結果は環境によって異なる可能性もあるので、注意してください。

- 3章で扱っているマイグレーションファイル／フィクスチャは、他のサンプルに影響を与えないよう、それぞれアプリケーションルート配下の/tmp/migrate、/tmp/fixturesフォルダに格納しています。これらの保存先は、標準のパスとは異なりますので、実際に利用する際には、標準の保存先(/db/migrate、/test/fixturesフォルダ)に移動するようにしてください。

本書の構成

① タイトル
目的別のタイトルです。自分のやりたいことから必要な機能を探すことができます。また、現在の項で紹介している命令を表します。

② 書式
構文は、以下の規則で掲載しています。[…]で囲んだ引数は、省略可能であることを表します。また、「引数 = 値」の形式で表記されている値は、引数のデフォルト値を表します。

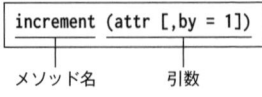

3 概要

1つの項で複数の命令を紹介している場合には、それぞれの違いがわかるように
キーワードを付記しています。また、JavaScriptの命令については **J** という
アイコンで示しています。

4 設定値や引数オプション

引数で利用できる設定値やオプションを表でまとめています。

5 解説

それぞれの命令に関する基本的な説明です。

6 サンプル

サンプルのソースコードを表します。紙面上は理解する上で最小限のコードを
抜粋して掲載していますので、コード全体を確認したい場合にはダウンロード
サンプルから対応するファイルを確認してください。紙面の都合で改行してい
る箇所は、⏎で表しています。

7 参考/注意

解説に加えて知っ
ておきたい、注意
点や追加情報を表
します。

8 参照

関連ページへの参
照を示します。関
連する機能と合わ
せて調べること
で、より深い理解
への手がかりとし
てください。

1 タイトル
2 書式
3 概要
4 設定値や
　引数オプション
5 解説
6 サンプル
7 参考/注意
8 参照

フィルタ

before_action / after_action メソッド

アクションの直前/直後に処理を実行する

2 コントローラ開発

書式　before_action method, … [,opts]　beforeフィルタ
　　　　 after_action method, … [,opts]　afterフィルタ

引数　method：フィルタとして適用するメソッド名
　　　　 opts：適用/除外オプション

▼ 適用/除外オプション(引数optsのキー)

オプション	概要
:only	指定されたアクションでのみフィルタを適用
:except	指定されたアクションを除いてフィルタを適用

　フィルタとは、アクションメソッドの直前/直後、または前後双方に付随的な処
理を実行するためのしくみです。フィルタを利用することで、アクションに付随す
る共通処理(たとえば、ロギングや認証/アクセス制御、圧縮といった機能)をアク
ション本体から切り離して、一元的に記述できるようになります。
　before_action / after_actionメソッドはそれぞれ、アクションの直前、直後に
呼び出すべきフィルタ(**before フィルタ**、**after フィルタ**)を宣言します。引数
methodにはフィルタとして実行するメソッドの名前を渡します。フィルタを宣言
する際に、最もよく利用する構文です。
　特定のアクションでのみフィルタを適用/除外したい場合には、:only / :except
オプションを指定してください。

サンプル ▶ appication_controller.rb

```
# すべてのリンクにencodingパラメータを追加
def default_url_options(options = {})
 { encoding: 'utf-8' }
end
```

参考 ▶ 上のサンプルでは、Application コントローラでdefault_url_optionsメソッドを定義
していますので、アプリケーションのすべてのリンク(ビューヘルパーを利用したもの)
にencodingパラメータが付与されます。特定のコントローラ配下のリンクに限定した
い場合には、該当のコントローラでdefault_url_optionsメソッドを定義してください。

参照 ▶ P.315「ルート定義をもとにURLを生成する」

目次

Chapter 1　Ruby on Rails の基本　　　　　　　　　　23

Chapter 2　コントローラ開発　　　　　　　　　　63

Chapter 3　モデル開発　　　　　　　　　　　　　　　　**137**

Chapter **4**　**ビュー開発**　　　　　　　　　　　　　　　　　　　　**269**

Chapter 5　ルーティング　　　　　　　　　　　367

Chapter 6　テスト　　　　　　　　　　　　　　　　　　　397

Chapter 7　コンポーネント　　　　　　　　　　　　　　　　　435

Chapter **8** フロントエンド開発 　　　　　　　　　　　　　　　**551**

Column 目次

Ruby on Railsの基本

Ruby on Rails とは？

Ruby on Rails（以降、Rails）は、Ruby言語で書かれた、Ruby環境で動作する Webアプリケーションフレームワーク（以降、フレームワーク）です。デンマーク の David Heinemeier Hansson（DHH）氏によって開発され、オープンソースで公 開されています。2005年12月にバージョン1.0がリリースされた後、細かなバー ジョンアップが繰り返され、本書執筆時点（2022年5月）の最新安定版は7.0.3です。

Railsの特徴としては、以下のような点が挙げられます。

> **参考** **Ruby**は、まつもとゆきひろ氏によって開発された国産のオブジェクト指向スクリプト 言語です。テキスト処理に優れると共に、オブジェクト指向構文も充実しているのが 特長です。

● Model － View － Controller パターンを採用

MVCパターン（Model － View － Controllerパターン）とは、アプリケーションを Model（ビジネスロジック）、View（インターフェイス）、Controller（Model と View の制御）という役割で明確に分離しよう、という設計モデルです。

▼ Model － View － Controller パターン

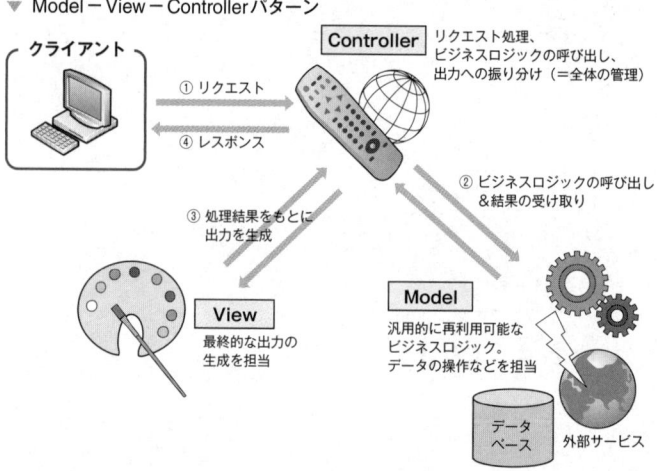

それぞれの構成要素が明確に切り離されていることから、以下のような利点があ ります。

- ロジック／デザインへの修正が互いに影響しにくい(=保守が容易)
- プログラマ／デザイナが並行作業を行いやすい
- 機能単位にテストを独立して実行できる(=テストを自動化しやすい)

● Railsはフルスタックのフレームワーク

フルスタックとは、アプリケーション開発のためのライブラリはもちろん、コード生成のためのツール、動作確認のためのサーバなどをひとまとめにした、「全部入り」のフレームワークということです。つまり、Railsをインストールするだけでアプリケーションの開発／実行に必要な環境はすべて揃います。ライブラリ同士の相性やバージョンの不整合を意識する必要も、基本的にありません。

また、RailsではModularity(モジュール志向)が強化されており、必要に応じて目的に合ったコンポーネントへの差し替えが簡単に行えるようになっています。

▼ Railsのライブラリ構造

```
Rails
├─ Action Pack … Action Controller ／ Action Dispatch ／ Action View の総称（MVC の VC）
│    ├─ Action Controller … Controller を担当。
│    │         リクエスト処理、状態管理、レスポンスの生成などを司る（第2章）
│    ├─ Action View … View を担当。テンプレートに基づいてレスポンスを生成。
│    │         開発に役立つヘルパーやレイアウト機能を提供。Ajax にも対応（第4章）
│    └─ Action Dispatch … リクエスト処理の委譲先を決定するルーティング機能を提供（第5章）
├─ Active Model … 命名規則／検証機能など、Model の基本的な規約を定義（第3章）
├─ Active Record … データベースへのアクセスを担当。O/R マッパー（第3章）
├─ Action Mailer … メールの送受信機能を提供（第7章の「Action Mailer」節）
├─ Action Mailbox … メールの受信機能を提供（第7章の「Action Mailbox」節）
├─ Action Text … リッチテキストの表示／編集機能を提供（第7章の「Action Text」節）
├─ Action Cable … リアルタイムの双方向通信機能を提供（第7章の「Action Cable」節）
├─ Active Storage … ストレージサービスへのデータストア機能を提供（第7章の「Active Storage」節）
├─ Active Job … ジョブの作成／実行機能を提供（第7章の「Active Job」節）
├─ Active Resource … Web サービス関連のフレームワーク（本書では割愛）
├─ Active Support … Ruby の拡張ライブラリ（本書では割愛）
└─ Railties … Rails の各種コンポーネントをつなぎ合わせる Rails のコア
```

● 最新技術に対応

Railsは、以下のような最新の技術トレンドに対応しています。主なものを紹介します。

[1]Import Maps

Import Mapsとは、JavaScriptモジュールをモジュール名だけでインポートできる仕組みです。従来、Node.jsなどを使って実現していた機能を、簡単なマッピング定義だけで行えるようになり、Node.jsが不要になるというメリットがあります。モバイル環境を含めたWebブラウザが、必要な言語仕様を満たしてHTTP/2も

サポートされるようになったことで、一気に利用が現実的になりました。importmap-railsライブラリで実装されています。

[2] WebSocket

WebSocketとは、HTTPを拡張したサーバとクライアント間のリアルタイムの相互通信を可能にする仕組みです。この仕組みにより、サーバは特定のクライアントだけにメッセージを届けることができ、クライアントはメッセージの到着をただちに知ることができるなどの即時性が生まれます。リアルタイムチャットのようなアプリケーションを簡単に開発できるAction Cableとして実装されています。

[3] クラウドストレージ

Amazon S3、Microsoft Azure、Google Cloud Storageなどの**クラウドストレージ**にActive Storageというライブラリで対応しています。従来、画像ファイルなどはデータベースに格納するか、ローカルのファイルシステムに収納するなどしていましたが、拡張性に難があったり、負荷分散などに対応しにくいという問題がありました。クラウドストレージと連携させることで、ファイルアクセスに関してはクラウドストレージの持つメリットを最大限に享受できます。

● アプリケーション開発の基本思想を提供

Railsの特徴を語る上で欠かせない基本哲学が以下です。

- DRY（Don't Repeat Yourself）＝同じ記述を繰り返さない
- CoC（Convention over Configuration）＝設定よりも規約

Railsは、ソースコードの中で同じような記述を繰り返すことを極度に嫌います。たとえば、Railsではデータベースのスキーマ情報をアプリケーションコードに記述する必要はありません。データベースにテーブルを作成するだけで、あとはRailsが自動的に認識してくれるためです。

このようなDRY原則を支えるのがCoC原則です。Convention（規約）とは、要は名前付けのルールのことです。たとえば、articlesテーブルを操作するにはArticleというクラスを利用します。両者が自動的に関連付けられるのは、article（単数形）とarticles（複数形）がRailsの規約によって結び付けられているためです。

Railsでは、これらDRY、CoC原則によって、開発者が最小限の労力で、しかも、保守しやすいアプリケーションを自然と開発できます。Railsとは、あるべきアプリケーション開発のレール（手順）を提供するフレームワークであるともいえます。

> **参考** Railsの基本哲学は、その後登場した多くのフレームワークにも強く影響を与えています。たとえば、JavaのSpring MVC、PythonのDjango、PHPのLaravel、ASP.NET MVCなど、環境を問わず、さまざまなフレームワークにRailsの影響が見て取れます。

Rails を利用するための環境設定

Railsでアプリケーションを開発／実行するには、以下の図のようなソフトウェアを準備しておく必要があります。

▼ Rails プログラミングに必要な環境

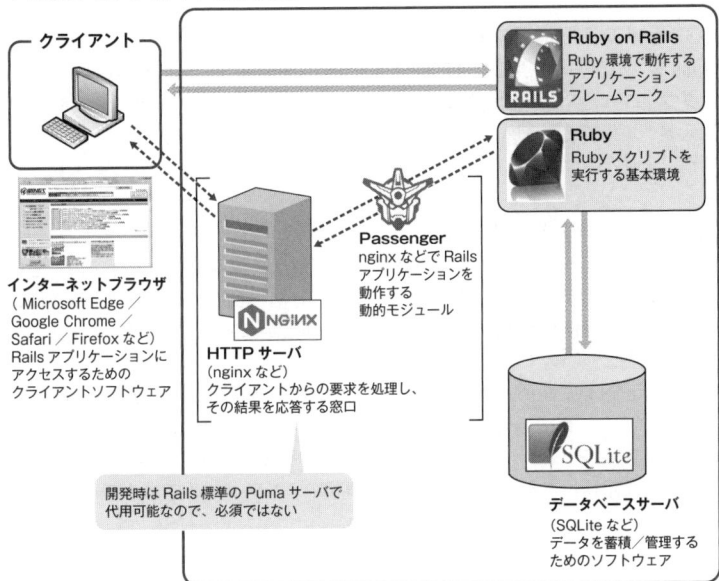

インターネットブラウザ
(Microsoft Edge ／
Google Chrome ／
Safari ／ Firefox など)
Rails アプリケーションに
アクセスするための
クライアントソフトウェア

HTTP サーバ
(nginx など)
クライアントからの要求を処理し、
その結果を応答する窓口

Ruby on Rails
Ruby 環境で動作する
アプリケーション
フレームワーク

Ruby
Ruby スクリプトを
実行する基本環境

Passenger
nginx などで Rails
アプリケーションを
動作する
動的モジュール

開発時は Rails 標準の Puma サーバで
代用可能なので、必須ではない

データベースサーバ
(SQLite など)
データを蓄積／管理する
ためのソフトウェア

注意 HTTP サーバは、開発用途であれば Rails(Ruby)標準で利用できる Puma で、まずは十分です。nginx + Passenger のインストールについては、付録を参照してください。

参考 Rails は、Oracle Database や MySQL(MariaDB)、PostgreSQL をはじめ、現存する主なデータベースに対応していますが、本書では Rails が標準で採用しており、最も手軽に導入できることから SQLite を前提に解説しています。

● Windowsにおける環境設定

　本書では、Windows 10 Pro 20H2（64bit）環境を前提に、環境設定の手順を紹介します。異なるバージョンやエディションでは、パスやメニューの名称、一部の手順が異なる場合もありますので、適宜読み替えるようにしてください。

　なお、ユーザアカウント制御（以降、UAC）が有効な場合、インストールや設定の途中でセキュリティの警告に関するダイアログが出ることがあります。その場合は、[はい]または[続行]を選択して、インストールや設定を進めてください。

[1]Gitをインストールする

　Railsアプリケーションの作成には、ソースコード管理ツールであるGitが必要です。ダウンロードページ（http://git-scm.com/download）からバイナリを入手して、インストールしてください。インストールオプションは、基本的にデフォルトのままで構いません。

[2]Rubyをインストールする

　Windows版Rubyバイナリにはさまざまなパッケージがありますが、中でも安定版をベースにライブラリなどを含めたRuby Installer for Windows（以降、RubyInstaller）が便利です。本書でも、RubyInstallerの利用を前提にインストール方法を解説していきます。

　RubyInstallerは、RubyInstallerのサイト（https://rubyinstaller.org/downloads/）からダウンロードできます。入手したrubyinstaller-devkit-3.0.4-1-x64.exe（DevKit付き）のアイコンをダブルクリックすると、インストールが開始されます。ウィザードが起動しますので、以下の図の要領でインストールを進めてください。

▼ RubyInstallerのウィザード画面

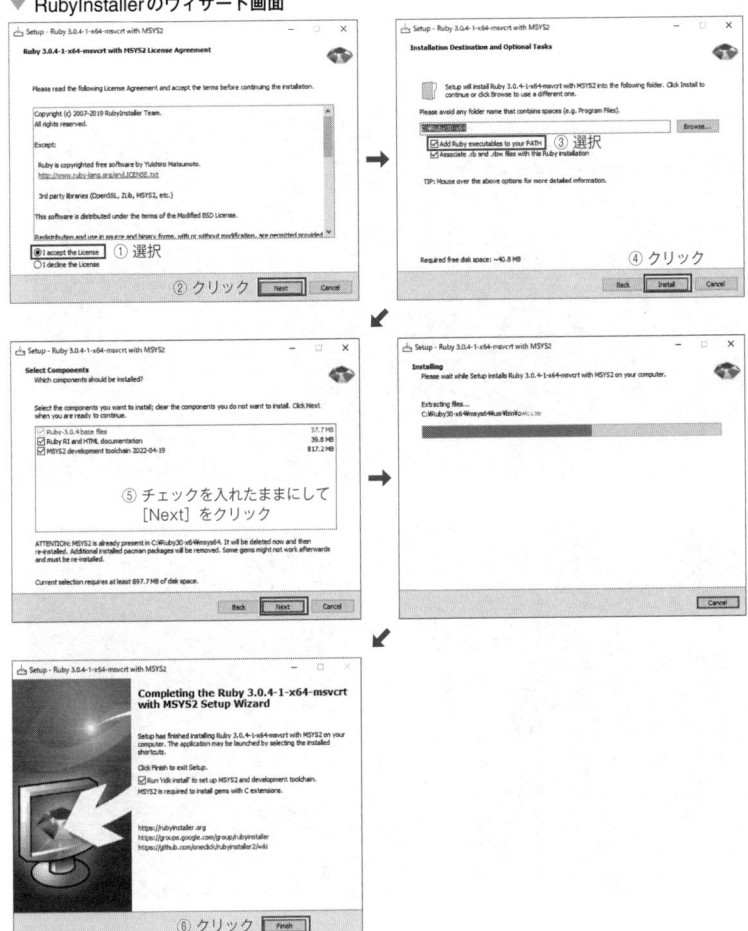

　[Installation Destination and Optional Tasks]ダイアログでは、インストール
オプションとして最低限、[Add Ruby executables to your PATH]（Rubyの実行
バイナリを環境変数PATHに追加）を選択したままにしておいてください。さもな
いと、以降の手順でコマンドの実行に絶対パスを要求されることになりますので、
要注意です。
　インストールが完了すると、完了画面が表示されますので、[Finish]ボタンをク
リックしてウィザードを終了してください。なお、[Run 'ridk install' to set up
MSYS2 and development toolchain.]にはチェックを入れておきます。このあと、
DevKitのセットアップに進みますが、基本的にプロンプトに対して Enter キーで先

に進みます。コマンドプロンプトが閉じたら終了です。

▼ DevKitのセットアップ

Rubyが正しくインストールされたことを確認するには、コマンドプロンプトから以下のコマンドを実行します。バージョン情報が表示されれば、Rubyは正しくインストールできています。

```
> ruby -v
ruby 3.0.4p208 (2022-04-12 revision 3fa771dded) [x64-mingw32]
```

[3]Ruby on Rails をインストールする

Railsのインストールは、gemコマンドから行います。-vオプションでバージョンを指定してインストールできます。

```
> gem install rails -v 7.0.2.3                              |インストール
…中略…
Successfully installed railties-7.0.2.3
…中略…
Successfully installed rails-7.0.2.3
…中略…
35 gems installed

> rails -v                                               |バージョンの確認
Rails 7.0.2.3
```

パッケージのダウンロードなどにやや時間がかかりますが、以上のように、rails -vコマンドでバージョンを表示できれば、インストールには成功しています。

●macOSにおける環境設定

本書では、macOS 12 Monterey環境を前提に、環境設定の手順を紹介します。異なるバージョンでは、手順やパスが異なる場合もありますので、適宜読み替えるようにしてください。

[1]Homebrewをインストールする

Rubyのインストールには、macOSで広く使われているパッケージマネージャであるHomebrewの利用を推奨します。もし、Homebrewがインストールされていない場合には、まずはこれをインストールしておきます。インストールされているかを調べるには、以下のコマンドをターミナルで実行します。このように、バージョンが表記されればインストールされています。

```
% brew -v
Homebrew 3.4.11
Homebrew/homebrew-core (git revision e0903d22558; last commit 2022-05-27)
```

インストールされていない場合には、Homebrewをインストールしておきます。下記にアクセスして表示されるシェルスクリプトを実行すると、それだけでHomebrewがインストールされます。

▼ macOS（またはLinux）用パッケージマネージャー - Homebrew
　https://brew.sh/index_ja

Homebrewは、以下のRubyのインストールのほか、付録でnginxやPassengerをインストールする際にも使用します。

[2]Rubyをインストールする

Homebrewが準備できたら、Rubyをインストールします。本書では、複数バージョンのRubyをインストールでき、使用するバージョンを選択できるrbenvをインストールします。

```
% brew install rbenv
```

rbenvがインストールできたら、rbenvでインストール可能なバージョンを確認し、バージョン3.1.0がリストにあることを確認してインストールを行います。インストールできたら、使用するバージョンを3.1.0に設定します。

```
% rbenv install -l ─────────────────────── インストールできるバージョンの確認
2.6.9
2.7.5
3.0.3
3.1.0
…略…
% rbenv install 3.1.0 ─────────────────────── バージョン3.1.0をインストール
…略…
Installing ruby-3.1.0...
ruby-build: using readline from homebrew
Installed ruby-3.1.0 to /Users/nao/.rbenv/versions/3.1.0
…略…
% rbenv global 3.1.0 ─────────────────────── バージョン3.1.0をアクティブにする
```

ここで、シェル(zsh)に対してログイン時の設定を追加します。~/.zshrcファイルに下記の内容を追加します。ファイルがなければ新規に作成してください。

```
export PATH="$HOME/.rbenv/bin:$PATH"
eval "$(rbenv init - zsh)"
```

ここで、sourceコマンドで~/.zshrcファイルを読み込むか、あるいはターミナルを開き直して、PATHの設定などを反映させます。ここで、Rubyのコマンドの場所とバージョンを確認しておきます。

```
% which ruby
/Users/nao/.rbenv/shims/ruby
% ruby -v
ruby 3.1.0p0 (2021-12-25 revision fb4df44d16) [x86_64-darwin21]
```

ここで、Rubyのライブラリ管理を行うgemコマンドなども同様に使えることを確認しておくとよいでしょう。

[3] Ruby on Rails をインストールする

Railsのインストールは、gemコマンドから行います。-vオプションでバージョンを指定してインストールできます。

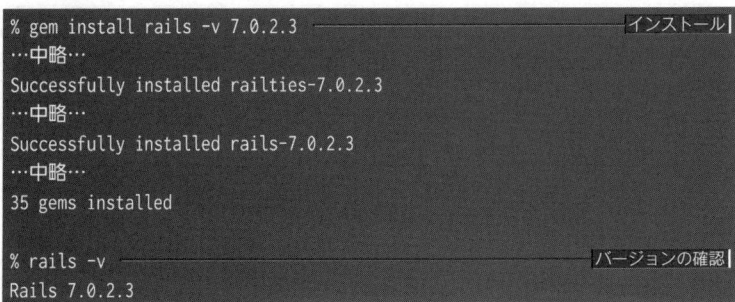

```
% gem install rails -v 7.0.2.3 ──────────────────────インストール
…中略…
Successfully installed railties-7.0.2.3
…中略…
Successfully installed rails-7.0.2.3
…中略…
35 gems installed

% rails -v ─────────────────────────────バージョンの確認
Rails 7.0.2.3
```

パッケージのダウンロードなどにやや時間がかかりますが、以上のように、rails -vコマンドでバージョンを表示できれば、インストールには成功しています。

● Windows/macOS共通の環境設定（サンプルの配置）

本書で使用するサンプルコードは、著者サポートサイト「サーバサイド技術の学び舎 - WINGS」の以下の書籍ページから、［ダウンロード］リンクをクリックしてダウンロードできます。

```
https://wings.msn.to/index.php/-/A-03/978-4-297-13062-6/
```

ダウンロードしたZipファイルを解凍すると、いくつかのZipファイルが現れます。これらの対応は以下の通りです。

▼ サンプルの Zip ファイルと本文の対応

ファイル	本文の場所
railsample.zip	下記以外（1章〜7章、8章の一部）
esbuild_sample.zip	8章「JavaScript バンドル」節、esbuild のサンプル
rollup_sample.zip	8章「JavaScript バンドル」節、rollup のサンプル
webpack_sample.zip	8章「JavaScript バンドル」節、Webpack のサンプル
tailwind_sample.zip	8章「CSS プロセッサ」節、Tailwind CSS のサンプル
bootstrap_sample.zip	8章「CSS プロセッサ」節、Bootstrap のサンプル
bulma_sample.zip	8章「CSS プロセッサ」節、Bulma のサンプル
postcss_sample.zip	8章「CSS プロセッサ」節、PostCSS のサンプル
dartsass_sample.zip	8章「CSS プロセッサ」節、Dart Sass のサンプル
hotwire_sample.zip	8章「Hotwire」節

　これらのファイルを解凍すると、「railsample」のようなフォルダができるので、これを適当なフォルダ（たとえば「Documents¥Rails」）配下にコピーした上で、以下のコマンドをすべてのフォルダで実行してください。

```
> cd Documents¥Rails¥railsample
> bundle install
```

　railsample.zip、tailwind_sample.zip、hotwire_sample.zip 以外のサンプルでは、さらに以下のコマンドも実行してください。

```
> yarn install
```

　これで、開発サーバ経由ですべてのサンプルにアクセスできるようになります。サンプルには、以下の URL でアクセスできます。

```
http://localhost:3000/コントローラ名/アクション名
```

注意 ▶ サンプルを配置した場所のパスが日本語を含む場合、開発サーバは正常に起動しません。パスに日本語を含まない場所に配置してください。

● サンプルデータベースの構造

　railsample サンプルには、以下のようなデータベース（テーブル）がデフォルトで用意されています（リレーションシップについては、P.215 も参照してください）。このうち、articles テーブルについては tailwind_sample、bootstrap_sample、bulma_sample、postcss_sample、dartsass_sample、hotwire_sample でも用意されています。

▼ articles（記事）テーブルのフィールドレイアウト

フィールド名	データ型	概要
url	string	記事のURL
title	string	記事タイトル
category	string	分類
published	date	公開日
access	integer	累計アクセス数
comments_count	integer	コメントの件数（デフォルト値は0）
closed	boolean	非公開サイン

▼ comments（記事コメント）テーブルのフィールドレイアウト

フィールド名	データ型	概要
article_id	integer	外部キー（articles）
user_id	integer	外部キー（users）
body	text	コメント本文

▼ users（ユーザ）テーブルのフィールドレイアウト

フィールド名	データ型	概要
name	string	ユーザID
password	string	パスワード
kname	string	ユーザ名（漢字）
email	string	メールアドレス
roles	string	属するロール（カンマ区切り）
lock_version	integer	ロック管理バージョン（デフォルト値は0）

▼ authors（著者）テーブルのフィールドレイアウト

フィールド名	データ型	概要
user_id	integer	外部キー（users）
penname	string	ペンネーム
birth	date	誕生日

▼ articles_authors（記事／著者関連付け）テーブルのフィールドレイアウト

フィールド名	データ型	概要
article_id	integer	外部キー（articles）
author_id	integer	外部キー（authors）

▼ photos(画像)テーブルのフィールドレイアウト

フィールド名	データ型	概要
photoable_type	string	関連先のモデル名(Article、Author)
photoable_id	integer	外部キー
ctype	string	コンテンツタイプ
data	binary	画像データ

▼ prizes(受賞)テーブルのフィールドレイアウト

フィールド名	データ型	概要
author_num	integer	外部キー(author)
awarded	integer	受賞した年
pname	string	受賞した賞の名前

▼ diaries(日記)テーブルのフィールドレイアウト

フィールド名	データ型	概要
date	date	日記を作成した日

▼ memos(メモ)テーブルのフィールドレイアウト

フィールド名	データ型	概要
title	text	メモのタイトル
date	date	メモを作成した日

▼ albums(アルバム)テーブルのフィールドレイアウト

フィールド名	データ型	概要
title	text	アルバムのタイトル
date	date	アルバムを作成した日

注意 以上のフィールドレイアウトではRailsの予約フィールドであるid(主キー列)、created_at(作成日時)、updated_at(更新日時)は略記しています。ただし、articles_authorsテーブルだけはid／created_at／updated_at列はありません。

rails new コマンド

Rails アプリケーションを 新規作成する

書式 `rails [_version_] new  appName [opts]`

引数 version：バージョン番号（デフォルトは最新）
appName：アプリケーション名　opts：動作オプション

▼ 動作オプション（引数 opts）

分類	オプション	概要
基本	--skip-namespace	名前空間をスキップ
	--skip-collision-check	競合のチェックをスキップ
	-r、--ruby=PATH	Ruby バイナリのパス（デフォルトは環境による。Windows なら例えば C:¥Ruby30-x64¥bin¥ruby.exe）
	-d、--database=DATABASE	デフォルトで設定するデータベース（mysql、oracle、postgresql、sqlite3、frontbase、ibm_db、jdbc などから選択。デフォルトは sqlite3）
	-m、--template=TEMPLATE	アプリケーションテンプレートのパス／URL
動作	--skip-keeps	.keep を組み込まない
	-M, --skip-action-mailer	Action Mailer を組み込まない
	--skip-action-mailbox	Action Mailbox を組み込まない
	--skip-action-text	Action Text を組み込まない
	--skip-active-job	Active Job を組み込まない
	--skip-active-storage	Active Storage を組み込まない
	-C, --skip-action-cable	Action Cable を組み込まない
	-A, --skip-asset-pipeline	アセットパイプラインを組み込まない
	-a, --asset-pipeline=ASSET_PIPELINE	アセットパイプラインを指定する（sprockets または propshaft、デフォルトは sprockets）
	--skip-hotwire	Hotwire を組み込まない
	--skip-jbuilder	jbuilder を組み込まない
	--skip-gemfile	Gemfile を作成しない
	-O, --skip-active-record	Active Record を組み込まない
	-T, --skip-test-unit	Test::Unit を組み込まない
	--skip-system-test	システムテストを組み込まない
	--skip-bootsnap	bootsnap を組み込まない
	-G, --skip-git	.gitignore を作成しない
	--dev	チェックアウトした自分のブランチを使ってアプリケーションを構成する
	--edge	最新のブランチを使ってアプリケーションを構成する
	--master, --main	main ブランチの Gemfile を使ってアプリケーションを構成する

分類	オプション	概要
動作	--rc=RC	railsコマンドへの追加オプションを記述したファイルを指定する
	--no-rc	.railsrcファイルからオプションを読み込まない
	--api	RailsアプリケーションをAPIモードで構築する
	--minimal	Railsアプリケーションを最小限の構成とする
	-j、--javascript=JAVASCRIPT	JavaScriptアプローチを選択(importmap、esbuild、rollup、webpack)
	-J、--skip-javascript	JavaScriptライブラリを組み込まない
	-c、--css=CSS	CSS処理系を選択(tailwind、bootstrap、bulma、postcss、sass)
	-B、--skip-bundle	bundle installを実行しない
ランタイム	-f、--force	ファイルが存在する場合に上書きする
	-p、--pretend	コマンドは実行されるが変更は行わない
	-q、--quiet	進捗状況を表示しない
	-s、--skip	既に存在するファイルについてはスキップ
その他	-v、--version	Railsのバージョンを表示
	-h、--help	ヘルプを表示

　Railsアプリケーションの土台を作成するには、アプリケーションを作成したいフォルダに移動した上で、rails newコマンドを実行します(P.12でも説明したように、パスには日本語を含んではいけません)。デフォルトでは最新のバージョンをもとに作成しますが、引数versionを指定することで以前のバージョンのRailsアプリケーションを作成することもできます。バージョン番号の前後には、「_7.0.2_」のようにアンダースコア(_)を付与してください。

　以下では、オプションを特に指定しないデフォルト構成でrailsampleアプリケーションを作成する例と、自動生成されたアプリケーションのフォルダ構造を示しています。自動生成されるフォルダ／ファイルはたくさんありますが、この中でもよく利用することになるのが/appフォルダです。アプリケーションの動作に関わるコードの大部分は、このフォルダの配下に保存します。

サンプル 新しいrailsampleアプリケーションの作成

```
> cd Documents¥Rails                          アプリケーションを作成するフォルダに移動
> rails new railsample                         railsampleアプリケーションを作成
     create
     create  README.md
     create  Rakefile
…中略…
     create  .gitignore
     create  .gitattributes
     create  Gemfile
        run  git init from "."                 自動的にGitリポジトリの初期化が実行される
```

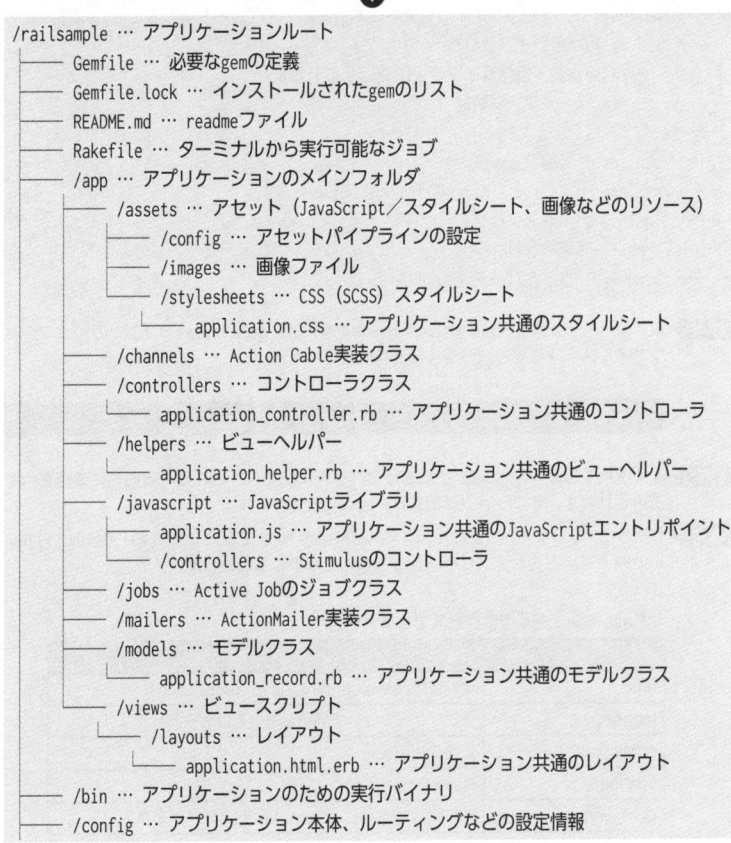

```
Initialized empty Git repository in C:/Users/nao/Documents/Rails/railsample/.git/
      remove  config/initializers/cors.rb
      remove  config/initializers/new_framework_defaults_7_0.rb
         run  bundle install ─────────────── 自動的にbundle installが実行される
Fetching gem metadata from https://rubygems.org/..........
…中略…
Using webdrivers 5.0.0
Bundle complete! 15 Gemfile dependencies, 70 gems now installed.
Use `bundle info [gemname]` to see where a bundled gem is installed.
         run  bundle binstubs bundler
       rails  importmap:install ──────────── 必要なライブラリのインストールが実行される
Add Importmap include tags in application layout
      insert  app/views/layouts/application.html.erb
…後略…
```

```
/railsample … アプリケーションルート
├── Gemfile … 必要なgemの定義
├── Gemfile.lock … インストールされたgemのリスト
├── README.md … readmeファイル
├── Rakefile … ターミナルから実行可能なジョブ
├── /app … アプリケーションのメインフォルダ
│       ├── /assets … アセット（JavaScript／スタイルシート、画像などのリソース）
│       │     ├── /config … アセットパイプラインの設定
│       │     ├── /images … 画像ファイル
│       │     └── /stylesheets … CSS（SCSS）スタイルシート
│       │            └── application.css … アプリケーション共通のスタイルシート
│       ├── /channels … Action Cable実装クラス
│       ├── /controllers … コントローラクラス
│       │     └── application_controller.rb … アプリケーション共通のコントローラ
│       ├── /helpers … ビューヘルパー
│       │     └── application_helper.rb … アプリケーション共通のビューヘルパー
│       ├── /javascript … JavaScriptライブラリ
│       │     ├── application.js … アプリケーション共通のJavaScriptエントリポイント
│       │     └── /controllers … Stimulusのコントローラ
│       ├── /jobs … Active Jobのジョブクラス
│       ├── /mailers … ActionMailer実装クラス
│       ├── /models … モデルクラス
│       │     └── application_record.rb … アプリケーション共通のモデルクラス
│       └── /views … ビュースクリプト
│             └── /layouts … レイアウト
│                   └── application.html.erb … アプリケーション共通のレイアウト
├── /bin … アプリケーションのための実行バイナリ
├── /config … アプリケーション本体、ルーティングなどの設定情報
```

```
        ├── application.rb … アプリケーション共通の設定情報
        ├── boot.rb … アプリケーション起動時の設定情報
        ├── cable.yml … Action Cableの設定情報
        ├── credentials.yml.enc … Active Storageの証明書情報
        ├── database.yml … データベース設定情報
        ├── environment.rb … アプリケーションの起動スクリプト
        ├── environments … 環境単位の設定ファイル
        ├── importmap.rb … Import Mapsの設定ファイル
        ├── /initializers … 初期化ファイル
        ├── /locales … 辞書ファイル
        ├── master.key … 作成されたキー情報
        ├── puma.rb … サーバ起動時の設定情報
        ├── routes.rb … ルーティングの設定情報
        └── storage.yml … Active Storageのデータベース設定情報
├── config.ru … アプリケーションのエントリポイント
├── /db … データベースファイルやスキーマ情報、マイグレーションファイルなど
├── /lib … 自作のライブラリなど
│   ├── /assets … 自作ライブラリに関連するアセット
│   └── /tasks … タスク関連
├── /log … ログの出力先
├── /public … 公開フォルダ
├── /storage … Active Storageのディスクストレージ
├── /test … テストスクリプトなど
├── /tmp … 一時ファイル
└── /vendor … サードパーティのファイル
```

参考 ▶ 以前のバージョンの Rails をインストールするには、gem install コマンドの -v オプションでインストールするバージョンを指定してください。

```
> gem install rails -v 7.0.1
```

参考 ▶ よく使用するオプションを ~/.railsrc ファイルに記述しておくと、自動的に参照されて使用されます。オプションは複数行に分けて記述できます。

参考 ▶ 作成したアプリケーションのルートパスは「Rails.root」で取得できます。その他、Rails.〜で取得できる主なアプリケーション情報を以下にまとめます。

▼Railsモジュールでアクセスできる情報

メソッド名	概要
env	環境情報（development、test、production）
logger	アプリケーションで利用しているロガー
public_path	公開フォルダ
version	Railsのバージョン
gem_version	Railsのバージョン（Gem::Versionオブジェクト）

gemメソッド

必要な gem ファイルを管理する

書式 `gem lib [,version] [,opts]`

引数 lib：ライブラリ名　version：バージョン番号
opts：動作オプション

▼ 動作オプション（引数optsのキー）

オプション	概要
:group, :groups	gemファイルを利用する環境（:development、:test、:productionなど）
:git	GitHubなどのgitレポジトリ
:github	Githubを使う場合の設定情報（ユーザ名/リポジトリ名）
:branch	対象となるブランチ
:submodules	リポジトリに含まれるサブモジュール拡張を行うか（trueで行う）
:require	requireすべきgem（ライブラリ名とrequireする名前が異なる場合）
:platforms	gemを利用するプラットフォーム（:ruby_31、:jruby、:mingwなど）
:path	ファイルシステム上のGemライブラリを指定する
:source	RubyGems以外のリポジトリを指定する

Railsでは、**Bundler**というRubyGems管理ツールを利用して、gemファイル
の依存関係を管理しています。Bundlerでは、まず**Gemfile**というファイルで必要
なgemファイルを定義します。Gemfileは、アプリケーションを作成したタイミ
ングでアプリケーションルートの直下に自動生成されます。

Gemfileで、利用するgemを定義するのがgemメソッドの役割です。引数には
最低限、ライブラリ名libを指定します。

もしも特定のバージョンに依存するようであれば、バージョン番号versionを指
定してください。versionは、以下のような形式で指定できます。

▼ バージョンの制限（引数versionの指定）

指定例	概要
3.1.1	特定のバージョンで固定
>= 1.0.3	特定のバージョン以上のものが必要
~> 3.1	3.2、3.3は良くても、4.xは不可

以下は、アプリケーション作成後にデフォルトで生成されているGemfileの例
です。

サンプル ● Gemfile

```
source "https://rubygems.org"
git_source(:github) { |repo| "https://github.com/#{repo}.git" }


ruby "3.0.4"


gem "rails", "~> 7.0.2", ">= 7.0.2.3"
gem "sprockets-rails"
gem "sqlite3", "~> 1.4"
gem "puma", "~> 5.0"
gem "importmap-rails"
gem "jbuilder"
gem "tzinfo-data", platforms: %i[ mingw mswin x64_mingw jruby ]
gem "bootsnap", require: false


group :development, :test do
  gem "debug", platforms: %i[ mri mingw x64_mingw ]
end


group :development do
  gem "web-console"
end


group :test do
  gem "capybara"
  gem "selenium-webdriver"
  gem "webdrivers"
end
```

注意 最新開発版のRails(edge Rails)を利用するには、以下のようにgemを指定してください。ただし、開発版はさまざまな不具合を含んでいる可能性もありますので、「最新の機能をいち早く検証したい」というケースでのみ利用してください。

```
gem "rails", github: "rails/rails", branch: "main"
```

参考 :groupオプションは、上のサンプルのようにgroupブロックで表すこともできます。複数のgemを特定のグループ(環境)で宣言したい場合には、ブロック構文の方が便利です。

bundle install コマンド

必要な gem をインストールする

書式 `bundle install [--path dest]`

引数 dest：gemファイルの保存先

Gemfile（P.41）で定義されたgemをインストールするには、bundle installコマンドを利用します。bundle installコマンドを実行すると、gemのインストールと共に、Gemfile.lockというファイルが生成されます。これは、gemのインストール済みバージョンを管理するためのファイルです（アプリケーション側でも、このGemfile.lockでgemのバージョンを決定しています）。

もしもgem本体をアプリケーションの配下で管理したい場合には、--pathオプションで「--path vendor/bundle」のように指定してください。

サンプル● gemのインストール

```
> bundle install
Fetching gem metadata from https://rubygems.org/..........
Resolving dependencies...
Using rake 13.0.6
Using racc 1.6.0
Using concurrent-ruby 1.1.10
Using minitest 5.15.0
Using builder 3.2.4
Using digest 3.1.0
Using erubi 1.10.0
Using crass 1.0.6
Using rack 2.2.3
…中略…
Bundle complete! 13 Gemfile dependencies, 68 gems now installed.
Use `bundle info [gemname]` to see where a bundled gem is installed.
```

参考▶ インストール済みのgemを最新バージョンに更新したい場合にはbundle updateコマンドを利用してください。また、バンドルされたgemを確認するには、bundle showコマンドを利用します。

HTTP サーバを起動する

| 書式 | `rails server [-u name] [opts]` |

引数　name：起動するHTTPサーバ（mongrelやthin、WEBrickなどPuma以外
　　　　　　　を起動する場合）
　　　　opts：動作オプション

▼ 動作オプション（引数opts）

オプション	概要
-p、--port=port	使用するポート番号（デフォルトは3000）
-b、--binding=ip	バインドするIPアドレス（デフォルトは0.0.0.0）
-d、--daemon	デーモンとしてサーバを起動
-e、--environment=name	指定の環境でサーバを起動(test、development、production。デフォルトはdevelopment)
-P、--pid=pid	PIDファイル（デフォルトは/tmp/pids/server.pid）
-c、--config=file	設定ファイルを指定（デフォルトはconfig.ru）
-u、--using=name	HTTPサーバを指定(thin、puma、webrick)
-C、--dev-caching	development環境でキャッシュを有効にする
--early-hints	HTTP/2のEarly Hintsを有効にする
--log-to-stdout	ログを標準出力に書き出す（デーモンで起動していないときのdevelopment環境のデフォルト）
-h、--help	ヘルプを表示

　Rails（Ruby）ではPumaというHTTPサーバを標準で提供していますので、開発
したアプリケーションを特別な設定なく、すぐさまに起動できます。Pumaを起動
するには、カレントフォルダをアプリケーションルートに移動した上で、rails server
コマンドを実行するだけです。HTTPサーバが起動したら、あとはブラウザで「http://
localhost:3000/」にアクセスします。

　オプション-u nameを指定することで、Puma以外のサーバを利用することもで
きます。また、development以外の環境（P.136）でサーバを起動したい場合、-eオ
プションで環境を明示的に指定します。ポート番号3000が他のサービスと競合す
る場合は、-pオプションでポート番号を明示的に指定することもできます。

サンプル Pumaサーバの起動

```
> rails server
=> Booting Puma
=> Rails 7.0.2.3 application starting in development
=> Run `bin/rails server --help` for more startup options
*** SIGUSR2 not implemented, signal based restart unavailable!
*** SIGUSR1 not implemented, signal based restart unavailable!
*** SIGHUP not implemented, signal based logs reopening unavailable!
Puma starting in single mode...
* Puma version: 5.6.4 (ruby 3.1.0-p0) ("Birdie's Version")
*  Min threads: 5
*  Max threads: 5
*  Environment: development
*          PID: 10868
* Listening on http://[::1]:3000
* Listening on http://127.0.0.1:3000
Use Ctrl-C to stop
Started GET "/" for ::1 at 2022-05-27 21:47:49 +0900 ───── アクセスログを表示
Processing by Rails::WelcomeController#index as HTML
  Rendering C:/Ruby31-x64/lib/ruby/gems/3.1.0/gems/railties-7.0.2.3/lib/ ⏎
rails/templates/rails/welcome/index.html.erb
  Rendered C:/Ruby31-x64/lib/ruby/gems/3.1.0/gems/railties-7.0.2.3/ ⏎
lib/rails/templates/rails/welcome/index.html.erb (Duration: 1.1ms |
Allocations: 306)
Completed 200 OK in 6ms (Views: 2.9ms | ActiveRecord: 0.0ms | ⏎
Allocations: 980)

Started GET "/assets/rails.png" for 127.0.0.1 at 2011-12-01 17:18:53 +0900
Served asset /rails.png - 200 OK (0ms) ───────── アクセスログを表示
```

▼

▼ デフォルトで用意されたアプリケーションのトップページ

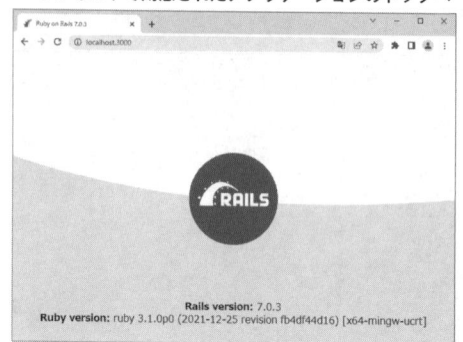

注意 Pumaはあくまで開発用途のシンプルなHTTPサーバです。本番環境には、nginx＋Passengerのような専用の環境を準備すべきです。Herokuのようなクラウド環境も利用できます。

参考 Pumaのコンソールには、アクセスログをはじめ、Active Record（P.138）によって実行されたSQL命令や、Action Mailer（P.436）によって送信されたメールの内容も出力されます。これらの情報を利用することで、開発をよりスムーズに進められるでしょう。

▼ Active Recordが内部的に発行したSQL命令

```
PowerShell 7 (x64)
Started GET "/articles" for ::1 at 2022-08-12 10:01:01 +0900
Processing by ArticlesController#index as HTML
  Rendering layout layouts/application.html.erb
  Rendering articles/index.html.erb within layouts/application
  Article Load (0.4ms)  SELECT "articles".* FROM "articles"
  ↳ app/views/articles/index.html.erb:8
```

▼ Action Mailerによって生成されたメール

```
----==_mimepart_62f5a5be41b6_231038f411520
Content-Type: text/plain;
 charset=UTF-8
Content-Transfer-Encoding: base64

SFRNTOWvvuW/n00Cr+0Dqe0Cp00Cou0Ds+0Di00Bp+WPl+S/oe0Bl+0Bpu0B
j+0Bo00Ble0Bh00Agg==

----==_mimepart_62f5a5be41b6_231038f411520
Content-Type: text/html;
 charset=UTF-8
Content-Transfer-Encoding: base64

PCFETONUWVBFIGh0bWw+DQo8aHRtbD4NCiAgPGhlYWWQ+DQogICAgPG11lldGEg
aHR0cC1lcXVpdj0iQ29udGVudC1UeXBlIiBib250ZW50PSJ0ZXh0L2h0bWw7
```

参考 rails serverコマンドのエイリアスとして、rails sコマンドも利用できます。

rails generate scaffold コマンド

モデル／テンプレート／コントローラをまとめて作成する

書式 `rails generate scaffold name field:type […] [opts]`

引数 name：モデル名　field：フィールド名
type：データ型（P.159の表を参照）
opts：動作オプション（P.65、144の表を参照）

---

rails generate scaffold コマンドは、定型的なCRUD（Create－Read－Update－Delete）機能を持ったアプリケーションを作成します。このような機能のことを**Scaffolding**機能と呼びます。

具体的には、指定されたモデル（引数name）を操作するために、index（一覧）、show（詳細）、new／create（新規作成）、edit／update（更新）、destroy（削除）アクションを実装したコントローラ、これらアクションに対応するテンプレート、マイグレーションファイルなどを作成します。また、最低限のルーティング定義も行います。

自動生成されるファイルについては、関連する項を参照してください。

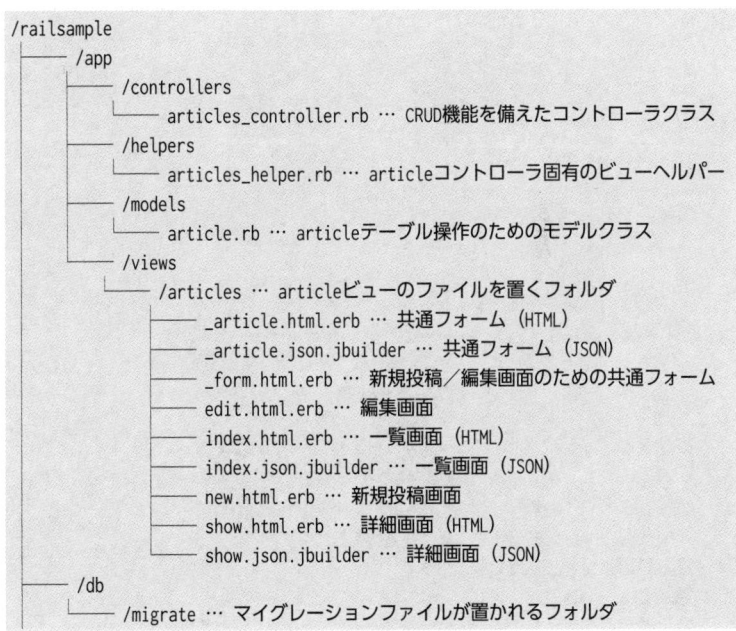

```
/railsample
├── /app
│   ├── /controllers
│   │   └── articles_controller.rb … CRUD機能を備えたコントローラクラス
│   ├── /helpers
│   │   └── articles_helper.rb … articleコントローラ固有のビューヘルパー
│   ├── /models
│   │   └── article.rb … articleテーブル操作のためのモデルクラス
│   └── /views
│       └── /articles … articleビューのファイルを置くフォルダ
│           ├── _article.html.erb … 共通フォーム（HTML）
│           ├── _article.json.jbuilder … 共通フォーム（JSON）
│           ├── _form.html.erb … 新規投稿／編集画面のための共通フォーム
│           ├── edit.html.erb … 編集画面
│           ├── index.html.erb … 一覧画面（HTML）
│           ├── index.json.jbuilder … 一覧画面（JSON）
│           ├── new.html.erb … 新規投稿画面
│           ├── show.html.erb … 詳細画面（HTML）
│           └── show.json.jbuilder … 詳細画面（JSON）
└── /db
    └── /migrate … マイグレーションファイルが置かれるフォルダ
```

```
        └── 20220422031237_create_articles.rb … マイグレーションファイル
    └── /test
        ├── application_system_test_case.rb … Systemテストのテストスクリプト
        ├── /controllers … コントローラテストのファイルが置かれるフォルダ
        │   └── articles_controller_test.rb … コントローラのテストスクリプト
        ├── /fixtures … フィクスチャファイルが置かれるフォルダ
        │   └── articles.yml … テストデータ投入のためのフィクスチャファイル
        ├── /helpers … テストのヘルパーが置かれるフォルダ
        ├── /integration … 統合テストのためのファイルが置かれるフォルダ
        ├── /models … モデルテストのファイルが置かれるフォルダ
        │   └── article_test.rb … articleモデルのテストスクリプト
        ├── /system … Systemテストのファイルが置かれるフォルダ
        │   └── articles_test.rb … articleモデルのテストスクリプト
        └── test_helper.rb … テスト共通のヘルパー
```

アプリケーションの動作に必要なファイルはすべて揃っていますので、あとは作成されたマイグレーションファイルでデータベースを作成するだけで、アプリケーションが動作するようになります（以下のサンプルであれば、「http://localhost:3000/articles」でアクセスできます）。

サンプル articlesテーブルを操作するためのアプリケーションを自動生成

```
> rails generate scaffold article url:string title:string ⏎
category:string published:date access:integer comments_count:integer ⏎
closed:boolean
      invoke  active_record
      create    db/migrate/20220530024402_create_articles.rb
      create    app/models/article.rb
      invoke    test_unit
      create      test/models/article_test.rb
      create      test/fixtures/articles.yml
      invoke  resource_route
       route    resources :articles ─────────────── ルート定義の生成
      invoke  scaffold_controller
      create    app/controllers/articles_controller.rb
      invoke    erb
      create      app/views/articles
      …中略…
      create      app/views/articles/_form.html.erb
      create      app/views/articles/_article.html.erb
      invoke    resource_route
      invoke    test_unit
      create      test/controllers/articles_controller_test.rb
```

```
    create      test/system/articles_test.rb
    invoke    helper
    create      app/helpers/articles_helper.rb
    invoke    test_unit
    invoke    jbuilder
    create      app/views/articles/index.json.jbuilder
    create      app/views/articles/show.json.jbuilder
    create      app/views/articles/_article.json.jbuilder
```

```
> rails db:migrate ──────── 自動生成されたマイグレーションファイルを実行
```

▼ Scaffolding機能で開発したarticlesテーブルの管理画面

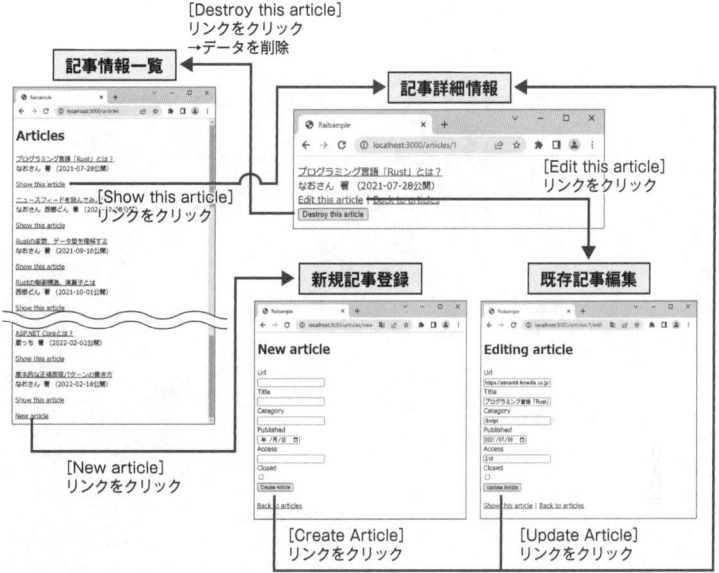

注意　Scaffolding機能で生成されるアプリケーションは、現実的にはそのままで利用するのは困難です。マスターメンテナンスのような凝ったレイアウトを要求されない局面、もしくは基本的なRailsのコードを学びたい、などのケースで利用することになるでしょう。

参考　rails generateコマンドのエイリアスとして、rails gコマンドも利用できます。

参考　モデル部分を除いた内容を自動生成するrails generate scaffold_controllerコマンドもあります。

参照　P.65「コントローラクラスを作成する」
　　　P.144「モデルクラスを自動生成する」
　　　P.151「マイグレーションファイルを実行する」

rails destroy コマンド

自動生成されたファイルを削除する

書式 `rails destroy type name`

引数 type：削除するファイルの種類（controller、model、scaffoldなど）
name：コントローラやモデルの名前

rails generate コマンドで作成した種々のファイルは、rails destroy コマンドでまとめて削除できます。rails generate コマンドはさまざまなファイルをまとめて生成しますので、削除する際も rails destroy コマンドを利用した方が漏れがなくて済みます。

サンプル ● Scaffolding機能で自動生成されたアプリケーションを破棄

```
> rails destroy scaffold article
    invoke   active_record
    remove     db/migrate/20220530024402_create_articles.rb
    remove     app/models/article.rb
    invoke   test_unit
    remove       test/models/article_test.rb
    remove       test/fixtures/articles.yml
    invoke   resource_route
     route     resources :articles
    invoke   scaffold_controller
    remove     app/controllers/articles_controller.rb
    invoke   erb
    remove       app/views/articles
    …中略…
    invoke   test_unit
    remove       test/controllers/articles_controller_test.rb
    remove       test/system/articles_test.rb
    invoke   helper
    remove     app/helpers/articles_helper.rb
    invoke     test_unit
    invoke   jbuilder
    remove     app/views/articles
    remove     app/views/articles/index.json.jbuilder
    remove     app/views/articles/show.json.jbuilder
    remove     app/views/articles/_article.json.jbuilder
```

参考 ▶ rails destroy コマンドのエイリアスとして、rails d コマンドも利用できます。

rails runner コマンド

Rails 環境で動作する
バッチファイルを作成する

書式 `rails runner [-e env] code`

引数 env：環境名（development、test、production）。デフォルトは
development
code：実行するコード

rails runner コマンドを利用することで、Rails 環境をロードした上で、指定された コードを実行できます。たとえばセッションをデータベースで管理している場合に、古くなったセッション情報を定期的に破棄するなどのバッチ処理用途で利用します。

引数 code に「-」（半角ハイフン）を指定すると、実行するコードを標準入力から読み込みます。

サンプル ● articles テーブルで closed 列が true のものを削除

```
> rails runner 'Article.delete_all(["closed = ?", "t"])'
```

注意 上のサンプルでは Active Record のメソッドを直接呼び出していますが、より複雑な 処理を行う場合には、できるだけモデル側でメソッドを準備し、コマンド上で指定す るコードはシンプルになるようにすべきです。

参考 rails runner コマンドのエイリアスとして、rails r コマンドも利用できます。

参考 定期的に自動実行したい処理を定義したいならば、rails runner コマンドをバッチファ イルとして用意した上で、cron などのスケジューラに登録します。

参照 P.102「セッションを破棄する」

アプリケーションの設定情報を定義する

書式
```
module AppName
  class Application < Rails::Application
    config.param = value
    …
  end
end
```

引数 AppName：アプリケーション名　param：設定パラメータ　value：値

　Railsアプリケーションの共通動作は、/configフォルダ配下の設定ファイル(.rbファイル)によって設定できます。

　以下は、/configフォルダ配下の主なファイルをまとめたものです。すべての環境で共通の設定情報を定義するならばapplication.rbファイルを、それぞれの環境で変化するような設定情報を定義するならば/environmentsフォルダ配下の＜環境名＞.rbファイルを、それぞれ編集してください。

　/initializersフォルダ配下の初期化ファイルは、アプリケーションの起動時にまとめて読み込まれます。必要に応じて自分でファイルを追加しても構いません。

```
/config
 ├application.rb … 全環境で共通の設定ファイル
 ├/environments … 環境別の設定ファイル
 │  ├development.rb … 開発環境での設定
 │  ├test.rb … テスト環境での設定
 │  └production.rb … 本番環境での設定
 ├/initializers … その他の初期化ファイル
 │  ├assets.rb … アセットのための設定情報 (P.562)
 │  ├content_security_policy.rb … アプリケーション全体のコンテンツセキュリティポリシー
 │  ├filter_parameter_logging.rb … ログファイルでフィルタされるパラメータ (P.112)
 │  ├inflections.rb … 単数形／複数形の変換ルール
 │  └permissions_policy.rb … アプリケーション全体のHTTPパーミッション情報
 └/locales … 国際化対応のための辞書ファイル (P.348)
```

　設定ファイルでは、「config.パラメータ名 = 値」の形式で、設定パラメータを定義します。以下に、主なパラメータをまとめておきます(その他のパラメータは関連する項でもまとめています)。

▼ 設定ファイルで利用できる主なパラメータ

パラメータ名	概要
cache_classes	アプリケーションコードをキャッシュするか(falseの場合、リクエスト都度リロード)。デフォルトはdevelopment／test環境でfalse、production環境でtrue
colorize_logging	ログ情報をカラーリング表示するか(デフォルトはtrue)
autoload_paths	追加でロード対象となるパス(配列も可)
logger	使用するロガーの種類(無効にする場合はnil)
time_zone	アプリケーションやActive Recordで利用するデフォルトのタイムゾーン
active_record.timestamped_migrations	マイグレーションファイルをタイムスタンプで管理するか(デフォルトはtrue。falseではシリアル番号)
action_controller.default_charset	デフォルトの文字コード(デフォルトはutf-8)
i18n.default_locale	国際化対応で利用するデフォルトのロケール(デフォルトは:en)
load_defaults	指定したバージョンまでのデフォルト値を読み込む
eager_load_paths	cache_classesがオンの場合に対象となるパス(デフォルトは/app以下)
filter_parameters	ロギングでフィルタされる内容
filter_redirect	ロギングでフィルタされるリダイレクト先
action_view.field_error_proc	ビューにおけるエラー表示の処理

サンプル application.rb

```
module Railsample
  class Application < Rails::Application
    config.autoload_paths << Rails.root.join("extras")
    config.time_zone = 'Tokyo'
  end
end
```

注意 設定ファイルを編集した場合は、Pumaを再起動する必要があります。

注意 cache_classesパラメータをfalseにすることで、コードを変更した場合もサーバの再起動は不要になります。ただし、レスポンス速度は低下しますので、本番環境では必ずtrueに設定してください。

参考 Railsでは実行時の目的に応じて、development(開発)、test(テスト)、production(本番)環境が用意されており、設定ファイルやデータベースもそれぞれの環境単位で用意するようになっています。実行環境は、railsコマンドの実行オプションで切り替えることができます。

参考 Rails標準の文字コードはUTF-8です。コントローラクラス、テンプレート、モデルクラスなどを編集する場合は、すべてUTF-8で保存するようにしてください。

参考 利用可能なタイムゾーン(time_zoneパラメータ)は、rails time:zones:all コマンドでリスト表示できます。

```
> rails time:zones:all
```

config メソッド

アプリケーション変数を定義する

書式　　`config.var = value`

引数　　var：アプリケーション変数　　value：設定値

application.rb ファイルで定義されている Application オブジェクトは、Rails アプリケーションの中で唯一のインスタンスを持つシングルトンオブジェクトです。よって、application.rb ファイルの中で定義した config 変数は、そのままアプリケーション共通でアクセスできる**アプリケーション変数**となります。

サンプル application.rb

```ruby
module Railsample
  class Application < Rails::Application
     # 変数appvarにハッシュとして:authorを準備
    config.appvar = { author: 'YAMAUCHI, Nao' }
```

サンプル intro_controller.rb

```ruby
def appinfo
  render plain: app[:author]     # アプリケーション変数:authorを取得
end
  # アプリケーション変数を取得するためのプライベートメソッド
private
def app
  Railsample::Application.config.appvar
end
```

参考 アプリケーション変数を取得するための app メソッドは、Application コントローラで定義してアプリケーション全体で利用できるようにしておくとよいでしょう。helper_method メソッド（P.131）を利用すれば、テンプレートからも呼び出せるようになります。

rails -Tコマンド

Rails で利用できる Rake タスクを確認する

書式 `rails -T`

Rakeは、Rubyで記述されたビルドツールです。Railsでは、標準でさまざまなRakeタスクが用意されており、データベースの作成からテストの実行、ドキュメント生成などの処理を自動化できるようになっています。利用できるタスクは、rails -Tコマンドで確認できます。

サンプル● 現在利用できるRakeタスクを確認

```
> rails -T
rails about                                 # List versions of all Rails frame...
rails action_mailbox:ingress:exim           # Relay an inbound email from Exim...
rails action_mailbox:ingress:postfix        # Relay an inbound email from Post...
rails action_mailbox:ingress:qmail          # Relay an inbound email from Qmai...
rails action_mailbox:install                # Installs Action Mailbox and its ...
rails action_mailbox:install:migrations     # Copy migrations from action_mail...
rails action_text:install                   # Copy over the migration, stylesh...
rails action_text:install:migrations        # Copy migrations from action_text...
rails active_storage:install                # Copy over the migration needed t...
rails app:template                          # Applies the template supplied by...
rails app:update                            # Update configs and some other in...
rails assets:clean[keep]                    # Remove old compiled assets
rails assets:clobber                        # Remove compiled assets
rails assets:environment                    # Load asset compile environment
rails assets:precompile                     # Compile all the assets named in ...
rails cache_digests:dependencies            # Lookup first-level dependencies ...
rails cache_digests:nested_dependencies     # Lookup nested dependencies for T...
rails db:create                             # Creates the database from DATABA...
rails db:drop                               # Drops the database from DATABASE...
rails db:encryption:init                    # Generate a set of keys for confi...
rails db:environment:set                    # Set the environment value for th...
rails db:fixtures:load                      # Loads fixtures into the current ...
rails db:migrate                            # Migrate the database (options: V...
rails db:migrate:down                       # Runs the "down" for a given migr...
rails db:migrate:redo                       # Rolls back the database one migr...
rails db:migrate:status                     # Display status of migrations
rails db:migrate:up                         # Runs the "up" for a given migrat...
rails db:prepare                            # Runs setup if database does not ...
```

```
rails db:reset                        # Drops and recreates all database...
rails db:rollback                     # Rolls the schema back to the pre...
rails db:schema:cache:clear           # Clears a db/schema_cache.yml file
rails db:schema:cache:dump            # Creates a db/schema_cache.yml file
rails db:schema:dump                  # Creates a database schema file (...
rails db:schema:load                  # Loads a database schema file (ei...
rails db:seed                         # Loads the seed data from db/seed...
rails db:seed:replant                 # Truncates tables of each databas...
rails db:setup                        # Creates all databases, loads all...
rails db:version                      # Retrieves the current schema ver...
rails importmap:install               # Setup Importmap for the app
rails log:clear                       # Truncates all/specified *.log fi...
rails middleware                      # Prints out your Rack middleware ...
rails restart                         # Restart app by touching tmp/rest...
rails secret                          # Generate a cryptographically sec...
rails stats                           # Report code statistics (KLOCs, e...
rails test                            # Runs all tests in test folder ex...
rails test:all                        # Runs all tests, including system...
rails test:db                         # Run tests quickly, but also rese...
rails test:system                     # Run system tests only
rails time:zones[country_or_offset]   # List all time zones, list by two...
rails tmp:clear                       # Clear cache, socket and screensh...
rails tmp:create                      # Creates tmp directories for cach...
rails yarn:install                    # Install all JavaScript dependenc...
rails zeitwerk:check                  # Checks project structure for Zei...
```

参考 ▶ rails --tasks としてもタスクの一覧を表示できます。

rails about コマンド

利用しているライブラリの
バージョンを確認する

書式 `rails about`

現在のアプリケーションが使用しているライブラリ（Railsと、依存ライブラリ）のバージョンを確認するには、rails aboutコマンドを利用します。

サンプル● 現在のアプリケーションの環境を確認

```
> rails about
About your application's environment
Rails version          7.0.2.3
Ruby version           ruby 3.1.0p0 (2021-12-25 revision fb4df44d16) ⏎
[x64-mingw-ucrt]
RubyGems version       3.3.3
Rack version           2.2.3
Middleware             ActionDispatch::HostAuthorization, ⏎
Rack::Sendfile, ActionDispatch::Static, ActionDispatch::Executor, ⏎
ActionDispatch::ServerTiming, Rack::Runtime, Rack::MethodOverride, ⏎
ActionDispatch::RequestId, ActionDispatch::RemoteIp, Sprockets::⏎
Rails::QuietAssets, Rails::Rack::Logger, ActionDispatch::ShowExceptions, ⏎
WebConsole::Middleware, ActionDispatch::DebugExceptions, ⏎
ActionDispatch::ActionableExceptions, ActionDispatch::Reloader, ⏎
ActionDispatch::Callbacks, ActiveRecord::Migration::CheckPending, ⏎
ActionDispatch::Cookies, ActionDispatch::Session::CookieStore, ⏎
ActionDispatch::Flash, ActionDispatch::ContentSecurityPolicy::⏎
Middleware, ActionDispatch::PermissionsPolicy::Middleware, Rack::Head, ⏎
Rack::ConditionalGet, Rack::ETag, Rack::TempfileReaper, Warden::Manager
Application root       C:/Users/nao/Documents/Rails/railsample
Environment            development
Database adapter       sqlite3
Database schema version 20220518065245
```

開発中の懸案事項をメモする

書式 `rails notes[:type]`

引数 type：アノテーションの種類（todo、fixme、optimize）

　TODO、FIXME、OPTIMIZEアノテーションを利用することで、開発中のやり残し、将来対応すべき案件を忘れないようにメモしておくことができます。具体的には、「# XXXXX: コメント」（XXXXXはTODO、FIXME、OPTIMIZEのいずれか）のコメント形式で表します。

　コード中に記録されたアノテーションは、rails notesコマンドで列挙できます。もしも特定のアノテーションだけを抽出したいという場合には、rails notes:todo、rails notes:fixme、rails notes:optimizeコマンドを使います。

サンプル intro_controller.rb

```
def para
  # TODO: あとから実装
end
```

サンプル コード内の注釈を一覧表示

```
> rails notes
app/controllers/application_controller.rb:
 * [ 12] [FIXME] 国際化対応について、修正の必要あり

app/controllers/intro_controller.rb:
 * [  7] [TODO] あとから実装

app/models/article.rb:
 * [ 10] [OPTIMIZE] 最適化の必要あり
```

rails app:update コマンド
Rails アプリケーションを バージョンアップする

書式 `rails app:update`

既存のアプリケーションでRailsのバージョンをアップするには、以下の手順で行うようにしてください。

- Gemfile（P.41）でRailsのバージョンを変更し、bundle update コマンドを実行
- rails app:update コマンドを実行

rails app:update コマンドは、Railsアプリケーション内部の /config、/script などのファイルを更新します。特定のフォルダのみを更新したいという場合には、rails app:update:configs、rails app:update:scripts コマンドを利用することもできます。

サンプル Gemfile

```
gem 'rails', '7.0.3'
```

サンプル Rails本体とアプリケーションのバージョンアップ

```
> bundle update                                     Rails本体のアップデート
Fetching gem metadata from https://rubygems.org/...........
Resolving dependencies...
…中略…
Using rails 7.0.3
Bundle updated!

> rails app:update                              アプリケーションのアップデート
…中略…
    conflict  config/initializers/content_security_policy.rb
Overwrite C:/Users/nao/Documents/Rails/sample/config/initializers/ ↵
content_security_policy.rb? (enter "h" for help) [Ynaqdhm] Y
                                                       競合に上書きで対応
      force  config/initializers/content_security_policy.rb
…後略…
```

参考 アップデートの途中で競合が検出された場合には、サンプルのように対応を尋ねてきます。デフォルト（Enter キー）では上書きされますが、その他の処理も選択できます。その内容については、プロンプトに「h」で応答して表示される説明を参照してください。

rails tmp:xxxx コマンド

一時ファイル領域を作成・消去する

書式

`rails tmp:create`	一時ファイルのフォルダを作成
`rails tmp:clear`	すべての一時ファイルを削除
`rails tmp:cache:clear`	一時ファイル（/tmp/cache）を削除
`rails tmp:sockets:clear`	一時ファイル（/tmp/sockets）を削除
`rails tmp:screenshots:clear`	
	スクリーンショット（/tmp/screenshots）を削除

rails tmp:create コマンドは、一時ファイル（キャッシュ、ソケット、プロセスIDのファイル）のためのフォルダ（/tmp以下）を作成します。rails tmp:clear コマンドは、それらのファイルをすべて消去します。キャッシュ、ソケット、スクリーンショットを個別に削除したい場合には、それぞれrails tmp:cache:clear コマンド、rails tmp:sockets:clear コマンド、rails tmp:screenshots:clear コマンドを使用します。

サンプル● 作成されていない一時ファイルのフォルダを作成

```
> rails tmp:create
mkdir -p tmp/cache/assets                    tmp/cache/assetsが作成された
```

サンプル● すべての一時ファイルを削除

```
> rails tmp:clear                            何も表示されないが実行されている
```

サンプル● キャッシュのみ削除

```
> rails tmp:cache:clear                      何も表示されないが実行されている
```

サンプル● ソケットを削除

```
> rails tmp:sockets:clear                    何も表示されないが実行されている
```

サンプル● スクリーンショットを削除

```
> rails tmp:screenshots:clear                何も表示されないが実行されている
```

参考 rails tmp:clear コマンドでは、キャッシュがすべて削除されないことがあります（Bootsnapのキャッシュなど）。その場合には、rails tmp:cache:clear コマンドを別途実行してください。

アプリケーションにテンプレートを適用する

書式	rails app:template LOCATION=path
引数	path：テンプレートファイルの指定

　rails app:template コマンドを使うと、既存のRailsアプリケーションに外部のテンプレートを適用できます。LOCATIONは環境変数であり、pathに外部のテンプレートファイルをローカルファイルのパスあるいはURLで指定します。

　テンプレートファイルは、Rubyのスクリプトファイルです。このファイルに、Railsアプリケーションの生成に必要なテンプレートAPIを記述します。主なテンプレートAPIには、Gemfileに追加するライブラリを指定するgem、Railsジェネレータを実行するgenerate、外部コマンドを実行するrun、Railsコマンドを実行するrails_command、ルートを設定するrouteなどがあります。

サンプル● テンプレートをアプリケーションに適用する

```
> rails app:template LOCATION=c:\rails\template.rb
```

サンプル● c:\rails\new_template.rb

```
# Windows環境などではtzinfo-dataをインストールするように変更
data = File.read('Gemfile')
data.sub!(/^.*gem "tzinfo-data".*$/,
  'install_if(-> { RUBY_PLATFORM =~ /mingw|mswin|java/ })
  { gem "tzinfo-data" }')
File.write('Gemfile', data)
```

参考▶ Railsアプリケーションの作成時に外部のテンプレートを適用するには、-mオプションを指定します。

```
> rails new railasapp -m c:\rails\template.rb
```

オリジナルの Rake タスクを作成する

書式
```
namespace ns_name do
    desc description
    task task_name do
        body
    end
end
```

引数　ns_name：**名前空間名**　description：**タスクの説明**
　　　　task_name：**タスク名**　body：**タスク本体**

　Rakeで動作するタスクを自分で作成する場合には、/lib/tasksフォルダの配下に.rakeファイルを作成してください。タスク本体はtaskメソッドの配下に定義します。タスクを特定の名前空間（モジュール）配下で定義したい場合には、namespaceブロックでタスクを括ってください。複数の階層にしたい場合には、namespaceブロックを入れ子にすることもできます。

　たとえば、以下はRails標準で用意されているrails log:clearコマンドの例です。

サンプル● log.rake

```
namespace :log do
  desc "Truncates all/specified *.log files in log/ to zero bytes ↵
(specify which logs with LOGS=test,development)"
  task :clear do
    log_files.each do |file|
      clear_log_file(file)
    end
  end
…後略…
end
```

参考▶ タスクでデータベースにアクセスする場合は、以下のようにActiveRecord::Baseクラスのメソッドを直接利用してください。

```
ActiveRecord::Base.establish_connection(:development)
ActiveRecord::Base.connection.execute('CREATE VIEW...')
```

コントローラ開発

概要

コントローラは、Railsアプリケーション全体の基点とも、制御役ともいうべきコンポーネントです。個々のリクエストを受け取り、必要に応じて、ビジネスロジック(Model)を呼び出すのも、その結果を出力(View)に引き渡すのも、コントローラの役割です。

▼ コントローラの役割

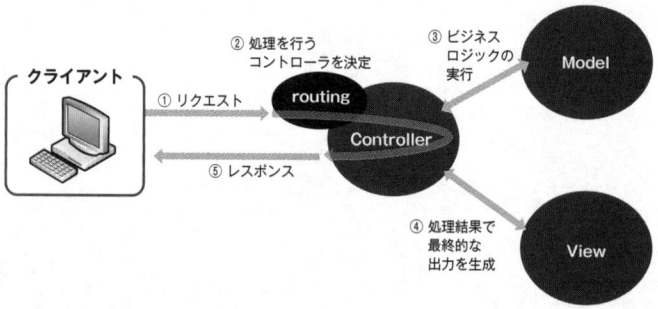

Railsでは、リクエストURLとHTTPメソッドに応じて、呼び出すべきコントローラ(とアクション)を決定します。このしくみをルーティング(routing)といいます。ルーティングについては改めて第5章で解説しますので、ここではまず

本書のサンプルは、「http://localhost:3000/コントローラ名/アクション名」で呼び出せる

とだけ理解しておいてください(ただし、Scaffolding機能で自動生成されたものを除きます)。

本章では、図が表す流れの中でも①リクエスト処理と⑤レスポンス処理に関わる機能を中心に扱います。コントローラを自動生成する方法、命名規則については、次ページの「コントローラクラスを作成する」を参照してください。

参照 ▶ P.24「Ruby on Railsとは?」

rails generate controller コマンド

コントローラクラスを作成する

書式 `rails generate controller name [aname …] [opts]`

引数 name：コントローラ名
　　　　aname：アクション名（空白区切りで複数指定も可）
　　　　opts：動作オプション

▼ 動作オプション（引数opts）

分類	オプション	概要
基本	-f、--force	ファイルが存在する場合にも上書き
	-p、--pretend	コマンドは実行されるが変更は行わない
	-q、--quiet	進捗状況を表示しない
	-s、--skip	同名のファイルが存在する場合はスキップ
コントローラ	--skip-routes	/config/routes.rb ファイルへルートを追加しない
	-e、--template-engine=NAME	使用するテンプレートエンジン（デフォルトはerb）
	-t、--test-framework=NAME	使用するテストフレームワーク（デフォルトはtest_unit）
	--helper	ヘルパーを生成する（デフォルトはtrue）

　rails generate controller コマンドを利用することで、コントローラクラスと、対応するテンプレート、ビューヘルパー、テストスクリプトなどを自動生成できます。ただし、テンプレートが自動生成されるのは引数anameを指定した場合のみです。以下は、コントローラの命名規則（コントローラそのものの名前と、対応するファイルの名前との対応関係）をまとめたものです。Railsでは名前付けルールによって互いを関連付けますので、命名規則を理解することは大切です。

▼ コントローラ関連の命名規則（例はコントローラ名がhome、アクション名がindexの場合）

種類	命名規則	名前（例）
コントローラクラス	先頭は大文字で、接尾辞に「Controller」	HomeController
コントローラクラス（ファイル名）	コントローラクラスを小文字にしたもの、単語の区切りはアンダースコア	home_controller.rb
ヘルパーファイル名	コントローラ名に接尾辞「_helper.rb」	home_helper.rb
テストスクリプト名	コントローラ名に接尾辞「_controller_test.rb」	home_controller_test.rb
テンプレートファイル	コントローラ名/アクション名.html.erb	home/index.html.erb

　それぞれのファイルの保存先については、サンプルの実行結果も確認してください。

サンプル コントローラクラスやテンプレートファイルなどを生成

```
# Basicコントローラ (index／showアクション) を生成
> rails generate controller basic index show
    create  app/controllers/basic_controller.rb
    …中略…
    invoke    test_unit
```

▼

```
/railsample
 ┌/app
 │  ┌/assets
 │  │  ┌/config
 │  │  │  └manifest.js … マニフェストファイル
 │  │  ┌/images
 │  │  └/stylesheets
 │  │      └application.css … アプリケーション全体で共有するCSS
 │  ┌/controllers
 │  │  ┌application_controller.rb … アプリケーション全体で共有するコントローラ
 │  │  └basic_controller.rb … コントローラクラス本体
 │  ┌/views
 │  │  └/basic … テンプレートの保存フォルダ
 │  │      ┌index.html.erb … indexアクションに対応するテンプレート
 │  │      └show.html.erb … showアクションに対応するテンプレート
 │  └/helpers
 │      ┌application_helper.rb … アプリケーション全体で共有するビューヘルパー
 │      └basic_helper.rb … コントローラ固有のビューヘルパー
 └/test
    ┌application_system_test_case.rb … システムテストのためのスクリプト
    ┌test_helper.rb … テストヘルパー
    └/controllers
        └basic_controller_test.rb … コントローラクラスのテストスクリプト
```

注意 一部のオプション(--quietなど)には--no-で始まる反対の意味のオプションもありますが、単独で使用することはないのでここでは割愛しています。

参考 rails generateコマンドのエイリアスとして、rails gコマンドも利用できます。

参考 コントローラはできるだけリソース(操作対象のデータ)名に沿って命名すべきです。たとえばarticlesテーブルを操作するコントローラであれば、Articlesコントローラとするのが望ましいでしょう。

参考 モジュール対応のコントローラを作成するならば、「rails generate controller Admin::Basic」のように指定してください。これでcontrollers/adminフォルダの配下にbasic_controller.rbファイルが作成されます。その場合は、テンプレートの保存先も /views/admin/basicフォルダとなります。

参照 P.270「テンプレートファイルの作成」

アクションメソッド

アクションメソッドを記述する

書式 def action

　　　…

　　　end

引数 action：アクション名

アクションメソッド（アクション）とは、クライアントからのリクエストに対して具体的な処理を定義するためのメソッドです。コントローラクラスには、1つ以上のアクションメソッドを含む必要があります。

アクションメソッドであることの条件は1つだけ、publicなメソッドであることです。逆に、コントローラクラスの中でアクションとして公開したくないメソッドは、不用意にアクセスされないよう、private宣言しておくべきです。

以下のサンプルでは、renderメソッド（P.76）で指定されたテキストを出力しているだけですが、一般的には、アクションでは出力すべきデータを準備するのみで、出力レイアウト自体はテンプレートを利用して定義するのが普通です。アクションとテンプレートとの関連付けについては、P.270も合わせて参照してください。

サンプル basic_controller.rb

```
class BasicController < ApplicationController
  def index
      # 結果としてテキストを出力
    render plain: 'こんにちは、世界！'
  end
  …中略…
end
```

▼ アクションで指定されたテキストを出力

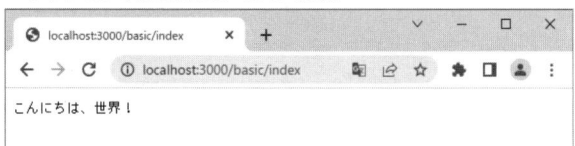

2
コントローラ開発

controller_xxxxx／action_nameメソッド

コントローラ／アクション名を
取得する

書式	controller_name	コントローラ名
	controller_path	コントローラのパス
	action_name	アクション名

　これらのメソッドを利用することで、コントローラ名／パス、アクション名を取得できます。controller_nameメソッドはモジュールを含まないコントローラ名だけを返しますが、controller_pathメソッドは「モジュール名/コントローラ名」のように、スラッシュ区切りのパスを返します。

サンプル basic_controller.rb

```
def name
  render plain: <<-EOS
    コントローラ名：#{controller_name}
    コントローラパス：#{controller_path}
    アクション名：#{action_name}
    EOS
end
```

▼ コントローラ名／パス／アクション名を取得

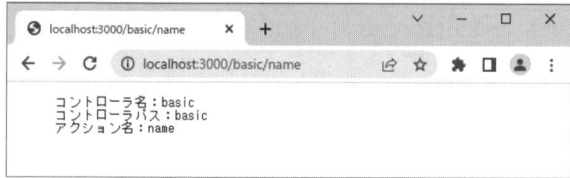

68

paramsメソッド

ポストデータ／クエリ情報／ルートパラメータを取得する

書式 `params[key]`

引数 key：パラメータ名

params メソッドは、クライアントから送信された情報（**リクエスト情報**）を「パラメータ名 => 値」の Hash オブジェクトとして返します。つまり、個別のリクエスト情報には、params[:パラメータ名]という形式でアクセスできます。

ここでいうリクエスト情報とは、以下の情報の集合を指します。

▼ params メソッドで取得できるリクエスト情報

種類	概要
ポストデータ	<form method="POST">で定義されたフォームから送信された情報
クエリ情報	URLの末尾「?」以降に「キー名＝値&…」の形式で付与された情報
ルートパラメータ	ルートで定義されたパラメータ（「members/5」の「5」など）

次のサンプルでは、それぞれのフォームの内容に応じて、params メソッドの内容がどのように変化するかを表しています（本来であれば、入力要素はビューヘルパーで生成すべきですが、ここではわかりやすさを考慮して HTML で記述しています）。「パラメータ名[]」で配列を、「パラメータ名[キー名]」でハッシュを渡せる点にも注目です。

サンプル ● basic/para.html.erb

```
<%=form_with url: 'para_process' do %>
  配列：<br />
  <input type="text" name="tags[]" value="tag0" />
  <input type="text" name="tags[]" value="tag1" />
  <input type="text" name="tags[]" value="tag2" />
    ⇒ params[:tags] = ["tag0", "tag1", "tag2"]

  ハッシュ：<br />
  <input type="text" name="article[url]" ⏎
    value="https://wings.msn.to/" />
  <input type="text" name="article[title]" value="WINGSプロジェクト" />
  <input type="text" name="article[published]" value="2022/2/14" />
    ⇒ params[:article] = {"url"=>"https://wings.msn.to/",
        "title"=>"WINGSプロジェクト", "published"=>"2022/2/14"}

  ハッシュ配列：<br />
  <input type="text" name="author[0][penname]" value="pen0" />
  <input type="text" name="author[0][birth]" value="birth0" /><br />
  <input type="text" name="author[1][penname]" value="pen1" />
  <input type="text" name="author[1][birth]" value="birth1" /><br />
  <input type="text" name="author[2][penname]" value="pen2" />
  <input type="text" name="author[2][birth]" value="birth2" />
    ⇒ params[:author] = {
        "0"=>{"penname"=>"pen0", "birth"=>"birth0"},
        "1"=>{"penname"=>"pen1", "birth"=>"birth1"},
        "2"=>{"penname"=>"pen2", "birth"=>"birth2"}
        }
<% end %>
```

参考▶ モデルクラスのコンストラクタ（P.191）に「プロパティ名：値」のハッシュを渡すことで、値をモデルの対応するプロパティに割り当てることができます。リクエスト情報をハッシュで送信することは、モデル連携のフォームを生成する際の典型的な手段です。

参考▶ クエリ情報、ルートパラメータにも同じ要領でアクセスできます。「〜/basic/para_process?id=108」「〜/basic/para_process/108」であれば、いずれもparams[:id]は108です。

参照▶ P.313「一覧形式の入力フォームを生成する」

headersメソッド

リクエストヘッダ／サーバ環境変数を取得する

書式 `headers[key]`

引数 key：ヘッダ名、環境変数名

headersメソッドは、リクエストヘッダやサーバ環境変数を「名前 => 値」のHash オブジェクトとして返します。つまり、個別のヘッダ／環境変数には、headers [名前]の形式でアクセスできます。

ヘッダ名は、たとえばUser-Agentのようにヘッダ名そのままで指定する他、HTTP_USER_AGENTのような形式（HTTP_～で始まるアンダースコア区切りの名前）でも指定できます。

以下に、利用できる主なリクエストヘッダ／環境変数をまとめます（ただし、環境変数は、利用している環境によって変化する可能性があります）。

▼ **主なリクエストヘッダ／サーバ環境変数**

分類	名前	概要	戻り値（例）
ヘッダ	Accept	クライアントがサポートしているコンテンツの種類	text/html, application/xhtml+xml, */*
	Accept-Language	クライアントの対応言語（優先順位順）	ja-JP,en-US;q=0.5
	Authorization	認証情報	—
	Host	要求先のホスト名	localhost:3000
	Referer	リンク元のURL	http://localhost:3000/basic/sample
	User-Agent	クライアントの種類	Mozilla/5.0 (Windows NT 10.0; Win64; x64)
環境変数	GATEWAY_INTERFACE	CGIのリビジョン	CGI/1.2
	QUERY_STRING	クエリ情報	id=10
	PATH_INFO	パス情報	/basic/req_headers
	REMOTE_ADDR	クライアントのIPアドレス	127.0.0.1
	REMOTE_HOST	クライアントのホスト名	vostro
	REQUEST_METHOD	使用しているHTTPメソッド	GET
	REQUEST_URI	リクエスト時のURI	http://localhost:3000/basic/req_headers?id=10
	SERVER_NAME	サーバ名	localhost
	SERVER_PORT	サーバのポート番号	3000
	SERVER_PROTOCOL	使用しているプロトコル	HTTP/1.1
	SERVER_SOFTWARE	使用しているサーバソフトウェア	puma 5.6.2 Birdie's Version

2

コントローラ開発

サンプル ● basic_controller.rb

```ruby
def req_headers
  render plain: request.headers['User-Agent']
end
```

⬇

```
Mozilla/5.0 (Windows NT 10.0; Win64; x64) AppleWebKit/537.36 (KHTML, ⏎
like Gecko) Chrome/103.0.0.0 Safari/537.36
```

サンプル2 ● basic_controller.rb

```ruby
def req_headers2
    # すべてのリクエストヘッダを取得
  @headers = request.headers
end
```

サンプル2 ● basic/req_headers2.html.erb

```erb
<table>
<%# 取得したヘッダ情報（キー／値）を順に出力 %>
<% @headers.each do |key, value| %>
  <tr>
    <th><%= key %></th>
    <td><%= value %></td>
  </tr>
<% end %>
</table>
```

⬇

▼ すべてのリクエストヘッダを順に出力

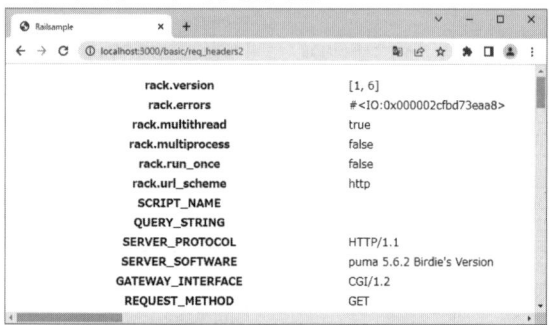

参考 ▶ 汎用的なheadersメソッドの他にも、特定のリクエストヘッダやサーバ環境変数を取得するために、Railsでは以下のようなメソッドを用意しています。専用メソッドは、戻り値をそれぞれ用途に応じた適切な型で返すというだけでなく、名前に誤りがあった場合に明示的にエラーを通知します。専用メソッドが用意されているものについては、できるだけそちらを優先して利用すべきです。

▼ リクエストヘッダ／サーバ環境変数を取得するための主な専用メソッド

メソッド	概要	戻り値（例）
accepts	クライアントがサポートしているコンテンツ	[text/html, */*]
authorization	認証情報	―
body	生のポストデータ（StringIOオブジェクト）	―
content_length	コンテンツサイズ	0
form_data?	ポストされた内容がフォームを含むか	true
fullpath	リクエストURL	/basic/req_headers
get?／post?／put?／delete?／head?	HTTP GET／POST／PUT／DELETE／HEADによる通信か	false
host	ホスト名	localhost
host_with_port	ポート番号付きのホスト名	localhost:3000
ip	クライアントのIPアドレス文字列	127.0.0.1
key?	リクエストが指定するパラメータを持つか	true
local?	ローカル通信であるか	true
method	HTTPメソッド	GET
media_type	リクエストのメディアタイプ	text/html
original_fullpath	パラメータを含むパス	/articles?id=1
original_url	パラメータを含むURL	http://localhost:3000/articles?id=1
port	ポート番号	3000
port_string	ポート番号（文字列）	:3000
protocol	プロトコル	http://
remote_ip	クライアントのIPアドレス	127.0.0.1
request_method	HTTPメソッド	GET
scheme	スキーマ名	http
server_software	使用しているサーバソフトウェア	puma
ssl?	暗号化通信であるか	false
standard_port?	Well-knownポートであるか	false
url	完全なリクエストURL	http://localhost:3000/basic/req_headers
xhr?／xml_http_request?	XMLHttpRequestオブジェクトによる通信であるか	false

参考 ▶ request_methodメソッドは、Rails内部で利用されているHTTPメソッドを表します。Railsでは、form_withメソッド（P.292）で_method隠しフィールドを作成し、疑似的にHTTP PUT／DELETEメソッドを表現している場合があります。このようなケースでは、method、request_methodメソッドの戻り値は変わります。

renderメソッド

テンプレートファイルを呼び出す

書式 `render path`

引数 path：**テンプレートファイル名**

Railsでは、デフォルトでコントローラ／アクション名をもとに、呼び出すべきテンプレートを決定します(P.64)。しかし、現在のアクションと対応関係にないテンプレートを呼び出したい場合もあるでしょう。その場合には、renderメソッドで明示的にテンプレートを指定する必要があります。

指定するパス（引数path）の形式は状況によって変化しますので、以下の表にまとめます。いずれの場合も「.html.erb」のような拡張子を指定する必要はありません。

▼ 引数pathのパターン

前提	オプション
アクション名のみ異なる	action: 'index'
コントローラも異なる	template: 'other/index'
アプリケーションの外のテンプレート	file: 'data/template/other/index'（＊）

＊）Windows環境であれば、この指定で「C:¥data¥template¥other¥index.html.erb」が呼び出されます。

ただし、表のいずれのパターンでもオプション名は省略可能です。つまり、「render 'data/template/other/index'」のような記述も可能であるということです。

基点を曖昧にしないという意味で、オプションを明記するという考え方もあります。しかし、著者は:fileオプションの場合のみ明記し、他は省略するのがシンプルでよいと考えています。

サンプル basic_controller.rb

```
def res_render
  @msg = 'こんにちは、世界！'
    # 描画に利用するテンプレートを指定
  render 'view'
end
```

サンプル basic/view.html.erb

```
<div class="main"><%= @msg %></div>
```

▼ res_render アクションの結果を view.html.erb で描画

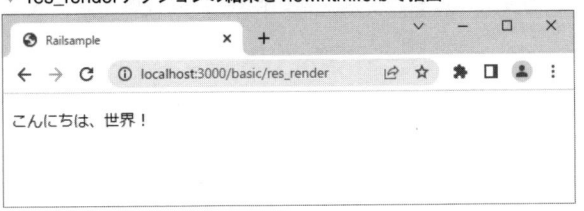

Column **AbstractController::DoubleRenderError 例外に要注意**

render メソッドを同じアクションの中で複数回呼び出すと、「Render and/or redirect were called multiple times in this action（アクションの中で複数回レンダリングはできない）」というエラーが発生します。
たとえば、以下のようなケースです。

```
def double_render
  @article = Article.find(5)
  if @article.comments.empty?
      # ここでアクションはまだ終わらない
    render plain: 'コメントはありません'
  end
    # ここでエラーの可能性
  render plain: 'コメントがあります'
end
```

render メソッドを呼び出した場合も、そこで処理が終わるわけではなく、そのまま後続の処理が呼び出されるためです。アクションの途中で render メソッドを呼び出す場合は、「render plain: 'コメントはありません' **and return**」のように、明示的にアクションを終了させてください。

2

コントローラ開発

文字列を出力する

書式 `render plain: str`

引数 str：出力する文字列

renderメソッドの:plainオプションで、指定された文字列をそのまま出力できます。:plainオプションは、text/plain形式で文字列を出力します。引数strにHTMLタグを含める場合には、同じくrenderメソッドの:htmlオプションを使ってください。

サンプル basic_controller.rb

```
def render_plain
    # 指定されたメッセージをそのまま出力
  render plain: 'こんにちは、世界！'
end
```

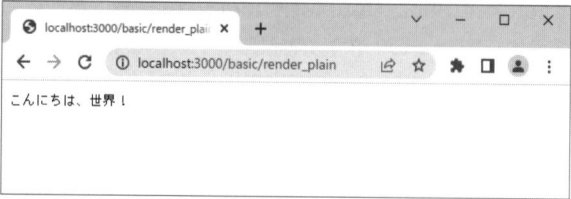

▼ 指定されたテキストをそのまま出力

こんにちは、世界！

注意 Model－View－Controllerの考え方からすれば、アクションで出力を担うのはあるべき状態ではありません。あくまでデバッグなどの用途に限定してください。

参考 :plainオプションを指定した場合、デフォルトではレイアウトは適用されません。レイアウトを利用するには、明示的に:layoutオプション(P.79)を指定してください。

参考 render plain:～は、render body:～としても同様です。

renderメソッド（:html）

HTML を出力する

書式 `render html: str`

引数 `str` : 出力する文字列

---

renderメソッドの:htmlオプションで、指定されたHTMLを出力できます。:html
オプションは、text/html形式で文字列を出力しますので、プレーンテキストを出力
したい場合には同じくrenderメソッドの:plainオプションを使ってください。な
お、出力する文字列はtagヘルパーを使って生成するようにしてください。

サンプル basic_controller.rb

```ruby
def render_html
    # 指定されたメッセージをそのまま出力
  render html: helpers.tag.strong('こんにちは、世界！')
end
```

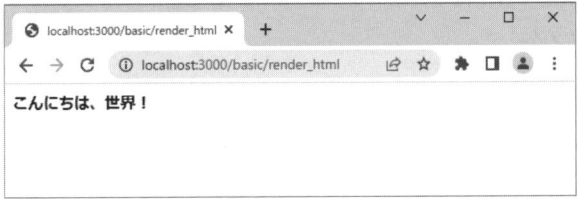

▼ 指定されたテキストをHTMLとして出力

こんにちは、世界！

注意 HTMLの使用はあくまでテンプレートを基本とし、:htmlの利用はごく小さなスニペッ
トの出力などに留めるようにすべきです。

注意 :htmlオプションでは、文字列がhtml_safeメソッド（P.341）でマークされていない場
合に、HTMLエンティティがエスケープされます。この例のようにtagヘルパーを使っ
てください。

renderメソッド(:inline)

アクションにインラインのテンプレートを記述する

書式 `render inline: template`

引数 template：**テンプレート文字列**

renderメソッドの:inlineオプションでは、指定された文字列をERBテンプレートとして解釈した上で、その結果を出力します。

サンプル basic_controller.rb

```
def render_inline
  # 現在時刻を表示
  render inline: '<%= Time.now %>'
end
```

▼ 指定されたテキストをテンプレートとして解析した上で出力

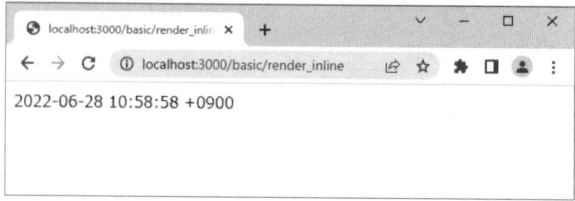

2022-06-28 10:58:58 +0900

注意 Model − View − Controllerの考え方からすれば、アクションで出力を担うのはあるべき状態ではありません。あくまでデバッグなどの用途に限定してください。

参考 :inlineオプションを指定した場合、デフォルトではレイアウトは適用されません。レイアウトを利用するには、明示的に:layoutオプション(P.79)を指定してください。

render(:layout)／layoutメソッド

テンプレートに適用する
レイアウトを変更する

書式　render layout: name　　　　　　　　　　　　　アクション単位
　　　　　layout name [,opts]　　　　　　　　　　　　　コントローラ単位

引数　name：レイアウト名（拡張子を除いたもの）　opts：適用オプション

▼ 適用オプション（引数optsのキー）

オプション	概要
:only	指定されたアクションにだけレイアウトを適用
:except	指定されたアクション以外にレイアウトを適用

　renderメソッドの:layoutオプションを指定することで、アクションメソッドの
単位で適用すべきレイアウトを指定できます。:layoutオプションの値には、具体
的なレイアウト名の他に、true／false値を指定しても構いません。falseはレイア
ウトを適用しない、trueはデフォルトのレイアウトを適用する、という意味です。
trueを明示的に指定する必要があるのは、renderメソッドの:plain／:html／:inline
オプション（P.76、77、78）など、デフォルトではレイアウトを適用しない描画オ
プションを利用している場合です。

　layoutメソッドは、コントローラ単位にレイアウトを指定したい場合に利用しま
す（子コントローラにも適用されます）。適用するアクションを限定したい場合に
は、:only／:exceptオプションを指定してください。

サンプル● basic_controller.rb

```ruby
class BasicController < ApplicationController
  # render_layout2アクションにのみレイアウトcontrol2.html.erbを適用
  layout 'control2', only: 'render_layout2'
  …中略…
  def render_layout
    render layout: 'control'          # レイアウトcontrol.html.erbを適用
  end
end
```

参考　レイアウト適用の優先順位については、P.276でまとめています。render／layoutメ
ソッドに頼る前に、まずはもっと優先順位の低い（デフォルトの）指定方法を利用する
ようにしてください。

2

コントローラ開発

renderメソッド(:xml)

XML 形式のレスポンスを生成する

| 書式 | `render xml: xmlvar` |

| 引数 | xmlvar：**モデル、または文字列** |

renderメソッドの:xmlオプションを利用することで、XML形式のレスポンスを生成できます（具体的には、Content-Typeヘッダとしてapplication/xmlをセットします）。:xmlオプションには、直接XML文字列を渡す他、モデル（またはその配列）も指定できます。モデルが指定された場合、renderメソッドは内部的にモデルをto_xmlメソッドでXML形式に変換した上で出力します。

サンプル basic_controller.rb

```ruby
def render_xml
    # articlesテーブルの内容をXML形式で出力
  @articles = Article.all
  render xml: @articles
end
```

▼

```xml
<articles type="array">
  <article>
  <id type="integer">1</id>
  <url>https://atmarkit.itmedia.co.jp/ait/articles/2107/28/news010.html</url>
  <title>プログラミング言語「Rust」とは？</title>
  <category>Script</category>
  <published type="date">2021-07-28</published>
  …中略…
  </article>
  …中略…
</articles>
```

サンプル2 basic_controller.rb

```ruby
def render_xml2
  render xml: '<error>108 Error Occured</error>'
end
```

> 注意 XML形式のデータが正しく表示されないときは、Gemライブラリactivemodel-serializers-xmlをインストールしてください。具体的には、Gemfileに以下の行を追加し、bundle installコマンドを実行してください。
>
> ```ruby
> gem "activemodel-serializers-xml"
> ```

render(:json)メソッド

JSON形式のレスポンスを生成する

書式	render json: jsonvar
引数	jsonvar：モデル、または文字列

renderメソッドの:jsonオプションを利用することで、JSON形式のレスポンスを生成できます（具体的には、Content-Typeヘッダとしてapplication/jsonをセットします）。

:jsonオプションには、直接JSON文字列を渡す他、モデル（またはその配列）も指定できます。モデルが指定された場合、renderメソッドは内部的にモデルをto_jsonメソッドでJSON形式に変換した上で出力します。

サンプル ● basic_controller.rb

```ruby
def render_json
    # articlesテーブルの内容をJSON形式で出力
  @articles = Article.all
  render json: @articles
end
```

▼

```
[
  {
    "id":1,
    "url":"https://atmarkit.itmedia.co.jp/ait/articles/2107/28/news010.html",
    "title":"プログラミング言語「Rust」とは？ \"Hello, World!\"で基本を押さえる",
    "category":"Script",
    "published":"2021-07-28",
    "access":210,
    "comments_count":null,
    "closed":false,
    "created_at":"2022-03-14T03:57:36.196Z",
    "updated_at":"2022-03-14T03:57:36.196Z"
  },
  …中略…
]
```

参考 ▶ JSON（JavaScript Object Notation）は、JavaScriptのオブジェクトリテラル表現を利用したデータ形式です。その性質上、JavaScriptとの親和性に優れ、JavaScriptオブジェクトにも簡単に変換できます。JavaScriptに限らず、多くのプログラミング言語でサポートされます。

from_xmlメソッド

XML 形式のデータを
JSON 形式に変換する

書式 `Hash.from_xml(xml)`

引数 xml：XML形式のデータ

　外部サービスなどから取得したXML形式のデータを、アプリケーション内部では JSON 形式で扱いたいケースはよくあります。そのような場合には、Hash.from_xmlメソッドを利用することで、XMLデータをハッシュとして取り込むことができます。

　ハッシュに変換さえしてしまえば、あとはrenderメソッドの:jsonオプション（P.81）に渡すだけでJSON形式に変換できます。

サンプル basic_controller.rb

```ruby
def xml2json
    # 国立国会図書館サーチ
    # (https://iss.ndl.go.jp/information/api/riyou/)
    # を利用して「猫」に関する文献を検索
  Net::HTTP.start('iss.ndl.go.jp', use_ssl: true) do |http|
    res = http.get('/api/opensearch?cnt=10&title='+ERB::Util.url_encode ⏎
('猫')+'&ndc=2&dpid=iss-ndl-opac')
    render json: Hash.from_xml(res.body)
  end
end
```

▼

```
{
  "rss": {
    …中略…
    "channel": {
      "title": "2 iss-ndl-opac 猫 - 国立国会図書館サーチ OpenSearch",
      "link": "https://iss.ndl.go.jp/api/opensearch?cnt=10&dpid=iss-ndl- ⏎
opac&ndc=2&title=%E7%8C%AB",
      "description": "Search results for cnt=10 title=猫 ndc=2 dpid=iss- ⏎
ndl-opac ",
      "language": "ja",
      "totalResults": "114", ───────────────── ヒットした全件数
      "startIndex": "1", ───────────────── 取得開始位置
      "itemsPerPage": "10", ───────────────── 取得した件数
      "item": [
```

```
    {                                           個々の検索結果
      "title": [
        "イギリスの猫の羊のプディングの",
        "イギリスの猫の羊のプディングの"
      ],
      "link": "https://iss.ndl.go.jp/books/R100000002-I000003035953-00",
      "description": …,
      "author": "安河内志乃 著,安河内, 志乃,",
      "category": "本",
      "guid": "https://iss.ndl.go.jp/books/R100000002-I000003035953-00",
      "pubDate": "Tue, 23 Apr 2002 09:00:00 +0900",
      "titleTranscription": "イギリス ノ ネコ ノ ヒツジ ノ プディング ノ",
      "creator": "安河内, 志乃",
      "creatorTranscription": "ヤスコウチ, シノ",
      "publisher": "文芸社",
      "date": "2001.11",
      "issued": "2001",
      "price": "1000円",
      "extent": "194p ; 20cm",
      …中略…
    },
    …中略…
    ]
  }
 }
}
```

参考▶ 出力されたJSONデータは、クライアントサイドのfetchメソッドなどで処理できます。fetchメソッドに関する詳細は、山田祥寛著『JavaScript逆引きレシピ 第2版』(翔泳社)などを参照してください。

参考▶ 外部サービスから取得したXMLデータを、そのままXML形式で出力するならば、以下のように記述できます。

```
render xml: res.body
```

参考▶ JSON形式のデータをハッシュに変換するならば、ActiveSupport::JSON.decodeメソッドを使います。

```
json = ActiveSupport::JSON.decode('{ "name": "Yamada", "sex": "male" }')
```

headメソッド

空のコンテンツを出力する

書式　head status [,opts]

引数　status：応答ステータス（コード番号、またはシンボル）
　　　　opts：応答ヘッダ（「ヘッダ名 => 値」の形式）

▼ 主な応答ステータス（引数statusの値）

シンボル	コード	意味
:ok	200	成功
:created	201	リソースの生成に成功
:moved_permanently	301	リソースが恒久的に移動
:found	302	リソースが一時的に移動
:see_other	303	リソースが別の場所にある
:bad_request	400	不正なリクエスト
:unauthorized	401	未承認
:forbidden	403	アクセス禁止
:not_found	404	リソースが存在しない
:method_not_allowed	405	HTTPメソッドが許可されていない
:internal_server_error	500	内部サーバエラー

　headメソッドは、応答ステータスとヘッダのみを出力します。ステータスコードは、コード番号、シンボルいずれでも指定できますが、シンボルで表した方が内容は識別しやすいでしょう。シンボルは、標準的なステータスメッセージ（https://www.iana.org/assignments/http-status-codes）をすべて小文字で、かつ、空白は「_」で表したものになります。

サンプル basic_controller.rb

```
def res_head
    # 応答ステータス（404 Not Found）を通知
  head :not_found
end
```

render_to_stringメソッド

テンプレートでの処理結果を
文字列として取得する

書式 `render_to_string [opts]`

引数 opts：描画オプション（「オプション名 => 値」のハッシュ形式）

render_to_stringメソッドは、テンプレートを呼び出し、その結果を文字列として返します。テンプレートの処理結果をそのままクライアントに応答するrenderメソッド（P.76）と合わせて覚えておくとよいでしょう。引数optsにも、renderメソッドで利用できるものと同じオプションを指定できます。

サンプル basic_controller.rb

```ruby
def render_string
  @msg = 'こんにちは、世界！'
    # view.html.erbによる結果を変数resultにセット
  result = render_to_string 'view'
    # 変数resultの内容を描画
  render plain: result
end
```

参考 この場合は、サンプルの太字部分は「render 'view'」としても同じ意味です。一般的には、render_to_stringメソッドの結果を加工した上で、renderメソッドに渡すなどすることになるでしょう。

2
コントローラ開発

redirect_to／redirect_back メソッド

他のページにリダイレクトする

書式
```
redirect_to url [,status: status] [,allow_other_host: flag]
redirect_back fallback_location: url
```

引数
url：リダイレクト先のURL（文字列、またはハッシュの形式）
status：ステータスコード（P.84の表を参照）。デフォルトは302
flag：他ホストへのリダイレクトを許可するか（false／true、デフォルトはfalse）

redirect_toメソッドは、指定されたページにリダイレクトします。引数urlの指定方法については、url_forメソッド（P.315）も合わせて参照してください。

引数statusはリダイレクト時に利用するステータスコードを表します。デフォルトの302 Foundは一時的なアドレスの移動を表しますので、「古いアドレスから新しいアドレスへの移行」を表すようなケースでは301 Moved Permanently（恒久的な移動）を明示的に指定してください。さもないと、検索エンジンのクローラが新しいアドレスを記録しないためです。

他のホストのページへリダイレクトする場合には、:allow_other_hostオプションの値をtrueに設定する必要があります。デフォルトはfalseなので、このままでは他ホストへのリダイレクトはできません。

redirect_backメソッドは、前ページへの移動に特化したメソッドです。前ページを特定するためのRefererヘッダが空の場合、ActionController::RedirectBackError例外を発生させる替わりに、引数urlに指定したURLに移動します。URLにトップページを指定するなどで、戻るべきページがないときの代替とすることができます。

サンプル basic_controller.rb（res_redirectアクション）

```ruby
# 外部サイトにリダイレクト（301 Moved Permanentlyでアドレス移転を通知）
redirect_to 'https://wings.msn.to', status: :moved_permanently, allow_other_
host: true
# 同じコントローラ内の異なるアクションにリダイレクト
redirect_to action: 'render_text'
# articlesコントローラのindexアクションにリダイレクト
redirect_to controller: 'articles', action: 'index'
# リダイレクト先を自動生成されるUrlヘルパー（P.373）で指定
redirect_to article_path(1)
# 1つ前のページにリダイレクト（戻るべきページがないときはarticles_urlに移動）
redirect_back fallback_location: articles_url
```

send_file メソッド

指定されたファイルを出力する

書式 `send_file path [,opts]`

引数 path：ファイルのパス　opts：動作オプション

▼ 動作オプション（引数 opts のキー）

オプション	概要	デフォルト値
:filename	ダウンロード時に使用するファイル名	（オリジナルのファイル名）
:type	コンテンツタイプ	application/octet-stream
:disposition	ファイルをブラウザインラインで表示するか（inline）、ダウンロードさせるか（attachment）	attachment
:status	ステータスコード	200(:ok)
:url_based_filename	URLから、ダウンロードファイルの名前を生成するか（URLが「~/ctrl/sendfile」であれば、ダウンロードファイル名は「sendfile」）	false

send_fileメソッドは、指定されたファイルを読み込み、その内容をクライアントに送信します。たとえば、ドキュメントルートの外に配置されたファイルを読み込み、クライアントに送出するような操作も、send_fileメソッドならば1文で記述できます。

サンプル basic_controller.rb（res_sendfileアクション）

```ruby
# 指定されたzipファイルをダウンロード
send_file 'C:/data/image.zip'
# 指定されたPDF文書をmanual.pdfという名前でダウンロード
send_file 'C:/data/sample.pdf', filename: 'manual.pdf'
# 指定された画像をブラウザインラインで表示
send_file 'C:/data/bear.jpg',
  type: 'image/jpeg', disposition: 'inline'
```

注意 ポストデータやクエリ情報などのリクエスト情報で引数pathを直接指定するのは避けてください。たとえば、「send_file params[:path]」のようなコードは、ユーザがサーバ内のファイルに自由にアクセスできてしまうため危険です（パストラバーサル脆弱性）。

send_dataメソッド

クライアントにバイナリデータを送信する

書式　send_data path [,opts]

引数　path：ファイルのパス
　　　opts：動作オプション（P.87の表を参照）

---

send_dataメソッドは、指定されたバイナリデータを受け取り、そのままクライアントに送出します。引数optsには、send_fileメソッドで利用できるオプションをほぼそのまま利用できますが、:url_based_filenameオプションだけは利用できませんので注意してください。

サンプル ● basic_controller.rb

```ruby
def res_senddata
    # ルートパラメータidを取得（省略時は1）
  id = params[:id] ? params[:id] : 1
    # 指定されたid値でphotosテーブルを検索
  @photo = Photo.find(id)
    # data列の情報をそのまま出力（コンテンツタイプはctype列で特定）
  send_data @photo.data, type: @photo.ctype, disposition: 'inline'
end
```

※ 画像をphotosテーブルにアップロードするコードは、P.213を参照してください。

▼ photosテーブルに登録済みの画像を出力

respond_toメソッド

拡張子に応じて応答フォーマットを切り替える

書式
```
respond_to do |format|
   format.type { statements }
   …
end
```

引数　format：フォーマット制御オブジェクト

type：応答フォーマット（デフォルトでhtml、xml、json、rss、atom、yaml、text、js、css、csv、icsのいずれか）

statements：描画のためのコード

---

　respond_toメソッドは、クライアントからの要求に応じて応答フォーマットを動的に切り替えるためのメソッドです。respond_toメソッドを利用することで、フォーマットごとにアクションメソッドを用意する必要がなくなります。

　クライアントからの要求フォーマットは、以下の方法で指定できます。

▼ 応答フォーマットを指定する方法

方法	例
拡張子	/members.xml
クエリ情報	members?format=xml
Accept要求ヘッダ	Accept: application/xml

　デフォルトはhtmlですので、普段はフォーマットを意識する必要はありません。

　respond_toメソッド配下のブロックには「format.type」の形式で、対応するフォーマットtypeを列挙できます。「format.type」は対応したいフォーマットの数だけ記述してください。

　respond_toメソッドは、デフォルトで対応するテンプレート（たとえばindex.xml.erb、index.xml.builderのような）でレスポンスを生成しようとします。もしもその挙動をカスタマイズしたい場合には、以下のようにブロックを渡してください。

```
format.xml { render xml: @members}
```

サンプル articles_controller.rb

```ruby
# 自動生成されたArticlesコントローラ（html、json形式での応答に対応）
def index
  @articles = Article.all

  respond_to do |format|
    # html形式ではindex.html.erbを利用
    format.html
    # 変数@articlesの内容をJSON形式に変換&出力
    format.json { render json: @articles }
  end
end
```

▼ 上：「～/articles」「～/articles.html」でアクセスした場合
　下：「～/articles.json」でアクセスした場合

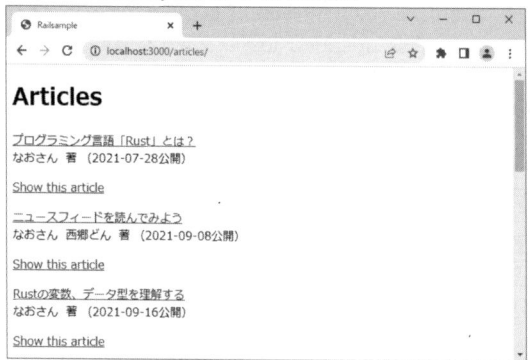

参考 拡張子ごとに用意されたテンプレートをそのまま呼び出すだけの場合には、respond_toメソッドは不要です（Scaffoldingで作成されたアクションメソッドindexやshowにはrespond_toメソッドの記述はありません）。自動的に、「アクション.拡張子.xxxx」形式のテンプレートが使用されます。テンプレートがないか、テンプレート以外のレンダリングを行う場合に使用してください。

register メソッド

respond_to メソッドで
利用できる拡張子を定義する

書式 `Mime::Type.register mime, format`

引数 mime：**コンテンツタイプ**　format：**フォーマット名**

respond_to メソッド (P.89) で指定できるフォーマットは、Rails の action_dispatch/http/mime_types.rb ファイルで定義されています。デフォルトでは、html、xml、json、rss、atom、yaml、text、js、css、csv、ics などが定義されています。

もしもこれ以外の形式のフォーマットを利用したい場合には、Mime::Type.register メソッドでフォーマットを追加してください。/config/initializers/mime_types.rb ファイルに記述します。

以下は、action_dispatch/http/mime_types.rb ファイルにデフォルトで記述されている register メソッドの例です。

サンプル mime_types.rb

```
Mime::Type.register "text/css", :css
```

注意 /initializers フォルダ配下のファイルは初期化ファイルとも呼ばれ、アプリケーションの起動時にまとめて読み込まれます。よって、初期化ファイルを編集した場合には、Puma も再起動する必要があります。

参照 P.52「アプリケーションの設定情報を定義する」

headersメソッド

応答ヘッダを取得／設定する

書式 `response.headers[name] = value`

引数 name：応答ヘッダ名　value：ヘッダ値

response.headersメソッドを利用することで、任意の応答ヘッダを設定できます。head、send_file／send_dataなどのメソッドでまかなえる局面では、それらのメソッドを優先して利用してください。

サンプル basic_controller.rb

```ruby
def res_headers
    # Refreshヘッダでページを自動更新する間隔を設定
  response.headers['Refresh'] = '5'
  render plain: Time.now
end
```

▼ 5秒間隔でページをリフレッシュ

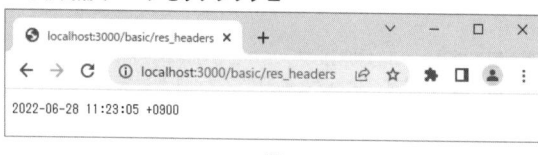

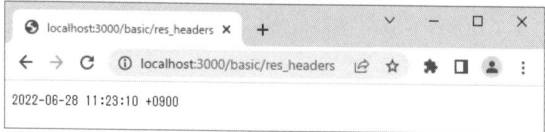

expires_in／expires_now メソッド

Cache-Control ヘッダを操作する

書式　expires_in sec [,opts]　　　　　　キャッシュの設定
　　　　 expires_now　　　　　　　　　　　キャッシュの無効化

引数　sec：有効期限（秒）
　　　　 opts：Cache-Controlヘッダに渡すディレクティブ

expires_in メソッドは、Cache-Control 応答ヘッダを設定します。Cache-Controlヘッダは、コンテンツに対するキャッシュポリシーを設定するヘッダです。引数secはキャッシュの有効期間(max-age)を、引数optsは「名前：値」の形式でCache-Controlヘッダのその他のディレクティブを、それぞれ表します。

キャッシュを無効にしたい(no-cache)場合には、expires_nowメソッドを利用してください。

サンプル ● basic_controller.rb（expiresアクション）

```
expires_in 2.hours, public: true
  ➡ Cache-Control: max-age=7200, public
expires_now
  ➡ Cache-Control: no-cache
```

参考 ▶ publicディレクティブはキャッシュをすべてのユーザに返せることを意味します。逆に、現在のユーザに対してのみキャッシュが有効である（＝他のユーザに同じキャッシュを送信すべきでない）場合にはprivateディレクティブを指定してください。その他、Cache-Controlヘッダに関する詳細は、「HTTPキャッシュ - HTTP|MDN」（https://developer.mozilla.org/ja/docs/Web/HTTP/Caching）のようなサイトを参照してください。

参照 ▶ P.92「応答ヘッダを取得／設定する」

2

コントローラ開発

xmlオブジェクト

Builder テンプレートで XML 文書を生成する

| 書式 | `xml.element([content] [,attr => value, …]) do`
　　`content`
`end` |

| 引数 | `element`：要素名　`attr`：属性名
`value`：属性値　`content`：要素配下のコンテンツ |

　Railsでは、ERB（Embedded Ruby）の他にも、用途に応じてさまざまなテンプレートエンジンを利用できます。その中でも標準で利用でき、XML形式のデータを生成するのに適したテンプレートが**Builder**です。Builderを利用する場合、拡張子も（.erbではなく）.builderとなります。

　Builderテンプレートで主役となるのがxmlオブジェクトです。Builderテンプレートでは、xml.＜element＞メソッドを入れ子に積み上げることでタグ階層を表すのが基本です。要素配下のコンテンツ（content）は、引数、またはブロックとして表現できます。一般的には、単純なテキストは引数として、入れ子のタグはブロックとして指定することになるでしょう。

サンプル basic_controller.rb

```
def xml_build
  @article = Article.find(params[:id])
  # xml形式の出力にのみ対応
  respond_to do |format|
    format.xml
  end
end
```

サンプル xml_build.xml.builder

```
xml.article(id: @article.id) do
  xml.url(@article.url)
  xml.title(@article.title)
  xml.published(@article.published)
end
```

▼ 記事情報をXML形式で出力（「〜/basic/xml_build/5.xml」でアクセスした場合）

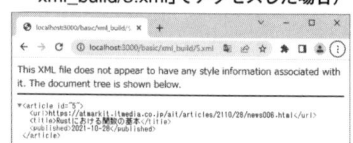

| 注意 | テンプレートとはいっても、Builderは純粋なRubyスクリプトです。HTML埋め込み型モデルであるERBとは、アプローチもまるで違います。 |

atom_feedメソッド

Atom フィードを生成する

書式 `atom_feed([fopts]) do |feed|`
```
contents
  feed.entry(record [,eopts]) do |entry|
    contents
  end
end
```

引数 fopts：フィードオプション　feed：フィード出力のためのブロック変数
contents：フィード／エントリの追加要素
record：エントリを表すオブジェクト
eopts：エントリオプション　entry：エントリ出力のためのブロック変数

▼ atom_feedメソッドのフィードオプション（引数foptsのキー）

オプション	概要	デフォルト値
:language	使用する言語	en-US
:root_url	フィードを代替する HTML文書のURL	/
:url	フィードのURL	（現在のURL）
:id	フィードのid値	tag:#{request.host},#{options[:schema_date]}: #{request.request_uri.split(".")}
:schema_date	スキーマ情報（年月日）	2005
:instruct	フォーム中のXML処理方法を 示すハッシュ（下記参考を参照）	

▼ entryメソッドのエントリオプション（引数eoptsのキー）

オプション	概要	デフォルト値
:published	記事の発行年月日	（created_at列の値）
:updated	記事の更新年月日	（updated_at列の値）
:url	記事のURL	—
:id	記事のid値	tag:#{@view.request.host},#{@feed_options [:schema_date]}:#{record.class}/#{record.id}

　atom_feedメソッドはBuilderテンプレートのビューヘルパーで、**Atomフィー
ド**の生成に特化した機能を提供します。atom_feedメソッドではブロック変数（feed）
をxmlオブジェクト（P.94）のように利用して、フィード階層を組み立てていくのが
基本です。

　個別のエントリを表すには、ブロック変数（feed）からentryメソッドを呼び出します。<published>、<updated>、<url>などの要素はentryメソッドのオプションとして指定できますので、その他、<title>、<content>、<author>などの要素を配下のブロックで定義してください。

サンプル articles/index.atom.builder

```
atom_feed do |feed|
   # フィードタイトル、更新年月日をセット
  feed.title('新着記事フィード')
  feed.updated(@articles.last.created_at)
   # 個別の記事エントリを生成
  @articles.each do |article|
    feed.entry(article,
      url: article.url,
      published: article.published,
      updated: article.published) do |entry|
       # エントリのその他の要素を生成
      entry.title(article.title)
      entry.content("#{article.published} 公開")
    end
  end
end
```

▼ Atomフィードをブラウザから参照

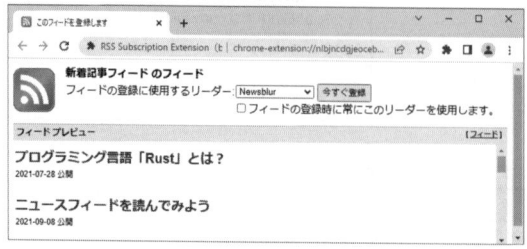

参考 atom_feedメソッドの:instructオプションで、XMLの処理方法をハッシュで指定できます。形式は、{ 対象 => { 属性 => 値, }} または { 対象 => [{ 属性 => 値, }, }] のいずれかです。

cookiesメソッド

クッキーを取得／設定する

書式 cookies[name] = opts

引数 name：クッキー名 opts：クッキー情報

▼ クッキー情報（引数optsのキー）

オプション	概要	デフォルト値	設定値（例）
:value	クッキーの値	—	hogehoge
:expires	クッキーの有効期間	—	3.months.from_now
:domain	有効なドメイン(:allで全部)	現在のホスト	wings.msn.to
:path	クッキーが有効なパス	/	/~Y-Yamada/
:secure	SSL通信でのみクッキーを送信するか	false	true
:httponly	HTTPクッキー（JavaScriptからアクセスできないクッキー）を有効にするか	false	true
:tld_length	domain :allを使用するときTLD長を明示	—	2（TLDが.toなどというとき、下記注意を参照）

　cookiesメソッドを利用することで、**クッキー（Cookie）** を取得／設定できます。クッキーを設定するには、上の表のようなオプションをハッシュ形式で指定してください。値だけを設定することもできます。:expiresオプションが省略された場合、クッキーはブラウザを閉じたタイミングで破棄されます。

　ドメインを共有するようなサーバを利用している場合、:pathオプションは必須です。たとえば、「www.web-deli.com/~Y-Yamada/」「www.web-deli.com/~T-Suzuki/」のようなケースでは、:pathオプションを「/~Y-Yamada/」とすることで、不用意に「www.web-deli.com/~T-Suzuki/」の側にクッキーが漏れ出てしまうことを防げます。

　また、SSL環境では:secureオプションは原則trueに設定してください。暗号化されていないページが混在している場合に、クッキーが送出されてしまうのを防ぐためです。

　cookiesメソッドで保存されたクッキーには、同じくcookies[name]の形式でアクセスできます。

サンプル ● basic_controller.rb

```ruby
def cookie_rec
  # クッキーemailを設定（有効期間は1か月）
  cookies[:email] = { value: 'info@naosan.jp',
    expires: 1.months.from_now, httponly: true }
```

```
  redirect_to action: 'cookie_ref'
end

def cookie_ref
    # クッキーemailの値を出力
  render plain: cookies[:email]
end
```

注意 クッキーはブラウザ側に情報を保存するしくみで、以下のようにHTTPヘッダ経由で
情報をやりとりします。

▼ クッキーのしくみ

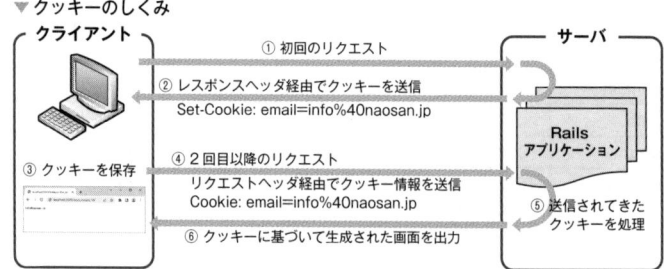

その性質上、エンドユーザが簡単に改ざん、削除できますし、第3者による盗聴も比較
的簡単にできてしまいます。たとえば、クレジットカードやパスワードなどの機密情
報をクッキーに保存してはいけません。

注意 :tld_lengthは、:domainオプションが:allであるときに、実際にクッキーを受け入れ
る、クッキーを送る対象ドメインのTLD（Top Level Domain）の文字数を指定します。
既定の2文字ですと「.cc」や「.jp」などが対象となり、3文字にすると「.com」や「.biz」な
どが対象となります。

参考 HTTPクッキーを有効にすることで、JavaScript経由でクッキーへのアクセスができ
なくなるため、クロスサイトスクリプティング脆弱性によるクッキー盗聴のリスクを
軽減できます。

参考 :expiresオプションには数値のほかに、ActiveSupport::Durationオブジェクトを指定
することもできます。

```
  # 1か月に相当する秒数に設定
expires: ActiveSupport::Duration.SECONDS_PER_MONTH
  # 31556952秒＝1年に設定
expires: ActiveSupport::Duration.build(31556952)
```

参照 P.101「セッション情報を読み書きする」

deleteメソッド

クッキーを削除する

書式 `cookies.delete(name [,opts])`

引数 name：クッキー名
opts：対象のドメイン／パス（設定例はP.97の表を参照）

cookiesメソッドで定義したクッキーを削除するには、cookies.deleteメソッドを利用します。必須の引数はnameのみですが、クッキーを設定する際に:domain／:pathオプションで制限されたクッキーは、削除に際しても:domain／:pathオプションを明示する必要があります。さもないと、該当のクッキーが削除されません。

サンプル basic_controller.rb（cookie_delアクション）

```ruby
# クッキーemailを削除
cookies.delete(:email)
# クッキーemail2を削除（:pathオプション付き）
cookies.delete(:email2, path: '/basic/')
```

参照 P.97「クッキーを取得／設定する」

Column JSONを整形して見るJSON Viewer

本書ではたびたびJSONフォーマットのテキストをWebブラウザに表示していますが、デフォルトではデータがずらっと表示されるだけで、あまり見やすいとはいえません。本書で採用しているGoogle ChromeでJSONの整形機能を利用するには、JSON Viewerという拡張機能をインストールすることをお勧めします。コンテンツタイプがJSONである場合に自動的にパースし、インデントを施して見やすく整形して表示してくれます。

インストールは、Chromeウェブストア（https://chrome.google.com/webstore/category/extensions?hl=ja）から行えます。右の図は、P.90のJSONをJSON Viewerを有効にして表示してみた例です。

▼ JSON ViewerでのJSONの表示

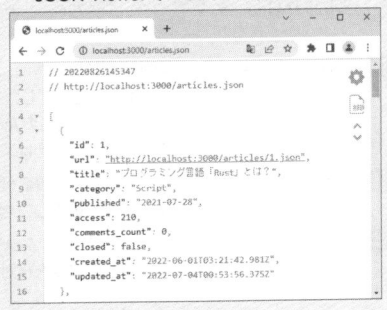

permanent／signedメソッド

永続化クッキー／署名付きクッキーを発行する

書式　cookies.permanent[name] = opts　　　　永続化クッキー
　　　　cookies.signed[name] = opts　　　　　　署名付きクッキー

引数　name：クッキー名
　　　　opts：クッキー情報（利用可能なオプションはP.97の表を参照）

permanent、signedメソッドを利用することで、永続化クッキー／署名付きクッキーを生成できます。**永続化クッキー**とは、有効期間が20年に設定されたクッキーです（:expiresオプションが指定された場合にもpermanent指定が優先されます）。**署名付きクッキー**は、署名することで、サーバ側で値の妥当性を検証できるようにしたクッキーのことです。あくまで改ざん防止が目的の機能ですので、クライアント側でのクッキーの削除や中身の閲覧を防ぐことはできません。

署名付きクッキーを利用するには、/config/credentials.yml.encで署名／検証に利用するトークンを定義しておく必要があります（アプリケーション作成時にもデフォルトのトークンが作成されます）。

サンプル basic_controller.rb（cookie_permアクション）

```
# 永続化クッキーnameを登録
cookies.permanent[:name] = cookies.permanent[:name] = { value: 'YAMAUCHI,Nao' }
# 署名付きクッキーname2を登録
cookies.signed[:name2] = { value: 'ONODERA,Shino' }
# 署名付き／永続化クッキーname3を登録
cookies.permanent.signed[:name3] = { value: 'NANASHINO,Gonbe' }
```

サンプル /config/credentials.yml.enc

```
secret_key_base: 5fa17327514fdfd80364fbad931d4c1fffe3dad9f23decb3122857a ⏎
f17af2b29d7436dca534753d24fca2e972e9c9c0afdc54dcbaf7e70d8abbcdb75329dff13
```

注意 /config/credentials.yml.encファイルは、直接編集できません。環境変数EDITORにテキストエディタのコマンド名を設定した上で、rails credentials:editコマンドを使って編集してください。なお、環境別の/config/<environment>/credentials.yml.encファイルも使うことができ、この場合は環境別のファイルが優先されます。

注意 トークンを変更すると、それまでの署名付きクッキーはすべて無効になります。また、/config/credentials.yml.encを編集した場合はサーバを再起動してください。

参考 一般的に、不要に長い有効期間を持つクッキーは嫌われる傾向にあります。永続化クッキーを利用する際には、まずは要否を検討してください。

sessionメソッド

セッション情報を読み書きする

書式 `session[name] = value`

引数 name：キー名　value：セッション値

---

sessionメソッドを利用することで、ハッシュにアクセスする要領でセッション情報にアクセスできます。**セッション**とは、ユーザ（クライアント）単位に情報を管理するためのしくみです。クッキーにも似ていますが、セッションでは、必要に応じて情報の保存先を変更できる点が異なります。ブラウザを開いている間、データを維持したいというケースでは、まずセッションを優先して利用するとよいでしょう。

サンプル basic_controller.rb

```ruby
def session_rec
  # セッションemailを設定
  session[:email] = 'info@naosan.jp'
  redirect_to action: 'session_ref'
end

def session_ref
  # セッションemailの値を出力
  render plain: session[:email]
end
```

注意 セッションはデフォルトでクッキー（cookie_store）に保存されます。cookie_storeを利用する場合、機密情報をセッションに保存してはいけません。
また、クッキーの制約サイズである4KBを超えて、データを保存することはできません。巨大なオブジェクトをcookie_storeに格納する際には注意してください。

参考 セッションにオブジェクトを保存する際は、内部的にシリアライズされます。Procオブジェクトのようにシリアライズできないオブジェクトは、セッションには保存できません。

reset_session／sessionメソッド

セッションを破棄する

書式	reset_session	すべて
	session[name] = nil	特定のキー
引数	name：キー名	

reset_sessionメソッドは、既存のセッションを破棄します。もしも個別のキーについて破棄したい場合には、「session[:name] = nil」のようにセッション変数に明示的にnil値を設定してください。

サンプル ● basic_controller.rb（session_delアクション）

```
 # セッションemailの値を破棄
session[:email] = nil
 # すべてのセッションを破棄
reset_session
```

注意 ▶ Active Recordデータストア（P.105）で管理されたセッション情報はreset_sessionメソッドなどで明示的に指示しない限り、削除されません。ゴミとなったセッション情報を破棄するには、以下のようなrails runnerコマンド（P.51）をcronなどから定期的に実行してください。

```
> rails runner -e production "ActiveRecord::SessionStore::Session ⏎
delete_all ([ 'updated_at < ?', 7.days.ago ])"
```

session_store／sessionパラメータ

セッションの設定を変更する

書式 `config.session_store = store, opts`

引数 store：セッション情報の保存先　opts：セッションの基本情報

▼ config.session_storeパラメータの設定値（引数store）

設定値	概要
:cookie_store	クッキー（デフォルト）
:cache_store	キャッシュ
:active_record_store	Active Record経由のデータベース
:mem_cache_store	Memcachedサーバ

▼ config.session_storeパラメータの設定オプション（引数optsのキー）

分類	キー名	概要	デフォルト値
基本	:key	セッション管理に利用するクッキーの名前	_session_id
	:domain	セッションクッキーの有効ドメイン	（現在のドメイン）
	:path	セッションクッキーの有効パス	/
	:expire_after	セッションの有効期間	（ブラウザを閉じるまで）
	:secure	SSL通信でのみクッキーを送信するか	false
	:httponly	HTTPクッキーを有効にするか	true
	:cookie_only	クッキーからのみセッションIDを取得するか	true
:cookie_store	:secret	クッキーをハッシュ化するためのトークン	－
	:digest	ハッシュ生成に利用するアルゴリズム（DSS、DSS1、MD2、MD4、MD5、MDC2、RIPEMD160、SHA、SHA1）	SHA1
:cache_store	cache	使用するキャッシュ	Rails.cache
	:expire_after	セッションの有効期限	キャッシュの:expires_in
:active_record_store	－	－	－

　config.session_storeパラメータを変更することで、セッションの保存先を変更できます。デフォルトは:cookie_store（クッキー）ですが、その場合、セッションはクライアントに保存されますので、エンドユーザによる参照、削除を防ぐことはできません。セッション情報に機密情報を含む場合には、情報をサーバ側で管理する:active_record_store、cache_storeのいずれかを利用するのが望ましいでしょう。

config.session_storeパラメータでは、セッションに関する設定を管理します。常に利用できる:key、:cookie_onlyなどのキーに対して、特定のデータストアでしか利用できないパラメータもありますので、注意してください。

config.session_storeパラメータは、/config/initializersフォルダ配下のsession_store.rbというファイルに対して設定します。もしくは/config/environments/development.rbなどのファイルに環境ごとに設定できます。

サンプル ● session_store.rb

```
# Active Recordデータストアを有効化
Rails.application.config.session_store :active_record_store
# セッションクッキーの基本設定
Rails.application.config.session = {
  key: '_railsample_session',
  httponly: true
}
```

注意 上記以外に従来の:mem_cache_storeを使用できますが、実装が古く非推奨となっているので表からも割愛しています。

注意 :active_record_storeを有効にする場合には、Gemライブラリactiverecord-session_storeが必要ですので、Gemfileに追加してbundle installコマンドを実行してください。

```
gem "activerecord-session_store"
```

注意 session_store.rbファイルを編集した場合には、設定を反映させるためにサーバを再起動してください。

参考 トークン(:secretパラメータ)は、以下のようにrails secretコマンドで自動生成できます。

```
> rails secret
ac012506e2d2680883244ba71199c0992483c4b1beaaa83d18dd5344362f606c9 ↵
384b7c7586e17330bc6dc3ccae4a96312202b96a16c220e54dd04e466d08919
```

参照 P.105「セッション格納のデータベースを準備する」

rails generate active_record:session_migration／rails db:sessions:trim コマンド

セッション格納のデータベースを準備する

書式　rails generate active_record:session_migration　　　　作成
　　　　　rails db:sessions:trim　　　　　　　　　　　　　　　　　クリア

引数　env：環境名（development、test、production）。デフォルトは
　　　　　development

セッション管理で:active_record_store(Active Record データストア)を利用する場合、あらかじめセッション情報を保存するための sessions テーブルを作成する必要があります。フィールドレイアウトは、以下の通りです。

▼ sessions テーブルのフィールドレイアウト

フィールド名	データ型	概要
session_id	string	セッションID
data	text	セッション情報

sessions テーブルは、rails generate active_record:session_migration コマンドで作成できます。もっとも、rails generate active_record:session_migration コマンドは sessions テーブルを作成するためのマイグレーションファイルを作成するだけですので、テーブルを作成するには rails db:migrate コマンド(P.151)でマイグレーションファイルを実行する必要があります。sessions テーブルの中身をクリアするには、rails db:sessions:trim コマンドを実行してください。

サンプル ● sessions テーブルの作成／内容のクリア

```
# sessionsテーブルを作成するマイグレーションファイルの作成
> rails generate active_record:session_migration
# マイグレーションを実行（sessionsテーブルを作成）
> rails db:migrate
# sessionsテーブルをクリア
> rails db:sessions:trim
```

注意　Active Record データストアの使用には、Gem ライブラリ activerecord-session_store が必要です。Gemfile に追記し、bundle install コマンドを実行してください。

```
gem "activerecord-session_store"
```

参考　Active Record データストアを有効にするには、config.session_store パラメータ(P.103)を設定してください。

redirect_toメソッド（:alert／:notice／:flash）

リダイレクト前後で一時的に データを維持する（1）

書式	`redirect_to url, alert: msg`	警告
	`redirect_to url, notice: msg`	情報
	`redirect_to url, flash: { name : msg, … }`	その他

引数　url：リダイレクト先のURL
　　　　msg：リダイレクト先に引き渡したいメッセージ
　　　　name：パラメータ名

　redirect_toメソッドの:alert／:noticeオプションを利用することで、リダイレクト先で参照できる簡単なメッセージを追加できます。このようなリダイレクトの前後でのみ維持される情報のことを**フラッシュ（Flash）**といいます（有効期間が限定された、特殊なセッションと考えてもよいでしょう）。主に、データ編集時の成功／失敗メッセージなどの受け渡しに利用することになります。

　:notice／:alertオプションで機能的な違いはありません。:noticeオプションは通知／成功メッセージ、:alertオプションはエラーメッセージの通知という使い分けをします。

　:alert／:noticeオプションで設定されたフラッシュは、リダイレクト先ではそのまま<%= alert %>、<%= notice %>のようにアクセスできます。

　任意のキー名を利用したい場合には、:flashオプションも利用できます。ただし、記述は冗長になりますので、まずは:alert／:noticeオプションを優先して利用してください。:flashオプションで設定されたフラッシュは、参照する際も、「<%=flash[:param] %>」のように書く必要があります。

サンプル basic_controller.rb（redirect_flashアクション）

```ruby
 # redirect_flash2アクションにflashメッセージnoticeを引き渡す
redirect_to({ action: 'redirect_flash2' },
  notice: 'noticeメッセージ')
 # 以下のコードも同じ意味
redirect_to({ action: 'redirect_flash2' },
  flash: { notice: 'noticeメッセージ' })
```

サンプル basic/redirect_flash2.html.erb

```erb
<%# いずれも同じ意味 (flash[…]の記法は、通常notice、alert以外で利用) %>
<p><%= notice %></p>
<p><%= flash[:notice] %></p>
```

flashメソッド

リダイレクト前後で一時的に
データを維持する（2）

書式 `flash[key] = value`

引数 key：キー名　value：値

---

flashメソッドを利用することで、ハッシュにアクセスする要領でフラッシュを読み書きできます。キーには任意のシンボルを指定できます。リダイレクトのタイミングでフラッシュを設定するならば、まずはredirect_toメソッドの :notice／:alert、または:flashオプションを利用してください。

以下のサンプルは、P.106のサンプルをあえてflashメソッドを使って書き換えたものです。

サンプル basic_controller.rb（redirect_flashアクション）

```
flash[:notice] = 'noticeメッセージ'
redirect_to action: 'redirect_flash2'
```

nowメソッド

現在のアクションでのみ有効な
フラッシュを定義する

書式 `flash.now[key] = value`

引数 key：キー名　value：値

現在のリクエストでのみ有効なフラッシュは、flash.nowメソッドで設定します。flash.nowメソッドで設定されたフラッシュは、リダイレクト先ではアクセスできません。

サンプル basic_controller.rb（redirect_flashアクション）

```
# 以下のnoticeメッセージはリダイレクト先redirect_flash2では参照できない
flash.now[:notice] = 'noticeメッセージ'
redirect_to action: 'redirect_flash2'
```

keepメソッド

フラッシュを次のリクエストに持ち越す

書式 `flash.keep(key)`

引数 key：キー名

フラッシュはデフォルトで現在と次のリクエストでのみ有効です。しかし、状況によっては、その情報をさらに次のリクエストまで持ち越したいということもあるでしょう。そのような場合にはkeepメソッドを呼び出すことで、フラッシュの有効期間を1リクエスト分、延命できます。

サンプル basic_controller.rb（redirect_flash2アクション）

```
# フラッシュnoticeを次のリクエストまで延命
flash.keep(:notice)
```

discardメソッド

フラッシュを破棄する

書式 `flash.discard([key])`

引数 key：キー名

discardメソッドは、指定されたフラッシュを破棄します。引数keyを省略した場合には、すべてのフラッシュが削除対象となります。

サンプル basic_controller.rb（redirect_flashアクション）

```
# フラッシュnoticeを破棄
flash.discard(:notice)
```

unknown／fatal／error／warn／info／debugメソッド

標準ログを出力する

書式		
unknown(msg)		不明なエラー
fatal(msg)		致命的なエラー
error(msg)		エラー
warn(msg)		警告
info(msg)		情報
debug(msg)		デバッグ情報

引数 msg：ログに出力するメッセージ

loggerオブジェクトを利用することで、標準出力（Pumaのコンソール）やログファイル（/log/development.logなど）にログを出力できます。loggerオブジェクトでは、ログの重要度に応じて、unknown→fatal→error→warn→info→debugというメソッドを用意しています。順番は優先順位を表しています。つまり、unknownが最も優先順位が高く、debugが最も低いということです。

サンプル ● basic_controller.rb

```ruby
def logging
  logger.unknown('Unknown')
  logger.fatal('Fatal')
  logger.error('Error')
  logger.warn('Warn')
  logger.info('Info')
  logger.debug('Debug')
  render plain: 'ログはコンソール、ログファイルで確認できます。'
end
```

▼ Pumaサーバのコンソールに出力されたログメッセージ

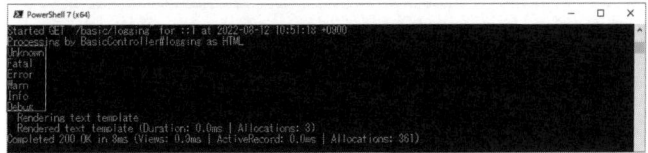

参考 コントローラ以外からloggerオブジェクトを呼び出す例については、P.265のサンプルも参考にしてください。

参照 P.110「ログの出力を重要度に応じて絞り込む」

log_levelパラメータ

ログの出力を重要度に応じて絞り込む

書式 `config.log_level = level`

引数 `level`：ログレベル（:unknown、:fatal、:error、:warn、:info、:debug）

log_levelパラメータは、loggerオブジェクトによるログの出力レベルを切り替えます。たとえば、log_levelパラメータを:errorとした場合には、error以上のログ（unknown、fatal、error）だけが出力されるようになります。

サンプル development.rb

```
config.log_level = :error
```

▼ Pumaサーバのコンソールに出力されたログメッセージ

```
PowerShell 7 (x64)                                              —  □  ×
Puma starting in single mode...
* Puma version: 5.6.4 (ruby 3.0.4-p208) ("Birdie's Version")
* Min threads: 5
* Max threads: 5
* Environment: development
*         PID: 13098
* Listening on http://[::1]:3000
* Listening on http://127.0.0.1:3000
Use Ctrl-C to stop
Unknown
Fatal
Error
```

※ ログを出力するには、basic#loggingアクション（P.109）を実行してください。

rails log:clearコマンド

ログファイルをクリアする

書式 `rails log:clear`

環境に応じて、ログは/logフォルダ配下のdevalopment.log、test.log、production.logに記録されます。記録されたログをクリアするには、rails log:clearコマンドを利用します。

サンプル ログファイルのクリア

```
> rails log:clear
```

filter_parameters／filter_redirect パラメータ

特定の情報をログから除外する

書式
```
config.filter_parameters = rfilter
config.filter_redirect = ufilter
```

引数 rfilter：除外するリクエスト情報（文字列、正規表現、シンボル）
　　　ufilter：除外するURL情報（文字列、正規表現）

　filter_parametersパラメータは、リクエスト情報をロギングする際に除外すべきパラメータを表します。たとえば、以下のサンプルではpasswordを含む名前のパラメータをロギングの除外対象としています。password（パスワード）をログに記録してしまうのは、セキュリティなどという言葉を持ち出すまでもなく望ましい状況ではありません。結果を確認すると、password／password_confirmationパラメータの値が[FILTERED]のようにマスクされていることが確認できます。

　filter_redirectパラメータは、リダイレクト先のURLをロギングするときに除外するURLを指定します。秘匿性の高いURLにリダイレクトされる際、それが記録されるのは好ましくありません。以下のサンプル2では、「wings.msn.to」を含むリダイレクト先が[FILTERED]と除外されます。

　設定値には、文字列、シンボルの他、/password/のような正規表現を指定することも可能です。

サンプル application.rb

```
# passwordという名前のパラメータをログから除外（いずれも同じ意味）
config.filter_parameters += [:password]
config.filter_parameters += ['password']
config.filter_parameters += [/password/]
```

```
Started POST "/users?encoding=utf-8" for ::1 at 2022-03-14 20:28:46 +0900
Processing by UsersController#create as TURBO_STREAM
  Parameters: {"authenticity_token"=>"[FILTERED]",
    "user"=>{"name"=>"Nao Yamauchi", "password"=>"[FILTERED]",
    "kname"=>"山内直", "email"=>"nao@naosan.jp", "roles"=>"admin",
    "lock_version"=>"0"}, "commit"=>"Create User",
    "encoding"=>"utf-8"}
…後略…
```

※ 上は、users#createアクションを実行した場合のPumaサーバの表示です。

サンプル2 application.rb

```
# .wings.toへのリダイレクトをログから除外
config.filter_redirect << /wings\.msn\.to/
```

```
Started GET "/basic/res_redirect" for ::1 at 2022-03-14 20:54:44 +0900
Processing by BasicController#res_redirect as HTML
Redirected to [FILTERED]
Completed 301 Moved Permanently in 5ms (ActiveRecord: 0.0ms | Allocations: 2995)
```

参考 config.filter_parameters パラメータの初期値は、/config/initializers/filter_parameter_
logging.rb ファイルでさらに追加されています。内容は、:passw, :secret, :token,
:_key, :crypt, :salt, :certificate, :otp, :ssn となっています。

Column Rails以外のRubyによるWAF

Rubyで動くWAF（Webアプリケーションフレームワーク）としては、やはり
Railsが一番人気ですが、ほかにも特色のあるフレームワークがいろいろありま
す。

● Sinatra／Padrino
Sinatraは、MVCアーキテクチャに基づかないフレームワークです。コンパク
トで柔軟性のあるアプリケーション作成が可能で、Apple、BBC、Heroku、
Sendgrid、GitHubなどで採用されています。
Padrinoは、Sinatraをベースに開発されたフレームワークで、こちらはMVC
アーキテクチャを取り入れ、国際化にも対応しています。

● Camping
Campingは、MVCアーキテクチャに基づいた非常に軽量なフレームワークで
す。サイズは4KB未満と、他のどのフレームワークよりもコンパクトなのが特
徴です。コンパクトであるためWebアプリケーションのロードと実行を高速に
行え、メモリ効率も高いものとなっています。

● Hanami
Hanamiは、2017年の登場と、比較的新しいフレームワークです。MVCアー
キテクチャに基づいており、高い拡張性と、高速なレスポンスと少ないメモリ
消費で動作するのが特徴です。

その他、cuba microframework、Ramaze、Goliath、Grape、Voltなどのフ
レームワークがあり、意外と多いことに驚かされます。

before_action／after_actionメソッド

アクションの直前／直後に処理を実行する

■ 書式 ■ before_action method, … [,opts]　　　　beforeフィルタ

after_action method, … [,opts]　　　　afterフィルタ

■ 引数 ■ method：フィルタとして適用するメソッド名

opts：適用／除外オプション

▼ 適用／除外オプション（引数optsのキー）

オプション	概要
:only	指定されたアクションでのみフィルタを適用
:except	指定されたアクションを除いてフィルタを適用

　フィルタとは、アクションメソッドの直前／直後、または前後双方で付随的な処理を実行するためのしくみです。フィルタを利用することで、アクションに付随する共通処理（たとえば、ロギングや認証／アクセス制御、圧縮といった機能）をアクション本体から切り離して、一元的に記述できるようになります。

　before_action／after_actionメソッドはそれぞれ、アクションの直前、直後に呼び出すべきフィルタ（**before フィルタ**、**after フィルタ**）を宣言します。引数methodにはフィルタとして実行するメソッドの名前を渡します。フィルタを宣言する際に、最もよく利用する構文です。

　特定のアクションでのみフィルタを適用／除外したい場合には、:only／:exceptオプションを指定してください。

サンプル ● basic_controller.rb

```ruby
class BasicController < ApplicationController
  …中略…
    # filter_testアクションにlog_before／log_afterフィルタを適用
  before_action :log_before, only: :filter_test
  after_action :log_after, only: :filter_test

  def filter_test
    logger.debug('action is called')
    render plain: 'ログはコンソール、ログファイルで確認できます。'
  end
  …中略…
    # フィルタはプライベートメソッドとして定義
  private
  def log_before
    logger.debug('before filter is called.')
  end

  def log_after
    logger.debug('after filter is called.')
  end
end
```

▼ Pumaサーバのコンソールに出力されたログメッセージ

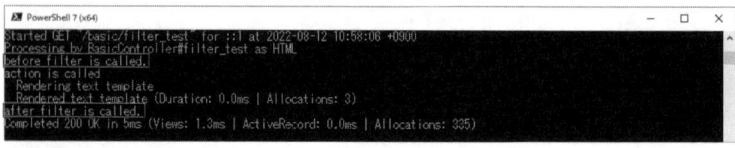

注意 ▶ フィルタメソッドがアクションとして呼び出せてしまうのは望ましくないため、原則
はプライベートメソッドとして定義すべきです（構文規則ではありません）。

参考 ▶ beforeフィルタでrender／head／redirect_toメソッドを呼び出すか、例外を発生さ
せることで、以降のアクションを中断させることができます。これを利用することで、
たとえば「認証の成否を判定し、許可されなかった場合には他のページにリダイレクト
する」というような使い方ができるでしょう。

around_actionメソッド

アクションの前後で処理を実行する

書式 `around_action method, … [,opts]`

引数 method：フィルタとして適用するメソッド名
opts：適用／除外オプション（P.113の表を参照）

　around_actionメソッドは、アクションの前後にまたがったフィルタ（around
フィルタ）を宣言します。around_actionメソッドそのものの書式は、before_action
／after_actionメソッド（P.113）と同じですが、フィルタメソッドの記述がやや異
なります。aroundフィルタでは、アクション前後の処理をまとめて記述していま
すので、どのタイミングでアクションを呼び出すのか、明示的に指定する必要があ
るのです。そのタイミングを指定しているのがyieldメソッドです。

サンプル● basic_controller.rb

```
# filter_test2アクションにlog_aroundフィルタを適用
around_action :log_around, only: :filter_test2
…中略…
private
…中略…
def log_around
  logger.debug('before filter is called.')
  yield                                          # 本来のアクションを呼び出し
  logger.debug('after filter is called.')
end
```

▼ Pumaサーバのコンソールに出力されたログメッセージ

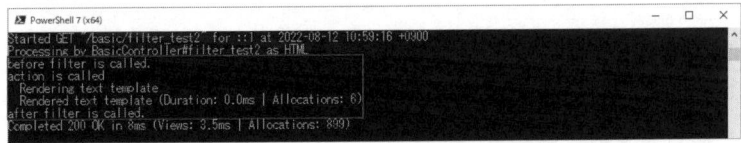

参考 ▶ aroundフィルタにおいて条件次第でアクションを呼び出したくないという場合には、
yieldメソッドを呼び出さないようにします。

フィルタを簡単に定義する

書式　xxxxx_action [,opts] do |c|
　　　　　statements
　　　　end

引数　xxxxx：フィルタの種類（before、around、after）
　　　　opts：適用／除外オプション（P.113の表を参照）
　　　　c：コントローラクラス　statements：フィルタ本体

xxxxx_actionメソッドには、フィルタ処理をブロックとして直接渡すこともできます。単純なフィルタであれば、ブロック構文を利用することで、よりシンプルに表せるでしょう。

以下は、P.114のサンプルをブロック構文で書き換えたものです。

サンプル basic_controller.rb

```ruby
# filter_testアクションの実行前にブロックを実行
before_action only: :filter_test do |c|
  logger.debug('before filter is called.')
end

# filter_testアクションの実行後にブロックを実行
after_action only: :filter_test do |c|
  logger.debug('after filter is called.')
end
```

▼ Pumaサーバのコンソールに出力されたログメッセージ

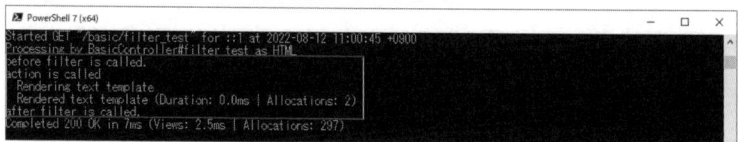

before／after／aroundメソッド

複数のコントローラでフィルタを共有する

書式 before(controller) アクション前
after(controller) アクション後
around(controller) アクション前後

引数 controller：フィルタを適用するコントローラ

複数のコントローラでフィルタを共有したい場合には、別のクラスとしてフィルタを切り出すこともできます（**フィルタオブジェクト**）。フィルタオブジェクトは、フィルタの種類に応じて、以下のメソッドを実装している必要があります。

▼ フィルタの種類と実装すべきメソッドの対応

種類	メソッド
before_action	before、または、around
after_action	after、または、around
around_action	before & after、または、around

beforeメソッドはアクションの前、afterメソッドはアクションの後に実行されるメソッド、aroundメソッドは、アクションの前後に実行されるメソッドです。
すべてのメソッドは、引数としてコントローラオブジェクト（controller）を受け取ります。フィルタメソッドの中では、コントローラオブジェクトを介してリクエスト／レスポンス情報にアクセスできます。
フィルタオブジェクトをコントローラに適用するには、before_action／after_action／around_actionメソッドに、フィルタオブジェクトのインスタンスを渡すようにしてください。

サンプル ● output_filter.rb

```ruby
# フィルタオブジェクトを定義
class OutputFilter
  # アクション実行の直前に実行されるメソッド
  def before(c)
    c.logger.debug('before filter is called.')
  end

  # アクション実行の直後に実行されるメソッド
  def after(c)
    c.logger.debug('after filter is called.')
  end

  # アクション実行の前後に実行されるメソッド
  def around(c)
    c.logger.debug('before filter is called.')
    yield
    c.logger.debug('after filter is called.')
  end
end
```

サンプル ● basic_controller.rb

```ruby
class BasicController < ApplicationController
  …中略…
    # フィルタオブジェクトを適用
  around_action OutputFilter.new
  …中略…
end
```

▼ Pumaサーバのコンソールに出力されたログメッセージ

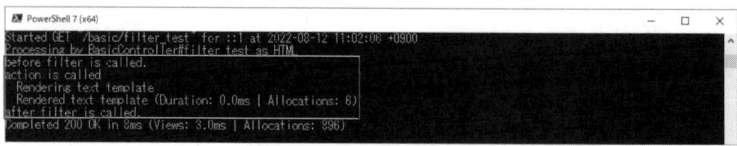

skip_xxxxx_actionメソッド

親コントローラから継承した
フィルタを除外する

書式　skip_before_action method, … [,opts]　　　除外 (before)
　　　　skip_after_action method, … [,opts]　　　 除外 (after)
　　　　skip_around_action method, … [,opts]　　　除外 (around)

引数　method：除外するフィルタ名
　　　　opts：適用／除外オプション（P.113の表を参照）

　親コントローラで定義されたフィルタは、デフォルトで、そのまま子コントローラにも適用されます。つまり、すべてのコントローラの基底クラスであるApplicationController(P.126)で定義されたフィルタは、すべてのコントローラに適用されます。

　もしも、このような継承されたフィルタを子コントローラで適用したくないという場合には、skip_before_action／skip_after_action／skip_around_actionメソッドを利用してください。特定のアクションでのみ除外したい(または特定のアクション以外で除外したい)という場合には、:only／:exceptオプションを指定してください。

サンプル● basic_controller.rb

```
class BasicController < ApplicationController
  …中略…
    # ApplicationControllerで定義されたcommon_logフィルタ (P.126) を除外
  skip_before_action :common_log
  …中略…
end
```

参考 フィルタは、親コントローラで定義されたものから順番に実行されます。

prepend_xxxxx_actionメソッド

フィルタの実行順序を変更する

書式　prepend_before_action method, … [,opts]　　beforeフィルタ
　　　　prepend_after_action method, … [,opts]　　afterフィルタ
　　　　prepend_around_action method, … [,opts]　　aroundフィルタ

引数　method：フィルタとして適用するメソッド名
　　　　opts：適用／除外オプション（P.113の表を参照）

フィルタの実行順序は、以下のルールで決まります。

▼ フィルタの実行順序

種類	実行順序
before	先に宣言されたものを先に実行
after	後に宣言されたものを先に実行
around	前処理は宣言順に、後処理は宣言とは逆順に実行

　なお、親コントロールで定義されたフィルタは、子コントローラよりも先に宣言されたものと見なされます。よって、たとえば、親コントローラでbefore_p、after_p、around_pフィルタを、子コントローラでbefore_c、after_c、around_cフィルタが定義された場合、以下のような順序で実行されます。

- before_p
- around_p（前処理）
- before_c
- around_c（前処理）
- アクション本体の実行
- around_c（後処理）
- after_c
- around_p（後処理）
- after_p

　しかし時として、子コントローラ側で用意したフィルタを、親コントローラのそれよりも先に割り込ませたいということもあるでしょう。このようなケースでは、prepend_xxxxx_actionメソッドでフィルタを宣言します。prepend_xxxxx_actionメソッドで宣言されたフィルタは、より先に宣言されたものと見なされるようになります。

サンプル ● application_controller.rb

```ruby
class ApplicationController < ActionController::Base
  …中略…
    # beforeフィルタparent_logを宣言
  before_action :parent_log
  …中略…
  private
  …中略…
  def parent_log
    logger.debug('parent filter is called.')
  end
end
```

サンプル ● basic_controller.rb

```ruby
class BasicController < ApplicationController
  …中略…
    # beforeフィルタchild_logを宣言 (pre_filter_testアクションのみ)
  prepend_before_action :child_log, only: :pre_filter_test
  …中略…
  def pre_filter_test
    logger.debug('action is called')
    render plain: 'ログはコンソール、ログファイルで確認できます。'
  end
  …中略…
  private
  …中略…
  def child_log
    logger.debug('child filter is called.')
  end
  …中略…
end
```

🔻

```
child filter is called.                子コントローラのフィルタを先に実行
parent filter is called.               親コントローラのフィルタ
action is called                       アクション本体からの出力
```

注意 ▶ あまり複雑なフィルタチェーン(順序)の設計は避けるべきです。特に、prepend_after_action／prepend_around_actionメソッドは利用しない方がよいでしょう。

参考 ▶ prepend_xxxxx_actionメソッドが複数回呼び出された場合は、後に宣言されたフィルタがより先に宣言されたものと見なされます。

2 コントローラ開発

authenticate_or_request_with_http_basicメソッド

基本認証を実装する

書式
```
authenticate_or_request_with_http_basic(realm) do |name, password|
  login_procedure
end
```

引数　realm：レルム名　name：ユーザ名　password：パスワード
login_procedure：ログイン処理

authenticate_or_request_with_http_basicメソッドは、それ単体で基本認証の要求から入力されたユーザ名／パスワードの判定までを行います。ブロック変数name、passwordで、クライアントから送信されたユーザ名／パスワードを受け取ることができますので、あとは配下のブロックでその妥当性を判定します。

認証の成否は、ブロックの戻り値(true/false)によって判定します。

サンプル basic_controller.rb

```ruby
# auth_actionアクションにbeforeフィルタbasic_authを適用
before_action :basic_auth, only: :auth_action
…中略…
def auth_action
  render plain: 'ログインに成功しました。'
end
…中略…
  # 基本認証を実行（入力値とusersテーブルのユーザ情報とを比較）
private
def basic_auth
  authenticate_or_request_with_http_basic('Railsample') do |n, p|
    User.where(name: n, password: Digest::SHA1.hexdigest(p)).exists?
  end
end
```

▼ 認証ダイアログを表示（ユーザ名：nyamauchi、パスワード：12345）

注意 ▶ パスワードをデータベースに保存する際には、最低限、MD5、SHA1 などを利用してハッシュ値として格納してください。これによって、データベースの中身を万が一、第三者に覗き見られても、オリジナルのパスワードがそのまま漏えいする心配はありません（厳密には salt を利用するのがより望ましいでしょう）。

参考 ▶ サンプルデータベースでは SHA1 でパスワードをハッシュ化しています。SHA1 ハッシュを求めるには、Digest::SHA1.hexdigest メソッドを利用します。

参考 ▶ 基本認証は、ユーザ名／パスワードが平文で扱われるため、厳密な認証には不向きですが、ブラウザの標準機能のみで実装できるので実装のハードルが低くて済みます。イントラネットの利用など限られた用途であれば十分に有効でしょう。

参照 ▶ P.124「基本認証を簡単に実装する」
P.125「ダイジェスト認証を実装する」
P.541「アプリケーションに認証機能を実装する」

http_basic_authenticate_with メソッド

基本認証を簡単に実装する

書式	`http_basic_authenticate_with opts`

引数	opts：認証オプション

▼ 認証オプション（引数optsのキー）

オプション	概要
:name	ユーザ名
:password	パスワード
:realm	レルム名（デフォルトはApplication）
その他	before_actionメソッドに渡せる任意のオプション

　http_basic_authenticate_withメソッドを利用することで、authenticate_or_request_with_http_basicメソッドよりも簡単に基本認証を実装できます。ログインを許可するユーザ名／パスワードは、引数optsで指定してください。引数optsには、表でまとめたオプションの他、フィルタ宣言で利用できる:only／:exceptオプション（P.113）も指定できます。

　authenticate_or_request_with_http_basicメソッドよりも自由度は制限されますが、単純にユーザ名／パスワードを比較するだけの認証であれば、ぐんとコードがシンプルになります。

サンプル basic_controller.rb

```ruby
class BasicController < ApplicationController
  …中略…
  http_basic_authenticate_with realm: 'Railsample',
    only: :auth_action,
    name: 'nyamauchi', password: '12345'
  …中略…
end
```

▼ 認証ダイアログを表示（ユーザ名：nyamauchi、パスワード：12345）

authenticate_or_request_with_http_digestメソッド

ダイジェスト認証を実装する

書式 `authenticate_or_request_with_http_digest(realm) do |name|`
    `login_procedure`
`end`

引数 realm：**レルム名** name：**ユーザ名** login_procedure：**ログイン処理**

　authenticate_or_request_with_http_digestメソッドは、ダイジェスト認証の要求から入力されたユーザ名／パスワードの判定までを行います。ブロック変数nameで、クライアントから送信されたユーザ名を受け取ることができますので、あとは配下のブロックで対応するハッシュ化パスワードを返します。

サンプル ● basic_controller.rb

```ruby
class BasicController < ApplicationController
  …中略…
    # auth_actionアクションにbeforeフィルタdigest_authを適用
  before_action :digest_auth, only: :auth_action
  …中略…
  private
    # ダイジェスト認証を実行（ユーザ名をキーにパスワードを返却）
  def digest_auth
    users = { 'nyamauchi' => 'c46c1cb5972bc561a89a0dffcf68e3d6' }
    authenticate_or_request_with_http_digest('Railsample') do |n|
      users[n]
    end
  end
end
```

▼ 認証ダイアログを表示（ユーザ名：nyamauchi、パスワード：12345）

参考▶ ダイジェスト認証ではユーザ名／パスワードをハッシュ化したものを受け渡しますので、基本認証より安全に扱うことができます。

参考▶ ダイジェスト認証のハッシュ化パスワードは、「Digest::MD5::hexdigest([username, realm, passwd].join(':'))」で求めることができます。

ApplicationController クラス

すべてのコントローラ共通の処理を定義する

書式 `class ApplicationController < ActionController::Base … end`

ApplicationController（Application コントローラ）は、すべてのコントローラの基底クラスです。すべてのコントローラの根幹にあるという意味で、**ルートコントローラ**といってもよいでしょう。その性質上、個別のアクションを実装すべきではなく、以下のようなアプリケーション共通の機能を実装するために利用します。

- すべて（またはほとんど）のコントローラに適用するフィルタ
- アプリケーション共通の設定
- 個別のコントローラで共用したいヘルパーメソッド

サンプル ● application_controller.rb

```
class ApplicationController < ActionController::Base
  …中略…
  # アプリケーション全体に対してcommon_logフィルタを定義
  before_action :common_log
  # フィルタ本体（common_logメソッド）を定義
  private
  …中略…
  def common_log
    logger.debug("filter is called: #{Time.now}")
  end
end
```

参考 特定のコントローラ（群）にのみ適用したい共通機能があるならば、ApplicationController と個別のコントローラの間に、共通機能を束ねるための基底コントローラを挟んでもよいでしょう。

▼ 複数のコントローラを束ねる基底コントローラ

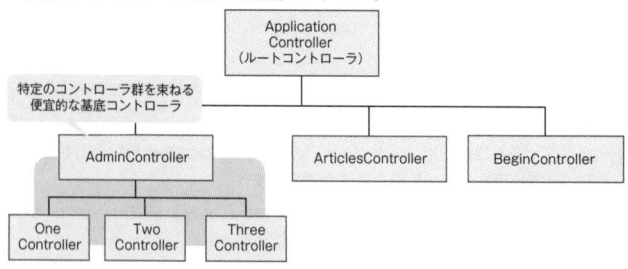

protect_from_forgery／csrf_meta_tagsメソッド

クロスサイトリクエストフォージェリ対策を行う

■書式■ protect_from_forgery[opts]   CSRF対策（コントローラ）

csrf_meta_tags   CSRF対策（テンプレート）

■引数■ opts：オプション

▼ protect_from_forgery メソッドのオプション（opts）

オプション	概要	
:only、:except	適用する、または除外するアクションを指定	
:if、:unless	Procオブジェクトまたはメソッドの実行結果で、適用または除外を指定	
:with	検証されないリクエストの処理方法	
	値	概要
	任意のメソッド	検証されないリクエストを処理するメソッド
	:exception	例外を発生
	:reset_session	セッションのリセット
	:null_session	空のセッション

クロスサイトリクエストフォージェリ（CSRF：Cross Site Request Forgery） とは、サイトに攻撃用のコードを仕込むことで、アクセスしてきたユーザに対して意図しない操作を行わせる攻撃のことをいいます。

▼ クロスサイトリクエストフォージェリ攻撃のしくみ

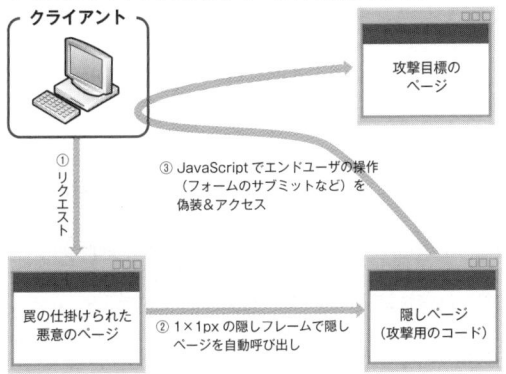

　攻撃者側のコードは、あくまでユーザの権限で動作しますので、認証サイトも攻撃の対象になりうるのが特徴です。CSRF攻撃を受けることで、（たとえば）自分の日記を勝手に更新されてしまったり、オンラインショップで勝手に購入処理をされたり、といったことが起こる可能性があります。

　こうしたCSRF攻撃を防ぐのが、protect_from_forgeryメソッドとcsrf_meta_tagsビューヘルパーです。これらをそれぞれApplicationコントローラとレイアウトテンプレートで呼び出しておくことで、アプリケーション内部で**トークン**と呼ばれる証明書のようなもの（ランダムな文字列）が生成され、フォームにも自動的に埋め込まれるようになります。

　Railsでは、リクエストを処理する際に、アプリケーション側で保持しているトークンと、リクエスト時に送信されたトークンとを比較し、これが一致していれば正規の要求であると見なして、以降の処理を行うのです。トークンが存在しない、または一致しない場合の扱いは、:withオプションで指定できます。

サンプル application_controller.rb

```
class ApplicationController < ActionController::Base
  protect_from_forgery except: :index   # indexアクション以外でCSRF対策を有効化
  …中略…
end
```

サンプル layouts/application.html.erb

```
<!DOCTYPE html>
<html>
<head>
  …中略…
  <%# CSRF対策を有効化 %>
  <%= csrf_meta_tags %>
  …中略…
</head>
…後略…
```

注意 CSRF対策を有効にするには、標準のビューヘルパーでフォーム（form_with）やリンク（link_to）を生成してください。さもないと、トークンがリクエストに組み込まれないためです。

参考 デフォルトではprotect_from_forgeryメソッドはaction_controller.default_protect_from_forgeryパラメータをfalseに設定しない限り有効になっています。ですので、サンプルのようにCSRF検出時の挙動を変更する必要がない限りは、記述を省略できます。

参考 csrf_meta_tagsメソッドは、デフォルトでApplicationコントローラ／レイアウトに記述されているため、削除しないようにしてください。

参照 P.292「モデルと連携したフォームを生成する」
P.290「汎用的なフォームを生成する」
P.317「ハイパーリンクを生成する」

rescue_from メソッド

アプリケーション共通の例外処理を まとめる

書式 ①rescue_from except, …, with: rescuer
②rescue_from except do |ex| … end

引数 except：捕捉する例外クラス　rescuer：例外を処理するメソッド
ex：例外オブジェクト

　Application コントローラで rescue_from メソッドを呼び出すことで、アプリケーションレベルで例外を捕捉できます。アプリケーションレベルで捕捉すべき例外としては、以下のようなものが考えられます。

- 存在しないアクションが要求された（ルーティングに失敗）
- find メソッド（P.169）で指定されたモデルが取得できない
- 複数ユーザによる更新の競合（P.208）が発生した

　rescue_from メソッドには、捕捉すべき例外クラス（except）と、例外を処理するためのメソッド（:with オプション）を指定します。rescue_from メソッドは、指定された例外クラスだけでなく、そのサブクラスまでを捕捉しますので注意してください。

　例外処理は、:with オプションではなく、ブロックとして表すこともできます。処理がシンプルである場合には、ブロックとしてまとめてしまってもよいでしょう。ブロック、メソッドいずれの場合も、処理は引数として発生した例外オブジェクトを受け取ります。

サンプル application_controller.rb

```
class ApplicationController < ActionController::Base
  …中略…
  # RecordNotFound例外が発生したら、record_not_foundメソッドで処理
  rescue_from ActiveRecord::RecordNotFound, with: :record_not_found
  # ブロックで以下のように表しても同じ意味
  # rescue_from ActiveRecord::RecordNotFound do |e|
  #   render 'shared/record_not_found', status: 404
  # end

  private
  …中略…
  def record_not_found(e)
```

```
    # 404 Not Foundで指定のビューを描画
    render 'shared/record_not_found', status: 404
  end
end
```

サンプル shared/record_not_found.html.erb

```
<div class="alert">id<%=params[:id] %>は存在しません。</div>
```

▼「～/articles/13」（存在しないid値）でアクセスした場合、共通エラーを表示

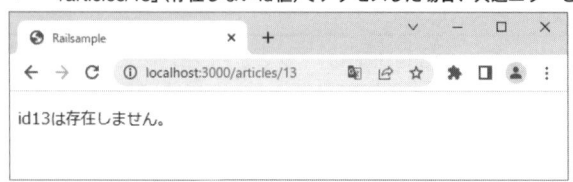

注意 rescue_fromメソッドを複数記述した場合、あとから記述したものが優先して処理されます。つまり、最後にRuntimeErrorなどの一般的な例外を記述してしまうと、（たとえば）RecordNotFoundのような特定の例外を捕捉できなくなってしまうということです。rescue_fromメソッドは一般的なものから先に記述するようにしてください。

参考 最初からすべての例外をアクションレベルで処理することに固執すべきではありません。アクションレベルで例外を捕捉してしまうことで、本来発生すべき例外が開発者の目に届かず、デバッグを難しくする原因にもなるためです。アクションレベルでは、例外は発生するに任せ、必要に応じてアプリケーションレベルで処理するようにしてください（その上で、最終的にアクションレベルでの例外処理を実装しても遅くはありません）。

参考 本番環境では、発生した例外に応じてHTTPステータスコードが割り振られ、それぞれのコードに応じたエラーページが表示されます。エラーページをカスタマイズしたいというだけであれば、これらのページを編集してください。デフォルトのエラーページは、/publicフォルダの配下に保存されています。

▼エラーページと、対応する主な例外

ページ	対応する主な例外
404.html	RoutingError（ルーティングに失敗）、UnknownAction（アクションが不明）
422.html	RecordInvalid（検証エラー）、InvalidAuthenticityToken（CSRF検出）
500.html	Exception（一般例外）

helper_method メソッド

コントローラクラスで ビューヘルパーを宣言する

書式 `helper_method` method [,…]

引数 method：メソッド名

コントローラクラスで定義されたメソッドを、テンプレートファイルで呼び出す（ビューヘルパーとして利用する）には、helper_method メソッドを利用します。Application コントローラで helper_method メソッドを呼び出せば、そのヘルパーはアプリケーション全体で利用できるようになります。

コントローラ／ビューで共用するヘルパーを定義するのに利用します。ビューでのみ利用するヘルパーであれば、ApplicationHelper モジュール（P.362）で定義するべきです。

サンプル● application_controller.rb

```ruby
class ApplicationController < ActionController::Base
  …中略…
    # useranameメソッドをビューヘルパーとして宣言
  helper_method :username
  …中略…
    # 現在のユーザ名（漢字）を取得するusenameメソッド
    # session[:user_id]には、ログインユーザのid値がセットされていると仮定
  private
  …中略…
  def username
    User.find(session[:user_id]).kname
  rescue ActiveRecord::RecordNotFound
    'nobody'                              # ユーザが存在しない場合の戻り値
  end
end
```

サンプル● basic/helper_user.html.erb

```erb
<div>こんにちは、<%=username %>さん！</div>
```

action_controller.include_all_helpers パラメータ／clear_helpers メソッド

コントローラに対応する ヘルパーモジュールだけを読み込む

書式
```
config.action_controller.include_all_helpers = flag
clear_helpers
```

引数 flag：ヘルパーの読み込みを制限する場合false（デフォルトはtrue）

Railsは、デフォルトで/app/helpersフォルダに配置されたヘルパーモジュール（xxxxx_helper.rbファイル。P.362）をすべて読み込みます。しかし、場合によっては、現在のコントローラに対応したヘルパーモジュールだけを読み込みたいということもあるでしょう。その場合は、設定ファイルでconfig.action_controller.include_all_helpersパラメータをfalse に設定してください。

これによって、たとえば現在アクセスしているのがBeginコントローラであれば、begin_helper.rbファイルと(ルートのヘルパーモジュールである)application_helper.rbファイルだけが読み込まれるようになります。

Applicationコントローラでclear_helpersメソッドを呼び出しても同様です。

サンプル1 application.rb
```
config.action_controller.include_all_helpers = false
```

サンプル2 application_controller.rb
```
class ApplicationController < ActionController::Base
  # コントローラに対応するヘルパーのみを読み込み
  clear_helpers
  …中略…
end
```

参照 ▶ P.362「ビューヘルパーを自作する」

default_url_options メソッド

url_for メソッドに渡す
デフォルトパラメータを設定する

書式 def default_url_options(options = {})
　　{ param: value [,…] }
end

引数 param：**パラメータ名**　value：**値**

コントローラ側で default_url_options メソッドをオーバライドすることで、url_for メソッド（または、url_for メソッドを内部的に利用しているリンク系のビューヘルパー）にデフォルトで渡すパラメータを指定できます。文字コードやロケール情報など、共通して url_for メソッドに渡したいパラメータは、default_url_options メソッドで宣言しておくことで、個別の url_for で重複して記述する必要がなくなりますので便利です。

サンプル appication_controller.rb

```
# すべてのリンクにencodingパラメータを追加
def default_url_options(options = {})
  { encoding: 'utf-8' }
end
```

参考 上のサンプルでは、Application コントローラで default_url_options メソッドを定義していますので、アプリケーションのすべてのリンク（ビューヘルパーを利用したもの）に encoding パラメータが付与されます。特定のコントローラ配下のリンクに限定したい場合には、該当のコントローラで default_url_options メソッドを定義してください。

参照 P.315「ルート定義をもとに URL を生成する」

force_sslパラメータ／ssl_optionsパラメータ

SSL 通信を制御する

書式 config.force_ssl = flag

config.ssl_options = opts

引数 flag：SSLをすべてのリクエストに強制する場合はtrue（デフォルト
はfalse）

opts：SSL通信オプション

▼ SSL通信オプション（opts）

オプション	概要
:redirect	HTTPSリクエストの転送先（デフォルトはhttps://、falseで転送しない）
:secure_cookies	Cookieにsecure属性を付加しない場合にfalse（デフォルトは付加）
:hsts	HSTS（HTTP Strict Transport Security）を無効にする場合false（デフォルト
は有効）

force_sslパラメータは、すべてのリクエストに対してSSLでの通信を強制します。具体的にはActionDispatch::SSLが組み込まれ、以下の処理が実施されるようになります。

- HTTPからHTTPSへのリダイレクト
- Cookieにsecure属性を付加
- HSTS（HTTP Strict Transport Security）の設定

内部でのみ使うエンドポイントがあるなど、これらを個別に制御したい場合には、force_sslパラメータをfalseに設定した上で、ssl_optionsパラメータを設定します。

:redirectオプションをfalseに設定すると、非SSL通信のリダイレクトが行われません。もしくはredirect: { host: "secure.widgets.com", port: 8080 }などとすることで転送先を指定できます。

secure_cookiesオプションをfalseに設定するとHTTPS通信でもCookieにsecure属性が付加されなくなります。:hstsオプションは、HSTSの細かな設定を行います。

:hstsオプションには、さらにオプションを:expires、:subdomains、:preloadの組み合わせで指定します。falseに設定すると:expiresを0に設定したのと等価になり、HSTSの設定が無効になります。

サンプル ● /config/application.rb

```ruby
# SSLの使用を強制
config.force_ssl = true
```

サンプル2 ● /config/application.rb

```ruby
config.force_ssl = false
# SSLの使用をカスタマイズする
config.ssl_options = {
  secure_cookies: false,
  hsts: false
}
```

参考 ▶ HSTS (HTTP Strict Transport Security)とは、HTTPSの使用をWebブラウザに伝達するための仕組みです。WebサーバがHTTPSを使用して欲しいときにHTTPでリクエストが来たら、通常は適切なURIへのリダイレクトなどをレスポンスとして返しますが、これは中間者攻撃というセキュリティ上の問題を引き起こすことがあります。そこで、WebサーバはHSTSによってHTTPSの使用を伝え、URIの変更はWebブラウザ自身が行うことで、この問題を回避できます。HSTSは対象となるドメインと有効期間があり、これをssl_optionsパラメータに設定します。

⬤ **Column** **Windows版Rubyは最新版をむやみにインストールしない**

本書は、基本的にWindows環境のRuby on Railsについて解説しています。
Windows環境でも、Ruby on Railsとは別にRubyインタプリタをインストールする必要があるのですが、いくつか存在していたWindows版のRubyインタプリタも、現時点では本書でも紹介したRubyInstallerに収斂しつつあります。ただ、最新のRubyInstallerをインストールすればいいのかというと、それは否です。本書執筆時点で、RubyInstallerはRuby 3.1.2に対応したものがリリースされていますが、実はこのバージョンをインストールするとRailsが正しく動作しません(正確にはアプリケーション作成に失敗します)。

それでは困るのですが、ひとつ前のバージョン3.0であればRailsは正しく動作します。どうしてこのような違いが出るのかということですが、RubyInstallerはRuby 3.0までと3.1以降では異なるライブラリを使用しているからのようです。試しに両方のバージョンをインストールして、ruby -vコマンドでバージョンを表示させてみると、両者の違いがわかります。

```
> ruby -v Ruby 3.0.4
ruby 3.0.4p208 (2022-04-12 revision 3fa771dded) [x64-mingw32]
> ruby -v Ruby 3.1.0
ruby 3.1.0p0 (2021-12-25 revision fb4df44d16) [x64-mingw-ucrt]
```

この細かな違いで、RailsがRubyのプラットフォームを正しく認識できないのですね。最新版をインストールしたいのはやまやまですが、幸いなことにRails 7はRuby 2.7以降をサポートしますので、うまくいかないと思ったらひとつ前のバージョンに戻してみるのも方法です。

モデル開発

概要

モデルとは、アプリケーションで扱うデータを表すと共に、データにアクセスするための機能を提供するオブジェクト(群)のことをいいます。モデル開発ではさまざまなコンポーネントを利用できますが、まずは標準のO/RマッパーであるActive Recordを利用するとよいでしょう。

● O/Rマッパーとは？

O/R(Object/Relational)マッパーとは、リレーショナルデータベースとオブジェクト指向言語との橋渡しを受け持つライブラリのことです。具体的には、データベース(テーブル)の各列とオブジェクトのプロパティをマッピングすることで、両者の構造的なギャップ(**インピーダンスミスマッチ**)を解決します。

▼ インピーダンスミスマッチとO/Rマッパー

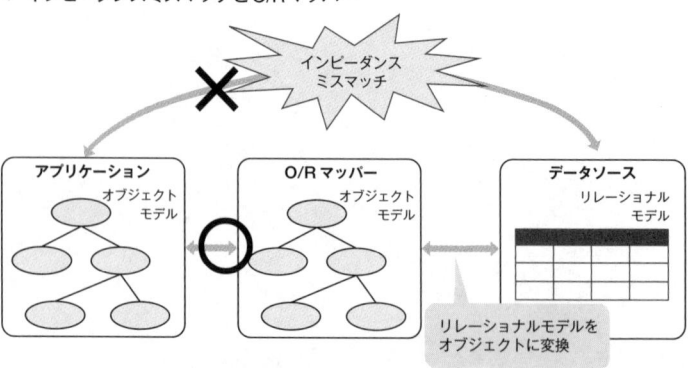

　O/Rマッパーを利用することで、リレーショナルデータベース(表形式のデータ)をあたかもオブジェクトであるかのように操作できるようになります。
　また、O/Rマッパーによって、基本的にはSQL命令を記述する必要がなくなります。SQLにはデータベース製品固有の方言が存在しますが、O/Rマッパーはそれらを内部的に吸収しますので、接続先のデータベースを変更した場合にもアプリケーションへの影響は最小限に抑えられます。

● Active Recordとは？

Active Recordでは、データベースのテーブル1つを1つのモデルクラスとして表現します。モデルクラスのインスタンスは、1件のレコードを表すオブジェクト

となり、オブジェクトのプロパティはそのままテーブルの列（フィールド）に対応します。

たとえば、以下の図のようなイメージです。articlesというテーブルに対して、対応するモデルはArticleクラスであり、Articleクラスはarticlesテーブル配下のフィールドと同名の（たとえば）url、title、publishedのようなプロパティを持ちます。

▼ Active Recordのしくみ

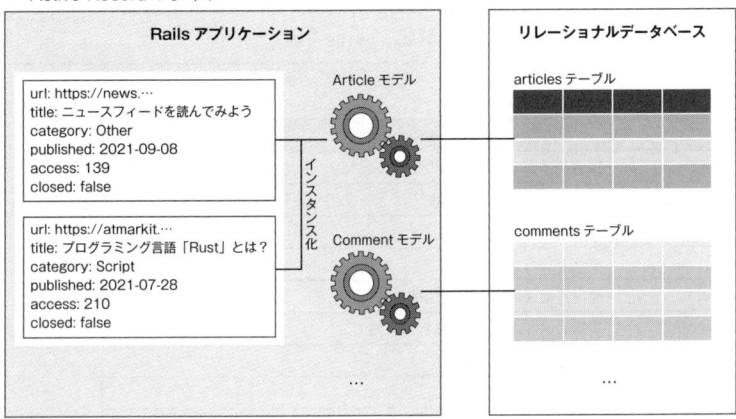

● Active Recordの予約列

Active Recordでは、以下の列が**予約列**として決まった役割を割り当てられています。これらの列は、rails generateコマンド（P.144）でテーブルを作成した場合、デフォルトで生成されるようになっていますので、通常は特に意識する必要はありません。

▼ Railsが自動生成するフィールド

フィールド名	概要
id	主キー（自動採番）
created_at	レコードの新規作成日時（Active Recordが自動セット）
updated_at	レコードの更新日時（Active Recordが自動セット）

database.yml

データベースへの接続設定を定義する

書式
```
environment:
    param: value
```

引数
environment：**環境名（development／test／production）**
param：**接続パラメータ名** value：**値**

▼ 主な接続パラメータ（引数param）

パラメータ名	概要
adapter	接続するデータベースの種類（sqlite3、mysql2、postgresqlなど）
database	データベース名（SQLiteではデータベースファイルのパス）
host	ホスト名／IPアドレス
port	ポート番号
pool	確保する接続プールの個数
timeout	接続のタイムアウト時間（ミリ秒）
encoding	使用する文字コード
username	ユーザ名
password	パスワード
socket	ソケット（/tmp/mysql.sockなど）

Active Record経由でデータベースに接続するには、まず/config/database.ymlに対して接続設定を定義する必要があります。database.ymlの記述ルールは、以下の通りです。

1. 「パラメータ名：値」の形式で1つのパラメータを表す
2. 階層は半角スペース2個のインデントで表現する
3. 利用する環境に応じて、設定も別々に定義する

このうち、1.、2.は**YAML**（ヤムル）形式のルールです。YAMLの制約で、インデントにタブ文字は利用できない点に注意してください。

3.は、接続設定に関わらず、Rails共通のルールです。Railsでは、development（開発）、test（テスト）、production（本番）環境が用意されており、それぞれの環境で別々のデータベースを用意するようになっています。よって、接続設定も利用する環境に応じて定義しなければなりません（まずは、development環境を設定しておけば十分でしょう）。

サンプル● database.yml

```
 # 環境共通の設定
default: &default
  adapter: sqlite3
  pool: <%= ENV.fetch("RAILS_MAX_THREADS") { 5 } %>
  timeout: 5000

  # development (開発) 環境の設定
development:
  <<: *default
  database: db/development.sqlite3

  # test (テスト) 環境の設定
test:
  <<: *default
  database: db/test.sqlite3

  # production (本番) 環境の設定
production:
  <<: *default
  database: db/production.sqlite3
```

参考 default:パラメータにあるENV.fetchメソッドは、環境変数から値を取り出すRuby組み込みのメソッドです。ブロックを続けることで、既定値を指定できます。

参考 development:パラメータの「<<: ~」は、YAMLのインジェクション(注入)構文です。オブジェクトに別のオブジェクト等をマージできます。「*default」は注入するパラメータのエイリアスで、「&default」というように指定されています。基本的な設定を共有するときに便利です。

注意 標準で作成されるdatabase.ymlファイルのコメントにあるように、test環境用の設定は必ずdevelopment環境やproduction環境とは異なるデータベースにしてください。test環境用のデータベースは、railsコマンドの実行の都度消去されて、development環境から再生成されるからです。

参考 接続プールとは、データベースへの接続をあらかじめ準備(プール)しておき、利用後は(切断するのではなく)プールに戻して再利用するしくみのことです。これによって、接続のオーバヘッドを軽減できます。

rails db:create／rails db:create:all／rails db:drop／rails db:drop:all コマンド

データベースを作成／削除する

3

モデル開発

書式	rails db:create [RAILS_ENV=env]	作成（環境別）
	rails db:create:all	作成（すべて）
	rails db:drop [RAILS_ENV=env]	削除（環境別）
	rails db:drop:all	削除（すべて）

引数 env：**環境名**（development、test、production）。**デフォルトは** development

　rails db:create コマンドは、database.yml の接続設定に従って、指定された環境のデータベースを作成します。SQLite のように、テーブルの作成によって自動的にデータベースが作成されるようなデータベースでは、直接、マイグレーションファイルを実行しても構いません。

　作成済みのデータベースは、rails db:drop コマンドで削除できます。

　すべての環境についてデータベースをまとめて作成／削除するならば、rails db:create:all／rails db:drop:all コマンドを利用してください。

サンプル● データベースの作成／削除

```
# 本番環境のデータベースを新規に作成
> rails db:create RAILS_ENV=production
# 本番環境のデータベースを破棄
> rails db:drop RAILS_ENV=production
# 開発／テスト／本番環境のデータベースをまとめて作成
> rails db:create:all
# 開発／テスト／本番環境のデータベースをすべて破棄
> rails db:drop:all
```

142

rails dbconsole コマンド

データベースクライアントを起動する

書式 `rails dbconsole [-e env]`

引数 env：環境名（development、test、production）。デフォルトは
development

　rails dbconsole コマンドは、database.yml（P.140）で定義された接続設定に
従って、データベースクライアント（SQLite 3であればsqlite クライアント）を起動
します。

　-eオプションで環境名を指定すると、環境に対応したデータベースファイルが使
用されます。

サンプル ● データベースクライアントを起動／操作

```
> rails dbconsole
SQLite version 3.32.2 2020-06-04 12:58:43
Enter ".help" for usage hints.
sqlite> .tables                                            すべてのテーブルを表示
ar_internal_metadata  authors                prizes
articles              comments               schema_migrations
articles_authors      photos                 users
sqlite> .schema users                               usersテーブルの構造を確認
CREATE TABLE IF NOT EXISTS "users" ("id" integer PRIMARY KEY ⏎
AUTOINCREMENT NOT NULL, "name" varchar, "password" varchar, "kname" ⏎
varchar, "email" varchar, "roles" varchar, "lock_version" integer ⏎
DEFAULT 0 NOT NULL, "created_at" datetime(6) NOT NULL, "updated_at" ⏎
datetime(6) NOT NULL);
sqlite> SELECT name, password, created_at FROM users;         データを取得
nyamauchi|8cb2237d0679ca88db6464eac60da96345513964|2011-12-19
tsaigo|8cb2237d0679ca88db6464eac60da96345513964|2011-12-19
…中略…
sqlite> .quit                                           sqliteクライアントを終了
```

参考 ➤ エイリアスとして、rails db コマンドも利用できます。

モデルクラスを自動生成する

3

モデル開発

| **書式** | `rails generate model` name field:type [⋯] [opts] |

| **引数** | name：**モデル名** field：**フィールド名** |
| | type：**データ型**（**P.159の表を参照**） opts：**動作オプション** |

▼ **動作オプション（引数opts）**

オプション	概要	デフォルト値
-o, --orm=NAME	使用するO/Rマッパー	active_record
--migration	マイグレーションファイルを生成するか	true
--timestamps	タイムスタンプ（created_at、updated_at）列を生成するか	true
-t, --test-framework=NAME	使用するテストフレームワーク	test_unit
--fixture	フィクスチャを生成するか	true
その他	P.37の表での[基本]オプション	—

　モデルクラスの作成には、rails generate model コマンドを利用します。引数 name にはモデル名（単数形）を、引数 field:type でモデルで管理するフィールド列（プロパティ）とデータ型を、それぞれ指定します。

　以下は、モデルの命名規則（モデルそのものの名前と、対応するファイルの名前との対応関係）をまとめたものです。Railsでは名前付けルールによって互いを関連付けますので、命名規則を理解することは大切です。

▼ **モデル関連の命名規則**

種類	命名規則	名前（例）
モデルクラス	先頭は大文字で単数形	Article
モデルクラス（ファイル名）	先頭は小文字で単数形	article.rb
テーブル	先頭は小文字で複数形	articles
テストスクリプト	xxxxx_test.rb（先頭は小文字で単数形）	article_test.rb

　モデルクラスはインスタンス1つでテーブルの各行を表すので単数形に、テーブルはモデルの集合体という意味で複数形になります。

サンプル Article モデルの作成

```
> rails generate model article url:string title:string category:string ↵
published:date access:integer comments_count:integer closed:boolean
      invoke   active_record
      create     db/migrate/20220304012337_create_articles.rb
      create     app/models/article.rb
      invoke   test_unit
      create       test/models/article_test.rb
      create       test/fixtures/articles.yml
```

🔻

```
/railsample … アプリケーションルート
├/app
│  └/models
│     └article.rb … モデルクラス (articlesテーブルを操作するためのモデル本体)
├/db
│  └/migrate
│     └20220304012337_create_articles.rb (*) … マイグレーションファイル
└/test
   ├/fixtures
   │  └articles.yml … テストデータを投入するためのフィクスチャファイル
   └/models
      └article_test.rb … モデルクラスをテストするためのスクリプト
```

＊）ファイル名先頭の「20220304012337」の部分は、作成した日時によって変化。

注意 命名規則に則さないテーブル名を付けることもできます。ただし、その場合は、モデル側で関連付けるテーブル名を明示的に宣言しなければなりません。

```
class Article < ApplicationRecord
   # Articleモデルにcontent_tblテーブルを関連付け
  set_table_name 'content_tbl'
end
```

参考 rails generate コマンドのエイリアスとして、rails g コマンドも利用できます。

参考 rails generate model コマンドは、モデルクラスと合わせてマイグレーションファイル（P.148）を生成します。rails db:migrate コマンド（P.151）でマイグレーションファイルを実行することで、モデルに対応するテーブルを作成できます。

3

モデル開発

モデルの動作をコンソールで対話的に確認する

書式 `rails console [--environment=ENVIRONMENT | -e] [--sandbox | -s]`

引数 ENVIRONMENT：環境名（development、test、production）。デフォルトはdevelopment

rails consoleコマンドは、コンソール上でRailsの環境をロードします。対話式に結果を確認できますので、モデルクラスの挙動を確認したいなどの状況で有用です。

development環境以外で起動したい場合には、--environment／-eオプションに環境名を指定してください。また、--sandbox／-sオプションを指定することで、コンソール終了時にデータベースに対するすべての変更をロールバックすることもできます。

サンプル Railsの対話環境を起動し、articlesテーブルにデータを追加

```
> rails console --sandbox
Loading development environment in sandbox (Rails 7.0.2.2)
Any modifications you make will be rolled back on exit
irb(main):001:0> article = Article.new(:url => 'https://atmarkit. ↵
itmedia.co.jp/ait/articles/2107/28/news010.html', :title => '基本から ↵
しっかり学ぶRust入門')
  (0.6ms)  SELECT sqlite_version(*)
  TRANSACTION (0.0ms)  begin transaction
=>
#<Article:0x0000000115de51f0
...
irb(main):002:0> article.save
  TRANSACTION (0.1ms)  SAVEPOINT active_record_1
  Article Create (1.8ms)  INSERT INTO "articles" ("url", "title", ↵
"category", "published", "access", "comments_count", "closed", ↵
"created_at", "updated_at") VALUES (?, ?, ?, ?, ?, ?, ?, ?, ?) ↵
[["url", "https://atmarkit.itmedia.co.jp/ait/articles/2107/28/news010. ↵
html"], ["title", "基本からしっかり学ぶRust入門"], ["category", nil], ↵
["published", nil], ["access", nil], ["comments_count", nil], ↵
["closed", nil], ["created_at", "2022-03-04 01:50:15.631462"], ↵
["updated_at", "2022-03-04 01:50:15.631462"]]
  TRANSACTION (0.1ms)  RELEASE SAVEPOINT active_record_1
=> true
```

```
irb(main):003:0> Article.last
  Article Load (0.1ms)  SELECT "articles".* FROM "articles" ORDER BY ⏎
"articles"."id" DESC LIMIT ?  [["LIMIT", 1]]
=>
#<Article:0x0000000115f279f0
 id: 1,
 url: "https://atmarkit.itmedia.co.jp/ait/articles/2107/28/news010.html",
 title: "基本からしっかり学ぶRust入門",
 category: nil,
 published: nil,
 access: nil,
 comments_count: nil,
 closed: nil,
 created_at: Fri, 04 Mar 2022 01:50:15.631462000 UTC +00:00,
 updated_at: Fri, 04 Mar 2022 01:50:15.631462000 UTC +00:00>
…略…
```

注意 コンソールはモデルへの更新を自動では認識しません。モデルを更新した場合は、コ
ンソールを再起動するか、reload!メソッドを呼び出してください。

```
irb(main):004:0> reload!
Reloading...
=> true
```

マイグレーションとは？

　マイグレーション(Migration)とは、テーブルレイアウトを作成／変更するためのしくみです。マイグレーションを利用することで、テーブル生成の作業を自動化できると共に、途中でレイアウト変更が生じた場合にも簡単に反映できます。
　以下の図に、マイグレーションのしくみを示します。

▼ マイグレーションのしくみ

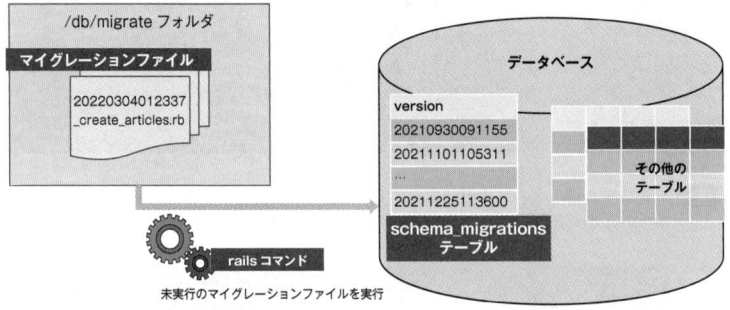

　データベースのスキーマ変更を行う役割を担うのが**マイグレーションファイル**です。rails generate model コマンド(P.144)でモデルクラスと合わせて作成する他、rails generate migration コマンド(P.158)でそれ単体で作成することもできます。
　マイグレーションファイルの名前には生成時のタイムスタンプ値(たとえば20220304012337のような)が含まれており、Railsではこの値を使って、そのスクリプトが実行済みであるかどうかを管理します。具体的には、データベースにschema_migrationsテーブルを生成し、実行済みマイグレーションファイルのタイムスタンプを記録します。Railsは、schema_migrationsテーブルとマイグレーションファイルとを比較し、未実行のマイグレーションを自動的に認識&実行するのです。
　マイグレーションでは、schema_migrationsテーブルの情報を利用して、特定タイミングまでスキーマの状態を戻すようなこともできます。スキーマの変動が激しいような開発の局面では、マイグレーションは欠かすことのできない機能です。

change／up／downメソッド

マイグレーションファイルで
データベースを操作する

■書式■	def change … end	バージョン変更
	def up … end	バージョンアップ
	def down … end	バージョンダウン

　マイグレーションファイル（ActiveReciord::Migration派生クラス）で、データベーススキーマ操作の実処理を表すのが、changeメソッドの役割です。メソッド配下に、テーブル定義やカラム／インデックスの追加／削除などの処理を記述していきます。

　changeメソッドのかわりに、up／downメソッドを使うこともできます。upメソッドでスキーマをバージョンアップする時の処理を、downメソッドでバージョンダウンする（元に戻す）時の処理を、それぞれ表します。downメソッドではupメソッドの逆の処理を記述します。

　changeメソッド（upメソッドに相当）だけを記述することで、バージョンダウン時にはchangeメソッドでの処理を取り消すような処理が自動的に行われます。自動ではロールバックできないような処理を行いたい場合にのみup／downメソッドを利用してください（たとえばremove_columnメソッドなどは自動ではロールバックできません）。

　以下のサンプルは、それぞれarticlesテーブルを作成するためのマイグレーションファイルを作成した場合のコードを表しています。

サンプル ● 20220304012337_create_articles.rb

```ruby
class CreateArticles < ActiveRecord::Migration[7.0]
  def change
     # articlesテーブルを作成
    create_table :articles do |t|
      t.string :url
      t.string :title
      t.string :category
      t.date :published
      t.integer :access
      t.integer :comments_count
      t.boolean :closed

      t.timestamps
    end
  end
end
```

注意 changeメソッドで元に戻せないような処理を定義すると、マイグレーションをバージョンダウンする際にActiveRecord::IrreversibleMigration例外が発生します。

参考 基底クラスであるActiveRecord::Migrationのあとにある[7.0]は、Rails 5から導入された、マイグレーションファイルを作成したRailsのバージョン情報です。バージョンによってマイグレーションファイルのルールが変わることがあるために、どのバージョンで作成されたファイルなのか把握できるようにする仕組みです。これによって、作成済みのマイグレーションファイルを意識しないマイグレーションを行うことができます。

参考 マイグレーションファイルの骨格は、rails generate modelコマンド（P.144）、またはrails generate migrationコマンド（P.158）で作成できます。

rails db:migrate コマンド

マイグレーションファイルを 実行する

3 モデル開発

書式
```
rails db:migrate [VERSION=ver] [opts]          実行
rails db:migrate:redo STEP=num [opts]          再実行
rails db:migrate:reset [opts]                  再生成
```

引数 ver：バージョン番号（タイムスタンプ値） num：ステップ数
opts：動作オプション

▼ 動作オプション（引数opts）

オプション名	概要
RAILS_ENV=env	接続環境(development(デフォルト)、test、production)
VERBOSE=flag	途中経過を表示するか(falseで表示しない)
SCOPE=scope	マイグレーションファイル名がscopeを含む場合にのみ実行

rails db:migrate コマンドは、指定されたバージョンまでマイグレーションファイルを実行します。VERSIONオプションが省略された場合には、最新の状態までマイグレーションファイルを実行しますし、現在よりも古いバージョンが指定された場合には古いスキーマに戻します。

rails db:migrate:redo コマンドは、指定のステップだけバージョンを戻して、再度マイグレーションファイルを再実行します。もしもデータベースを完全に削除して、再作成&最新のスキーマを再構築したい場合には、rails db:migrate:reset コマンドを利用してください。

サンプル● マイグレーションファイルの実行
```
# 未実行のマイグレーションファイルをすべて実行
> rails db:migrate
# 202203041132バージョンになるようマイグレーションファイルを実行
> rails db:migrate VERSION=202203041132
# 3ステップのマイグレーションを再実行
> rails db:migrate:redo STEP=3
# データベースを破棄し、マイグレーションファイルを再実行
> rails db:migrate:reset
```

参考 マイグレーションファイルの骨格は、rails generate model コマンド(P.144)、または rails generate migration コマンド(P.158)で作成できます。

参考 データベースが存在するときに、rails db:migrate コマンドを実行する rails db:prepare コマンドがあります。このコマンドは、データベースが存在しないときには、rails db:setup コマンドと同等の処理を実行します(P.155)。

rails db:migrate:status／rails db:version コマンド

マイグレーションの状態／バージョンを確認する

書式　rails db:migrate:status [RAILS_ENV=env]　　　　ステータス情報
　　　　rails db:version [RAILS_ENV=env]　　　　　　　現在のバージョン

引数　env：環境名（development、test、production）。デフォルトは
　　　　development

rails db:migrate:status コマンドで、マイグレーションの履歴／状態をリスト表示できます。単にマイグレーションのバージョン（タイムスタンプ）を確認したいという場合には、rails db:version コマンドを利用してください。

サンプル● 現在のデータベースの状態を確認

```
> rails db:migrate:status ──────────────────── マイグレーションの履歴をリスト表示

database: db/development.sqlite3

 Status   Migration ID    Migration Name
--------------------------------------------------
   up     20220328050101  Create articles
   up     20220328050141  Create comments
   up     20220328050205  Create users
   up     20220328050242  Create authors
   up     20220328050255  Create photos
   up     20220328050308  Create prizes
   up     20220328050321  Create articles authors


> rails db:version
Current version: 20220328050321 ──────────────── 現在のバージョンを確認
```

rails db:schema:load / rails db:reset コマンド

スキーマファイルで データベースを作成する

書式
```
rails db:schema:load [RAILS_ENV=env]          展開
rails db:reset [RAILS_ENV=env]                再作成
```

引数　env：環境名（development、test、production）。デフォルトは development

　Railsでは、スキーマの変更履歴情報を表すマイグレーションファイルとは別に、最新のスキーマ情報を表す**スキーマファイル**（/db/schema.rbファイル）を用意しています。スキーマファイルは、マイグレーションファイルの実行によって自動的に更新され、常に最新の情報が維持されます。いうなれば、マイグレーションファイルの集合体です。

　データベースを一から作成する場合は、マイグレーションファイルですべての履歴をたどるよりもスキーマファイルをもとに作成する方が効率的であり、予期せぬエラーに遭遇する可能性も少なくなります。

　スキーマファイルを呼び出し、データベースに流し込むのはrails db:schema:loadコマンドの役割です。もしも現在のデータベースを破棄して、スキーマファイルでデータベースを再作成したい場合には、rails db:resetコマンドを利用してください。

サンプル ● スキーマファイルの展開

```
# スキーマファイルを本番データベースに展開
> rails db:schema:load RAILS_ENV=production
# スキーマファイルをもとにデータベースを再作成
> rails db:reset
```

参考 ▶ データベースをある時点の状態に戻したいという場合には、rails db:migrateコマンド（P.151）を利用してください。

参考 ▶ 以下は、自動生成されたスキーマファイルの例です。

```
ActiveRecord::Schema[7.0].define(version: 2022_03_04_012337) do
  create_table "articles", force: true do |t|
    t.string    "url"
    t.string    "title"
  …中略…
  end
  …中略…
end
```

rails db:schema:dump コマンド

現在のデータベースから
スキーマファイルを生成する

書式 rails db:schema:dump [RAILS_ENV=env]

引数 env：環境名（development、test、production）。デフォルトは
development

データベースの現在の内容をスキーマファイル（P.153）として出力したい場合には、rails db:schema:dump コマンドを実行します。本来、スキーマファイルはマイグレーションファイルの実行によって自動更新されますので、手動でダンプしなければならないことはほとんどありませんが、マイグレーションファイル以外でスキーマを変更した場合などに実行してください（本来、あるべき姿ではありません）。

サンプル ● データベーススキーマのダンプ出力

```
# 現在のデータベースをschema.rbとして出力
> rails db:schema:dump
```

Column Railsの「宣言」記法とクラスメソッド

Railsでは、往々にして以下のような「宣言」的な記法が用いられます。たとえば、アソシエーションや検証、フィルタなどで使われている記法がそれです。

```
class Article < ApplicationRecord
  has_many :comments
  has_many :users, through: :comments
  has_and_belongs_to_many :authors
  has_many :photos, as: :photoable
  …中略…
end
```

これらの宣言記法は、クラス全体の設定を定義するために、クラス定義の先頭で用いられるのが通例です。もっとも、これはRails独自の文法ではなく、標準的なRubyのクラスメソッドを（使いやすさを目的として）いかにも宣言的に記述できるようにしているにすぎません。

本書ではこれらのメソッドを他のメソッドとあえて区別することはしていませんが、文献によっては「has_many宣言」のように記述している場合もありますので、注意してください。

rails db:seed／rails db:setupコマンド

データベースに初期データを投入する

書式 rails db:seed [RAILS_ENV=env]　　　　　　　　シード投入
rails db:setup [RAILS_ENV=env]　データベース作成〜シード投入

引数 env：環境名（development、test、production）。デフォルトは
development

　データベースに対して初期データを投入するには、**シードファイル**を利用します。シードファイルは、以下のサンプルを見てもわかるように、単なるRubyスクリプトです。ただし、/dbフォルダ配下にseeds.rbという名前で保存しなければなりません。

　シードファイルを実行するには、rails db:seedコマンドを利用します。もしもデータベースの作成からスキーマの構築、初期データの投入までをまとめて行いたい場合には、rails db:setupコマンドを利用してください。

サンプル seeds.rb

```ruby
# articlesテーブルにデータを投入するためのコード
Article.create(
  url: 'https://atmarkit.itmedia.co.jp/ait/articles/2203/25/news006.html',
  title: 'Rustのジェネリクスをベクターで理解する', category: 'Script',
  published: '2022-03-25', access: 60, closed: false)
Article.create(
  url: 'https://news.mynavi.jp/techplus/article/excelvbaweb-4/',
  title: 'GitHubをプロジェクト管理に活用しよう', category: 'Other',
  published: '2022-02-17', access: 110, closed: false)
```

サンプル シードファイルの実行

```
# シードファイルの実行
> rails db:seed
  # データベースの作成→スキーマの構築→シードの投入を一気に実行
> rails db:setup
```

参考 データベースが存在しないときに、rails db:setupコマンドと同等の処理を実行するrails db:prepareコマンドがあります。このコマンドは、データベースが存在すれば、rails db:migrateコマンドを実行します。

参考 初期データの投入前にデータベースをtruncateするrails db:seed:replantコマンドもあります。

rails db:fixtures:load コマンド

データベースにテストデータを投入する

3

モデル開発

書式　rails db:fixtures:load [FIXTURES=names] [FIXTURES_DIR=dir]
　　　　[FIXTURES_PATH=path] [RAILS_ENV=env]

引数　names：フィクスチャファイルの名前（カンマ区切りで複数指定も可）
　　　　dir：/test/fixturesフォルダ以下のフィクスチャファイルのあるフォルダ
　　　　path：/test/fixturesフォルダ以外のフィクスチャファイルのあるフォルダ
　　　　env：環境名（development、test、production）。デフォルトは
　　　　　　 development

　データベースにテストデータを投入するには、**フィクスチャ**を利用します。テストデータと呼んでいますが、いわゆるtest環境で利用するだけでなく、development／production環境での動作確認用に利用することもできます。

　フィクスチャはYAML形式（P.140）でレコードラベルの配下に「列名: 値」を列挙する形式で表します。テンプレートファイルのように<%…%>、<%=…%>の形式でRubyスクリプトを埋め込むこともできます。

　作成したフィクスチャは/test/fixtures フォルダ配下に「テーブル名.yml」という名前で保存してください。

　フィクスチャは、rails db:fixtures:load コマンドでデータベースに投入できます。FIXTURESオプションを省略した場合は、/test/fixtures フォルダ配下のすべてのフィクスチャファイルを実行します。FIXTURES_DIRオプションを指定した場合は、/test/fixtures フォルダにあるdirで指定されるフォルダからフィクスチャファイルを実行します。FIXTURES_PATHオプションを指定した場合には、/test/fixtures フォルダに替わる別のフォルダをフィクスチャファイルの場所として指定します。

サンプル articles.yml

```
<% 1.upto(10) do |n| %>
article<%= n %>:
  url: https://wings.msn.to/<%= n %>
  title: 記事タイトル<%= n %>
  category: Script
  published: 2022-04-01
  access: <%= 250 + n %>
  closed: false
<% end %>
```

article1〜10のデータを作成

サンプル ● comments.yml

```
<% 1.upto(10) do |m| %>
<% 1.upto(10) do |n| %>
comment<%= m %>-<%= n %> :
  article: article<%= m %>                    ——— articlesテーブルへの外部キー
  user: nyamauchi
  body: body<%= n %>
<% end %>
<% end %>
```

サンプル ● users.yml

```
nyamauchi:
  id: 1
  name: nyamauchi
  password: 8cb2237d0679ca88db6464eac60da96345513964
  kname: 山内直
  email: nao@naosan.jp
  roles: admin,manager

tsaigo:
  id: 2
  name: tsaigo
  password: 8cb2237d0679ca88db6464eac60da96345513964
  kname: 西郷隆盛
  email: tsaigo@naosan.jp
  roles: admin

…後略…
```

サンプル ● フィクスチャの実行

```
# すべてのフィクスチャファイルを実行
> rails db:fixtures:load
# articles.yml／comments.yml／users.ymlだけを実行
> rails db:fixtures:load FIXTURES=articles,comments,users
```

注意 ▶ データを投入するという意味では、シードファイルとフィクスチャはよく似ていますが、シードファイルがアプリケーションの初期データを表すのに対して、フィクスチャは暫定的なテストデータを表します。明確に区別してください。

参考 ▶ 外部キーは「モデル名：参照先のラベル」という形式で指定できます。

rails generate migration コマンド

マイグレーションファイルを単体で作成する

書式 rails generate migration name [field:type …] [opts]

引数 name：マイグレーションファイルの名前　field：フィールド名
type：データ型（P.159の表を参照）
opts：動作オプション（P.65の表［基本］を参照）

rails generate migration コマンドは、マイグレーションファイルを作成します。
マイグレーションファイル名（引数name）には任意の名前を設定できますが、すべてのマイグレーションファイルの中で一意である必要があります。また、処理内容を識別しやすくするという意味でも、できるだけ具体的な名前(たとえばAddPriceToBooksのような)を指定すべきです。そもそもフィールドの追加／削除を行う場合は、

- Add < Field > To < Table >
- Remove < Field > From < Table >

という命名規則に沿っておくことで、具体的な追加／削除のコードを自動生成してくれます。

サンプル articlesテーブルにsummary列を追加

```
> rails generate migration AddSummaryToArticles summmary:text
    invoke  active_record
    create    db/migrate/20220307011150_add_summary_to_articles.rb
```

```
# 作成されたマイグレーションファイル
# (20220307011150_add_summary_to_articles.rb)
class AddSummaryToArticles < ActiveRecord::Migration[7.0]
  def change
    add_column :articles, :summmary, :text
  end
end
```

参考 モデル定義と合わせてマイグレーションファイルを作成するならば、rails generate model コマンド（P.144）を利用するのが便利です。

注意 AddXxxxxTo < Table >、RemoveXxxxxFrom < Table >のXxxxxの部分はあくまで便宜的なもので、追加／削除すべきフィールドは後続のオプションfield:typeで決まります。よって、Xxxxxxの部分には自由な名前を付けても構いません（ただし、しつこいようですが、できるだけ具体的な名前にすべきです）。

create_table メソッド

テーブルを作成する

書式 create_table tname [,topts] do |t|
　　　　t.type fname [flag, …]
　　　　…

　　　　end

引数 tname：テーブル名　topts：テーブルオプション
　　　t：テーブル定義オブジェクト　type：データ型
　　　fname：フィールド名　flag：列フラグ

▼ 主なテーブルオプション（引数toptsのキー）

オプション	概要	デフォルト値
:id	主キー列idを自動生成するか	true
:primary_key	主キー列の名前（:idオプションがtrueの場合のみ有効）	id
:temporary	一時テーブルとして作成するか	false
:force	テーブルを作成する前にいったん既存テーブルを削除するか	false
:options	その他のテーブルオプション	―
:if_not_exists	テーブルが存在する場合にエラーを発生するか	false
:as	テーブル作成のためのSQL文を指定（ブロックは無視される）	―

▼ マイグレーションのデータ型（引数type）と、対応するSQLite／Rubyの型

マイグレーション型	SQLite型	Ruby型
integer	INTEGER	Fixnum
decimal	DECIMAL	BigDecimal
float	FLOAT	Float
string	VARCHAR(255)	String
text	TEXT	String
binary	BLOB	String
date	DATE	Date
datetime	DATETIME	Time
time	TIME	Time
boolean	BOOLEAN	TrueClass／FalseClass

▼ 主な列フラグ（引数flagのキー）

フラグ	概要
:limit	列の桁数
:default	デフォルト値
:null	null値を許可するか（デフォルトはfalse）
:precision	数値の全体桁（DECIMAL型のみ）。123.456であれば6
:scale	小数点以下の桁数（DECIMAL型のみ）。123.456であれば3

create_tableメソッドは、テーブルを新規に作成します。テーブルに属するフィールドの定義は、create_tableブロック配下の「t.データ型 …」メソッドで行います。

主キー列は、Railsではデフォルトでid列（自動採番列）を自動生成しますので、特に意識する必要はありませんし、特別な意図がなければ、この挙動を変更するべきではありません。

サンプル ● 20220307101733_create_customers.rb

```
class CreateCustomers < ActiveRecord::Migration[7.0]
  def change
    # customersテーブルを新規に作成
    create_table :customers, force: true do |t|
      t.string :name, limit: 20                          # 氏名
      t.string :sex, default: 'male', null: false        # 性別
      t.date :birth                                       # 誕生日
      t.decimal :height, precision: 4, scale: 1           # 身長

      t.timestamps                           # created_at／updated_at列
    end
  end
end
```

参考 ▶ 引数typeを指定しない場合、デフォルトのマイグレーション型であるstringが使用されます。

注意 ▶ Railsでは複合主キーは利用すべきではありません。プラグインを導入することで利用可能にすることはできますが、Rails標準のルールからは外れるため、アプリケーションを複雑にする可能性があります。

参考 ▶ :primary_keyオプションで主キー列にid以外の名前を付けた場合には、対応するモデル側でも以下のように主キー名を宣言する必要があります。これは面倒で間違いのもとでもあるので、既存のデータベースをRailsに乗せ換えるなど特別な理由がある場合を除いては極力避けるようにしてください。

```
class Article < ApplicationRecord
  set_primary_key 'article_num'          # article_num列を主キーに
end
```

テーブルに特殊な列を追加する

3

モデル開発

書式		
t.**timestamps**		created_at／updated_at列
t.**references** model		外部キー列
t.**belongs_to** model		referencesのエイリアス

引数 t：**テーブル定義オブジェクト** model：**参照先のモデル名**

create_table ブロック配下で利用できる「t. データ型」メソッドでは、P.159の表で示した型の他に、特殊な列を定義するための timestamps／references／belongs_to メソッドを利用できます。

timestamps メソッドは、created_at／updated_at列を生成します。これらはRails で予約された特別な列で、レコードの作成／更新時刻を自動設定します。データの絞り込みにも役立ちますので、通常は無条件に設定しておくのが望ましいでしょう。

references／belongs_to メソッドは、指定されたモデルを参照する外部キー列を生成します。たとえば「t.references :article」とした場合、Article モデルを参照するarticle_id列を生成します。

サンプル● 20220307102510_create_careers.rb

```ruby
class CreateCareers < ActiveRecord::Migration[7.0]
  def change
    # careers（経歴）テーブルを新規に作成
    create_table :careers do |t|
      t.references :customer          # customersテーブルへの外部キー
      t.string :subject               # 経歴名
      t.date :history                 # 日付

      t.timestamps                    # created_at／updated_at列
    end
  end
end
```

参考 belongs_to メソッドは references メソッドのエイリアスです。これらのメソッドを使うと、関連するモデルに belongs_to メソッドが追加されますので、関連をわかりやすくするなら、ここでも belongs_to メソッドを使った方がよいでしょう。

参考 タイムスタンプの自動保存は、設定ファイル（application.rb）で config.active_record. record_timestamps パラメータを false とすることで無効にもできます。

drop_table メソッド

既存テーブルを破棄する

書式 **drop_table** tname [,t_opts]

引数 tname：テーブル名
t_opts：テーブルオプション

▼ オプション(tops)

オプション	概要
:force	依存するオブジェクトにできるだけ:cascadeオプション(参照先がなくなると削除)を設定(デフォルトはfalse)
:if_exists	テーブルが存在する場合のみ破棄(デフォルトはfalse)
:temporary	一時テーブルを破棄(デフォルトはfalse)

drop_tableメソッドは、指定されたテーブルを破棄します。:if_existsオプションをtrueに指定するとテーブルが存在する場合のみ破棄します。

サンプル ● 20220307103054_drop_careers.rb

```
# careersテーブルを削除
drop_table :careers
```

execute メソッド

マイグレーションファイルで任意の SQL 命令を実行する

書式 **execute** sql

引数 sql：任意のSQL命令

標準のメソッドでまかなえない処理を行いたい(たとえば、標準では対応していないデータ型を利用したい、ビュー/トリガーを利用したいなど)場合には、executeメソッドで任意のSQL命令を実行できます。

サンプル ● 20220307103145_create_whats_new.rb

```
# articlesテーブルから最新5件のデータを取得するwhats_newビューを定義
execute "CREATE VIEW whats_new AS SELECT * FROM articles ORDER BY ↵
published DESC LIMIT 5"
```

注意 executeメソッドの利用は、マイグレーションファイルの可搬性を損なう可能性があります。まずは標準のメソッドでの操作を優先するようにしてください。

add_xxxxxメソッド

既存テーブルに列やインデックスを追加する

書式
```
add_column tname, fname, type [,opts]          一般列
add_index tname, fname [,i_opts]           インデックス
add_timestamps tname [,opts]      created_at／updated_at列
```

引数 tname：テーブル名 fname：フィールド名
type：データ型（P.159の表を参照）
opts：列フラグ（P.160の表を参照）
i_opts：インデックスオプション

▼ インデックスオプション（引数i_optsのキー）

オプション	概要
:unique	一意性制約を付与するか
:name	インデックス名（デフォルトは「テーブル名_フィールド名_index」）
:length	インデックスに含まれる列の長さ（SQLiteでは未対応）
:if_not_exists	インデックスが存在しない場合（デフォルトはfalse）

　add_xxxxxメソッドは、それぞれ既存のテーブルに列やインデックスを追加します。

　add_indexメソッドでは、引数fnameにフィールド名の配列を渡すことで、複数フィールドにまたがるマルチカラムインデックスを生成できます。

サンプル ● 20220307103726_add_column_index.rb

```ruby
# articlesテーブルにtext型のoutline列（NULL値は禁止）を追加
add_column :articles, :outline, :text, null: false, default: ""
# articlesテーブルのtitle列についてインデックスを作成
add_index :articles, :title
# articlesテーブルのtitle／published列について
# マルチカラムインデックスを作成
add_index :articles, [:title, :published]
# articlesテーブルのtitle列10桁でインデックスを作成（名前はidx_title）
add_index :articles, :title, name: 'idx_title', length: 10
# articles_authorsテーブルにcreated_at／updated_at列を追加
add_timestamps :articles_authors
```

参考 add_indexメソッドの:lengthオプションを指定することで、ディスクサイズを節約できるのみならず、INSERT命令を高速化できます。

3
モデル開発

remove_xxxxxメソッド

既存の列定義／インデックスを削除する

書式
```
remove_column tname, fname [,…]                              一般列
remove_index tname [,i_opts]                              インデックス
remove_timestamps tname                    created_at／updated_at列
```

引数 tname：テーブル名　fname：フィールド名
i_opts：インデックスオプション

▼ インデックスオプション（引数i_optsのキー）

オプション	概要
:name	インデックス名
:column	インデックスを構成するフィールド名（複数指定は配列）
:if_exists	インデックスが存在する場合（デフォルトはfalse）
:algorithm	インデックス削除アルゴリズム（PostgreSQLのみ。:concurrentlyを指定すると他の処理に並行して削除）

　remove_xxxxxメソッドは、それぞれ既存の列やインデックスを削除します。

　remove_indexメソッドでは、:name／:columnオプションを省略して、単に「remove_index :users, :username」のように記述しても構いません。その場合、引数i_optsにはフィールド名を指定したものと見なされます。

サンプル ● 20220307104522_remove_column_index.rb

```ruby
# articlesテーブルからsummary列を削除
remove_column :articles, :summary
# articles_title_indexインデックスを削除
remove_index :articles, :title
# title／published列からなるインデックスを削除
remove_index :articles, column: [:title, :published]
# articles_authorsテーブルからcreated_at／updated_at列を削除
remove_timestamps :articles_authors
```

3 モデル開発

change_xxxxx メソッド

既存の列定義を変更する

書式
change_column tname, fname, type [,opts]　　　　　列定義
change_column_default tname, fname, default　　列のデフォルト値

引数
tname：**テーブル名**　fname：**フィールド名**　type：**データ型**
opts：**列フラグ（P.160の表を参照）**　default：**デフォルト値**

change_columnメソッドは、指定された列fnameの定義（データ型、フラグ）を変更します。列のデフォルト値のみを変更したい場合には、change_column_defaultメソッドを利用してください。

サンプル ● 20220307104603_change_column_index.rb

```
# articlesテーブルのsummary列をstring型（null許容）に設定
change_column :articles, :summary, :string, null: true
# usersテーブルのkname列にデフォルト値nobodyをセット
change_column_default :users, :kname, 'nobody'
```

rename_xxxxx メソッド

既存列／インデックス／テーブルの名前を変更する

書式
rename_column tname, old, new　　　　　　　　　　　　　　列名
rename_index tname, old, new　　　　　　　　インデックス名
rename_table tname, new　　　　　　　　　　　　　テーブル名

引数
tname：**テーブル名**　old：**古い列／インデックス名**
new：**新しい列／インデックス／テーブル名**

rename_xxxxxメソッドは、既存列、インデックス、テーブルの名前を変更します。

サンプル ● 20220307104710_rename_column_index.rb

```
# articlesテーブルのsummary列をcontent列に変更
rename_column :articles ,:summary ,:content
# articles_title_indexインデックスの名前をidx_articles_titleに変更
rename_index :articles ,:articles_title_index ,:idx_articles_title
# photosテーブルの名前をpicturesに変更
rename_table :photos, :pictures
```

xxxxx_exists? メソッド

列／インデックスが存在するかを判定する

| 書式 | `column_exists? tname, fname [,type [,opts]]` | 列の存在 |
| | `index_exists? tname, fname [,i_opts]` | インデックスの存在 |

引数 tname：**テーブル名** fname：**フィールド名** type：**データ型**
opts：**列フラグ（P.159の表を参照）**
i_opts：**インデックスオプション（P.163の表を参照）**

---

column_exists?メソッドは指定された列が、index_exists?メソッドは指定されたインデックスが存在するかをチェックします。たとえば既存のテーブルに列やインデックスを追加する際に、指定の列／インデックスがまだ存在しないことをチェックするために利用します（列／インデックスの追加はエラーの原因となるためです）。

サンプル 20220307104832_exists_column_index.rb

```
# articlesテーブルにsummary列が存在するか
column_exists? :articles, :summary
# articlesテーブルのtitle列にインデックスが存在するか
index_exists? :articles, :title
```

参照 P.163「既存テーブルに列やインデックスを追加する」
P.164「既存の列定義／インデックスを削除する」

change_table メソッド

テーブル定義を変更する

書式
```
change_table tname [,bulk: flag] do |t|
    definition
end
```

引数
tname：テーブル名
flag：変更定義を1つのALTER TABLE命令にまとめるか
　　　（デフォルトはfalse）
t：テーブル定義オブジェクト
definition：テーブル定義修正のための命令群

---

　change_tableメソッドは、特定の列に対する列定義の編集やインデックスの追加／削除をまとめて行います。P.163〜166で説明したメソッドを利用しても構いませんが、同じテーブルに対して操作するならば、change_tableメソッドを利用した方がテーブル名を繰り返し指定しなくてよいのでスマートでしょう。

　change_tableメソッドの配下では、ブロック変数tを介して、「t.データ型」メソッドと、以下のようなテーブル定義メソッドを呼び出せます。add_indexがindexに、remove_columnがremoveに、rename_columnがrenameに、それぞれ短くなっている点に注目です（構文は、それぞれ対応するメソッドを参照してください）。

▼ change_tableメソッドの配下で呼び出せるメソッド

index	change	change_default	rename
remove	remove_references	remove_index	remove_timestamps

サンプル ● 2022105015_change_articles.rb
```
# articlesテーブルについて配下の変更処理
change_table :articles do |t|
  t.text :summary                  # text型のsummary列を追加
  t.index :title                   # title列についてインデックスを設定
  t.remove :access                 # access列を削除
end
```

allメソッド

テーブルからすべてのレコードを取得する

書式 all

allメソッドは、テーブルからすべてのデータを取得します。テーブルの中身を無条件に取り出す場合に利用します。

サンプル model_controller.rb

```
def get_all
  @articles = Article.all                  # articlesテーブルを全件取得
  ➡ SELECT "articles".* FROM "articles"
end
```

サンプル model/get_all.html.erb

```
<ul>
  <%# articlesテーブルの内容を順に出力 %>
  <% @articles.each do |article| %>
    <li><%= link_to article.title, article.url %>
      (<%= article.published %>) </li>
  <% end %>
</li>
```

▼ articlesテーブルの内容を箇条書きリストに整形

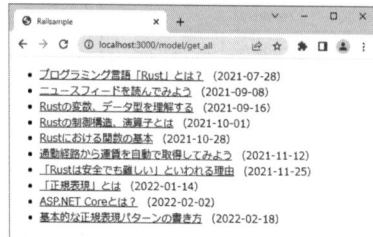

findメソッド

主キー値でデータを検索する

書式 `find(keys)`

引数 keys：主キー値

findメソッドは、主キー(id列)でテーブルを検索し、その結果をモデルオブジェクト(またはその配列)として返します。引数keysには、単一の主キー値だけでなく、配列で複数の主キー値をまとめて指定することも可能です。

サンプル ● model_controller.rb

```ruby
def get_find
 @article = Article.find(1)
 render 'articles/show'
end
```

```
SELECT "articles".* FROM "articles" WHERE "articles"."id" = ? LIMIT ? ↵
[["id", 1], ["LIMIT", 1]]
```

サンプル2 ● model_controller.rb

```ruby
def get_find2
 @articles = Article.find(1, 3, 5)
 render 'get_all'
end
```

```
SELECT "articles".* FROM "articles" WHERE "articles"."id" IN (?, ?, ?) ↵
[["id", 1], ["id", 3], ["id", 5]]
```

参考 ▶ サンプルの結果は、Pumaのコンソールに出力されるSQL命令で表記しています(一部の例外を除いては、以降も同様です)。

find_by_xxxxx メソッド

任意の列でデータを検索する

書式 find_by_xxxxx(value)

引数 xxxxx：フィールド名　value：検索値

　find_by_xxxxx メソッドは、Active Record が動的に生成するメソッドで、xxxxx で指定された列をキーに検索を行います。メソッド名が列名に応じて変動することから、**動的ファインダ**と呼ばれます。メソッド名に列名が含まれるので、ひと目見て、コードの意味を理解しやすいというメリットがあります。

　find_by_xxxxx メソッドは結果セットの先頭の1件のみを取得します。複数件の結果を取得したい場合には、where メソッドを使用します。

サンプル ● model_controller.rb（dynamic_find アクション）

```
@article = Article.find_by_title('プログラミング言語「Rust」とは？')
```

```
SELECT "articles".* FROM "articles" WHERE "articles"."title" = ? LIMIT ? ⏎
[["title", "プログラミング言語「Rust」とは？"], ["LIMIT", 1]]
```

参考 ▶ 「User.find_by_name_and_kname('nyamauchi', '山内直')」のように「_and_ フィールド名」を連結することで、複数列での AND 検索も可能です。連結の数に制限はありませんが、あまりに複雑な動的ファインダはかえってコードを見にくくします。

参考 ▶ find_by_xxxxx! メソッドもあります。このメソッドではレコードが取得できなかった場合に、ActiveRecord::RecordNotFound 例外を発生します（! なしのメソッドでは nil を返します）。

参照 ▶ P.175「検索条件をハッシュで設定する」

3 モデル開発

find_or_initialize_by／find_or_create_byメソッド
データを検索し初期化するか作成する

書式	`find_or_initialize_by field: value [,...]`	初期化
	`find_or_create_by field: value [,...]`	作成

引数	`field`：フィールド名　`value`：フィールドの値

　find_or_initialize_byメソッドとfind_or_create_byメソッドは、引数で指定される属性を持つレコードが存在するか検索を行い、見つからない場合にはそれぞれインスタンスの生成、レコードの作成を行います。レコードを検索して見つからなければ作成するという処理を1個のメソッドで実行できます。

　find_or_initialize_byメソッドは見つかったか生成したインスタンスを返し、find_or_create_byメソッドは見つかったか作成したレコードを返します。find_or_initialize_byメソッドではレコードの保存は実行されないので、保存したい場合にはsaveメソッドを実行します。

サンプル model_controller.rb（find_createアクション）

```
@user = User.find_or_create_by(name: 'itokugawa')
```

```
SELECT "users".* FROM "users" WHERE "users"."name" = ? LIMIT ?  [["name",
"itokugawa"], ["LIMIT", 1]]
INSERT INTO "users" ("name", "password", "kname", "email", "roles",
"lock_version", "created_at", "updated_at") VALUES (?, ?, ?, ?, ?, ?,
?, ?) [["name", "itokugawa"], ["password", "[FILTERED]"], ["kname",
nil], ["email", nil], ["roles", nil], ["lock_version", 0], ["created_
at", "2022-03-31 01:22:53.708599"], ["updated_at", "2022-03-31
01:22:53.708599"]]
```

サンプル model_controller.rb（find_initializeアクション）

```
@user = User.find_or_initialize_by(name: 'htoyotomi')
@user.kname = '豊臣秀吉'
@user.save
```

```
SELECT "users".* FROM "users" WHERE "users"."name" = ? LIMIT ? [["name", ⏎
"htoyotomi"], ["LIMIT", 1]]
INSERT INTO "users" ("name", "password", "kname", "email", "roles", ⏎
"lock_version", "created_at", "updated_at") VALUES (?, ?, ?, ?, ?, ?, ⏎
?, ?) [["name", "htoyotomi"], ["password", "[FILTERED]"], ["kname", ⏎
"豊臣秀吉"], ["email", nil], ["roles", nil], ["lock_version", 0], ⏎
["created_at", "2022-03-31 01:28:17.584237"], ["updated_at", "2022-03-31 ⏎
01:28:17.584237"]]
```

参考 find_or_create_by!メソッドもあります。このメソッドは、検証に引っかかった場合など作成に失敗した場合には ActiveRecord::RecordInvalid 例外を発生させます。

Column concerns フォルダとは？

/app/controllers フォルダと /app/models フォルダには、デフォルトで concerns フォルダがあります。このフォルダは、mix-in のためのフォルダです。コントローラやモデルで共通で使用したい機能をモジュール化するときに使用します。基本は、①concerns フォルダ以下に「module名.rb」ファイルを作り、②利用側のクラスで「include: module名」を記述するだけです。モジュール定義側でmodule ブロックの中に extend ActiveSupport::Concern を必ず記述し、included ブロックの中にフィールドやメソッドを定義していきます。利用側では、include メソッドでモジュールを読み込みます。

サンプル module_name.rb

```
module ModuleName
  extend ActiveSupport::Concern

  included do
    …ここにフィールドやメソッドを記述する…
  end
end
```

サンプル concern_controller.rb

```
class ConcernController < ApplicationController
  include ModuleName
  …ModuleName 内のフィールドやメソッドを使用できる…
end
```

共通の機能は、application_controller.rb ファイルか application_record.rb ファイルに記述してもよいのですが、誰が何を使うということを明確にできるので、共通機能が必要な場合には concerns フォルダの利用を検討しましょう。

first／lastメソッド

テーブルの先頭／末尾のレコードを取得する

書式	first	先頭
	last	末尾

first／lastメソッドは、テーブルの先頭、または末尾のレコードを取得します。一般的には、orderメソッド(P.177)との組み合わせで利用します。

サンプル ● model_controller.rb

```ruby
def first_last
  # 最新の記事（公開日が一番新しい記事）を取得
  @article = Article.order('published DESC').first
  # 以下でも同じ意味
  # @article = Article.order('published').last
  render 'articles/show'
end
```

```
SELECT "articles".* FROM "articles" ORDER BY published DESC LIMIT ? ↵
[["LIMIT", 1]]
```

参考 ▶ ORDER BY句が明記されなかった場合、first／lastメソッドは主キーでソートした結果での、先頭／末尾レコードを取得します。

クエリメソッドとは？

クエリメソッドは、条件式やソート／グループ化、範囲抽出、結合などを行うためのメソッドの総称です。find／all、first／lastなどのメソッドでできることは限られていますので、多くの局面ではクエリメソッドを利用することになるでしょう。

具体的には、以下のようなメソッドがあります。

▼ 主なクエリメソッド

メソッド	概要
where	条件式で絞り込み
order	並べ替え
select	列の指定
limit	抽出するレコード数を指定
offset	抽出を開始する数を指定。limitとセットで利用
group	特定のキーで結果をグループ化
having	GROUP BYにさらに制約を付与
joins	他のテーブルと結合
readonly	取得したオブジェクトを読み取り専用に
lock	排他制御をかける

クエリメソッドは、find／all、first／lastなどのメソッドと違って、その場ではデータベースにアクセスしません。ただ、条件句を追加した結果をActive Record::Relationオブジェクトとして返すだけです。そして、結果が必要になったところで初めて、データベースへの問い合わせを行います（**遅延ロード**）。

遅延ロードの性質を利用することで、以下のような記述が可能になります。

```
@articles = Article.where('published > "2022-01-01"').order('published ↵
DESC')
```

ここでは、whereメソッドで条件式を追加した後、さらに、orderメソッドでソート式を追加しています。メソッド呼び出しを連鎖して、条件を積み上げられるそのさまから、クエリメソッドのこのような性質と記法のことを**メソッドチェーン**と呼びます。メソッドチェーンを利用することで、複合的な条件も自然なコードで指定できるようになります。

参考 メソッドチェーンで最終的に生成されたSQL命令は、to_sqlメソッドで確認できます。

whereメソッド

検索条件をハッシュで設定する

書式 where(exp)

引数 exp：条件を表すハッシュ

検索の条件式（WHERE句）を設定するには、whereメソッドを利用します。where
メソッドにはいくつかの構文がありますが、もっとも簡単なものが、条件式をハッ
シュで指定する記法です。ハッシュの組み合わせで＝、BETWEEN、IN、AND演
算子を表現できます。

表現できる条件には制限がありますが、シンプルに記述できるのが特長です。

サンプル model_controller.rb（query_whereアクション）

```
# closed列がtrueである記事を取得
@articles = Article.where(closed: true)
  ➡ SELECT "articles".* FROM "articles" ⏎
    WHERE "articles"."closed" = ?  [["closed", 1]]
# category列が「Script」で、かつ、closed列がfalseである記事を取得
@articles = Article.where(category: 'Script', closed: false)
  ➡ SELECT "articles".* FROM "articles" ⏎
    WHERE "articles"."category" = ? AND "articles"."closed" = ? ⏎
    [["category", "Script"], ["closed", 0]]
# published列が2022-01-01〜2022-06-30の間である記事を取得
@articles = Article.where(published: '2022-01-01'..'2022-06-30')
  ➡ SELECT "articles".* FROM "articles" ⏎
    WHERE "articles"."published" BETWEEN ? AND ? ⏎
    [["published", "2022-01-01"], ["published", "2022-06-30"]]
# category列が「.NET」または「Script」である記事を取得
@articles = Article.where(category: ['.NET', 'Script'])
  ➡ SELECT "articles".* FROM "articles" ⏎
    WHERE "articles"."category" IN (?, ?)  [["category", ".NET"], ⏎
    ["category", "Script"]]
```

参考 主キー列で検索するならば、findメソッド（P.169）を利用してください。

whereメソッド

検索条件を文字列で設定する

3

モデル開発

書式	where(exp [,value])

引数	exp：条件式（プレイスホルダを含む）　value：パラメータ値

whereメソッドでは、プレイスホルダを含んだ文字列で条件式を指定できます。**プレイスホルダ**とは、パラメータの置き場所のことです。プレイスホルダを利用することで、条件式に対して実行時に任意の値を渡すことができます。

プレイスホルダは、以下の2種類の形式で表現できます。

▼ プレイスホルダの種類

形式	記法	引数valueの指定方法
名前なしパラメータ	?	プレイスホルダの記述順
名前付きパラメータ	:名前	「名前：値」のハッシュ

名前なしパラメータはシンプルに記述できるものの、パラメータの増減や順番の変化に影響を受けやすいという短所があります。反面、**名前付きパラメータ**はパラメータと値の対応関係がわかりやすいものの、記述はやや冗長になります。一般的には、パラメータの数が多い場合には名前付きパラメータを、少ない場合は名前なしパラメータを、という使い分けになるでしょう。

サンプル ◉ model_controller.rb（query_placeアクション）

```ruby
# category列が「Script」、published列が2022-01-01以降の記事を取得
@articles = Article.where('category = ? AND published > ?',
  'Script', '2022-01-01')
  # 同じ条件式を名前付きパラメータで書き換えたもの
@articles = Article.where(
  'category = :category AND published > :published',
  { category: 'Script', published: '2022-01-01' })
```

```
SELECT "articles".* FROM "articles" ⏎
WHERE (category = 'Script' AND published > '2022-01-01')
```

注意 ▶ 動的な条件式を、文字列連結（展開）で生成するのは絶対に避けてください。エスケープ処理の漏れが**SQLインジェクション脆弱性**の原因となる可能性があるためです。プレイスホルダを介することでパラメータ値のエスケープ処理が自動的に行われますので、脆弱性をより確実に防げます。

order／reorderメソッド

データを昇順／降順に並べ替える

書式 order(sort)   ソート式
       reorder(sort)   ソート式（上書き）

引数 sort：ソート式（「フィールド名 並び順, …」の形式）

取得したデータを特定の列について並べ替えるには、orderメソッドを利用します。SQL SELECT命令のORDER BY句に相当します。引数sortは、標準的なSELECT命令のORDER BY句と同じく「フィールド名 ASC」または「フィールド名 DESC」の形式で表します。カンマ区切りで複数のソートキーを指定することもできます。

先行するorderメソッドで指定されたソート式を上書きするには、reorderメソッドを利用します。引数sortにnilを与えた場合は、先行するソート式を破棄します。

サンプル model_controller.rb（query_sortアクション）

```
# published列について昇順ソート
@articles = Article.order('published')
  ➡ SELECT "articles".* FROM "articles" ORDER BY published
# published列について降順、title列について昇順ソート
@articles = Article.order('published DESC, title')
  ➡ SELECT "articles".* FROM "articles" ORDER BY published DESC, title
# orderメソッドで指定したソート式をreorderメソッドで上書き
# 上書きされた「published DESC」は無視される
@articles = Article.order('published DESC').reorder('title')
  ➡ SELECT "articles".* FROM "articles" ORDER BY title
# reorderメソッドでorderメソッドによるソート式を打消し
@articles = Article.order('published DESC').reorder(nil)
  ➡ SELECT "articles".* FROM "articles"
```

limit／offsetメソッド

m～n件のレコードだけを取得する

書式 `limit(rows)` 取得件数
`offset(off)` 取得開始位置

引数 rows：**最大取得行数** off：**取得開始位置（先頭行を0と数える）**

limit／offsetメソッドの組み合わせで、特定範囲のレコードを取得できます。具体的には、off + 1～off + rows件目のデータを取得します。

その性質上、orderメソッド（P.177）とセットで利用します（レコードの並び順が決まっていないと意味がないからです）。

サンプル ● model_controller.rb（query_limitアクション）

```ruby
# published列について昇順した状態で、4～8件目を取得
@articles = Article.order('published').limit(5).offset(3)
```
➡ SELECT "articles".* FROM "articles" ORDER BY published DESC
LIMIT ? OFFSET ? [["LIMIT", 5], ["OFFSET", 3]]

サンプル2 ● model_controller.rb

```ruby
# 指定のページを表示（「～/model/query_paging/2」など）
def query_paging
  # ページ当たりの最大表示件数
  psize = 3
  # 表示するページ番号（ルートパラメータidから取得。デフォルトは0）
  pnum = params[:id] == nil ? 0 : params[:id].to_i - 1
  # 取得開始行は「ページサイズ×ページ番号」
  @articles = Article.order('title').limit(psize).offset(psize * pnum)
  render 'get_all'
end
```

▼ **指定ページの記事情報を表示（「～/model/query_paging/2」なら4～6件目）**

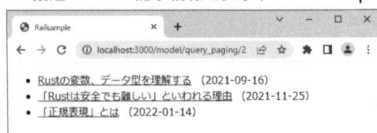

select メソッド

取得列を指定する

書式 `select(cols)`

引数 `cols：取得する列`

取得列を指定するには、select メソッドを利用します。select メソッドを明示的に指定しない場合、Active Record はデフォルトですべての列を取得します（つまり、「SELECT * FROM …」と同じ意味です）。

DISTINCT キーワード（重複を除去）、SQL 演算子、関数の呼び出し、AS句（エイリアスの設定）なども、select メソッドの中で行います。select メソッドで宣言されたエイリアス（別名）には、もともと定義されていた列名と同じく、「オブジェクト名.別名」でアクセスできます。

サンプル ● model_controller.rb

```ruby
def query_select
  # selectメソッドで関数の呼び出し＆別名の設定
  @articles = Article.where('published > 2022-01-01').
  select('url, title, published, strftime("%Y-%m", published) AS y_pub')
  render 'get_all'
end
```

```
SELECT url, title, published, strftime("%Y-%m", published) AS y_pub
FROM "articles" WHERE (published > 2022-01-01)
```

注意 ▶ select メソッドで指定していない列（プロパティ）にアクセスしようとすると、ActiveModel::MissingAttributeError 例外が発生します。

参考 ▶ 巨大なテーブルで不要な列まで無条件に取り出すのは、メモリリソースの無駄遣いです。原則として、select メソッドで必要な列に絞り込むようにしてください。

参考 ▶ select メソッドに uniq メソッドを続けると、DISTINCT を指定したのと同義になり、一意な結果が返されます。

3

モデル開発

group メソッド

特定のキーでデータを集計する

書式 group(key)

引数 key：グループ化キー（カンマ区切りで複数指定も可）

　特定のキーで結果をグループ化／集計するには、groupメソッドを利用します。SQL SELECT命令のGROUP BY句に相当します。集計関数の呼び出しは、selectメソッド（P.179）で行ってください。

サンプル model_controller.rb

```ruby
def query_group
  @articles = Article.group('category').
    select('category, SUM(access) AS cnt')
  ➡ SELECT category, SUM(access) AS cnt FROM "articles"
    GROUP BY "articles"."category"
end
```

サンプル model/query_group.html.erb

```erb
<ul>
  <% @articles.each do |article| %>
    <li><%= article.category %>：<%= article.cnt %>アクセス</li>
  <% end %>
</li>
```

▼ カテゴリ（category）単位にアクセス数の総計をリスト表示

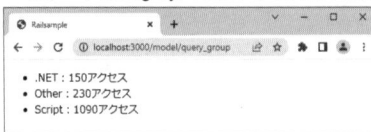

- .NET：150アクセス
- Other：230アクセス
- Script：1090アクセス

3

havingメソッド

集計結果をもとにデータを絞り込む

書式 having(exp)

引数 exp：条件式（[条件式, パラメータ値, …]の配列）

groupメソッド（P.180）で集計した結果をもとに、さらにデータの絞り込みを行うには、havingメソッドを利用します。SQL SELECT命令のHAVING句に相当します。

条件式expの指定はwhereメソッド（P.176）とも似ていますが、以下の点で異なります。

- 条件式とパラメータ値全体を配列として表す（引数全体をブラケットで括る）
- ハッシュは利用できない（たとえば「'SUM(price)' => 5000」は不可）

条件式のプレイスホルダには、名前付き引数（:名前）、名前なし引数（?）いずれの形式も利用できます。

サンプル model_controller.rb

```
def query_having
    # カテゴリ別のアクセス総計が600以上のものだけを取得
  @articles = Article.group('category').
    select('category, SUM(access) AS cnt').
    having(['SUM(access) > ?', 600])
  render 'query_group'
end
```

```
SELECT category, SUM(access) AS cnt FROM "articles"
GROUP BY "articles"."category" HAVING (SUM(access) > 600)
```

exceptメソッド

モデルに適用した条件式を除外する

書式 except(skips)

引数 skips：除外する条件式

それ以前に指定された条件式の一部を取り消したい場合には、exceptメソッドを利用します。引数skipsには「:where, :order」のようなシンボル形式で、除外するメソッドを指定してください。

サンプル ● model_controller.rb

```ruby
def query_except
  # 指定されたwhere、order、selectメソッドのうち、order、whereを除外
  @articles = Article.where('category = ?', 'Script').
    order('publish DESC').select('url, title, published').
    except(:order, :where)
  render 'get_all'
end
```

```
SELECT url, title, published FROM "articles"
```

注意 exceptメソッドの呼び出し以降に追加された条件式は、除外されません。また、デフォルトスコープ (P.189) も除外対象にはなりません。

集計メソッド

特定条件に合致するレコードの件数や平均値、合計値などを求める

3
モデル開発

書式	count([col])	件数
	average(col)	平均値
	minimum(col)	最小値
	maximum(col)	最大値
	sum(col)	合計値

引数 col：集計対象の列名

Active Recordでは、SUM、AVGなどのSQL集計関数をより簡単に呼び出すために、sum、countなどの**集計メソッド**を用意しています。selectメソッドでSQL集計関数を直接呼び出しても構いませんが、whereメソッドで絞り込んだ結果全体を集計するようなケースでは、集計メソッドを利用した方がより直感的なコードを記述できます。

countメソッドで引数colを省略した場合、結果セットの全件数を求めます。特定の列について空でないものを求めたい場合には、引数colを明示的に指定してください。

サンプル model_controller.rb（totalメソッド）

```
# category列がScriptである記事のアクセス数平均
@count = Article.where('category = ?', 'Script').average(:access)
  ⇒ SELECT AVG("articles"."access") FROM "articles"
    WHERE (category = 'Script')
# articlesテーブルの全件数
@count = Article.count()
  ⇒ SELECT COUNT(*) FROM "articles"
# category列がScriptである記事のアクセス数合計
@count = Article.where('category = ?', 'Script').sum(:access)
  ⇒ SELECT SUM("articles"."access") FROM "articles"
    WHERE (category = 'Script')
# articlesテーブルの最大アクセス数
@count = Article.maximum(:access)
  ⇒ SELECT MAX("articles"."access") FROM "articles"
# articlesテーブルの最小アクセス数
@count = Article.minimum(:access)
  ⇒ SELECT MIN("articles"."access") FROM "articles"
```

注意 集計メソッドは、groupメソッドと合わせて利用することもできます。ただしその場合、戻り値は「グループ化キー：集計値」のハッシュとなります。モデルの配列ではありませんので、注意してください。

reloadメソッド

モデルオブジェクトをリロードする

書式　reload

　reloadメソッドを利用することで、いったん取得したモデルオブジェクトの内容をデータベースから読み込み直すことができます。なんらかの理由で、モデルオブジェクトに対して行った変更を元に戻したい場合に利用します。

サンプル ● model_controller.rb(reload_modelアクション)

```
@article = Article.find(1)
msg = @article.title                   # ASP.NET MVC入門（初期値）
@article.title = 'Rails入門'           # 値を修正
msg += @article.title                  # Rails入門（変更後）
@article.reload                        # リロード
msg += @article.title                  # ASP.NET MVC入門（リロード）
```

find_by_sqlメソッド

SQL 命令を直接指定する

書式　find_by_sql(sql)
引数　sql：SQL命令

　Active Recordでは、まずクエリメソッドによる問い合わせが基本です。しかし、クエリメソッドでは表現できない、または、かえって複雑になってしまうような問い合わせでは、find_by_sqlメソッドを利用することで、生のSQL命令を記述できます。

　引数sqlには、[SQL命令, パラメータ値, …]の配列形式で、SELECT命令を指定してください。SELECT命令にプレイスホルダが含まれない場合は、単に文字列としてSELECT命令を指定しても構いません。

サンプル ● model_controller.rb(sql_modelアクション)

```
@articles = Article.find_by_sql(['SELECT category, SUM(access) AS cnt ⏎
FROM "articles" GROUP BY category HAVING SUM(access) > ?', 300])
```

> **参考** ▶ find_by_sqlメソッドの利用は、アプリケーションが特定のデータベースに依存する原因にもなります。まずは、クエリメソッドの利用を優先してください。

exists?メソッド

データが1件でも存在するかを確認する

書式 exists?(exp)

引数 exp：存在確認で利用する条件式

データを取得するのではなく、データの存在だけを確認したい場合には、exists?メソッドを利用します。引数expでは、整数、文字列、配列、ハッシュ形式で、検索条件を表現できます。それぞれの挙動については、サンプルを参照してください。

サンプル ● model_controller.rb（exists_modelアクション）

```
# articlesテーブルに1件でもデータが存在するか
flag = Article.exists?
  ➡ SELECT 1 AS one FROM "articles" LIMIT ?  [["LIMIT", 1]]
# id列が2であるレコードが存在するか
flag = Article.exists?(2)
  ➡ SELECT 1 AS one FROM "articles"
    WHERE "articles"."id" = ? LIMIT ?  [["id", 2], ["LIMIT", 1]]
# category列がJavaであるレコードが存在するか
flag = Article.where(category: 'Java').exists?
  ➡ SELECT 1 AS one FROM "articles"
    WHERE "articles"."category" = ? LIMIT ?  [["category", "Java"], ⏎
    ["LIMIT", 1]]
# category列がScriptであるレコードが存在するか
flag = Article.exists?({ category: 'Script' })
  ➡ SELECT 1 AS one FROM "articles"
    WHERE "articles"."category" = ? LIMIT ?  [["category", "Script"], ⏎
    ["LIMIT", 1]]
# access列が100より大きいレコードが存在するか
flag = Article.exists?(['access > ?', 100])
  ➡ SELECT 1 AS one FROM "articles"
    WHERE (access > 100) LIMIT ?  [["LIMIT", 1]]
```

参考 ▶ 存在チェックのみですので、内部的に発行されるSELECT命令ではもっとも簡素な方法として、便宜的に先頭の1件を取得しています。

attributesメソッド

レコードのフィールド値を取得する

書式 `attributes[name]`

引数 name：フィールド名

データベースから取得したレコードの個別のフィールド値には、まずmodel.title のようにプロパティ経由でアクセスできます。しかし、目的のフィールド値が静的に決まらない場合、文字列で動的にフィールド名を指定したいということもあるでしょう。そのようなケースでは、attributesメソッドを利用します。

サンプル model_controller.rb（attrs_modelアクション）

```
@article = Article.find(1)
render plain: @article.attributes['title']                    # title列を取得
```

attribute_namesメソッド

テーブルのすべての列名を取得する

書式 `attribute_names`

attribute_namesメソッドは、現在のモデルに対応するテーブルの全列名を取得します。

サンプル model_controller.rb

```
def attr_names
  render plain: Article.attribute_names
end
```

```
["id", "url", "title", "category", "published", "access",
"comments_count", "closed", "created_at", "updated_at"]
```

scopeメソッド
よく利用する条件式／ソート式を準備する

書式	scope name, -> { exp }
引数	name：スコープ名　exp：条件式

Active Recordでは、よく利用する条件式やソート式をモデル側で定義し、名前を付けておくことができます。このような条件／ソート式のことを**名前付きスコープ（Named Scope）**といいます。

名前付きスコープを利用することで、以下のようなメリットがあります。

- 同じ条件／ソート式を繰り返し記述する必要がなくなる
- 条件式に名前を付けられるので、呼び出し側コードの可読性が向上する

そして、この名前付きスコープを宣言するのがscopeメソッドです。モデルクラスで利用します。名前付きスコープは、ラムダ式で指定します。引数expには「where(sex: 'male')」「order('birth DESC')」のような形式で、クエリメソッドを指定できます。「スコープ名.where(…)」のように、定義済みのスコープをもとにさらに新しいスコープを定義しても構いません。

定義済みのスコープは、モデルのクラスメソッドのように「モデル名.スコープ名」の形式で呼び出すことができます。

サンプル● Article.rb

```ruby
class Article < ApplicationRecord
  # Scriptカテゴリの記事だけを取得するscriptスコープ
  scope :script, -> {where(category: 'Script')}
  # 公開日降順で記事をソートするrecentスコープ
  scope :recent, -> {order('published DESC')}
  # 最新記事5件を取得するwhats_new5スコープ（recentスコープをもとに作成）
  scope :whats_new5, -> {recent.limit(5)}
end
```

サンプル● model_controller.rb（basic_scopeアクション）

```ruby
@articles = Article.script.whats_new5
```

```
SELECT "articles".* FROM "articles"
WHERE "articles"."category" = ? ORDER BY published DESC LIMIT ?
[["category", "Script"], ["LIMIT", 5]]
```

scopeメソッド

名前付きスコープを
パラメータ化する

書式 scope name, -> (param, ...) { exp }

引数 name：スコープ名　param：パラメータ　exp：**条件式**

　scopeメソッドに指定するラムダでは、引数を受け取る名前付きスコープを定義することもできます。名前付きスコープをパラメータ化することで、条件値のみが異なる似たようなスコープをいくつも作成する必要がなくなります。

　パラメータ化された名前付きスコープは、「モデル名.スコープ名(引数, …)」の形式で呼び出せます。

サンプル Article.rb

```
class Article < ApplicationRecord
  …中略…
    # 引数としてカテゴリ (c) 、取得件数 (n) を受け取るwhats_newスコープ
  scope :whats_new, -> (c, n)
    { where(category: c).order('published DESC').limit(n) }
end
```

サンプル model_controller.rb

```
def basic_scope2
    # Scriptカテゴリの記事から最新3件を取得
  @articles = Article.whats_new('Script', 3)
  render 'get_all'
end
```

▼

```
SELECT "articles".* FROM "articles"
WHERE "articles"."category" = ? ORDER BY published DESC LIMIT ?
[["category", "Script"], ["LIMIT", 3]]
```

参照 P.187「よく利用する条件式／ソート式を準備する」

default_scope メソッド

デフォルトのスコープを定義する

書式 `default_scope { exp }`

引数 exp：条件式

default_scopeメソッドは、**デフォルトスコープ**を定義します。デフォルトスコープとは、モデル呼び出しの際にデフォルトで適用されるスコープのことです。

たとえばcreated_at（作成年月日）列について、常に降順でデータを取得したいlogsのようなテーブルがあったとします。そのような場合、呼び出しのコードで毎回orderメソッドを指定するのは面倒なことです。しかし、デフォルトスコープを利用することで、指定された条件が無条件に適用されますので、呼び出しのコードがシンプルになります。

サンプル comment.rb

```ruby
class Comment < ApplicationRecord
  …中略…
    # デフォルトで、更新年月日降順でソート
  default_scope { order('updated_at DESC') }
end
```

サンプル model_controller.rb

```ruby
def def_scope
  @comments = Comment.all
  render 'comments/index'
end
```

```
SELECT "comments".* FROM "comments" ORDER BY updated_at DESC
```

注意 default_scopeメソッドの複数回呼び出しはできません。

参考 デフォルトスコープで宣言された条件式は、個別の問い合わせでorder／whereメソッドを指定した場合にも取り消されません。個別の問い合わせで指定された条件は、orderメソッドであれば第2キー以降に、whereメソッドではAND演算子で、それぞれ追加されます。

参照 P.190「モデルに課せられた条件式やソート式を無効化する」

unscopedメソッド

モデルに課せられた条件式や
ソート式を無効化する

書式	①Model.query.**unscoped**
	②Model.**unscoped** { statements }
引数	Model：**モデルクラス**　query：**任意のクエリメソッド**
	statements：**モデル呼び出しの任意のコード**

　モデルに適用された条件式／ソート式、デフォルトスコープ（P.189）をまとめて
打ち消すには、unscopedメソッドを呼び出してください。主に、デフォルトス
コープの除外を目的に利用します。

　複数のモデル呼び出しでデフォルトスコープを除外したい場合には、書式②のよ
うにブロック構文で記述することも可能です。

サンプル comment.rb

```ruby
class Comment < ApplicationRecord
  …中略…
    # デフォルトで、更新年月日降順でソート
  default_scope { order('updated_at DESC') }
end
```

サンプル model_controller.rb

```ruby
def unscope
    # デフォルトスコープを除外
  @comments = Comment.unscoped.all
    # ブロック構文で以下のように書いても同じ意味
  # @comments = Comment.unscoped { Comment.all }
  render 'comments/index'
end
```

```
SELECT "comments".* FROM "comments"                          ソート条件が適用されていない
```

注意 exceptメソッド（P.182）ではデフォルトスコープは破棄されません。

newメソッド

モデルオブジェクトを 新規に作成する

書式	new(name: value, …)
引数	name：列名 value：値

モデルクラスのnewメソッドに対して「列名：値，…」というハッシュを渡すことで、モデルオブジェクトを生成する際に、合わせて属性も設定できます。フォームからの入力値（paramsメソッドの戻り値）をまとめてモデルにセットする場合などによく利用します。

たとえば以下は、Sceffolding機能で自動生成されたArticlesController（new／createアクション）と対応するビューの例です（_form.html.erbは、メインテンプレートnew.html.erbから呼び出される部分ビューで、フォーム本体を表します）。テンプレート側で「<input name="**article[url]**" … />」のようにarticle[…]のハッシュ形式で渡されたすべての入力値は、newメソッド（太字部分）の引数から呼び出されるプライベートメソッドであるarticle_paramsから受け取っていることを確認してください。

article_paramsメソッドは、newメソッドに渡すパラメータの配列を返します。article_paramsメソッドでは、フォームから送信されたパラメータのうち、どれを許可するかpermitメソッドにて選択しています。これにより、意図していないフィールドからの値でレコードを作成してしまうことを防いでいます（ストロングパラメータ）。

サンプル 📄 articles_controller.rb

```
 # 新規登録フォームを生成するnewアクション「~/articles/new」
def new
  @article = Article.new
  …中略…
end
  …中略…
 # 新規登録フォームからの入力を受けて保存処理を行うcreateアクション
def create
    # article[…]で渡された入力値をまとめてモデルにセット
  @article = Article.new(article_params)
  respond_to do |format|
    if @article.save
      …成功時の処理（中略）…
    else
```

```
      …失敗時の処理（中略）…
    end
  end
end
…中略…
  private
    …中略…
      # 作成を許可するフィールドを選択（デフォルトは全部）
    def article_params
      params.require(:article).permit(:url, :title, :category, ↵
:published, :access, :comments_count, :closed)
    end
```

サンプル ● articles/_form.html.erb

```erb
<%= form_with(model: article) do |form| %>
  …中略…
  <div>
    <%= form.label :url, style: "display: block" %>
    <%= form.text_field :url %>
  ➡ <input name="article[url]" … />
  </div>
  …中略…
<% end %>
```

▼ Scaffolding機能で自動生成された新規登録フォーム

参考 ▶ サンプルでは、newメソッドでまとめて入力値をセットする例を示しましたが、もちろん、プロパティ個々に設定することもできます。具体的なコードは、次項も参照してください。

参照 ▶ P.69「ポストデータ／クエリ情報／ルートパラメータを取得する」
P.47「モデル／テンプレート／コントローラをまとめて作成する」
P.194「モデルオブジェクトの作成から保存までを一気に行う」

3

モデル開発

save／save!メソッド

モデルオブジェクトを
データベースに保存する

書式	save [touch: flag]	保存
	save! [touch: flag]	保存（例外）

引数 flag：update_at／updated_onレコードを更新しないか（デフォルトはfalse）

　生成／更新したモデルオブジェクトをデータベースに保存するには、save／save!メソッドを利用します。両者の違いは、保存に失敗した場合の挙動です。失敗時、saveメソッドはfalseを返しますが、save!メソッドはActiveRecord::RecordInvalid例外を発生します。一般的に、保存の成否によって処理を分岐するようなケースではsaveメソッドを、トランザクションの内部ではsave!メソッドを利用します（トランザクションは例外発生によってロールバックするからです）。

　:touchオプションにfalseを指定すると、update_at／updated_onレコードが更新されません。タイムスタンプを更新したくない場合に有用です。

サンプル model_controller.rb

```ruby
def save_model
    # Articleオブジェクトのプロパティ個々に値をセット
  @article = Article.new
  @article.url = 'https://atmarkit.itmedia.co.jp/ait/articles/2107/28/ ↵
news010.html'
  @article.title = 'プログラミング言語「Rust」とは？'
  @article.category = 'Script'
  @article.published = '2021-07-28'
  @article.access = 210
  @article.closed = false
    # レコードを保存し、成否によって処理を分岐
  if @article.save
    render plain: '保存できました。'
  else
    render plain: '保存に失敗しました。'
  end
end
```

参考 save／save!メソッドは、デフォルトで保存前に検証処理を行います。検証をスキップしたい場合には、「save(validate: false)」のように明示的に検証機能を無効化してください。

参照 P.206「トランザクション処理を実装する」

create／create! メソッド

モデルオブジェクトの作成から
保存までを一気に行う

| 書式 | create(name: value, …) | 作成＆保存 |
| | create!(name: value, …) | 作成＆保存（例外） |

引数　name：列名　value：値

　create／create! メソッドを利用することで、モデルオブジェクトを新規に作成し、データベースに保存するまでを一気に行うことができます。new→save メソッドをまとめて呼び出すためのメソッドと考えてもよいでしょう。

　create／create! メソッドの違いは、保存に失敗した時の挙動です。create! メソッドは保存失敗時に ActiveRecord::RecordInvalid 例外を発生します。一方、create メソッドは、保存に失敗した場合も生成したオブジェクトを返すのみです。よって、保存に失敗したかどうかは new_record? メソッド（P.201）で確認する必要があります。

サンプル　model_controller.rb

```ruby
def create_model
  @article = Article.create(
    url: 'https://atmarkit.itmedia.co.jp/ait/articles/2107/28/news010.html',
    title: 'プログラミング言語「Rust」とは？',
    category: 'Script',
    published: '2021-07-28',
    access: 210,
    closed: false
  )
  # オブジェクトが未保存であれば、保存に失敗したと見なす
  if !@article.new_record?
    render plain: '保存できました。'
  else
    render plain: '保存に失敗しました。'
  end
end
```

参考　ハッシュの配列を渡すことで、複数のレコードをまとめて生成＆保存することも可能です。

参照　P.191「モデルオブジェクトを新規に作成する」

update_attribute メソッド

特定のフィールドを更新する

書式　`update_attribute(name, value)`

引数　name：プロパティ名　value：値

update_attributeメソッドは、指定されたプロパティ（フィールド）の値を更新します。複数のフィールドをまとめて書き換えるupdate_attribute**s**メソッド（複数形）と混同しないようにしてください。

これ以前に未保存の変更があった場合には、合わせて保存されます。

サンプル model_controller.rb

```
def attr_update
    # id=1のレコードを取得し、そのpublished列を更新
  @article = Article.find(1)
  @article.update_attribute(:published, '2022-03-22')
  render plain: 'published列を更新しました。'
end
```

注意 update_attributeメソッドは、検証処理をスキップします。あらかじめ値が妥当であることがわかっている場合にのみ利用してください。

参照 P.196「既存のモデルオブジェクトを変更する」

既存のモデルオブジェクトを変更する

書式　`attributes= attrs`　　　　　　　　　　　　　　変更（セッター）
　　　　`assign_attributes(attrs)`　　　　　　　　　　　　　　変更

引数　attrs：更新データ（「プロパティ名：値」のハッシュ形式）

　attributes=／assign_attributes メソッドは、現在のモデルオブジェクトを引数 attrs の内容で書き換えます。update_attributes メソッド（P.195）と似ていますが、update_attributes メソッドがオブジェクトそのものの書き換えからデータベースへの反映までを行うのに対して、attributes=／assign_attributes メソッドはプロパティの書き換えのみを行います。よって、変更をデータベースに保存するには、save／save! メソッドを呼び出す必要があります。

　ポストデータなどをまとめてセットしたいが、保存前になんらかの処理を絡ませたい（＝自動で保存まではしたくない）ようなケースで利用します。

サンプル model_controller.rb

```ruby
def attrs
    # id=12のレコードを指定値でまとめて上書き
  @article = Article.find(12)
  @article.attributes= {
      url: 'https://atmarkit.itmedia.co.jp/ait/articles/2107/28/news010.html',
      title: 'プログラミング言語「Rust」とは？'
  }
  # 上のattributes=メソッドと同じ意味をassign_attributesメソッドで
  # 書き換え
  # @article.assign_attributes(
  #  url: 'https://atmarkit.itmedia.co.jp/ait/articles/2107/28/news010.html',
  #  title: 'プログラミング言語「Rust」とは？')
  # 自動で保存は行われないので、saveメソッドを呼び出し
  if @article.save
    render plain: '保存できました。'
  else
    render plain: '保存に失敗しました。'
  end
end
```

updateメソッド
複数のモデルオブジェクトを まとめて更新する

書式 `update(ids, attrs)`

引数 ids：更新するモデルのid値（配列も可）
attrs：更新データ（「プロパティ名: 値」のハッシュ形式）

　updateメソッドは、引数idsで指定されたモデルを取得し、引数attrsの内容で更新します。データの取得までを担当するので、findメソッドによるロードは不要です。引数ids／attrsには、それぞれid値、更新データ(ハッシュ)の配列を渡すことで、複数のレコードをまとめて更新することも可能です。

サンプル model_controller.rb(update_modelアクション)

```
# id = 2のレコードについて各列の内容を書き換え
Article.update(2, { title: 'プログラミング言語「Rust」とは？',
  url: 'https://atmarkit.itmedia.co.jp/ait/articles/2107/28/news010.html' })
  ⇒ SELECT "articles".* FROM "articles" WHERE "articles"."id" = ? LIMIT ?
  [["id", 2], ["LIMIT", 1]]
  UPDATE "articles" SET "url" = ?, "title" = ?, "updated_at" = ?
  WHERE "articles"."id" = ?  [["url", "https://atmarkit.itmedia.co. ⏎
  jp/ait/articles/2107/28/news010.html"],
  ["title", "プログラミング言語「Rust」とは？"],
  ["updated_at", "2022-03-22 06:32:35.139296"], ["id", 2]]
# id = 2、3のレコードについてそれぞれデータを更新
Article.update(
  [2, 3],
  [{ title: 'ニュースフィードを読んでみよう【マイナビニュース】'},
  { title: 'プログラミング言語「Rust」とは？'}])
  ⇒ SELECT "articles".* FROM "articles" WHERE "articles"."id" = ? LIMIT ?
  [["id", 3], ["LIMIT", 1]]
  UPDATE "articles" SET "title" = ?, "updated_at" = ? WHERE "articles"."id" = ?
  [["title", "ニュースフィードを読んでみよう【マイナビニュース】"],
  ["updated_at", "2022-03-22 06:37:46.464728"], ["id", 2]]
  UPDATE "articles" SET "title" = ?, "updated_at" = ? WHERE "articles"."id" = ?
  [["title", "プログラミング言語「Rust」とは？"],
  ["updated_at", "2022-03-22 06:37:46.467897"], ["id", 3]]
```

注意 updateメソッドは、一致したレコードにおいて更新後に内容の変化がない場合、UPDATEコマンドを発行しません。

注意 updateメソッドは「データを取得→更新→保存」という手続きを内部的に行っています。大量データの更新には、update_allメソッド(P.198)を利用してください。

複数のモデルオブジェクトを
効率的に更新する

書式 `update_all(updates)`

引数 updates：更新値

update_all メソッドは、レコードをまとめて更新します。update メソッド
(P.197) のように1件ずつ処理するわけではありませんので、大量データの更新に
適しています。戻り値は、更新できた件数です。

更新値には、UPDATE コマンドの SET 節以降に与える更新の指定を、文字列、
ハッシュ、配列などで指定します。

サンプル model_controller.rb（update_all アクション）

```ruby
# category列がScriptであるレコードのaccess列を100減算
@cnt = Article.where('category = ?', 'Script').update_all('access = access - 100')
  ➡ UPDATE "articles" SET access = access - 100 WHERE (category = 'Script')
# 公開日が新しいもの3件についてaccess列を100減算
@cnt = Article.order(published: :desc).limit(3).update_all('access = access - 100')
  ➡ UPDATE "articles" SET access = access - 100 WHERE "articles"."id"
    IN (SELECT "articles"."id" FROM "articles" ORDER BY "articles"."published"
    DESC LIMIT ?)  [["LIMIT", 3]]
```

destroy／deleteメソッド

既存のレコードを削除する

■**書式**■ destroy([ids])   削除
        delete([ids])   削除（単純）

■**引数**■ ids：削除するモデルのid値（配列も可）

destroy／deleteメソッドは、既存のレコードを削除します。findメソッドでいったんオブジェクトを取得してから削除する（インスタンスメソッド）、もしくは、引数idsを指定して直接対象のレコードを削除する（クラスメソッド）ことが可能です。

destroy／deleteメソッドの違いは、前者が必ずSELECT→DELETE命令を発行する（＝モデルオブジェクトをロードする）のに対して、後者がDELETE命令を直接発行する点です。このため、destroyメソッドではアソシエーションやコールバックを加味した挙動をとりますが、deleteメソッドはこれらを無視してデータの削除のみを行います。deleteメソッドの制限を十分に理解できないうちは、まずはdestroyメソッドを優先して利用するのが無難でしょう。

■**サンプル**● model_controller.rb（delete_destroyアクション）

```
 # id = 11のレコードを削除
Article.delete(11)
  ➡ DELETE FROM "articles" WHERE "articles"."id" = ?  [["id", 11]]
 # deleteメソッドをオブジェクト経由で呼び出し（上と同じ意味）
# @article = Article.find(11)
# @article.delete()

 # id = 12のレコードを削除
Article.destroy(12)
  ➡ SELECT "articles".* FROM "articles" WHERE "articles"."id" = ? LIMIT ?
    [["id", 12], ["LIMIT", 1]]
    DELETE FROM "articles" WHERE "articles"."id" = ?  [["id", 12]]
 # destroyメソッドをオブジェクト経由で呼び出し（上と同じ意味）
# @article = Article.find(12)
# @article.destroy()
```

■**参照**➤ P.215「アソシエーションとは？」
        P.263「モデルの新規登録／更新／削除時に処理を呼び出す」

■**参考**➤ 条件式の記法については、whereメソッド（P.176）を参照してください。

destroy_all／delete_allメソッド

既存のレコードをまとめて削除する

| **書式** | destroy_all | 削除 |
| | delete_all | 削除（単純） |

　destroy_all／delete_allメソッドは、レコードをまとめて削除します。両者の違いはdestroy／deleteメソッド（P.199）に準じますので、合わせて確認してください。

　その性質上、destroy_allメソッドは大量データの削除には不向きです。コールバック処理の要否を検討した上で、不要であれば、できるだけdelete_allメソッドを優先して利用するようにしてください。

サンプル model_controller.rb（delete_destroy_allアクション）

```
# category列がScriptであるレコードを削除
Article.where('category = ?', 'Script').destroy_all()
➡ SELECT "articles".* FROM "articles" WHERE (category = 'Script')
  DELETE FROM "articles" WHERE "articles"."id" = ?  [["id", 3]]
  DELETE FROM "articles" WHERE "articles"."id" = ?  [["id", 4]]
  …後略…
Article.where('category = ?', 'Script').delete_all()
➡ DELETE FROM "articles" WHERE (category = 'Script')
```

参考 条件式の記法については、whereメソッド（P.176）を参照してください。

レコードの状態をチェックする

書式

`new_record?`	新規レコードか
`persisted?`	保存済みか
`changed?`	未保存の変更があるか
`destroyed?`	削除済みか

　これらのメソッドを利用することで、現在のモデルオブジェクト（レコード）の状態を確認できます。

サンプル ● model_controller.rb

```ruby
def rec_state
  msg = 'new | per | chg | des<br />'
  @article = Article.new(
    url: 'https://atmarkit.itmedia.co.jp/ait/articles/2203/18/news005.html',
    title: ' 「キャプチャグループ」と「置換」 ', category: 'Script',
    published: '2022-03-18', access: 44, closed: false)
  msg += state_disp(@article)                              ━━━ 新規作成＆保存前
  @article.save
  msg += state_disp(@article)                              ━━━ 新規作成＆保存
  @article.title = ' 「キャプチャグループ」と「置換」 ふたたび'
  msg += state_disp(@article)                              ━━━ 列の上書き＆保存前
  @article.save
  @article.destroy
  msg += state_disp(@article)                              ━━━ 削除後
  render html: msg.html_safe
end
  # レコードの状態を確認するためのstate_dispメソッド
def state_disp(atc)
  atc.new_record?.to_s + ' | ' + atc.persisted?.to_s + ' | ' +
    atc.changed?.to_s + ' | ' + atc.destroyed?.to_s + '<br />'
end
```

▼

```
new | per | chg | des
true | false | true | false                                 ━━━ 新規作成＆保存前
false | true | false | false                                ━━━ 新規作成＆保存
false | true | true | false                                 ━━━ 列の上書き＆保存前
false | false | false | true                                ━━━ 削除後
```

モデルオブジェクトへの変更を監視する

書式	changed	変更された列名
	changed_attributes	変更された列（変更前）
	changes	変更された列（変更前後）
	previous_changes	保存前の変更

これらのメソッドを利用することで、モデルへの変更履歴を追跡できます。
それぞれのメソッドの戻り値は、以下の通りです。

▼ 変更監視メソッドの戻り値

メソッド名	戻り値の内容
changed	変更された列名の配列
changed_attributes	「列名 => 変更前の値」のハッシュ
changes	「列名 => [変更前の値, 変更後の値]」のハッシュ
previous_changes	「列名 => [変更前の値, 変更後の値]」のハッシュ

changesメソッドとprevious_changesメソッドとは似ていますが、前者が未保存の変更を追跡するのに対して、後者は保存前の変更を追跡する点が異なります。

サンプル model_controller.rb

```
def change_state
  @article = Article.find(12)
  @article.category = 'Script'
  msg = change_disp(@article)
  @article.save
  msg += change_disp(@article)
  render html: msg.html_safe
end
  # レコードの変化を確認するためのstate_dispメソッド
def change_disp(atc)
  sprintf('%s<br />%s<br />%s<br />%s<hr />',
    atc.changed.to_s,
    atc.changed_attributes.to_s,
    atc.changes.to_s,
    atc.previous_changes.to_s)
end
```

```
# 保存前
["category"] ─────────────────────────────────────── 変更した列
{"category"=>"Other"} ─────────────────────────────── 変更した列と変更前の値
{"category"=>["Other", "Script"]} ─────────────────── 変更した列と変更前後の値
{} ────────────────────────────────────────────────── 保存前の変更
```

```
# 保存後
[] ────────────────────────────────────────────────── 変更した列
{} ────────────────────────────────────────────────── 変更した列と変更前の値
{} ────────────────────────────────────────────────── 変更した列と変更前後の値
{"category"=>["Other", "Script"], "updated_at"=>
[Tue, 22 Mar 2022 08:21:55.858556000 UTC +00:00, Tue, ── 保存前の変更
22 Mar 2022 08:25:50.396868000 UTC +00:00]}
```

3 モデル開発

Column Rails アプリを VSCode で開発する

Railsアプリの開発は、基本的にテキストエディタのみで行うことができますが、できれば支援機能のあるコードエディタか統合開発環境(IDE)を使用したいところです。人気なのはやはりVSCode(Visual Studio Code)です。VSCodeの支援を受けると、コーディングがグッと楽になりますし、ファイルも管理しやすくなるのでお勧めです。

VSCodeのインストールは割愛しますが、WindowsとmacOSでは問題なく使えます。ただ、デフォルトではRubyやRailsについての支援機能が足りないので、拡張機能としてインストールします。

- 拡張機能 Ruby … シンタックスハイライト、コード補完、デバッグ機能など
- 拡張機能 Rails … スニペットやナビゲーションなどでRailsの開発をサポート

ほかには、rufo(Ruby Formatter)というフォーマッタをインストールすると便利かもしれません。この場合、Gemライブラリrufoも必要になります。ほかにも便利そうな拡張機能がたくさんありますので、「ruby」「rails」といったキーワードで検索し、ドキュメントを読んでみるとよいでしょう。

▼ VSCode上でRailsアプリケーションを開発

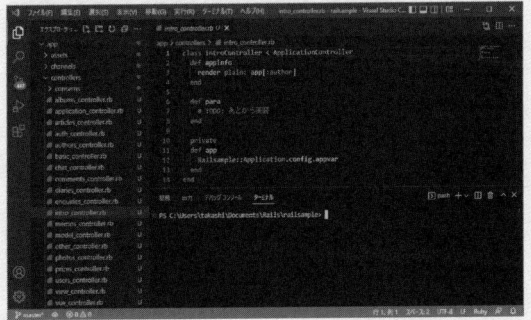

203

increment／decrementメソッド

指定列の値をインクリメント／デクリメントする

書式
increment(attr [,by = 1])　　　　　　　　　　　　　　　増加
decrement(attr [,by = 1])　　　　　　　　　　　　　　　減少

引数　attr：更新対象の列　by：増分／減分

　increment／decrementメソッドは、指定された列の値をインクリメント／デクリメントします。デフォルトの増分／減分は1ですが、引数byで値を変更することもできます。

サンプル model_controller.rb（inc_decアクション）

```
@article = Article.find(1)
@article.increment(:access)
@article.save
```
➡ UPDATE "articles" SET "access" = ?, "updated_at" = ? WHERE "articles"."id" = ?
  [["access", 211], ["updated_at", "2022-03-22 08:37:38.078033"], ["id", 1]]
```
@article.decrement(:access)
@article.save
```
➡ UPDATE "articles" SET "access" = ?, "updated_at" = ? WHERE "articles"."id" = ?
  [["access", 210], ["updated_at", "2022-03-22 08:37:38.084102"], ["id", 1]]

注意　increment／decrementメソッドは、あくまでオブジェクトのプロパティ値を変更するのみです。データベースに反映させるには、saveメソッドを呼び出してください。

toggle メソッド

指定列の true ／ false 値を 反転させる

書式 toggle(attr)

引数 attr：更新対象の列

toggle メソッドは、指定された bool 値の列の値を反転させます。

サンプル model_controller.rb（togg アクション）

```
@article = Article.find(1)
@article.toggle(:closed)
@article.save
```
➡ UPDATE "articles" SET "closed" = ?, "updated_at" = ? WHERE "articles"."id" = ?
[["closed", 1], ["updated_at", "2022-03-22 08:39:45.895656"], ["id", 1]]

注意 toggle メソッドは、あくまでオブジェクトのプロパティ値を変更するのみです。データベースに反映させるには、save メソッドを呼び出してください。

touch メソッド

レコードの updated_at ／ on 列を 指定時刻で更新する

書式 touch([attr] [,time: time])

引数 attr：その他の更新列　time：時刻の指定

touch メソッドは、updated_at／on 列を time で指定する時刻で更新します（省略時は現在時刻）。引数 attr を指定した場合には、その列も合わせて更新されます。

サンプル model_controller.rb（touch アクション）

```
@article = Article.find(1)
@article.touch
```
➡ UPDATE "articles" SET "updated_at" = ? WHERE "articles"."id" = ?
[["updated_at", "2022-03-22 08:40:47.205423"], ["id", 1]]

参考 全レコードを対象とした touch_all メソッドもあります。引数は touch メソッドと同様です。

transactionメソッド

トランザクション処理を実装する

書式
```
transaction do
    statements
end
```

引数 statements：トランザクションで管理すべき一連の処理

トランザクションとは、それ全体として「成功」か「失敗」しかない複数の処理のかたまりのことをいいます。トランザクションの例としてよく挙げられるのは、銀行口座間の振り込み処理でしょう。振り込み処理は、大きく「振り込み元口座からの出金」「振り込み先口座への入金」という処理に分類されますが、どちらかだけが失敗してどちらかが成功するということはありません。出金に失敗すれば入金にも失敗すべきですし、その逆も然りです。成功する時には、入金／出金共に成功しなければなりません。

つまり、入金と出金とは意味的に関連するひとまとまりの処理、つまり、トランザクションとして扱うべき処理といえます。トランザクション処理では、複数の処理に整合を持たせるために、個別の処理をすぐさまにデータベースに反映しません。いったん仮登録状態にしておいて、すべての処理が成功したところで初めてデータベースに反映するのです。これを**コミット（Commit）**といいます。

もしもコミット前に、いずれかの処理が失敗した場合、トランザクションは仮登録状態になっている処理をすべて元に戻します。これを**ロールバック（Rollback）**といいます。

▼ トランザクション処理

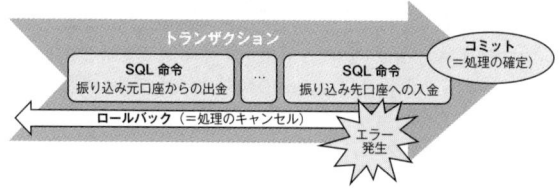

Railsでトランザクション処理を行うには、transactionメソッドを呼び出し、ブロック配下で一連の処理を記述します。トランザクションはtransactionブロックを抜けたタイミングでコミットされますし、ブロックの配下で例外が発生した場合にはロールバックされます。

この特性を活かすためにも、トランザクションの配下では(saveメソッドではなく)save!メソッド(P.193)を利用すべきです。save!メソッドは保存に失敗した場合に例外を発生します。

サンプル ● model_controller.rb

```ruby
def transact
    # transactionブロックで括られた箇所が1つのトランザクション
  Article.transaction do
    article1 = Article.new(
      { url: 'https://codezine.jp/article/detail/15465' })
    article1.save!
      # 意図的に例外を発生（トランザクションをロールバックさせるため）
      # 以下の1行を削除すると、トランザクションは成功する
    raise 'データ登録時に問題が発生しました。'
    article2 = Article.new(
      { url: 'https://news.mynavi.jp/techplus/article/excelvbaweb-1/' })
    article2.save!
  end
  render plain: 'トランザクション処理は成功しました。'
  # ロールバック時の処理
rescue => e
  render plain: '例外発生：' + e.message
end
```

注意 ▶ MySQLでトランザクションを利用するにはテーブル型としてInnoDBを選択してください。たとえばMyISAM型はトランザクションに対応していません。

参考 ▶ トランザクションは接続単位で管理されます。サンプルではtransactionメソッドをモデル単位で呼び出していますが、必要に応じてインスタンス単位で呼び出しても構いません。

StaleObjectErrorクラス

オプティミスティック同時実行制御を実装する

書式
```
def action
    update_proc
  rescue ActiveRecord::StaleObjectError
    exp_proc
end
```

引数 action：アクション名　update_proc：更新処理
exp_proc：例外処理

　Webアプリケーションでは、同一のレコードに対して複数のユーザが同時に更新しようとする状況が頻繁に発生します。そして、それによって生じるデータの不整合／消失のことを、更新の**競合**といいます。

　オプティミスティック同時実行制御（楽観的同時実行制御）は、競合の発生を防ぐための機能の一種です。以下の図に、おおよそのしくみを示します。

▼ オプティミスティック同時実行制御

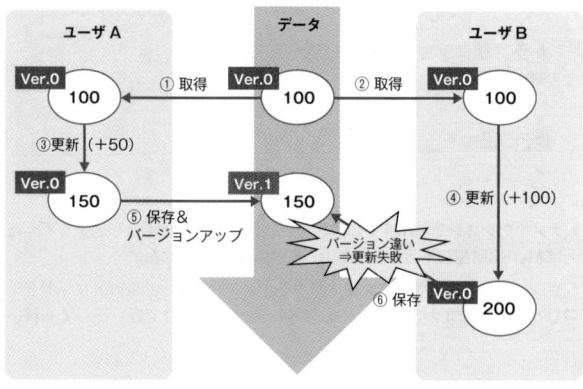

　レコード単位にバージョン番号を管理し、更新都度にバージョン番号もインクリメントさせます。これによって、データ取得時と更新時のバージョン番号が異なる場合に、競合の発生を検知できるわけです。

Active Recordは、オプティミスティック同時実行制御のしくみを標準で提供しており、以下の準備で手軽に導入できます。

- 対象のテーブルに、バージョン番号を管理するlock_version列(integer型、NULL禁止、デフォルト値は0)を設置
- 入力フォームに隠しフィールドとしてlock_version列を埋め込み
- 更新アクションでStaleObjectError例外を処理

ActiveRecord::StaleObjectError例外は、競合が検出された場合に発生する例外です。個別のアクションではなく、アプリケーション全体で処理したいならばrescue_fromメソッド(P.129)を利用しても構いません。

サンプル 20220328050101_create_users.rb

```ruby
class CreateUsers < ActiveRecord::Migration
  def change
    create_table :users do |t|
      t.string :name
      t.string :password
      t.string :kname
      t.string :email
      t.string :roles
      # 同時実行制御を管理するため、テーブルにlock_version列を追加
      t.integer :lock_version, null: false, default: 0
…後略…
```

サンプル users/_form.html.erb

```erb
<%= form.hidden_field :lock_version %>
<div>
  <%= form.label :name, style: "display: block" %>
  <%= form.text_field :name %>
</div>
```

サンプル users_controller.rb

```ruby
def update
  …中略…
    # 競合が発生した場合はエラーメッセージのみを表示
  rescue ActiveRecord::StaleObjectError
    render plain: '競合が検出されました。'
end
```

▼ 競合を検出するとエラーメッセージを表示

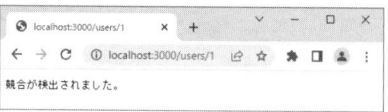

参考 上のサンプルを確認するには、同じレコードに対する更新画面を2つのブラウザで開いた上で、順番に更新処理を行ってください。あとから更新処理を行った方のブラウザで競合が発生します。

参考 同時実行制御が正しく動作しない場合には、以下の点を確認してください。

- lock_version列にデフォルト値0がセットされているか
- lock_version列の値を隠しフィールドとして送信しているか
- config.active_record.lock_optimisticallyパラメータがtrue（デフォルト）か

Column Railsアプリケーションの初期化ファイルの使い分け

アプリケーションの初期化は、P.52「アプリケーションの設定情報を定義する」で触れたファイルを以下の記載順で読み込みます。

1. /config/application.rb ファイル
2. /config/environments/ENV.rb ファイル（ENVは環境名）
3. /config/initializers フォルダ以下のファイル

1. で環境にかかわらず有効にしたい設定、2. で環境ごとに有効にしたい設定、3. でさらに全体に共通としたい設定、を読み込みます。環境ごとに設定した内容を、イニシャライザで必要に応じて上書き／追加します。ただし、3. の実行はかなり遅いタイミングになるので、設定によっては反映されない（すでに設定が参照されてしまっている）ことがあることに注意が必要です。

lock／lock!メソッド

データベースの行ロック機能を利用する

書式 lock ロック

lock! ロック（リロード）

lockメソッドは、取得したレコード（モデルオブジェクト）に対してロックを指定します。findメソッドで、取得時に :lockパラメータを指定しても同じ意味となります。

また、ロード済みのオブジェクトに対してlock!メソッドでロックを付与してリロードすることもできます。

いずれの場合も、内部的にはSELECT命令にFOR UPDATE句を付与します。

サンプル ● model_controller.rb(pessimisアクション)

```
# メソッドチェーンの中でロックを指定
@article = Article.where(category: 'Script').lock.all
```
➡ SELECT `articles`.* FROM `articles` WHERE `articles`.`category` =
'Script' FOR UPDATE

```
# findメソッドの引数として:lock指定
@article = Article.find(1, lock: true)
```
➡ SELECT `articles`.* FROM `articles` WHERE `articles`.`id` =
1 LIMIT 1 FOR UPDATE

```
# lock!メソッドでロード済みオブジェクトをロック付きでリロード
@article = Article.find(1)
@article.lock!
```
➡ SELECT `articles`.* FROM `articles` WHERE `articles`.`id` = 1 LIMIT 1
SELECT `articles`.* FROM `articles` WHERE `articles`.`id` =
1 LIMIT 1 FOR UPDATE

注意 ▶ ロック機能はデータベースの実装に依存するため、Rails標準ではMySQL、PostgreSQLでしか利用できません。

connection／executeメソッド

データベースに対してSQL命令を直接発行する

3

モデル開発

書式 connection   接続
        execute(sql)   クエリの発行

引数 sql：SQL命令

　データベースへの問い合わせには、まずActive Recordの機能を利用するのが基本です。もしも特殊なSELECT命令を発行したい場合にも、find_by_sqlメソッド（P.184）を利用すれば、おおよその局面に対応できるでしょう。

　しかし時として、Active Recordでは対応していない操作を行うために、データベースに対して直接にSQL命令を発行したいというケースもあるでしょう。その場合は、データベースアダプタ（ActiveRecord::ConnectionAdapters::AbstractAdapter派生クラス）のexecuteメソッドを利用します。データベースアダプタはデータベースへの接続を管理するクラスで、ActiveRecord::Baseクラスのconnectionメソッドで取得できます。

　executeメソッドの戻り値は、使用しているデータベースアダプタによって異なる可能性がありますので、利用にあたっては型を必ず確認するようにしてください。

サンプル model_controller.rb

```
def raw_sql
  @article = ActiveRecord::Base.connection.
    execute('SELECT * FROM articles WHERE id = 1')
  render :text => @article.inspect
end
```

[{"id"=>1, "url"=>"https://atmarkit.itmedia.co.jp/ait/articles/2107/28/
news010.html", "title"=>"プログラミング言語「Rust」とは？",
"category"=>"Script", "published"=>"2021-07-28", "access"=>210,
"comments_count"=>nil, "closed"=>1, "created_at"=>"2022-03-22
08:32:40.570913", "updated_at"=>"2022-03-22 08:40:47.205423"}]

注意 サンプルのようなコードであれば、本来は、Active Recordの標準機能を優先して利用すべきです。executeメソッドは、あくまでActive Recordでまかなえない操作での利用に限定してください。

3

モデル開発

セッターメソッド

テーブルに存在しないプロパティを
データベースに保存する

書式
```
def setter=(value)
    setter_proc
end
```

引数 setter：メソッド名 value：設定値を受け取る仮引数
setter_proc：プロパティ設定のためのコード

　テーブルのフィールドレイアウトと、アプリケーションでのモデル（プロパティ）とが必ずしも一致しないことはよくあります。そのような場合にも、モデル側にセッターメソッドを定義し、本来のテーブル列に値を割り当てることで、モデル独自のプロパティをテーブルに保存することが可能です。

　たとえば以下は、photosテーブル（P.36）にアップロードファイルを登録する例です。photosテーブルに存在しないupfileプロパティ（Tempfile型を受け取るセッターメソッド）を定義し、その中で、本来のctype／dataプロパティ（photosテーブルのctype、data列）に値を割り当てています。

サンプル model_controller.rb

```ruby
# アップロードフォームを表示するためのuploadアクション
# 「～/model/upload/108」のようなURLで呼び出し可能
# (idは画像を関連付けるarticlesテーブルのid値)
def upload
  @id = params[:id] ? params[:id] : 1                    # id省略時は1
  @photo = Photo.new
end


  # [アップロード] ボタンで呼び出されるアップロード処理のアクション
def upload_process
    # 指定idの記事情報に関連付いたPhotoオブジェクトを生成＆保存
  @article = Article.find(params[:id])
  @photo = @article.photos.build(params.require(:photo).permit(:upfile))
    # 保存の成否によってメッセージを振り分け
  if @photo.save
    render plain: 'アップロードに成功しました。'
  else
    render plain: @photo.errors.full_messages[0]
  end
end
```

サンプル● model/upload.html.erb

```erb
<%=form_with model: @photo,
url: { action: 'upload_process', id: @id },
multipart: true do |f| %>
<%= f.label :upfile, '保存するファイル' %>
<%= f.file_field :upfile, :size => 50 %>
<%= f.submit 'アップロード' %>
<% end %>
```

サンプル● photo.rb

```ruby
class Photo < ApplicationRecord
  …中略…
    # アップロードファイルの妥当性をupfile_valid?でチェック
  validate  :upfile_valid?
    # アップロードファイルを受け取るupfileプロパティ（セッターメソッド）
    # Tempfileオブジェクトのcontent_type／readメソッドを
    # ctype、data列に振り分け
  def upfile=(upfile)
    self.ctype = upfile.content_type          # コンテンツタイプ
    self.data = upfile.read                    # データ本体
  end
    # アップロードファイルのコンテンツタイプとサイズをチェック
  private
  def upfile_valid?
    ext = ['image/jpeg', 'image/gif', 'image/png']
    errors.add(:upfile, 'は画像ファイルのみ指定できます。') ⏎
if !ext.include?(self.ctype.downcase)
    errors.add(:upfile, 'は5MB以下である必要があります。') ⏎
if self.data.length > 5.megabyte
  end
end
```

注意▶ バイナリデータをデータベースに保存することには賛否あります。データベースに保存することで、ファイルのアクセス制御をデータベースに任せられる反面、データベースのサイズが肥大化しやすいという問題があるためです。ファイルの保存先は、長所短所を理解した上で決めるようにしてください。

参考▶ アップロードしたファイルを確認するにはP.88のサンプルを利用してください。

アソシエーションとは？

アソシエーション(関連)とは、テーブル間のリレーションシップをモデル上の関係として操作できるようにするしくみのことです。アソシエーションを利用することで、複数のテーブルにまたがるデータ操作もより直感的に利用できるようになります。

サンプルデータベースのリレーションシップ

たとえば、以下は本書で提供しているサンプルデータベースのリレーションシップです。

▼ 本書で使用するデータベース

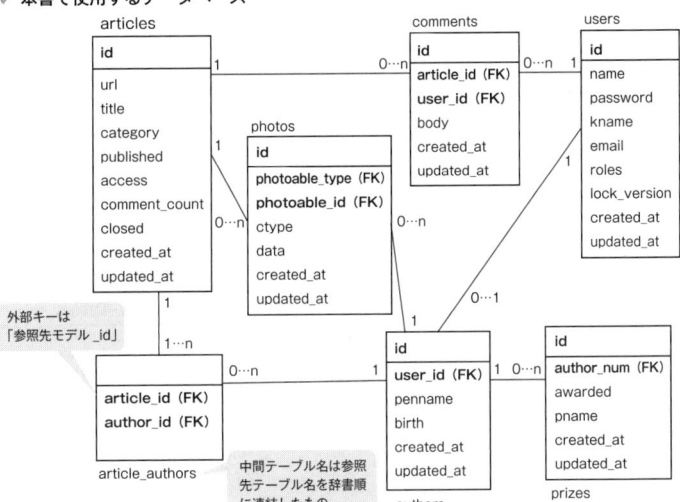

アソシエーション機能を利用するには、標準的なテーブルの命名規則(P.144)の他にも、以下のような命名規則に従う必要があります。

● 外部キー列は「参照先のモデル名_id」(例：article_id、author_id、user_id)
● 中間テーブルの名前は参照先のテーブル名をアルファベット順に「_」で連結したもの(例：articles_authors)

このような関係にあるテーブルから「id=108である記事に関するコメントを取得」するには、以下のように記述するだけです。アプリケーションレベルでは、主キー／外部キーをほとんど意識する必要がないことがわかります。

```
@comments = Article.find(108).comments
```

参考 ▶ 上のコードをアソシエーションを利用せずに書き換えてみると、以下のようになります。

```
@article = Article.find(108)
@comments = Comment.where(article_id: @article.id)
```

Railsで利用できる主なアソシエーション

Railsで利用できるアソシエーションには、以下のようなものがあります。

▼ Railsで利用できる主なアソシエーション

アソシエーション	概要	例
belongs_to	参照元テーブル→被参照テーブル （1：n、1：1）	comments→articles
has_many	被参照テーブル→参照元テーブル （1：n）	articles→comments
has_one	被参照テーブル→参照元テーブル （1：1）	users→authors
has_and_belongs_to_many	互いに参照関係（m：n）	articles⇔authors
has_many:through	互いに参照関係（m：n）	articles⇔users

アソシエーションを宣言することで、現在のモデルから関連するモデルを参照／操作するためのメソッドが追加されます（上のcommentsメソッドも、実はアソシエーション宣言によって追加されたメソッドの1つです）。詳しくは、P.233～245を参照してください。

belongs_toメソッド

参照元テーブルから被参照テーブルにアクセスする

書式 `belongs_to assoc_id [,opts]`

引数 assoc_id：関連名　opts：動作オプション（P.226の表を参照）

belongs_toメソッドは、「現在のモデルから相手先のモデルを参照しますよ」という関連を宣言します。たとえば本書のサンプルデータベース（P.215）であれば、comments→articlesテーブルのような関係です。commentsテーブルがarticle_id列を外部キーに、articlesテーブルを参照しています。

メソッドの引数assoc_id（関連名）には、参照先のモデル名を単数形で指定します（参照先のレコードは単一であるはずだからです）。これによって、「モデルオブジェクト.関連名」の形式で参照先テーブルにアクセスできるようになります。

サンプル comment.rb

```ruby
class Comment < ApplicationRecord
   # Articleモデルへの参照を定義
  belongs_to :article
  …中略…
end
```

サンプル model_controller.rb

```ruby
def belongs
  @comment = Comment.find(1)
    ⇒ SELECT "comments".* FROM "comments" WHERE "comments"."id" = ? LIMIT ?
      [["id", 1], ["LIMIT", 1]]
    # コメント本体と、親記事のタイトルを取得
  render plain: @comment.article.title + ' : ' + @comment.body
    ⇒ SELECT "articles".* FROM "articles" WHERE "articles"."id" = ? LIMIT ?
      [["id", 1], ["LIMIT", 1]]
end
```

プログラミング言語「Rust」とは？ ： Rustって難しいと聞きますが、本当かな？と思って読んでいます。C/C++の経験者なので、違いを噛みしめながら読むと楽しいです。

参考 一般的には、has_many／has_oneメソッドとセットで利用します。

参照 P.218「1：nの関連を宣言する」
P.220「1：1の関連を宣言する」

has_manyメソッド

1：nの関連を宣言する

書式 has_many assoc_id [,opts]

引数 assoc_id：関連名　opts：動作オプション（P.226の表を参照）

　has_manyメソッドは、1：nの関連で「被参照テーブル→参照元テーブル」を表すためのメソッドです。本書のサンプルデータベース（P.215）であれば、1件の記事情報（articles）が複数のコメント情報（comments）を持つような関係を表します。

　メソッドの引数assoc_id（関連名）には、参照元のモデル名を複数形で指定します（参照元のレコードは複数あるはずだからです）。これによって、「モデルオブジェクト.関連名」の形式で参照元テーブルにアクセスできるようになります。

サンプル article.rb

```
class Article < ApplicationRecord
  # 1：nの関係にあるCommentモデルへのhash_many関連を定義
  has_many :comments
  …中略…
end
```

サンプル model_controller.rb

```
def hasmany
  @article = Article.find(1)
  ⇒ SELECT "articles".* FROM "articles" WHERE "articles"."id" = ? LIMIT ?
    [["id", 1], ["LIMIT", 1]]
  # 現在の記事情報に付随するコメント群を取得
  @comments = @article.comments
  ⇒ SELECT "comments".* FROM "comments" WHERE "comments"."article_id" = ?
    [["article_id", 1]]
end
```

サンプル model/hasmany.html.erb

```
<h3>レビュー：<%= @article.title %></h3>
<hr />
<ul>
<% @comments.each do |comment| %>
  <li><%= comment.body %></li>
<% end %>
</ul>
```

▼ 記事情報に付随するコメントをリスト化

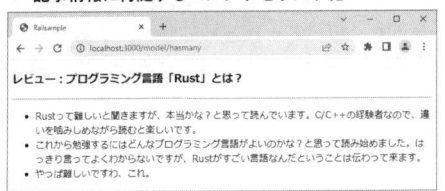

参考 一般的には、belongs_toメソッドとセットで利用することで、参照元／参照先テーブル双方向の関連を表現します。

参考 参照先テーブル(被参照テーブル)とは、関連において主キーを持つテーブル、参照元テーブルとは外部キーを持つテーブルのことです。それぞれ親テーブル、子テーブルと呼ぶ場合もあります。参照先／元という関係は相対的なものですので、状況によっては参照元にも参照先にもなり得る場合がありますが、(たとえば)articles／commentsテーブルの関係であれば、articlesテーブルが参照先テーブル、commentsテーブルが参照元テーブルです。

Column has_many／has_oneとbelongs_toメソッドは双方必須?

正確には、has_many／belongs_to、has_one／belongs_to双方の宣言によって、リレーショナルデータベースにおける1:n、1:1の関係が表現できます(片方向だけの関係という考え方はデータベースにはないからです)。

では、モデル側でもhas_xxxxx／belongs_to双方の記述は必須なのかというと、そのようなことはありません。たとえば参照先→参照元のアクセスだけであればhas_xxxxxメソッドの宣言だけでも構いませんし、参照元→参照先のアクセスだけであればbelongs_toメソッドだけの記述でも構いません。

しかし、後々に(たとえば)Article→Comment方向の参照はできるのに、その逆はできない、などの不具合にさらされる危険を考えれば、わずかに1つの宣言を省略する意味はほとんどありません。基本は、アソシエーションは関係する双方のモデルで対になるように宣言するのが望ましいでしょう。

has_oneメソッド

1：1の関連を宣言する

書式　has_one assoc_id [,opts]

引数　assoc_id：関連名　opts：動作オプション（P.226の表を参照）

　has_oneメソッドは、1：1の関連で「被参照テーブル→参照元テーブル」を表すためのメソッドです。本書サンプルであれば、1件のユーザ情報（users）が0、または1件の著者情報（authors）を持つような関係を表します。

　メソッドの引数assoc_id（関連名）には、参照元のモデル名を単数形で指定します（参照元のレコードは1つしかないはずだからです）。これによって、「モデルオブジェクト.関連名」の形式で参照元テーブルにアクセスできるようになります。

サンプル user.rb

```ruby
class User < ApplicationRecord
  # 1：1の関係にあるAuthorモデルへのhas_one関連を定義
  has_one :author
  …中略…
end
```

サンプル author.rb

```ruby
class Author < ApplicationRecord
  # Userモデルへの参照を定義
  belongs_to :user, dependent: :destroy
  …中略…
end
```

サンプル model_controller.rb

```ruby
def hasone
  @user = User.find(1)
```
➡ SELECT "users".* FROM "users" WHERE "users"."id" = ? LIMIT ?
[["id", 1], ["LIMIT", 1]]
```ruby
  # 現在のユーザ情報に関連付いた著者情報を取得
  @author = @user.author
```
➡ SELECT "authors".* FROM "authors" WHERE "authors"."user_id" = ? LIMIT ?
[["user_id", 1], ["LIMIT", 1]]
```ruby
end
```

サンプル model/hasone.html.erb

```erb
<div>ユーザ名（漢字）：<%= @user.kname %></div>
<div>メールアドレス：<%= @user.email %></div>
<%# 付随する著者情報が存在するかを確認 %>
<% unless @author.nil? %>
<div>ペンネーム：<%= @author.penname %></div>
<div>誕生日：<%= @author.birth %></div>
<% end %>
```

▽

▼ **ユーザ情報と、存在する場合は著者情報を表示**

参考 一般的には、belongs_toメソッドとセットで利用することで、参照元／参照先テーブル双方向の関連を表現します。

参考 1：1の関係ではそれぞれがほぼ同等の関係にあるため、いずれにhas_one／belongs_to宣言を持たせるかを悩むかもしれません。その場合は、いずれかが主従であるかを検討してください。主となるモデルにはhas_one宣言を、従となるモデルにはbelong_to宣言を記述します。

たとえば本書の例であれば、著者でないユーザは存在し得ますが、ユーザでない著者はあり得ません。よって、ユーザが主であり、著者が従であると考えることができます。

参照 P.217「参照元テーブルから被参照テーブルにアクセスする」

m：nの関連を宣言する
（中間テーブル）

3

モデル開発

書式	has_and_belongs_to_many assoc_id [,opts]

引数	assoc_id：関連名　opts：動作オプション（P.226の表を参照）

　has_and_belongs_to_manyは、m：nの関連を表すためのメソッドです。リレーショナルデータベースでは、このような関係は直接表現できませんので、形式的な中間テーブルを使って表すのが一般的です。本書サンプルであれば、articlesテーブルとauthorsテーブルとを、中間テーブルarticles_authorsが仲介するような関係です（中間テーブルは主キーもタイムスタンプ列も持ってはいけません）。

　メソッドの引数assoc_id（関連名）には、参照先のモデル名を複数形で指定します（それぞれ相手方に複数件のレコードが紐付くはずだからです）。これによって、「モデルオブジェクト.関連名」の形式で参照先テーブルにアクセスできるようになります。

サンプル● article.rb

```ruby
class Article < ApplicationRecord
  …中略…
  # m：nの関係にあるAuthorモデルへのhas_and_belongs_to_many関連を定義
  has_and_belongs_to_many :authors
  …中略…
end
```

サンプル● author.rb

```ruby
class Author < ApplicationRecord
  …中略…
  # m：nの関係にあるArticleモデルへのhas_and_belongs_to_many関連を定義
  has_and_belongs_to_many :articles
end
```

サンプル model_controller.rb

```
def has_belongs
  @article = Article.find(2)
    ➡ SELECT "articles".* FROM "articles" WHERE "articles"."id" = ? LIMIT ?
      [["id", 2], ["LIMIT", 1]]
    # 記事に関連付いた著者情報を取得
  @authors = @article.authors
    ➡ SELECT "authors".* FROM "authors" INNER JOIN "articles_authors"
      ON "authors"."id" = "articles_authors"."author_id"
      WHERE "articles_authors"."article_id" = ?  [["article_id", 2]]
end
```

サンプル model/has_belongs.html.erb

```
<h3><%= link_to @article.title, @article.url %></h3>
<hr />
<%# 記事情報に付随する著者情報を列挙 %>
<% @authors.each do |author| %>
  <div><%= author.penname %> (<%= author.birth %>) </div>
<% end %>
```

▼ 記事タイトルとその著者名／誕生日を列挙

注意 中間テーブルは、あくまでリレーショナルデータベースとしての形式上の存在ですの
で、アプリケーション側で意識する必要はありませんし、そもそもモデルとして作成
する必要もありません(この例であればArticlesAuthorのようなモデルは不要です)。

参考 has_and_belongs_to_manyメソッドは利用にあたって制限が多いため、できるだけ
has_manyメソッド(:through)を優先して使用するようにしてください。

参照 P.224「より複雑なm:nの関連を宣言する」

より複雑な m：n の関連を宣言する

書式	has_many assoc_id, through: middle_id [,opts]
引数	assoc_id：関連名　middle_id：中間テーブルの関連名 opts：動作オプション（P.226の表を参照）

　has_manyメソッドの:throughオプションは、より複雑なm：n関連を宣言します。

　より複雑な、とは、m：n関連の間を取り持つ中間テーブルが外部キー以外の情報を持っている状態ということです（has_and_belongs_to_manyメソッドは、中間テーブルが外部キー以外を持っていない場合にしか利用できません）。本書サンプルであれば、articlesテーブルとusersテーブルとを、中間テーブルcommentsが仲介するような関係です。

　has_manyメソッドの:throughオプションを利用する場合、それぞれのテーブルと中間テーブルとの間にも1：nの関係を定義しておく必要があります。

サンプル ● article.rb

```
class Article < ApplicationRecord
    # 1：nの関係にあるCommentモデルへのhas_many関連を定義
  has_many :comments
    # Commentモデル経由でm：nの関係にあるUserモデルを参照する
    # has_many関連を定義
  has_many :users, through: :comments
  …中略…
end
```

サンプル ● comment.rb

```
class Comment < ApplicationRecord
    # Article／Userモデルへの参照を定義
  belongs_to :article
  belongs_to :user
  …中略…
end
```

サンプル user.rb

```
class User < ApplicationRecord
    # 1：nの関係にあるCommentモデルへのhas_many関連を定義
  has_many :comments
    # Commentモデル経由でm：nの関係にあるArticleモデルを参照する
    # has_many関連を定義
  has_many :articles, :through :comments
  …中略…
end
```

サンプル model_controller.rb

```
def hasmany_through
  @user = User.find(3)
  ➡ SELECT "users".* FROM "users" WHERE "users"."id" = ? LIMIT ?
    [["id", 3], ["LIMIT", 1]]
  @articles = @user.articles
  ➡ SELECT "articles".* FROM "articles" INNER JOIN "comments"
    ON "articles"."id" = "comments"."article_id" WHERE "comments"."user_id" = ?
    [["user_id", 3]]
end
```

サンプル model/hasmany_through.html.erb

```
<h3><%= mail_to @user.email, @user.kname %></h3>
<ul>
<%# ユーザが言及している記事をリスト表示 %>
<% @articles.each do |article| %>
  <li><%= link_to article.title, article.url %></li>
<% end %>
</ul>
```

▼ ユーザ名と、コメント済みの記事一覧を表示

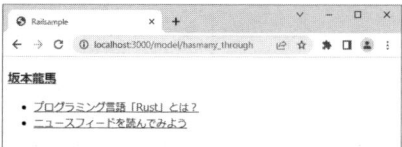

参照 P.222「m：nの関連を宣言する（中間テーブル）」

アソシエーションの挙動を
カスタマイズする

3

モデル開発

書式	assoc_method assoc_id [,opts]

引数	assoc_method：アソシエーション関係のメソッド（belongs_to／has_one／has_many／has_and_belongs_to_manyのいずれか）

assoc_id：関連名　opts：動作オプション

▼ 動作オプション（引数optsのキー）

オプション	概要	belongs_to	has_one	has_many	has_and_belongs_to_many
:association_foreign_key	m：n関係で関連先への外部キー（たとえばBookモデルから見たauthor_idなど）	×	×	×	○
:autosave	親モデルに合わせて保存／削除を行うか	○	○	○	○
:class_name	関連モデルのクラス名（完全修飾名）	○	○	○	○
:counter_cache	モデル数を取得する際にキャッシュを利用するか	○	×	×	×
:dependent	モデル削除時に関連先のモデルも削除するか（:destroy、:delete（has_manyでは:delete_all）、:nullify）	○	○	○	×
:foreign_key	関連で使用する外部キー列の名前	○	○	○	○
:foreign_type	関連モデルのタイプを格納するカラム	○	○	○	×
:include	二次アソシエーションも合わせて取得するか	○	○	○	○
:inverse_of	双方向の関連付けとするモデル	○	○	○	×
:join_table	中間（結合）テーブルの名前	×	×	×	○
:limit	取得する関連モデルの上限	×	×	○	○
:offset	取得する関連モデルの開始位置	×	×	○	○

オプション	概要	belongs_to	has_one	has_many	has_and_belongs_to_many
:optional	関連先が存在していなくてもよいか	○	×	×	×
:order	関連先オブジェクトの取得順序（ORDER BY）	×	○	○	○
:primary_key	関連で使用する主キー列の名前	×	○	○	×
:readonly	関連先のオブジェクトを読み取り専用にするか	○	○	○	○
:required	関連先が存在している必要があるか	○	○	×	×
:select	関連先オブジェクトの取得列	○	○	○	○
:source	関連付け元の名前	×	○	○	×
:source_type	関連付け元のタイプ	×	○	○	×
:touch	モデル保存時に関連先オブジェクトのcreated_at／updated_atも更新	○	×	×	×
:through	P.224を参照	×	○	○	×
:uniq	重複した関連付けを無視するか	×	×	○	○
:validate	現在のモデルを保存する際、関連先の検証も実行するか	○	○	○	○

　アソシエーションで利用できるオプションには、以上のようなものがあります。標準の命名規則から外れた命名でアソシエーションを表現したい場合、あるいは、結合にあたって、件数を制限したり、ソート順を明確にしたりしたいようなケースなどで利用します。

　利用できるオプションは、アソシエーションの種類によって異なります。

　たとえば次ページの図は、Authorモデルに対して1：nの関係にあるPrizeモデル（獲得した賞）を関連付ける例です。この関連付けには、いくつか標準の規約に反する要件が含まれます。

- Authorモデルから Prizeモデルを（prizesメソッドでなく）awardsメソッドで参照
- prizesテーブルの外部キーは（author_id列でなく）author_num列
- Authorモデルから Prizeモデルを参照する際、（すべてではなく）awarded列が2000以上の情報のみを取得

このようなケースでは、アソシエーションの設定に際してオプションを明示的に宣言する必要があります。

▼ 標準ルールと異なる関連付け

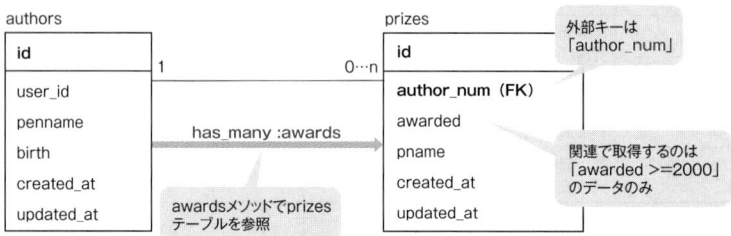

サンプル author.rb

```
class Author < ApplicationRecord
  …中略…
    # 関連名、外部キーを自由に命名した場合:class_name/:foreign_keyは必須
    # ラムダ式で関連モデルを取得する際の追加条件を設定
  has_many :awards, -> { where('awarded >= 2000') },
      class_name: 'Prize', foreign_key: 'author_num'
end
```

サンプル model_controller.rb

```
def assoc_opts
  @author = Author.find(2)
  render plain: @author.awards.inspect
end
```

```
SELECT "authors".* FROM "authors" WHERE "authors"."id" = ? LIMIT ?
[["id", 2], ["LIMIT", 1]]
SELECT "prizes".* FROM "prizes" WHERE "prizes"."author_num" = ? AND
(awarded >= 2000) /* loading for inspect */ LIMIT ?
[["author_num", 2], ["LIMIT", 11]]
```

参考 requiredオプションのデフォルトはtrueで、変更は非推奨となっています。存在が必須でなければoptionalオプションをtrueに設定してください。

参考 dependentオプションがnullify(デフォルト)の場合、関連先テーブルのレコードは削除せずに、ただ外部キーをNULLにします。これによって関係のみを解消します。

参照 P.229「関連モデルの件数を親モデル側でキャッシュする」
P.239「関連するモデルを削除する」

3
モデル開発

belongs_toメソッド(:counter_cache)

関連モデルの件数を親モデル側でキャッシュする

書式 `belongs_to assoc_id, counter_cache: column`

引数 assoc_id：**関連名** column：**件数を保存する列名、またはtrue**

たとえば記事情報(articlesテーブル)に関連付いたコメント(commentsテーブル)の件数をarticlesテーブルに保存しておければ、件数取得にも両者を結合する必要がなくなり便利です。Railsでは、belongs_toメソッドの:counter_cacheオプションを利用することで、このようなしくみを簡単に実装できます(**カウンターキャッシュ**)。

カウンターキャッシュの実装には、以下の準備が必要です。以下のサンプルでは、commentsテーブルの件数をarticlesテーブルで管理する例を示していますので、合わせて確認してください。

- 親テーブル(articlesテーブル)で＜子テーブル名＞_countという名前のinteger型の列を確保(デフォルト値は0)。ここではcomments_count列を準備
- 子モデル(Commentモデル)でbelongs_toメソッド(:counter_cache)を呼び出し、カウンターキャッシュを有効化

カウント列の名前が「＜子モデル名＞_count」である場合、:counter_cacheオプションには単にtrueと指定してください。命名規則に沿っていない場合には、「counter_cache: :comments_num」のように、明示的に列名を指定します。

なお、カウンターキャッシュで子モデルの件数を取得するには、sizeメソッド(P.241)を利用するようにしてください。似たようなメソッドとしてlength、countなどもありますが、こちらのメソッドではカウンターキャッシュは利用しません。

サンプル comment.rb

```ruby
class Comment < ApplicationRecord
  # articlesテーブルに対するカウンターキャッシュを有効化
  belongs_to :article, counter_cache: true
  …中略…
end
```

サンプル● model_controller.rb

```
def cache_counter
  @article = Article.find(1)
  render plain: @article.comments.size
  ➡ SELECT "articles".* FROM "articles" WHERE "articles"."id" = ? LIMIT ?
    [["id", 1], ["LIMIT", 1]] (commentsテーブルへのアクセスが発生していない)
end
```

注意 カウンターキャッシュでは、子モデル（上の例ではCommentモデル）の更新／削除時に、コールバック（P.263）のしくみを利用して、親モデルで管理されている件数を増減させます。たとえば、以下は新規にコメントを登録した場合に発生するSQL命令です。

```
INSERT INTO "comments" ("article_id", "user_id", "body", ↵
"created_at", "updated_at") VALUES (?, ?, ?, ?, ?)  [["article_↵
id", 1], ["user_id", 1], ["body", "TEST"], ["created_at", "2022-↵
03-23 02:38:09.331600"], ["updated_at", "2022-03-23 02:38:09.↵
331600"]]
UPDATE "articles" SET "comments_count" = COALESCE("comments_↵
count", 0) + ?                    関連先のarticlesテーブルをカウントアップ
WHERE "articles"."id" = ? [["comments_count", 1], ["id", 1]]  ┘
```

よって、モデルを介さずにデータベースを更新させた場合、もしくはコールバックを利用しないメソッド（たとえばdeleteのように）でモデルを操作した場合には、カウンターは正しい値を返しません。

注意 フィクスチャやシードファイルを作成する場合も、子モデルの件数を初期データに反映させるようにしてください。初期データに自動的に現在の子モデルの件数が反映されるわけではありませんので、要注意です。

belongs_toメソッド(:polymorphic)／has_manyメソッド(:as)

1つのモデルを複数の親モデルに関連付ける（ポリモーフィック関連）

書式　belongs_to assoc_id, polymorphic: true [,opts]　　子モデル
　　　　has_many assoc_id, as: parent_id [,opts]　　　　親モデル

引数　assoc_id：関連名
　　　　parent_id：子モデルから参照する際の親モデルの関連名
　　　　opts：動作オプション（P.226の表を参照）

　ポリモーフィック関連とは、1つのモデルが複数の親モデルに紐付く関連のことをいいます。具体的には、以下のような関連です。

▼ ポリモーフィック関連

　上の例では、Article（記事）、Author（著者）モデルは、それぞれ記事キャプチャや著者近影をPhoto（画像）モデルで管理しています。このようなポリモーフィック関連では、いつもの外部キーだけでは関連付けが表現できませんので、xxxxx_type（関連先のモデル）／xxxxx_id（外部キー）を表す2列をテーブルに準備しておく必要があります。

　また、モデル側もポリモーフィック関連を表現するために以下の宣言が必要です。

- 子モデル側で :polymorphic オプション付きの belongs_to メソッドを宣言
- 親モデル側で :as オプション付きの has_many メソッドを宣言

has_many メソッドの :as オプションと belongs_to メソッドの引数 assoc_id とは互いに一致している必要があります。また、テーブルの xxxxx_type／xxxxx_id 列の xxxxx の部分も、ここで指定した値に等しくなるように準備してください。

サンプル article.rb

```
class Article < ApplicationRecord
  …中略…
    # Photoモデルから関連名photoableで参照できるよう、ポリモーフィック宣言
  has_many :photos, as: :photoable
  …中略…
end
```

サンプル author.rb

```
class Author < ApplicationRecord
  …中略…
    # Photoモデルから関連名photoableで参照できるよう、ポリモーフィック宣言
  has_many :photos, as: :photoable
  …中略…
end
```

サンプル photo.rb

```
class Photo < ApplicationRecord
    # 関連名photoableで親モデルを参照できるよう、ポリモーフィック宣言
  belongs_to :photoable, polymorphic: true
  …中略…
end
```

参考 ▶ ポリモーフィック関連が正しく動作しているかの確認は、P.213のサンプルを利用してください。画像をアップロードした後、photosテーブルを参照し、photoable_type 列に（関連先モデルの）Articleが、photoable_id列にarticlesテーブルのid値がセットされていれば、ポリモーフィック関連は正しく動作しています。

参考 ▶ ポリモーフィック関連は、rails generate model コマンドなどによるモデルの生成時に自動生成できます。たとえば、photoable_id列は「photable:belongs_to{polymorphic}」のように指定します。ただし、このときでもphotoable_type列は明示的に指定が必要なことに注意してください。

```
> rails generate model photo photable:belongs_to{polymorphic}
```

association／collectionメソッド

関連するモデルを取得する

書式	association(force_reload = false)	単数
	collection(force_reload = false)	複数

引数　association：belongs_to／has_oneで宣言された関連名（単数形）
　　　　collection：has_many／has_and_belongs_to_manyで宣言された関連
　　　　　　　　　名（複数形）
　　　　force_reload：関連モデルを強制的にリロードするか

　association／collectionメソッドは、アソシエーション宣言に従って、関連するモデル(群)を取得します。belongs_to／has_oneアソシエーションではassociation(単数形)メソッド、has_many／has_and_belongs_to_manyアソシエーションではcollection(複数形)メソッドを、それぞれ利用してください。戻り値も、前者はモデルオブジェクト、後者はモデルオブジェクトの配列となります。

サンプル model_controller.rb

```
def assoc_coll
  @article = Article.find(1)
end
```

サンプル model/assoc_coll.html.erb

```
<h3><%= @article.title %></h3>
<ul>
<%# 記事情報に関連付いたコメント／ユーザ情報をリスト表示 %>
<% @article.comments.each do |comment| %>
  <li><%= comment.body %> (<%= comment.user.kname %>) </li>
<% end %>
</ul>
```

▼ 記事に関連付いたコメントをリスト表示

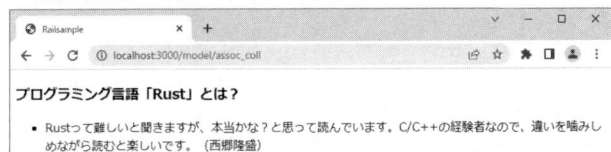

関連するモデルを割り当てる

書式

association= obj	単数（オブジェクト）
collection= objs	複数（オブジェクト）
collection_singular_ids= ids	複数（id値）
collection << obj, …	複数（追加）

引数 association：belongs_to／has_oneで宣言された関連名（単数形）

collection：has_many／has_and_belongs_to_manyで宣言された関連名（複数形）

collection_singular：has_many／has_and_belongs_to_manyで宣言された関連名（単数形）

obj、objs：割り当てるモデル（群）　ids：割り当てるモデルのid値

　association=（単数形）メソッドは、belongs_to／has_oneアソシエーションで関連付いたモデルに対して、指定されたモデルオブジェクトを割り当てます。内部的には、モデルの外部キーに対応するモデルの主キーを設定します。

　collection=（複数形）メソッドは、同じくhas_many／has_and_belongs_to_manyアソシエーションで関連付いたモデルに対して、指定のモデルオブジェクト（群）を割り当てます。既に関連付いたモデルは解除されますので、もしも既存の関連付けに対して新たなモデルを追加したい場合は、collection<<メソッドを利用してください。追加するモデルを（オブジェクトではなく）id値で指定したい場合には、collection_singular_ids=メソッドを利用します。

サンプル ● model_controller.rb（assoc_coll_setアクション）

```
# ユーザ情報に対して新規の著者情報を関連付け（既存の紐付けは破棄）
@user = User.find(1)
@author = Author.new({ penname: 'しまじろう', birth: '1980-10-15' })
@user.author = @author
```

```
SELECT "users".* FROM "users" WHERE "users"."id" = ? LIMIT ?
[["id", 1], ["LIMIT", 1]]
SELECT "authors".* FROM "authors" WHERE "authors"."user_id" = ? LIMIT ?
[["user_id", 1], ["LIMIT", 1]]
DELETE FROM "articles_authors" WHERE "articles_authors"."author_id" = ?
[["author_id", 1]] ─────────────────────────────────────── 紐付け破棄
DELETE FROM "authors" WHERE "authors"."id" = ?  [["id", 1]]
INSERT INTO "authors" ("user_id", "penname", "birth", ⏎
"created_at", "updated_at") VALUES (?, ?, ?, ?, ?) [["user_ ⏎
id", 1], ["penname", "しまじろう"], ["birth", "1980-10-15 ⏎
```

```
                00:00:00"], ["created_at", "2022-03-28 06:40:45.961369"], ⏎
                ["updated_at", "2022-03-28 06:40:45.961369"]] ─────────────紐付け
```

記事情報に対して新規のコメント情報を関連付け（既存の紐付けは破棄）

```ruby
@article = Article.find(1)
@comment1 = Comment.new({ user_id: 4,
  body: 'まだ途中ですが、今のところついて行っています。' })
@comment1.save
@comment2 = Comment.new({ user_id: 6,
  body: '職場で使っています。自宅にもほしい。' })
@comment2.save
@article.comments= [ @comment1, @comment2 ]
```

```
    ⇒ SELECT "articles".* FROM "articles" WHERE "articles"."id" = ? LIMIT ?
      [["id", 1], ["LIMIT", 1]]
      SELECT "users".* FROM "users" WHERE "users"."id" = ? LIMIT ?
      [["id", 4], ["LIMIT", 1]]
      SELECT "users".* FROM "users" WHERE "users"."id" = ? LIMIT ?
      [["id", 6], ["LIMIT", 1]]
      SELECT "comments".* FROM "comments" WHERE "comments"."article_id" = ?
      [["article_id", 1]]
      UPDATE "comments" SET "article_id" = ? WHERE "comments". ⏎
      "article_id" = ? AND "comments"."id" IN (?, ?, ?) ⏎
      [["article_id", nil], ["article_id", 1], ["id", 1], ["id", 2], ⏎
      ["id", 3]] ──────────────────────────────────────紐付け破棄
      UPDATE "articles" SET "comments_count" = COALESCE("comments_ ⏎
      count", 0) - ? WHERE "articles"."id" = ? [["comments_count", 3], ⏎
      ["id", 1]]
      INSERT INTO "comments" ("id", "article_id", "user_id", "body", ⏎
      "created_at", "updated_at") VALUES (?, ?, ?, ?, ?, ?) ⏎
      [["id", 10], ["article_id", 1], ["user_id", 4], ["body", "まだ ⏎
      途中ですが、今のところついて行っています。"], ["created_at", ⏎
      "2022-03-28 06:44:51.170462"], ["updated_at", "2022-03-28 ⏎
      06:44:51.170462"]] ────────────────────────────────紐付け
      UPDATE "articles" SET "comments_count" = COALESCE("comments_ ⏎
      count", 0) + ? WHERE "articles"."id" = ? [["comments_count", 1], ⏎
      ["id", 1]]
      INSERT INTO "comments" ("id", "article_id", "user_id", "body", ⏎
      "created_at", "updated_at") VALUES (?, ?, ?, ?, ?, ?) ⏎
      [["id", 11], ["article_id", 1], ["user_id", 6], ["body", "職場で ⏎
      使っています。自宅にもほしい。"], ["created_at", "2022-03-28 ⏎
      06:44:51.175975"], ["updated_at", "2022-03-28 06:44:51.175975"]]
      UPDATE "articles" SET "comments_count" = COALESCE("comments_ ⏎
      count", 0) + ? WHERE "articles"."id" = ? [["comments_count", 1], ⏎
      ["id", 1]] ──────────────────────────────────────/紐付け
```

```ruby
# 記事情報に対して新規のコメント情報を関連付け（既存の紐付けは破棄）
@article = Article.find(2)
@comment1 = Comment.new({ user_id: 4,
  body: 'サンプルが参考になります。' })
@comment1.save
@comment2 = Comment.new({ user_id: 5, body: 'わかりやすいです。' })
@comment2.save
@article.comment_ids= [ @comment1.id, @comment2.id ]
```

```
➡ SELECT "articles".* FROM "articles" WHERE "articles"."id" = ? ↵
  LIMIT ? [["id", 2], ["LIMIT", 1]]
  SELECT "users".* FROM "users" WHERE "users"."id" = ? LIMIT ? ↵
  [["id", 4], ["LIMIT", 1]]
  SELECT "users".* FROM "users" WHERE "users"."id" = ? LIMIT ? ↵
  [["id", 5], ["LIMIT", 1]]
  SELECT "comments".* FROM "comments" WHERE "comments"."article_id" ↵
  = ? [["article_id", 2]]
  UPDATE "comments" SET "article_id" = ? WHERE "comments"."article_ ↵
  id" = ? AND "comments"."id" IN (?, ?, ?) [["article_id", nil], ↵
  ["article_id", 2], ["id", 4], ["id", 5], ["id", 6]]
  UPDATE "articles" SET "comments_count" = COALESCE("comments_ ↵
  count", 0) - ? WHERE "articles"."id" = ? [["comments_count", 3], ↵
  ["id", 2]]
```

```ruby
# 記事情報に対して新規のコメント情報を関連付け（既存の紐付けも維持）
@article = Article.find(3)
@comment = Comment.new({ user_id: 4,
  body: 'いつも手元に置いています。' })
@article.comments << @comment
```

```
➡ SELECT "articles".* FROM "articles" WHERE "articles"."id" = ? ↵
  LIMIT ? [["id", 3], ["LIMIT", 1]]
  SELECT "users".* FROM "users" WHERE "users"."id" = ? LIMIT ? ↵
  [["id", 4], ["LIMIT", 1]]
  INSERT INTO "comments" ("article_id", "user_id", "body", ↵
  "created_at", "updated_at") VALUES (?, ?, ?, ?, ?) [["article_ ↵
  id", 3], ["user_id", 4], ["body", "いつも手元に置いています。"], ↵
  ["created_at", "2022-03-28 07:00:21.599504"], ["updated_at", ↵
  "2022-03-28 07:00:21.599504"]]
  UPDATE "articles" SET "comments_count" = COALESCE("comments_ ↵
  count", 0) + ? WHERE "articles"."id" = ? [["comments_count", 1], ↵
  ["id", 3]]                                                    紐付け
```

参考 ▶ 関連付けの反映タイミングは、参照先モデルが保存済みであるかどうかによって変動します。参照先モデルが保存済みである場合、関連付けは参照元モデルの保存タイミングで行われます。しかし、参照先モデルが未保存の場合、関連付けは（参照元モデルの保存タイミングではなく）参照先モデルが保存されたところで行われます。

build_association／create_association／build／create メソッド

関連するモデルを新規に作成する

書式	build_association(attrs)	作成（単数）
	create_association(attrs)	作成&保存（単数）
	collection.build(attrs)	作成（複数）
	collection.create(attrs)	作成&保存（複数）

引数 association：belongs_to／has_oneで宣言された関連名（単数形）
collection：has_many／has_and_belongs_to_manyで宣言された関連
名（複数形）
attrs：登録データ（「プロパティ名: 値」のハッシュ形式）

---

　build_association／create_association メソッドは、belongs_to／has_one
アソシエーションで関連付くモデルを引数 attrs に従って作成します。build_
association／create_association メソッドの違いは、前者が関連モデルを作成す
るのみで保存はしないのに対して、後者が保存までを一気に行う点です。

　同じ処理を、has_many／has_and_belongs_to_many アソシエーションでは
collection.build／collection.create メソッドで行います。

サンプル ● model_controller.rb（build_create アクション）

```
# ユーザ情報に対して新規の著者情報を作成（保存は手動）
@user = User.find(6)
@author = @user.build_author({ penname: 'いちよう', birth: '1982-09-13' })
@author.save
   ➡ INSERT INTO "authors" ("user_id", "penname", "birth", "created_ ↵
     at", "updated_at") VALUES (?, ?, ?, ?, ?)  [["user_id", 6], ↵
     ["penname", "いちよう"], ["birth", "1982-09-13 00:00:00"], ↵
     ["created_at", "2022-03-28 09:03:22.963973"], ["updated_at", ↵
     "2022-03-28 09:03:22.963973"]]
# ユーザ情報に対して新規の著者情報を作成（自動保存）
@user = User.find(7)
@user.create_author({ penname: 'Akiko', birth: '1978-04-11' })
   ➡ INSERT INTO "authors" ("user_id", "penname", "birth", "created_ ↵
     at", "updated_at") VALUES (?, ?, ?, ?, ?)  [["user_id", 7], ↵
     ["penname", "Akiko"], ["birth", "1978-04-11 00:00:00"], ["created_↵
     at", "2022-03-28 09:03:22.979943"], ["updated_at", "2022-03-28 ↵
     09:03:22.979943"]]
# 記事情報に対して新規のコメント情報を作成（保存は手動）
@article = Article.find(4)
```

```
@comments = @article.comments.build([
  { user_id: 6, body: 'デザインの勉強によいです。' },
  { user_id: 7, body: '理解できました。' }])
@comments[0].save
```

⇒ INSERT INTO "comments" ("article_id", "user_id", "body", ⏎
"created_at", "updated_at") VALUES (?, ?, ?, ?, ?) [["article_ ⏎
id", 4], ["user_id", 6], ["body", "デザインの勉強によいです。"], ⏎
["created_at", "2022-03-28 09:03:23.022561"], ["updated_at", ⏎
"2022-03-28 09:03:23.022561"]]
UPDATE "articles" SET "comments_count" = COALESCE("comments_ ⏎
count", 0) + ? WHERE "articles"."id" = ? [["comments_count", 1], ⏎
["id", 4]]

```
@comments[1].save
```

⇒ INSERT INTO "comments" ("article_id", "user_id", "body", ⏎
"created_at", "updated_at") VALUES (?, ?, ?, ?, ?) [["article_ ⏎
id", 4], ["user_id", 7], ["body", "理解できました。"], ["created_ ⏎
at", "2022-03-28 09:03:23.040648"], ["updated_at", "2022-03-28 ⏎
09:03:23.040648"]]
UPDATE "articles" SET "comments_count" = COALESCE("comments_ ⏎
count", 0) + ? WHERE "articles"."id" = ? [["comments_count", 1], ⏎
["id", 4]]

```
# 記事情報に対して新規のコメント情報を作成（自動保存）
@article = Article.find(5)
@comments = @article.comments.create([
  { user_id: 4, body: 'おもしろいです。' },
  { user_id: 5, body: 'サンプル作ってみました。' }])
```

⇒ INSERT INTO "comments" ("article_id", "user_id", "body", ⏎
"created_at", "updated_at") VALUES (?, ?, ?, ?, ?) [["article_ ⏎
id", 5], ["user_id", 4], ["body", "おもしろいです。"], ["created_ ⏎
at", "2022-03-28 09:03:23.059475"], ["updated_at", "2022-03-28 ⏎
09:03:23.059475"]]
UPDATE "articles" SET "comments_count" = COALESCE("comments_ ⏎
count", 0) + ? WHERE "articles"."id" = ? [["comments_count", 1], ⏎
["id", 5]]
INSERT INTO "comments" ("article_id", "user_id", "body", ⏎
"created_at", "updated_at") VALUES (?, ?, ?, ?, ?) [["article_ ⏎
id", 5], ["user_id", 5], ["body", "サンプル作ってみました。"], ⏎
["created_at", "2022-03-28 09:03:23.077009"], ["updated_at", ⏎
"2022-03-28 09:03:23.077009"]]
UPDATE "articles" SET "comments_count" = COALESCE("comments_ ⏎
count", 0) + ? WHERE "articles"."id" = ? [["comments_count", 1], ⏎
["id", 5]]

delete／clearメソッド

関連するモデルを削除する

書式 collection.**delete**(obj, …) 指定モデル
collection.**clear** 全モデル

引数 collection：has_many／has_and_belongs_to_manyで宣言された関連
名（複数形）
obj：削除するモデルオブジェクト

has_many／has_and_belongs_to_manyアソシエーションで、指定された関
連モデルを削除するにはdeleteメソッドを利用します。無条件にすべての関連モデ
ルを破棄するならば、clearメソッドを利用してください。

サンプル ● model_controller.rb(coll_deleteアクション)

```
@article = Article.find(1)
@comments = @article.comments
 # 現在の記事情報に関連付いた最初のコメント情報を破棄
@article.comments.delete(@comments[0])
```
➡ UPDATE "comments" SET "article_id" = ? WHERE "comments"."article_
id" = ? AND "comments"."id" = ? [["article_id", nil], ["article_
id", 1], ["id", 10]]
UPDATE "articles" SET "comments_count" = COALESCE("comments_
count", 0) - ? WHERE "articles"."id" = ? [["comments_count", 1],
["id", 1]]

```
 # 現在の記事情報に関連付いたすべてのコメント情報を破棄
@article.comments.clear
```
➡ UPDATE "comments" SET "article_id" = ? WHERE "comments".
"article_id" = ? [["article_id", nil], ["article_id", 1]]
UPDATE "articles" SET "comments_count" = COALESCE("comments_
count", 0) - ? WHERE "articles"."id" = ? [["comments_count", 1],
["id", 1]]

注意 delete／clearメソッドの挙動は、アソシエーション宣言での:dependentオプション
（P.226）の設定に依存します。:nullify（デフォルト）では、外部キー列にNULLが設定さ
れるだけですが、:destroy／:delete_allの場合は関連するモデルを削除します。

参照 P.226「アソシエーションの挙動をカスタマイズする」

関連するモデルの id 値を取得する

3

モデル開発

| 書式 | `collection_singular_ids` |

| 引数 | `collection_singular`：**has_many／has_and_belongs_to_manyで宣言された関連名（単数形）** |

has_many／has_and_belongs_to_manyアソシエーションで、関連するモデルのid値（群）を取得するには、collection_singular_idsメソッドを利用します。

サンプル ● model_controller.rb

```
def coll_ids
  @article = Article.find(4)
  render plain: @article.title + '：' + @article.comment_ids.to_s
    ➡ SELECT "articles".* FROM "articles" WHERE "articles"."id" = ? ↵
      LIMIT ?  [["id", 4], ["LIMIT", 1]]
      SELECT "comments"."id" FROM "comments" WHERE "comments"."article_ ↵
      id" = ?  [["article_id", 4]]
end
```

Rustの制御構造、演算子とは：[13, 14]

sizeメソッド

関連するモデルの数を取得する

書式 collection.size

引数 collection：has_many／has_and_belongs_to_manyで宣言された関連
名（複数形）

sizeメソッドは、has_many／has_and_belongs_to_manyアソシエーション
で関連するモデルの数を取得します。

サンプル ● model_controller.rb

```
def coll_size
  @article = Article.find(3)
  render plain: 'コメント件数：' + @article.comments.size.to_s
  ➡ SELECT "articles".* FROM "articles" WHERE "articles"."id" = ? ↵
     LIMIT ?  [["id", 3], ["LIMIT", 1]]
end
```

参照 P.229「関連モデルの件数を親モデル側でキャッシュする」

empty?／exists? メソッド

関連するモデルが存在するかを
チェックする

aba

書式　　collection.empty?　　　　　　　　　　　　　　　　　　　空か

　　　　　collection.exists?([exp])　　　　　　　　　　　　　存在するか

引数　　collection：has_many／has_and_belongs_to_manyで宣言された関連
　　　　　名（複数形）

　　　　　exp：存在確認で利用する条件式（P.185も参照）

---

　empty?メソッドは、has_many／has_and_belongs_to_manyアソシエーションで関連するモデルが存在するかをチェックします。

　もしも特定の条件で関連モデルが存在するかを確認したい場合には、exists?メソッドを利用してください。

サンプル ● model_controller.rb

```
def empty_exists
  @article = Article.find(2)
  render plain: @article.comments.empty?.to_s +
    ' : ' + @article.comments.exists?.to_s
  ➡ SELECT "articles".* FROM "articles" WHERE "articles"."id" = ? ↵
    LIMIT ?  [["id", 2], ["LIMIT", 1]]
    SELECT 1 AS one FROM "comments" WHERE "comments"."article_id" = ? ↵
    LIMIT ?  [["article_id", 2],
end
```

▼

```
true : false
```

参考 ▶ empty?メソッドは関連するモデルの件数（COUNT関数）で有無を判定します。exists?
　　　メソッドは存在確認だけなので、取得列は固定値（1）でフィールドそのものの取得はし
　　　ていません。

joinsメソッド

関連するモデルと結合する

書式 `joins(exp)`

引数 exp：結合条件

joinsメソッドの機能はSQLのJOIN句に相当するもので、関連するテーブルを結合します。引数expには、結合条件を示すために、以下のような式を指定できます。

▼ 引数expの指定パターン

exp	概要
関連名(シンボル)	指定した関連名でINNER JOIN句を生成(カンマ区切りで複数指定も可)
関連名1: 関連名2	関連名1→関連名2で複数モデルにまたがる結合を実施
文字列	LEFT／RIGHT JOINなどINNER JOIN以外の結合条件を指定

サンプル ● model_controller.rb

```ruby
def assoc_join
  # articles→comments／authorsテーブルを結合し、それぞれから列を取得
  @articles = Article.joins(:comments, :authors).
    order('articles.title, authors.penname').
    select('articles.*, comments.body, authors.penname')
end
```

➡ SELECT articles.*, comments.body, authors.penname FROM ↵
   "articles" INNER JOIN "comments" ON "comments"."article_ ↵
   id" = "articles"."id" INNER JOIN "articles_authors" ON ↵
   "articles_authors"."article_id" = "articles"."id" INNER JOIN ↵
   "authors" ON "authors"."id" = "articles_authors"."author_id" ↵
   ORDER BY articles.title, authors.penname

サンプル ● model/assoc_join.html.erb

```erb
<%
title = ''; penname = ''
  # 取得した記事／コメント情報を順番に取得
@articles.each do |article|
  if title != article.title || penname != article.penname
    title = article.title; penname = article.penname
%>
  <hr />
```

```
<%# 結合先の著者／コメント情報にもアクセス可能 %>
<h3><%= title %> (<%= penname %>) </h3>
<% end %>
・<%= article.body %><br />
<% end %>
```

▼ コメントを持つ記事情報をリスト表示

サンプル2 model_controller.rb

```ruby
def assoc_join2
    # articles→comments→usersテーブルを結合し、それぞれから列を取得
    # assoc_join2.html.erbは配布サンプルを参照
  @articles = Article.joins(comments: :user).
    select('articles.*, comments.body, users.kname')
end
```

⇒ SELECT articles.*, comments.body, users.kname FROM "articles" ⏎
   INNER JOIN "comments" ON "comments"."article_id" = "articles". ⏎
   "id" INNER JOIN "users" ON "users"."id" = "comments"."user_id"

サンプル3 model_controller.rb

```ruby
def assoc_join3
    # INNER JOIN以外は文字列で指定 (assoc_join3.html.erbは配布サンプルを参照)
  @articles = Article.joins('LEFT JOIN comments ON comments.⏎
article_id = articles.id').select('articles.*, comments.body')
end
```

⇒ SELECT articles.*, comments.body FROM "articles" LEFT JOIN ⏎
   comments ON comments.article_id = articles.id

includesメソッド

関連するモデルをまとめて読み込む

書式 includes(assoc, …)

引数 assoc：関連名

　アソシエーションで関連モデルを読み込むのは、それが必要になったタイミングです。つまり、複数のモデルをeachメソッドなどで処理し、それぞれの関連モデルを取得する際には、元モデルの数だけデータアクセスが発生するということです。

　これは効率の面でも望ましくありませんので、このような状況ではincludesメソッドを利用してください。includesメソッドでは、指定された関連モデルを元モデルの読み込み時にまとめて取得することで、データアクセスの回数を減らしています。

サンプル model_controller.rb

```
def assoc_includes
    # Articleモデルのロード時に合わせて関連先のAuthorモデルも取得
  @articles = Article.includes(:authors).all
    ⇒ SELECT "articles".* FROM "articles"
      SELECT "articles_authors".* FROM "articles_authors" WHERE ↵
      "articles_authors"."article_id" IN (?, ?, ?, ?, ?, ?, ?, ?, ?, ?) ↵
      [["article_id", 1], ["article_id", 2], ["article_id", 3], ↵
      ["article_id", 4], ["article_id", 5], ["article_id", 6], ↵
      ["article_id", 7], ["article_id", 8], ["article_id", 9], ↵
      ["article_id", 10]]
      SELECT "authors".* FROM "authors" WHERE "authors"."id" IN ↵
      (?, ?, ?)  [["id", 2], ["id", 3], ["id", 4]]
end
```

サンプル model/assoc_includes.html.erb

```
<ul>
<% @articles.each do |article| %>
  <li>
    <%= link_to article.title, article.url %>
    <%# 関連付いた著者情報を列挙 %>
    <% unless article.authors.nil? %>
      (<% article.authors.each do |a| %><%= a.penname %> <% end %>)
    <% end %></li>
<% end %>
```

```
</ul>
```

▼ 書籍情報＋著者名のリストを表示

参考 includesメソッドでも、joinsメソッドと同じくハッシュを指定することで、複数モデルにまたがる読み込みが可能です。

参考 サンプルからincludesメソッドを外した場合(サンプルの太字部分)、以下のようにauthorsテーブルへのアクセスが何度も発生するのが確認できます。

```
SELECT "articles".* FROM "articles"
SELECT "authors".* FROM "authors" INNER JOIN "articles_authors" ⏎
ON "authors"."id" = "articles_authors"."author_id" WHERE ⏎
"articles_authors"."article_id" = ? [["article_id", 1]]
    …article_id=1～nまで記事数だけのアクセス…
SELECT "authors".* FROM "authors" INNER JOIN "articles_authors" ⏎
ON "authors"."id" = "articles_authors"."author_id" WHERE ⏎
"articles_authors"."article_id" = ? [["article_id", 10]]
```

参照 P.243「関連するモデルと結合する」

validatesメソッド
標準の検証機能を利用する

書式 `validates field [,…], name: params [,…]`

引数 field：検証対象のフィールド名（複数指定も可）　　name：検証名
params：検証パラメータ
（「パラメータ名: 値」のハッシュ、またはtrue）

▼ 検証名とそのパラメータ（引数name、params）

検証名	検証内容	標準のエラーメッセージ
	パラメータ	意味
:absence	値が空か	must be blank
	―	―
:acceptance	チェックボックスに チェックが入っているか	must be accepted
	:accept	チェック時の値（デフォルトは1）
:confirmation	2つのフィールドが等しいか	doesn't match confirmation
	―	―
:comparison	2つの値の大小	must be greater thanなど
	:greater_than	指定値より大きい
	:greater_than_or_equal_to	指定値以上か
	:equal_to	指定値と等しいか
	:less_than	指定値より小さいか
	:less_than_or_equal_to	指定値以下か
	:other_than	指定値と異なるか
:exclusion	値が配列／範囲に含まれていないか	is reserved
	:in	比較対象の配列、または範囲オブジェクト
:format	正規表現パターンに合致しているか	is invalid
	:with	正規表現パターン
:inclusion	値が配列／範囲に含まれているか	is not included in the list
	:in	比較対象の配列、または範囲オブジェクト

検証名	検証内容	標準のエラーメッセージ
	パラメータ	意味
:length	文字列の長さ（範囲、完全一致）を チェック	—
	:minimum	最小の文字列長
	:maximum	最大の文字列長
	:in	文字列長の範囲（range型）
	:tokenizer	文字列の分割方法（ラムダ式）
	:is	文字列長（長さが完全に一致していること）
	:too_long	:maximumパラメータに違反した時の エラーメッセージ
	:too_short	:minimumパラメータに違反した時の エラーメッセージ
	:wrong_length	:is パラメータに違反した時の エラーメッセージ
:numericality	数値の大小、型をチェック （チェック内容はパラメータで指定可）	is not a number
	:only_integer	整数であるかを検証
	:greater_than	指定値より大きいか
	:greater_than_or_equal_to	指定値以上か
	:equal_to	指定値と等しいか
	:less_than	指定値未満か
	:less_than_or_equal_to	指定値以下か
	:odd	奇数か
	:even	偶数か
:presence	値が空でないか	can't be empty
	—	—
:uniqueness	値が一意であるか	has already been taken
	:scope	一意性制約を決めるために使用する他の列
	:case_sensitive	大文字と小文字を区別するか （デフォルトはtrue）

　validatesメソッドは、指定の列に対して指定された検証ルールを適用します。
引数name、paramsには検証名と検証パラメータをハッシュ形式で指定します。
検証パラメータが不要である場合には、ただ単にtrue（有効化）とだけ指定してください。
　検証そのものは、以下のメソッドを呼び出したタイミングで実施されます。

create、create!、save、save!、update、update_attributes、update_
attributes!

検証の成否は、これらのメソッドの戻り値（失敗時はfalse）、または例外で判別してください。

サンプル● user.rb

```ruby
class User < ApplicationRecord
  …中略…
    # Userモデルの各列に検証ルールを定義
  validates :name,                           # name列に対する検証ルール
    presence: true,                          # 必須検証
    uniqueness: true,                        # 一意検証
    length: { maximum: 20 }                  # 文字列長検証（20文字以内）
  validates :password,                       # password列に対する検証ルール
        comparison: { other_than: :name },
    length: { in: 6..40 },                   # 文字列長検証（6〜40文字）
    format: { with: /¥A[0-9A-Za-z_@%]{4,}¥z/ }, # フォーマット検証
    confirmation: true            # 同一検証（password_confirmationと比較）
  validates :agreement, acceptance: true     # 受諾検証
  …中略…
end
```

サンプル● users/_form.html.erb

```erb
<%# Scaffolding機能（P.47）で自動生成された登録フォーム（太字が追記箇所）  %>
<%= form_with(model: user) do |form| %>
  …中略…
  <div>
    <%= form.label :password, style: "display: block" %>
    <%= form.text_field :password %>
  </div>
  <%# :confirmation検証では「比較元の列名_confirmation」という項目を準備 %>
  <div>
    <%= form.label :password_confirmation, style: "display: block" %>
    <%= form.text_field :password_confirmation %>
  </div>
  <%# :acceptance検証で利用する入力要素を準備 %>
  <div>
    <%= form.label :agreement, style: "display: block" %>
    <%= form.check_box :agreement %>
  </div>
  …中略…
<% end %>
```

サンプル users_controller.rb

```ruby
  # Scaffolding機能で自動生成されたアクション（新規登録）
def create
  @user = User.new(user_params)
  respond_to do |format|
    if @user.save
      # 保存（検証）に成功した場合の処理
    else
      # 保存（検証）に失敗した場合の処理（エラー表示はP.252を参照）
    end
  end
end
```

▼ エラー時にはエラーメッセージをリスト表示

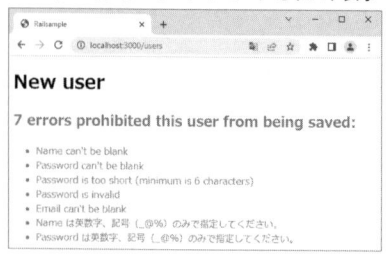

注意 以下のメソッドでは検証処理はスキップされます。利用にあたっては、自分で値の妥当性を検証してください。

decrement!、decrement_counter、increment!、increment_counter、toggle!、update_all、update_attribute、update_counters、save(validate: false)

参考 保存前に検証の成否を確認したい場合には、モデルオブジェクトからvalid?メソッドを呼び出してください。

参考 :acceptance（受諾）／:confirmation（比較）検証では、それぞれ同意、比較のためのフィールドを用意する必要があります（名前は:acceptanceは任意、:confirmationではxxxxx_confirmation）。いずれもあくまで検証のための便宜的なフィールドなので、データベース側に対応するフィールドを用意する必要はありません。

参考 オブジェクトが関連モデルを持つ場合、validate_associatedメソッドを記述することで、そのモデルにもバリデーションを実行できます。

```ruby
  # 関連付けられたUserモデルのオブジェクトも検証する
has_one: :user
validate_associated: :user
```

validatesメソッド(:allow_nil／:allow_blank)

入力要素が空の場合に
検証をスキップする

書式　validates field [,…], name: params [,…],
　　　allow_nil: flag　　　　　　　　　　　　　　　　nil値
　　　validates field [,…], name: params [,…],
　　　allow_blank: flag　　　　　　　　　　　　　　　空白

引数　field：検証対象のフィールド名　name：検証名
　　　params：検証パラメータ　flag：nil、または空文字列を許可するか

　:allow_nil／:allow_blankオプションがtrueの場合、validatesメソッドは入力値が空白の場合に検証をスキップします。両者の違いは、:allow_nilオプションがnilのみを空白と見なすのに対して、:allow_blankオプションはnil、空文字列を空白と見なす点です。

　任意の入力項目や、必須項目であっても必須検証以外では、:allow_nil／:allow_blankオプションを有効にしておくべきです。

サンプル● article.rb

```ruby
class Article < ApplicationRecord
  …中略…
    # 未入力の場合、文字列長検証をスキップ
    #（必須検証エラーが発生すれば十分なので、余計なエラー表示を抑制）
  validates :title,
    presence: true,
    length: { in: 5..100, allow_blank: true }
    # 未入力の場合、候補値／数値検証をスキップ
    #（任意の項目なので、未入力の場合は検証はそもそも不要なはず）
  validates :category,
    inclusion: { in: ['Script', '.NET', 'Ruby', 'Other' ],
      allow_blank: true }
  validates :access,
    numericality: { only_integer: true,
      greater_than: 0, allow_blank: true }
  …中略…
end
```

validates メソッド (:message)

検証エラーメッセージを
カスタマイズする

書式　validates field [,…], name: params [,…], message: msg

引数　field：検証対象のフィールド名　name：検証名
　　　params：検証パラメータ　msg：エラーメッセージ

　検証エラーメッセージをカスタマイズするには、:messageオプションを指定します。デフォルトで生成されるエラーメッセージは英語ですので、これを手軽に日本語化するならば、まずは:messageオプションを指定する必要があります。

　エラーメッセージには、%{value}、%{count}のような形式でプレイスホルダを埋め込めます。%{value}は入力値を、%{count}は最大値／最小値などの検証パラメータを表します。その性質上、%{count}が利用できるのは:lengthや:numericality検証に限定されます。

サンプル ● articles.rb

```
class Article < ApplicationRecord
  …中略…
  # 必須／一意／文字列長／フォーマット検証に対して検証メッセージを表示
  # （文字列最大長検証では、検証メッセージは:too_longで設定）
  validates :url,
    presence: { message: 'は必ず入力してください。' },
    uniqueness: { message: '「%{value}」が重複しています。' },
    length: { maximum: 255, allow_blank: true,
      too_long: 'は%{count}文字以内で入力してください。' },
    format: { with: /\Ahttp(s)?:\/\/([\w\-]+\.)+[\w\-]+↵
(\/[\w\-　.\/?%&=]*)?\z/, message: 'はURL形式で入力してください。' }
  …中略…
end
```

注意▶　検証の種類によっては、エラーメッセージを:messageオプション以外で設定する必要があります。詳しくは、P.247の表も参照してください。

参考▶　辞書ファイル(P.348)を利用することで、エラーメッセージをまとめて日本語化できます。メッセージの統一という意味でも、一般的には辞書ファイルの利用が望ましいでしょう。:messageオプションを利用するのは、あくまで標準外のメッセージを返したい場合に限定すべきです。

validatesメソッド(:on)

検証を新規登録／更新時に限定する

書式 validates field [,…], name: params [,…], on: timing

引数 field：検証対象のフィールド名　name：検証名
params：検証パラメータ　timing：検証実施のタイミング

▼ :onオプションの設定値（引数timing）

設定値	概要
:create	新規登録時のみ
:update	更新時のみ

Railsは、デフォルトでデータの新規登録／更新双方のタイミングで検証処理を実施します。もしも検証処理を新規登録時のみ、更新時のみに限定したい場合には、:onオプションを指定します。

たとえば:acceptance（同意）検証などは、一般的に更新時は不要であるはずなので、:onオプションを:createとしておくべきです。

サンプル● user.rb

```
class User < ApplicationRecord
  …中略…
    # acceptance検証を新規作成時にのみ有効化（更新時には無視）
  validates :agreement, acceptance: { on: :create }
  …中略…
end
```

validates メソッド(:if/:unless)

特定の条件に合致した／しない場合にのみ検証を実施する

書式
```
validates field [,…], name: params [,…],
   if: exp                                     条件に一致
validates field [,…], name: params [,…],
   unless: exp                                 条件に不一致
```

引数 field：検証対象のフィールド名　name：検証名
params：検証パラメータ
exp：条件式（文字列、シンボル、Procオブジェクト）

特定の条件に合致した（あるいは合致しない）場合にのみ、検証を実行したい場合には、validatesメソッドに:if／:unlessオプションを指定します。

:if／:unlessオプションに、シンボルを指定した場合、対応するメソッドを別に用意する必要があります。Procオブジェクト（匿名関数）を指定した場合、引数としてモデルオブジェクトを受け取りますので、これをもとに条件式を生成します。

サンプル● user.rb
```ruby
class User < ApplicationRecord
   # roles（権限）列がguestでない場合のみemail列は必須
  validates :email,
    presence: true, if: -> { roles != "guest" }
    # 同じ意味の記述を:unlessオプションで表現
# validates :email,
#   presence: true, unless: -> { roles == "guest" }
    # 条件式をProcオブジェクト（匿名関数）で表現
# validates :email,
#   presence: true, if: Proc.new { |u| u.roles != 'guest' }
    # 条件式をシンボルで表現（is_not_guestメソッドはプライベートメソッド）
#   presence: true, if: -> { :is_not_guest? }
  …中略…
  private
  def is_not_guest?
    roles != 'guest'
  end
end
```

参考 一般的には、シンプルな条件式は文字列、またはProcオブジェクトで、より複雑な条件を表現したい場合のみシンボルを利用するとよいでしょう。

errorsメソッド

検証エラーメッセージを取得する

書式 errors

検証時に発生した検証エラー情報（ActiveModel::Errorsオブジェクト）を取得するには、errorsメソッドを利用します。Errorsオブジェクトは、以下のようなメソッドを提供します。

▼ ActiveModel::Errorsクラスの主なメンバ

メソッド	概要
count	エラーの数を取得
empty?	エラーがないかを確認
full_messages	すべての検証エラーメッセージ（配列）を取得
size	エラーメッセージの数を取得
add(attr, msg)	モデルのプロパティattrに関連付いたエラーメッセージmsgを登録
details	エラーの詳細を格納したハッシュ

errorsメソッドは、テンプレート側で検証エラーを列挙する場合に利用します。たとえば以下は、Scaffolding機能（P.47）で自動生成されたフォームの一部です。

サンプル ● users/_form.html.erb

```erb
<%= form_with(model: user) do |f| %>
<%# エラーの有無をチェックし、エラーがある場合は列挙 %>
<% if user.errors.any? %>
  <div style="color: red">
    <%# エラーの個数を表示 %>
    <h2><%= pluralize(user.errors.count, "error") %> prohibited this ⏎
user from being saved:</h2>

    <ul>
      <%# エラーメッセージを箇条書きリストに %>
      <% user.errors.each do |error| %>
        <li><%= error.full_message %></li>
      <% end %>
    </ul>
  </div>
<% end %>
```

エラー発生元の表示スタイルを変更する

3

モデル開発

書式	config.action_view.field_error_proc = Proc.new |html_tag| { tag_str }

引数	html_tag：オリジナルの\<label\>／\<input\>要素 tag_str：エラー時に生成するタグの形式

検証エラーが発生した場合、対象要素を表す \<label\>／\<input\> 要素は \<div\> 要素で囲まれます。たとえば以下は、title フィールドにエラーがあった場合の出力です。太字の部分が Rails によって自動生成される部分です。

```
<div>
  <div class="field_with_errors"><label style="display: block" ⏎
for="article_title">Title</label></div>
  <div class="field_with_errors"><input type="text" value="1" ⏎
name="article[title]" id="article_title" /></div>
</div>
```

▼ エラー時、デフォルトではラベルと入力要素に赤い背景が適用される

\<div\> 要素には class 属性（値は "field_with_errors"）が付与されています。そのため、あとはスタイルシートでデザイン定義することで、エラーの発生箇所を視覚的にも目立たせることができます（Scaffolding 機能で生成されるスタイルシートでは未定義なので見た目の変化はありません）。

もしも自動生成されるタグそのものを変更したい場合には、action_view.field_error_proc パラメータに Proc オブジェクトを設定してください。Proc オブジェクトは、引数として、オリジナルのラベル／入力要素（html_tag）を受け取りますので、一般的にはこれをもとにエラー発生時の出力を生成します。

サンプル application.rb

```
# エラー時にもとのラベル／入力要素を<b>要素で括る
config.action_view.field_error_proc =
Proc.new{ |html_tag| %(<b>#{html_tag}</b>).html_safe }
```

validate メソッド

モデル固有の検証ルールを定義する

| 書式 | validate method [,…] |

| 引数 | method：検証メソッドの名前 |

validate メソッドを利用することで、モデルクラスに独自の検証ルール(メソッド)を定義できます。validates メソッド(複数形。P.247)と混同しないようにしてください。

検証メソッドでは、モデルの値をチェックし、不正な値を検出した場合には errors.add メソッド(P.255)でエラー情報をセットするのが一般的です。

サンプル● user.rb

```
class User < ApplicationRecord
  …中略…
  validate :email_valid?                    # 検証メソッドemail_valid?を適用
  …中略…
  private
  def email_valid?
    # email列の値が指定の正規表現パターンにマッチしない場合はエラー
    errors.add(:email, 'はメールアドレスの形式で入力してください。') ↵
unless email =~ /\A\w+([\-+.']\w+)*@\w+([\-.]\w+)*\.\w+([\-.]\w+)*\z/
  end
end
```

参考▶ 例では、メールアドレスを表す正規表現の行頭と行末に、それぞれ\Aと\zを用いています。似たようなメタ文字に^と$がありますが、これらを指定すると、Railsはエラーを発生します。これは、メールアドレスの文字列に改行が含まれる、つまり複数行からなるメールアドレスが与えられた場合、改行前後がマッチしてしまうことによるセキュリティリスクを回避するためです。

参照▶ P.213「テーブルに存在しないプロパティをデータベースに保存する」

3

モデル開発

複数のプロパティに共通するモデル独自の検証ルールを定義する

書式
```
validates_each field, … [,opts] do |record, attr, value|
    valid_proc
end
```

引数
field：検証対象のフィールド名
opts：検証オプション（P.251〜254も参照）
record：検証対象のモデルオブジェクト　attr：検証対象のフィールド名
value：検証対象の値　valid_proc：検証処理

▼ 検証オプション（引数optsのキー）

オプション	概要
:allow_nil	nilの場合、検証をスキップ
:allow_blank	nilと空白の場合、検証をスキップ
:on	検証のタイミング（デフォルトは新規作成／更新時）
:if	条件式がtrueの場合にのみ検証を実施
:unless	条件式がfalseの場合にのみ検証を実施

validates_eachメソッドを利用することで、複数のプロパティに共通する独自の検証ルールを定義できます。ブロックでは、引数で受け取ったモデルオブジェクト（record）、属性名（attr）、値（value）をもとに検証ロジックを記述し、不正な値を検出した場合にはerrors.addメソッド（P.255）でエラー情報をセットするのが一般的です。

サンプル ● user.rb
```
class User < ApplicationRecord
  …中略…
    # name／password列について、入力できる文字を英数字と記号に限定
  validates_each :name, :password do |record, attr, value|
    record.errors.add(attr, 'は英数字、記号（_@%）のみで指定してください。') ⏎
unless value =~ /\A[0-9A-Za-z_@%]+\z/
  end
  …中略…
end
```

参考 ▶ validates_eachメソッドは、あくまでモデル固有の検証ルールを定義します。複数のモデルで共有するような検証ルールは、ActiveModel::EachValidator派生クラスで定義してください。

validate_eachメソッド

汎用的な検証ルールを定義する

書式 def validate_each(record, attr, value)
    valid_proc
end

引数 record：検証対象のモデルオブジェクト
attr：検証対象のフィールド名
value：検証対象の値　valid_proc：検証処理

複数のモデルで再利用できる汎用的な検証ルールを定義するには、Active
Model::EachValidatorクラスを継承して、検証クラスを準備する必要があります。
検証クラスの名前は、＜検証ルール名＞Validatorのようにしてください。

ActiveModel::EachValidator派生クラスで検証の実処理を受け持つのは、
validate_eachメソッドの役割です。validate_eachメソッドをオーバライドして
検証ロジックを記述し、検証エラーが検出された場合にはerrors.addメソッド
（P.255）でエラーを登録します。

検証クラスは、標準の検証ルールと同じく、validatesメソッド（P.247）でモデル
に登録できます。この際、ルール名は、検証クラスの名前末尾から「Validator」を取
り除き、アンダースコア形式（すべての文字を小文字に、単語の区切りはアンダー
スコア）に変換したものとなります。

サンプル /models/email_validator.rb

```
class EmailValidator < ActiveModel::EachValidator
    # メールアドレスのフォーマットをチェックするemail検証を定義
  def validate_each(record, attr, value)
    record.errors.add(attr, 'はメールアドレスの形式で入力してください。') ⏎
unless value =~ /¥A¥w+([¥-+.']¥w+)*@¥w+([¥-.]¥w+)*¥.¥w+([¥-.]¥w+)*¥z/
  end
end
```

サンプル user.rb

```
class User < ApplicationRecord
  …中略…
  validates :email, email: true                        # email検証を適用
  …中略…
end
```

options メソッド

検証パラメータにアクセスする

| 書式 | `options[param]` |

| 引数 | param：**検証パラメータの名前** |

自作の検証クラス（ActiveModel::EachValidator 派生クラス）から検証パラメータにアクセスするには、options メソッドを利用します。

サンプル ● equals_validator.rb

```ruby
# 他のフィールド値と値が等しい/等しくないかを検証するequals検証
# type: 比較の方法 (:equal (デフォルト)、:not_equal)
# compare_field: 比較するフィールドの名前
class EqualsValidator < ActiveModel::EachValidator
  def validate_each(record, attr, value)
    # :typeパラメータが省略された場合は、デフォルト値の:equalをセット
    options[:type] = :equal if options[:type].nil?
    compare_value = record.attributes[options[:compare_field]].to_s
    # :conpare_fieldパラメータに基づいて比較対象フィールドの値を取得
    case options[:type]
    when :equal                          # 検証項目が指定項目と等しいか
      record.errors.add(attr, 'は指定の項目と等しくなければなりません。') ⏎
unless value == compare_value
    when :not_equal                      # 検証項目が指定項目と等しくないか
      record.errors.add(attr, 'は指定の項目と同じではいけません。') ⏎
unless value != compare_value
    end
  end
end
```

サンプル ● user.rb

```ruby
# password列がname列と等しい場合はNG
validates :password,
  equals: { ompare_field: 'name', type: :not_equal }
```

参考 ▶ サンプルのように、検証パラメータ経由でフィールド名を渡すことで、複数のフィールドをまたがるような検証ルールも実装できます。

参照 ▶ P.186「レコードのフィールド値を取得する」

データベースに関連付かないモデルを定義する

書式	include ActiveModel::Conversion	共通規約
	include ActiveModel::Validations	検証機能
	extend ActiveModel::Naming	モデル名

Active Modelの機能を直接利用することで、データベースと対応関係にないモデルを実装できます。具体的には、以下のようなモジュールをインクルード／拡張して、モデルクラスを実装します。

▼ Active Modelの主なモジュール

モジュール	概要
ActiveModel::Conversion	モデルとして振る舞うための共通インターフェイス
ActiveModel::Naming	モデル名（翻訳名）を取得するための機能を提供
ActiveModel::Validations	検証機能を提供

これらのモジュールを利用することで、たとえば「データベースの項目ではないが、フォームからの入力を受け取って検証を行う」必要があるような処理を、（アクションメソッドを検証処理などで汚すことなく）モデルクラスとしてまとめることが可能になります。

たとえば以下は、検索フォームで受け取る検索キーワードをSearchKeywordモデルとしてまとめ、必須検証などを実装する例です。

サンプル● search_keyword.rb

```ruby
# 検索キーワードを受け取り、処理するためのモデルクラス
class SearchKeyword
  # モデル／検証に必要なモジュールをインクルード
  include ActiveModel::Conversion
  include ActiveModel::Validations
  extend ActiveModel::Naming

  # 入力項目をアクセサとして定義＆検証ルールを実装
  attr_accessor :keyword
  validates :keyword, presence: true

  # コンストラクタでkeywordパラメータをkeywordプロパティにセット
  def initialize(params = {})
    self.keyword = params[:keyword] if params
```

```
  end

    # オブジェクトは常に未保存の状態（form_for判定のため）
  def persisted?
    false
  end
end
```

サンプル ● model_controller.rb

```ruby
  # 検索フォームを表示するためのアクション
def keywd
  @search = SearchKeyword.new
end
  # ［検索］ボタンがクリックされた場合に呼び出されるアクション
def keywd_process
    # 入力値をもとにモデルオブジェクトを生成
  @search = SearchKeyword.new(params[:search_keyword])
  if @search.valid?                                        # 検証を実施
    # 成功時は検索キーワードを表示（実際は検索処理を実施）
    render plain: params[:search_keyword][:keyword]
  else
    # 失敗時はエラーメッセージを表示
    render plain: @search.errors.full_messages[0]
  end
end
```

サンプル ● model/keywd.html.erb

```erb
<%# 普通のモデルと同じように利用できる %>
<%= form_with model: @search, url: 'keywd_process' } do |f| %>
  <%= f.text_field :keyword, { size: 25 } %>
  <%= f.submit %>
<% end %>
```

▼ 検索キーワードを入力しなかった場合はエラーメッセージを表示

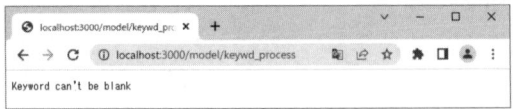

参考 ▶ 上のような例の他、複数のテーブルにまたがる処理を受け持つようなモデルを実装する場合にも応用できるでしょう。

参照 ▶ P.247「標準の検証機能を利用する」

before_xxxxx／after_xxxxxメソッド

モデルの新規登録／更新／削除時に処理を呼び出す

書式 callback method [,opts]

引数 callback：**コールバックの種類（before_xxxxx、after_xxxxx）**
method：**メソッド名** opts：**条件オプション**

▼ コールバックの条件オプション（引数optsのキー）

オプション	概要
:if	特定の条件を満たした場合のみコールバックを実行
:unless	特定の条件を満たさなかった場合のみコールバックを実行
:on	コールバックを実行するアクションを指定

コールバックとは、Active Recordによる操作（検索、新規登録、更新、削除、検証）時に何かしらの処理を呼び出すしくみのことです。たとえば、

● ユーザ情報を削除する際に、ファイルシステム上の写真データも削除
● ユーザ情報を更新／削除する際に、更新／削除前の情報を履歴テーブルに保存
● ユーザ情報を登録する際、パスワードが空だったらランダムなパスワードを設定

など、モデル操作に伴う処理はコールバックとして定義することで、同じようなコードがモデル、コントローラに分散するのを防げます。

以下に、新規登録／更新／削除のタイミングで呼び出されるコールバックをまとめます。表の記載順序は、コールバックの発生順序です。

▼ 新規登録／更新／削除時に実行されるコールバックの種類

登録	更新	削除	実行タイミング
before_validation	―		検証処理の直前
after_validation	―		検証処理の直後
before_save	―		保存の直前
around_save	―		保存の前後
before_create	before_update	before_destroy	作成／更新／削除の直前
around_create	around_update	around_destroy	作成／更新／削除の前後
after_create	after_update	after_destroy	作成／更新／削除の直後
after_save	―		保存の直後
after_commit/after_rollback			コミット/ロールバックの直後

　コールバックは「callback method」の形式で登録できます。methodは、コール
バック処理を記述したメソッド（**コールバックメソッド**）の名前です。:if／:unless
オプションを指定することで、特定の条件を満たした（満たさない）場合にのみコー
ルバックメソッドを呼び出すこともできます。また、:onオプションを指定するこ
とで特定のアクションでのみコールバックを実行することができます。
　これらのコールバックメソッドは、それぞれ以下のような更新メソッドが呼び出
されたタイミングで実行されます。

create、create!、decrement!、destroy、destroy_all、increment!、save、
save!、toggle!、update、update_attribute、update_attributes、update_
attributes!、valid?、touchなど

　逆に、以下のようなメソッドではコールバックは呼び出されませんので、注意し
てください。

decrement、decrement_counter、delete、delete_all、find_by_sql、
increment、increment_counter、toggle、update_all、update_counters
など

サンプル ● article.rb

```ruby
class Article < ApplicationRecord
  …中略…
    # closed列がtrue（非公開）でない場合のみコールバックhistory_articleを適用
  after_save :history_article,
    unless: Proc.new { |a| a.closed == true }

  private
  def history_article
    logger.info('saved: ' + self.inspect)        # 保存されたものをログ出力
  end
end
```

⬇

```
saved: #<Article id: 21, url: "https://atmarkit.itmedia.co.jp/ait/ ↵
articles/2112/1...", title: "Rustの「借用」と「参照」の仕組み、利用方法 ↵
を理解する", category: "Script", published: "2021-12-14", access: 130, ↵
comments_count: nil, closed: false, created_at: "2022-03-23 03:47:25.↵
681461000 +0000", updated_at: "2022-03-23 03:47:25.681461000 +0000">
```

参考▶ コールバックの動作は、Scaffolding機能（P.47）で自動生成されたアプリケーションから確認できます。結果はPumaのコンソール、/log/development.logから確認してください。

参考▶ after_commit method, on: [:create, :update]のショートカットであるafter_save_commitコールバックメソッドも使用できます。同様にアクションに対応したafter_create_commit、after_update_commit、after_delete_commitも使用できます。

モデルオブジェクトの検索／生成時に処理を呼び出す

書式	`after_find method [,opts]`	検索
	`after_initialize method [,opts]`	生成

引数 method：メソッド名　opts：条件オプション（**P.263の表を参照**）

after_findメソッドはデータベースの検索タイミングで、after_initializeメソッドはデータのロードなどによるモデルオブジェクトの生成タイミングで、それぞれ指定されたメソッドを呼び出します。

P.263で触れたコールバックメソッドの一種ですが、対応するbefore_find／before_initializeのようなメソッドはありませんので、注意してください。

サンプル article.rb

```ruby
class Article < ApplicationRecord
  …中略…
  after_find :after_ini
  …中略…
  private
  def after_ini
    logger.info('get: ' + self.inspect)      # 取得したレコードをログに記録
  end
  …中略…
end
```

```
get: #<Article id: 1, url: "https://atmarkit.itmedia.co.jp/ait/articles ↵
/2107/2...", title: "プログラミング言語「Rust」とは？", category: ↵
"Script", published: "2021-07-28", access: 210, comments_count: 3, ↵
closed: false, created_at: "2022-03-22 00:00:00.000000000 +0000", ↵
updated_at: "2022-03-22 00:00:00.000000000 +0000">02:20:33">
```

コールバックメソッドを
簡単に宣言する

書式　callback [opts] do |record|
　　　　　statements
　　　　end

引数　callback：コールバックの種類（before_xxxxx、after_xxxxx。
　　　　　　　　　　　　P.263の表も参照）
　　　　opts：条件オプション（P.263の表を参照）
　　　　record：処理対象のモデルオブジェクト
　　　　statements：コールバック処理

---

　before_xxxxx／after_xxxxxメソッドにブロックを渡すことで、コールバック処理をよりコンパクトに表現できます。まずは、P.263のようにシンボル形式で表すのが基本ですが、コールバック処理そのものが数行程度である場合は有効です。

　以下は、P.265のサンプルをブロック形式で書き換えた例です。

サンプル ● article.rb

```ruby
class Article < ApplicationRecord
  …中略…
  # closed列がtrue（非公開）でない場合のみコールバックを実行
  after_save unless: Proc.new { |a| a.closed == true } do |a|
    logger.info('saved: ' + a.inspect)
  end
  …中略…
end
```

参考 ▶ 以下のように、before_xxxxx／after_xxxxxメソッドの引数に文字列を渡すこともできます。その場合、文字列がスクリプトとして解析&実行されます。

```ruby
after_save 'logger.info("saved: " + self.inspect)',
  unless: Proc.new { |a| a.closed == true }
```

コールバックを
複数のモデルで共有する

書式
```
class name
    def callback(obj)
      proc
    end
end
```

引数
name：**コールバッククラスの名前**
callback：**コールバックの種類（before_xxxxx、after_xxxxx。**
　　　　　　　　P.263の表も参照）
obj：**処理対象のモデルオブジェクト**
proc：**任意のコールバック処理**

　複数のモデルで同一のコールバックを共有するようなケースでは、コールバックメソッドを別のクラス（**コールバッククラス**）として切り出すと、再利用性を高めることができます。

　コールバッククラスとはいっても、特別な構文があるわけではなく、コールバックメソッド（before_xxxxx／after_xxxxxメソッド）を定義しただけの標準的なクラスです。

　コールバッククラスをモデルに適用するには、コールバッククラスのインスタンスをbefore_xxxxx／after_xxxxxメソッドに渡してください。

　以下は、P.265のサンプルをコールバッククラスで書き換えた例です。

サンプル /models/article_callback.rb
```ruby
class ArticleCallback
    # 保存された情報を記録するafter_saveコールバックを定義
  def after_save(a)
      # 普通のRubyクラスからはロガーはRails.loggerで取得
    Rails.logger.info('saved: ' + a.inspect)
  end
end
```

サンプル article.rb
```ruby
  # closed列がtrue（非公開）でない場合のみコールバックを実行
after_save ArticleCallback.new, unless: Proc.new { |a| a.closed == true }
```

ビュー開発

概要

Railsでは、リクエスト処理の結果を **ERB（Embedded Ruby）** というライブラリを使って、最終的な出力（たとえばHTML）に整形するのが基本です。

ERBは、一言でいうならば、HTMLにRubyスクリプトを埋め込む（embed）するためのしくみです。以下の図に、ERBで作成したテンプレートと、その特徴をまとめます。

▼ ERBテンプレートの例

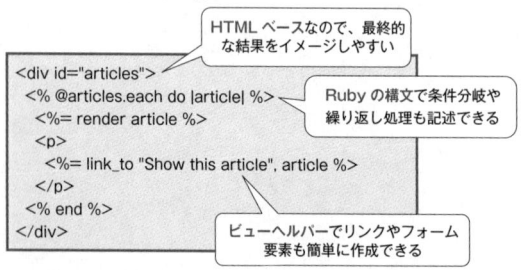

```
<div id="articles">
 <% @articles.each do |article| %>
  <%= render article %>
  <p>
   <%= link_to "Show this article", article %>
  </p>
 <% end %>
</div>
```

- HTMLベースなので、最終的な結果をイメージしやすい
- Rubyの構文で条件分岐や繰り返し処理も記述できる
- ビューヘルパーでリンクやフォーム要素も簡単に作成できる

Railsでは、その他にも Builder（P.94）、Jbuilderのようなテンプレートエンジンを利用できますが、まずはERBを理解しておけば、基本的なビュー開発には十分でしょう。

> **注意** 厳密には、テンプレートのベースとなるフォーマットはHTMLでなくても構いません。プレーンテキストやCSV、XML、JSON、YAMLなど、テキストで表現できるフォーマットであれば、なんにでも適用できるのがERBのよいところです。

● テンプレートファイルの作成

テンプレートファイルは、/app/viewsフォルダ配下に「コントローラ名/アクション名.html.erb」という名前で保存する必要があります（正確には「html」の部分は、出力フォーマットによって変動します。P.89）。たとえばHelloコントローラのindexアクションに対応するテンプレートであれば、hello/index.html.erbとなります。これによって、hello#indexアクションが処理された後に、自動的にhello/index.html.erbが呼び出されます。

テンプレートファイルは、自分で一から作成する他、rails generate controller（P.65）／rails generate scaffold（P.47）コマンドでコントローラやモデルとまとめて自動生成することも可能です。

「コントローラ名/アクション名.html.erb」という命名は自由に変更することもできます。ただしその場合、アクション側では呼び出すべきテンプレートを明示的に指定しなければなりません(P.76)。

ビューヘルパー

ビューヘルパーとは、テンプレートファイルを記述する際に利用できるメソッドの総称です。ビューヘルパーを利用することで、フォーム要素の生成をはじめ、文字列や数値、日付値の整形、エンコード処理など、ビューでよく利用する操作をシンプルなコードで記述できます。ビュー開発を理解するとは、大概がビューヘルパーを理解するということでもあります。

以下は、本書で紹介しているビューヘルパーを役割別にまとめたものです。

▼ Railsで利用できる主なビューヘルパー

分類	概要	主なヘルパー
フォーム	フォームそのもの、または配下の入力要素を生成	form_with、text_field
リンク	ハイパーリンクの生成、ルート定義からURLの生成	link_to、url_for、mail_to
アセット	画像、動画など外部リソースのインポート	image_tag
データ加工	文字列や数値など基本データの加工	simple_format、number_xxxxx
出力	文字列の出力やエスケープ機能を提供	concat、raw、url_encode
国際化対応	複数言語に対応するための機能	t(translate)、l(localize)
その他	上記に属さないその他のヘルパー	tag

アクションメソッドの省略

アクション側での処理が不要な場合、アクションメソッドは省略しても構いません。たとえば、「get 'view/intro'」というルート定義がある場合、「http://localhost:3000/view/intro」というリクエストに対して、Railsは view#intro アクションを検索します。

しかし、アクションが存在しなければ、そのまま view/intro.html.erb を描画します。

本章のサンプルも、ビューヘルパーの解説が中心になってくるため、アクションメソッド側にコードがいらないものも多くあります。その場合は、アクションメソッドは省略しています。

<%…%> / <%=…%> / <%==…%>

テンプレートに Ruby スクリプトを埋め込む

書式

```
<% statements %>                               制御命令など
<%= exp %>                                      結果の出力
<%== exp %>                         結果の出力（エスケープなし）
```

引数 statements：条件分岐、変数の代入など任意の命令文
exp：なんらかの値を返す式

ERBテンプレートにRubyスクリプトを埋め込むには、<%…%>、<%=…%>、<%==…%>のようなブロックを利用します。<%…%>がただブロックの中のコードを実行するだけであるのに対して、<%=…%>、<%==…%>は与えられた式の値を出力します。<%=…%>、<%==…%>の違いは、前者が式の値をHTMLエスケープした上で出力するのに対して、<%==…%>は（エスケープ処理などはスキップして）そのまま出力するという点です。

テンプレートの目的が画面に対してなんらかの出力を行うことであることを考えれば、条件分岐やループなどの制御命令を除けば、ほとんどは<%=…%>の形式で記述することになるでしょう（<%==…%>を利用するのは、あくまで特殊な用途の出力だけです）。

サンプル view/basic.html.erb

```erb
<%# 変数msgに値をセット %>
<% msg = '<b>こんにちは、世界！</b>' %>
<%# 変数msgをエスケープした上で表示 %>
<div><%= msg %></div>
<%# 変数msgをエスケープせず、そのまま表示 %>
<div><%== msg %></div>
```

▼ <%=…%>はタグ文字列も表示するのに対して、<%==…%>ではHTMLとして解釈

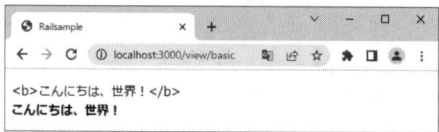

注意 <%…%>、<%=…%>には、任意のRubyスクリプトを記述できます。その自由度の高さはERBの利点ですが、欠点ともなります。たとえば、テンプレートファイルにデータベースアクセスのコードを記述することは可能ですが、役割分担の観点からはそうすべきではありません。同じくリクエスト情報に直接アクセスするコードも避けるべきです。テンプレートは、あくまで処理結果の表示に徹するようにしてください。

注意 <%==…%> を利用するのは、式の値がエスケープ済みである、もしくは「安全な」HTML
文字列であることがわかっている場合に限るべきです。エスケープ処理の漏れは、クロ
スサイトスクリプティング（XSS）脆弱性の原因ともなりますので、<%==…%> を利用
する場合は十分に注意してください。

参考 ブロックの区切り文字ではなく、単なる文字列として「<%」を表現したい場合には、
「<%%」と表します。ただし、「<%%」を使えるのはスクリプトブロックの外のみです。

参照 P.341「文字列をHTMLエスケープせずに出力する」

●Column gemコマンドの主なオプション

gemコマンドは、Railsのパッケージを管理するための標準的なコマンドです。
P.30で利用したinstallオプションの他、以下のようなオプションを利用するこ
とで、パッケージの更新／削除等をコマンド一つで行うことができます。

▼ gemコマンドの主なオプション（<Package>はパッケージ名）

オプション	概要
gem help command	使用できるコマンドの一覧
gem uninstall <Package>	パッケージのアンインストール
gem update <Package>	パッケージの更新
gem cleanup <Package>	パッケージの削除（最新バージョンのみ残す）
gem list	インストール済みパッケージのリスト
gem search <Regexp>	パッケージを正規表現でオンラインから検索
gem which <Package>	パッケージのインストール先を確認
gem check <Package>	パッケージの不足ファイル等の確認

@…

テンプレート変数を引き渡す

書式 @var

引数 var：変数名

　テンプレート変数とは、テンプレートに埋め込むべき値のことで、アクションメソッドとビューとでデータを受け渡しするための橋渡し役のようなものです。アクション側で表示に必要なデータを用意しておき、テンプレート側ではデータを埋め込む場所や表示方法などを定義する、という役割分担がView − Controllerの基本的な関係です。

▼ アクションとテンプレートの関係

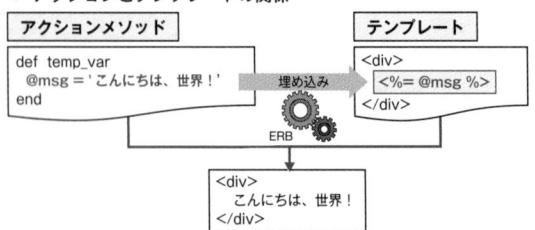

　Railsでテンプレート変数の役割を担うのは、**インスタンス変数**（@で始まる変数）です。たとえばアクションメソッドで設定した@msgというインスタンス変数は、テンプレート側でも <%= @msg %> とすることで参照できます。

サンプル view_controller.rb

```
def temp_var
  @msg = 'こんにちは、世界！'                                # テンプレート変数
end
```

サンプル view/temp_var.html.erb

```
<div><%= @msg %></div>
```

▼ テンプレート変数 @msgを表示

コメント構文

テンプレートファイルで
メモ情報を記録する

書式　①<%#…%>
　　　　②#
　　　　③<% if false %>…<% end %>
　　　　④<%=begin %>…<%=end %>

①はERB標準のコメント構文で、<%#…%>ブロックの配下をすべてコメントとして無視します。「%」と「#」の間に空白を挟んではいけません。

よく似ていますが、②はRuby標準のコメント構文で、<%…%>ブロックの配下でのみ利用できます。①と似ていますので混同しやすいですが、こちらは「#」からその行末までがコメントと見なされます（単一行コメント）。

③は、ifブロックを利用した疑似的なコメントです。条件式がfalseですので、配下のブロックは常に無視されるというわけです。④は埋め込みドキュメントと呼ばれる構文です。コメント用の構文ですので、制御構文でコメントを疑似的に表した③よりも見分けが付きやすいというメリットがあります。③④は複数の<%…%>、<%=…%>にまたがってテンプレートをコメントアウトできます。

サンプル ● view/comment.html.erb

```
<%# コメントです。
    ここもコメント %>                    ①ブロック内はすべてコメント
<% msg= 'これはコメントではありません'
   # ここはコメントです。 %>              ②Ruby標準の単一行コメント
<% if false %>
  <%= 'ここはコメントです。' %>
  これもコメントです。                   ③ifブロック内はすべてスキップ
<% end %>
<%
=begin %>
  <%= 'ここはコメントです。' %>
  これもコメントです。                   ④埋め込みドキュメント
<%
=end %>
```

注意 ④の構文では「=begin」「=end」は行頭に記述しなければなりません。余計な空白や「<%」が頭に付くのは不可です。

参考 HTMLのコメント(<!--……-->)も利用できます。ただし、他の構文とは異なり、コメントの内容はブラウザの[ソースの表示]機能を使えば参照できてしまいます。

レイアウトとは？

レイアウトとは、ヘッダ／フッタ、サイドメニューのようなサイトの共通レイアウトを定義する、いわばデザインの外枠です。レイアウトを利用することで、個別のテンプレートで重複したコードを記述する必要がなくなりますので、保守しやすいコードになります。

▼ レイアウトの利用例

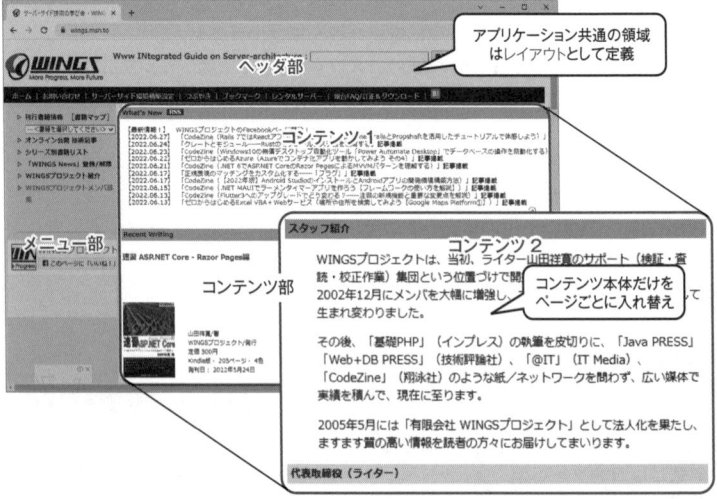

アプリケーション共通の領域はレイアウトとして定義

コンテンツ本体だけをページごとに入れ替え

レイアウトを指定する方法

Railsでは、以下の順序で適用するレイアウトを決定します。コントローラ／アクションでなにも指定されていない場合には、application.html.erbファイルが最終的に適用されるようになっています。

▼ レイアウトの適用方法

No.	適用範囲	指定方法
1	アクション単位	renderメソッドの:layoutオプション（P.79）
2	コントローラ単位	layoutメソッド（P.79）
3	コントローラ単位	/app/views/layouts/コントローラ名.html.erbを配置
4	コントローラ単位	/app/views/layouts/親コントローラ名.html.erbを配置
5	アプリケーション全体	/app/views/layouts/application.html.erbを配置

yieldメソッド

アプリケーション共通のレイアウト を準備する

書式 yield [name]

引数 name：コンテンツ名（デフォルトは：layout）

レイアウトファイルで、個別のテンプレートを埋め込む先（プレイスホルダ）は、<%= yield %>で表します。これによって、Railsはテンプレートファイルを処理する際に、自動的にレイアウトを適用した上で、最終的な出力を生成するようになります。

以下は、アプリケーションにデフォルトで用意されているレイアウトのコードです。

サンプル layouts/application.html.erb

```
<!DOCTYPE html>
<html>
  <head>
    <title>Railsample</title>
    <%# metaタグの生成、スタイルシートのインクルード %>
    <meta name="viewport" content="width=device-width,initial-scale=1">
    <%= csrf_meta_tags %>
    <%= csp_meta_tag %>

    <%= stylesheet_link_tag "application" %>
  </head>

  <body>
    <%# 個別のテンプレートを埋め込む領域 %>
    <%= yield %>
  </body>
</html>
```

注意 application.html.erbファイルの構成は、アプリケーションを作成したときのオプションによってその内容が変化します。たとえば本書の構成では、JavaScriptをインクルードするブロックは生成されません。必要に応じて記述する必要があります。

注意 ページ固有のJavaScriptやスタイルシートは、（レイアウトではなく）個別のテンプレートでインポートするようにしてください。それによって、通信トラフィックも最小限に抑えられ、読み込み速度も速くなります。

参考 ▶ application.html.erb ファイルはアプリケーションを作成した時点で、既に用意されています。まずは、これをもとに修正していくのが手っ取り早いでしょう。

参考 ▶ 基本的なレイアウトでは、yieldメソッドの引数nameは省略して構いません。引数nameを明示する必要があるのは、レイアウトに2つ以上のyieldメソッドがある場合です。

参照 ▶ P.279「レイアウトに複数のコンテンツ領域を埋め込む」
　　　 P.568「JavaScript／スタイルシートをインクルードする」
　　　 P.127「クロスサイトリクエストフォージェリ対策を行う」

4
ビュー開発

Column コーディング規約

Rubyの長所の1つとして、コードを記述する際の自由度の高さが挙げられます。もっとも、自由はストレスなくコーディングを進めるという意味ではよいことですが、複数人で開発する場合にはデメリットとなることがあります。不統一なコードは、そのまま可読性の低下にもつながるからです。ちょっとした書き捨てのスクリプトを記述する場合であればともかく、将来的に保守を必要とするアプリケーションの開発では、一定の規約に沿ってコーディングを進めるべきでしょう。

そこで登場するのが**コーディング規約**です。コーディング規約とは、インデントやスペースの付け方、識別子の命名規則、その他、推奨される記法についてまとめたものです。コーディング規約に従うことで、コードが読みやすくなるだけでなく、潜在的なバグを減らせるなどの効果も期待できます。

以下に、Rubyのコーディング規約としてよくまとまっているページを紹介します。

● Rubyコーディング規約
（https://shugo.net/ruby-codeconv/codeconv.html）
● Rubyのコーディングスタイル
（https://i.loveruby.net/ja/ruby/codingstyle.html）
● The Unofficial Ruby Usage Guide
（https://caliban.org/ruby/rubyguide.shtml#style）
● Elements of Ruby Style
（https://orthogonal.io/insights/elements-of-ruby-style/）

もっとも、これらの規約がきれいなコードのすべてというわけではありません。しかし、少なくともコーディング規約に従っておくことで「最低限汚くない」コードを記述できるはずです。最初はなかなか気が回らないかもしれませんが、こうした作法は初学者のうちから気にかけておくことが大切です。

content_forメソッド

レイアウトに複数のコンテンツ領域を埋め込む

■ 書式 ■
```
content_for name do
    content
end
```

■ 引数 ■ name：コンテンツ名　content：コンテンツ本体

　レイアウトには複数のコンテンツ領域を埋め込むこともできます。たとえば、以下のようなケースで利用できるでしょう。

▼ 複数のコンテンツ領域を定義できる

`<body>`配下が複数の領域に分かれている	ページ独自でJavaScriptやCSSをインポートしたい	特定のページだけで利用する領域を定義したい

`<html>`
`<head>`…中略…`</head>`
`<body>`
 	
コンテンツ領域A
 	
その他の共通コンテンツ
 	
コンテンツ領域B
 	
`</body>`
`</html>`
	`<html>`
	`<head>`
	`<title>`ポケリ Rails 7`</title>`
	ページ独自のJavaScript、CSSなどを定義
	`</head>`
	`<body>`
	
	コンテンツ本体の領域
	
	`</body>`
	`</html>`
		`<html>`
		`<head>`…中略…`</head>`
		`<body>`
		
		省略可能なコンテンツ領域
		
		メインのコンテンツ領域
		
		`</body>`
		`</html>`

　複数のコンテンツ領域を定義する場合には、yieldメソッド（P.277）の引数（コンテンツ名）は必須です。

　content_forメソッドは、名前付きのコンテンツ領域（＝名前が指定されたyield）に対応するコンテンツを定義します。複数のコンテンツ領域がある場合にも、デフォルトのコンテンツ領域（＝名前なしのyield）はcontent_forなどで括らず、そのまま記述できます。

サンプル ● view_controller.rb

```ruby
def layout_multi
  render layout: 'multi'                          # レイアウトを指定
end
```

サンプル ● layouts/multi.html.erb

```erb
<!DOCTYPE html>
<html>
<head>
  …中略…
  <%# 名前付きのコンテンツ領域:other_scriptsを準備 %>
  <%= yield :other_scripts %>
</head>
<body>
<%# デフォルトのコンテンツ領域 %>
<%= yield %>
</body>
</html>
```

サンプル ● view/layout_multi.html.erb

```erb
<%# other_scripts領域に埋め込むコンテンツ %>
<% content_for :other_scripts do %>
  <script type="text/javascript" src="https://ga.jspm.io/npm:react@ ⏎
18.1.0/index.js"></script>
<% end %>
<%# デフォルト領域に埋め込むコンテンツ %>
<div id="main">
  こんにちは、世界！
</div>
```

▼

```html
<!DOCTYPE html>
<html>
<head>
  …中略…
  <script type="text/javascript" src="https://ga.jspm.io/npm:react@ ⏎
18.1.0/index.js"></script>
</head>
<body>
<div id="main">
  こんにちは、世界！
</div>
</body>
</html>
```

content_for?メソッド

レイアウトを入れ子にする

書式 `content_for?(name)`

引数 name：コンテンツ名

レイアウトは入れ子にすることもできます。たとえば「企業共通のレイアウトを用意しておいて、その配下に事業部門別の子レイアウトを定義する」というようなケースで利用できるでしょう。

レイアウトを入れ子にするには、以下のようなルールでレイアウトを定義します。

▼ レイアウトを入れ子にするしくみ

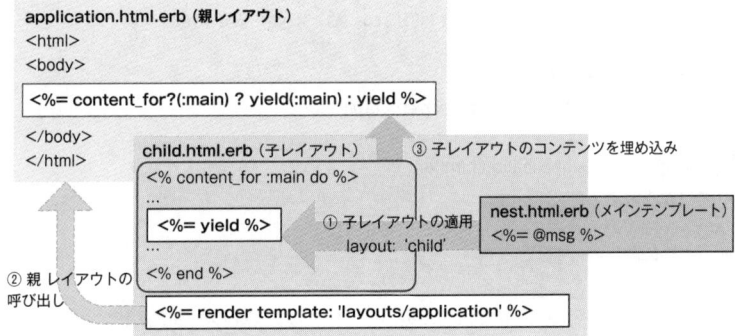

アクションメソッドで子レイアウト（図ではnest.html.erb）を呼び出し、子レイアウトからrenderメソッドでさらに親レイアウトを呼び出しているわけです。子レイアウトでは、親レイアウトとコンテンツ名が重複しないようcontent_forメソッド（P.279）でコンテンツ名を明示している点に注目です。

親レイアウトでは、子レイアウトが存在しない場合に備えて、content_for?メソッドで指定のコンテンツが定義されているかを確認しておきます。content_for?メソッドは、指定されたコンテンツが定義済みであるかどうかをtrue／false値で返します。これによって、子レイアウトが存在しない場合には、名前なしのyield命令によって（子レイアウトの代わりに）デフォルトのコンテンツが埋め込まれるようになります。

サンプル view_controller.rb

```
def nest
  @msg = 'こんにちは、世界！'
```

```
  render layout: 'child'                    # レイアウトchild.html.erbを適用
end
```

サンプル ● view/nest.html.erb

```
<%= @msg %>
```

サンプル ● layouts/child.html.erb

```erb
<%# 子レイアウトの領域は名前付きコンテンツとして定義 %>
<% content_for :main do %>
<img src="https://wings.msn.to/image/wings.jpg" />
<hr />
<div id="main">
  <%= yield %>
</div>
<hr />
Copyright(c) 1998-2022,Yamada Yoshihiro. All Right Reserved.
<% end %>
<%# 親テンプレートを呼び出し %>
<%= render template: 'layouts/application' %>
```

サンプル ● layouts/application.html.erb

```erb
<!DOCTYPE html>
<html>
<head>…中略…</head>
<body>
<%# 子レイアウトのmain領域を埋め込み（ない場合はデフォルトのコンテンツを）　%>
<%= content_for?(:main) ? yield(:main) : yield %>
</body>
</html>
```

▼ 入れ子のレイアウトが適用された

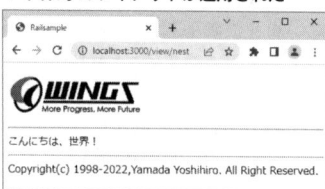

参照 ▶ P.76「テンプレートファイルを呼び出す」
P.79「テンプレートに適用するレイアウトを変更する」

部分テンプレートとは？

　部分テンプレートとは、断片的なテンプレートファイルのことです。複数のページで共通で利用するようなコンテンツは部分テンプレートとして用意することで、個々のテンプレート（**メインテンプレート**）で似たようなコードを記述する必要がなくなります。

> **参考** レイアウトにも似ていますが、原則として、レイアウトはヘッダやフッタのようなページの外枠を定義するために利用し、部分テンプレートはもう少し断片的な共通コンテンツを定義するために利用します。

● 部分テンプレートの基本ルール

　部分テンプレートを記述するために特別な構文はありません。複数のページで共有したいコンテンツを切り出して、別ファイルとして保存すれば、それが部分テンプレートとなります。

　ただし、保存先とファイル名には要注意です。まず保存先はメインテンプレートと同じく/app/viewsフォルダの配下で、以下のようなルールで決めるのが通例です（本来、コントローラ名はリソース名に沿って命名すべきですので、1.と3.は一致するはずです）。

▼ 部分テンプレートの保存先

No.	用途	保存フォルダ
1	特定のコントローラでのみ共有	/app/views/コントローラ名
2	アプリケーション全体で共有	/app/views/application、/app/views/shared
3	リソースに強く関連付いた部品	/app/views/リソース名（複数形）

　また、ファイル名の先頭には「_」を付けなければなりません。これによって、Railsはメインテンプレートであるか部分テンプレートであるかを識別するからです。

部分テンプレートを呼び出す

書式 render name [,param: value [,…]]

引数 names：部分テンプレート名　param：パラメータ名
value：パラメータ値

メインテンプレートから部分テンプレートを呼び出すには、renderメソッドを利用します。部分テンプレート名（引数name）には、ファイル名先頭の「_」と拡張子を除いた名前を指定してください。たとえばarticles/_article.html.erbを呼び出すならば、引数nameにはarticles/articleと指定します。

「param: value」のハッシュ形式で、部分テンプレートにパラメータを渡すこともできます。renderメソッドで渡されたパラメータには、部分テンプレート側ではローカル変数としてアクセスできます（つまり、:paramパラメータには変数paramでアクセスできます）。

サンプル view_controller.rb

```ruby
def part_basic
  @article = Article.find(1)
end
```

サンプル view/part_basic.html.erb

```erb
<div id="info">
<%# 部分テンプレートにarticle（記事情報）／details（詳細を表示するか）
    パラメータをセット＆描画 %>
<%= render 'articles/article', article: @article, details: true %>
</div>
```

サンプル ● articles/_article.html.erb

```erb
<%# detailsパラメータの省略時はデフォルト値としてfalseをセット %>
<% details = false if details.nil? %>
<div class="inf">
<%= link_to article.title, article.url %><br />
<% article.authors.each do |a| %>
  <%= a.penname %> 
<% end %> 著
 (<%= article.published %>公開) <br />
<%# detailsパラメータがtrueの場合のみアクセス数を表示 %>
<% if details %>Access：<%= article.access %>件<% end %>
</div>
```

▼ 記事情報を表示（左は details: true、右は details: false）

 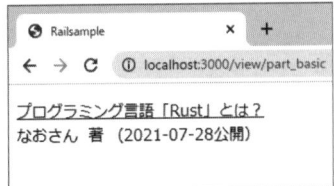

参考 ▶ 部分テンプレートが、メインテンプレートと同じ場所に保存されている場合には、「<%= render 'member' %>」のように部分テンプレート名だけで記述できます。

参考 ▶ /views/application フォルダ配下のテンプレートは、アプリケーション共通のテンプレートとして認識されます。/views/application フォルダ配下のテンプレート（たとえば_partial.html.erb）は、パスなど意識することなく、どこからでも「render 'partial'」のように呼び出せます。

参考 ▶ 以下のように、部分テンプレート名／パラメータ名を、それぞれ :partial／:locals オプションで明示的に表すこともできます（ただし、冗長なだけで意味はありませんので、一般的には省略します）。

```erb
<%= render partial: 'articles/article',
          locals: { article: @article, details: true } %>
```

render メソッド（省略構文）

部分テンプレートに
モデルを簡単に引き渡す

4

ビュー開発

書式	**render** model

引数	model：**モデルオブジェクト**

引数に対してモデルオブジェクトを渡した場合、render メソッドはモデルに対応する部分テンプレートを検索＆描画します。たとえば「render @article」（@article は Article オブジェクト）で、articles/_article.html.erb を呼び出します。

このような省略構文を利用するためにも、リソースに関連する部分テンプレートは、原則として「リソース名（複数形）/_ リソース名（単数形）.html.erb」の形式で命名すべきです。

サンプル ● view_controller.rb

```ruby
def part_omit
  @article = Article.find(2)
end
```

サンプル ● view/part_omit.html.erb

```erb
<div id="info">
<%# articles/_article.html.erb (P.286) にモデル@articleを渡す %>
<%= render @article %>
</div>
```

参考 ▶ 省略構文でも、モデル以外のパラメータを渡すことはできます。ただし、「<%= render partial: @article, locals: { details: true } %>」のような記述になってしまい、あまり省略構文を利用する意味はないでしょう。

render メソッド (:collection)

配列に対して順に部分テンプレートを適用する

書式 render partial: name, collection: models,
         locals: { param: value, … }

引数 name：**部分テンプレート名** models：**モデルの配列**
         param：**パラメータ名** value：**パラメータ値**

render メソッドの:collection オプションを利用することで、配列(引数 models)に対して、順番に部分テンプレートを適用できます。配列内の要素は、部分テンプレート名に対応して自動的にローカル変数(以下のサンプルであれば article)に割り当てられますので、意識する必要はありません。

なお、:collection パラメータを利用した場合、「:partial オプションは省略できない」「パラメータも明示的に:locals パラメータで渡す必要がある」などの制約もありますので、要注意です。

サンプル view_controller.rb

```ruby
def part_collect
  @articles = Article.order('published DESC')
end
```

サンプル view/part_collect.html.erb

```erb
<div id="info">
<%# articles/_article.html.erb (P.286) にモデル配列@articlesを渡す %>
<%= render partial: 'articles/article',
          collection: @articles, locals: { details: true } %>
</div>
```

▼ モデル配列 @articles の内容を _article.html.erb で順に描画

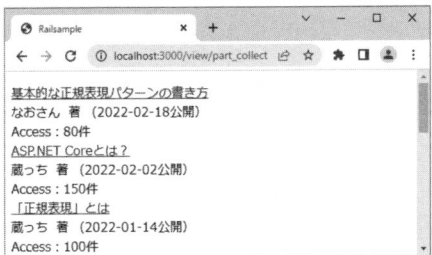

renderメソッド（省略構文）

配列に対して順に部分テンプレート を適用する（簡易版）

書式　①`render partial: models,`
　　　　　　`locals: { param: value, … }`
　　　　②`render models`

引数　models：**モデルの配列**　param：**パラメータ名**　value：**パラメータ値**

:partialオプションに対してモデル配列（引数models）を直接渡すことで、render メソッドはモデルに対応する部分テンプレートを検索＆描画します（①）。たとえば 「render partial: @articles, …」（@articles は Article オブジェクトの配列）で、 articles/_article.html.erbを呼び出します。

②の構文は、①の構文をさらに短くしたものです。パラメータ（:localsオプション）が不要である場合、renderメソッドに直接、モデル配列を渡すことができます。

サンプル● view/part_collect.html.erb

```
<%# 以下は同じ意味 %>
<%= render partial: 'articles/article',
          collection: @articles, locals: { details: true } %>
<%= render partial: @articles, locals: { details: true } %>

<%# :localsパラメータが不要の場合は、以下の記述も可 %>
<%= render @articles %>
```

renderメソッド（:spacer_template）

配列の内容を区切り
テンプレート付きで出力する

書式　render partial: name, collection: models,
　　　spacer_template: sep, locals: { param: value, … }

引数　name：部分テンプレート名　models：モデルの配列
　　　sep：区切りテンプレート　param：パラメータ名
　　　value：パラメータ値

　renderメソッドの:collection＋:spacer_templateオプションで、配列の内容
を順に出力する際に、要素同士を区切るセパレータを指定することもできます。

サンプル view_controller.rb

```ruby
def part_separate
  @articles = Article.order('published DESC')
end
```

サンプル view/part_separate.html.erb

```erb
<div id="info">
<%# articles/_article.html.erb (P.286) を順に出力する際、
    区切りテンプレートとして_sep.html.erbを利用 %>
<%= render partial: 'articles/article', spacer_template: 'sep',
          collection: @articles, locals: { details: true } %>
</div>
```

サンプル view/_sep.html.erb

```erb
<hr />
```

▼ 繰り返し部分テンプレートを出力する際、水平線で区切る

form_with メソッド

汎用的なフォームを生成する

書式　form_with opts do |f|
　　　body
　　　end

引数　opts：動作オプション　f：フォームビルダーオブジェクト
　　　body：フォームの本体

▼ 動作オプション（引数optsのキー）

オプション	概要
:url	フォームを送信する宛先のURL
:method	フォーム送信時に使用するHTTPメソッド（デフォルトは:post）
:multipart	enctype属性に "multipart/form-data" をセットするか（アップロード時に使用）
:format	ルーティングのフォーマット（:jsonなど）を指定
:scope	id属性、name属性のスコープ
:namespace	id属性に付与する名前空間
:authenticity_token	カスタムの認証トークン（falseでトークンを無効化）
:local	フォームを通常の方法で送信する場合true（デフォルト）
:data	HTMLのdata属性
:skip_enforcing_utf8	隠しフィールドutf8を生成しないか（デフォルトはtrue）
:id	HTMLのid属性
:class	HTMLのclass属性
:html	その他のHTML属性

　form_withメソッドは、<form> タグを生成するためのメソッドです。form_with
メソッドは、前提となるモデルが存在しない（モデルの編集目的でない）汎用的な
フォームの生成に利用できます。たとえば、検索キーワード／条件を入力するよう
なフォームなど、対応するモデルが存在しないときにも、form_withメソッドで定
義できます。

　form_withメソッドはフォームビルダーオブジェクトを生成し、その配下ではモ
デル編集のためのヘルパー（text_fieldメソッドなど）を利用できます。

サンプル ● view/form.html.erb

```
<%# モデルと連携しないフォームを作成 %>
<%= form_with url: '/view/search',
  method: :get, id: 'fm', skip_enforcing_utf8: false do |f| %>
  <%= f.text_field :keywd, { value: '', size: 25 } %>
  <%= f.submit '検索' %>
<% end %>
```

▼

```
<form id="fm" action="/view/search" accept-charset="UTF-8" method="get">
  <input name="utf8" type="hidden" value="&#x2713;" autocomplete="off" />
  <input value="" size="25" type="text" name="keywd" id="keywd" />
  <input type="submit" name="commit" value="検索" data-disable-with="検索" />
</form>
```

サンプル2 ● view/form2.html.erb

```
<%# :scopeを指定してid属性とname属性をグループ化 %>
<%= form_with url: '/view/create', scope: :post do |f| %>
  URL：<%= f.text_field :url, { size: 50 } %><br />
  タイトル：<%= f.text_field :title, { size: 30 } %><br />
  公開日：<%= f.text_field :published, { size: 15 } %>
  <%= f.submit '登録' %>
<% end %>
```

▼

```
<form action="/view/create" accept-charset="UTF-8" method="post">
  <!--CSRF対策のために自動生成された隠しフィールド-->
  <input type="hidden" name="authenticity_token" value="3CZo_…" ↵
autocomplete="off" />
  <!--id属性に「post_」が付加され、name属性は「post[…]」とグループ化-->
  URL：<input size="50" type="text" name="post[url]" id="post_url" /><br />
  タイトル：<input size="30" type="text" name="post[title]" id="post_↵
title" /><br />
  公開日：<input size="15" type="text" name="post[published]" id="post_↵
published" />
  <input type="submit" name="commit" value="登録" data-disable-with="登録" />
</form>
```

参考 ▶ 以前のRailsには、フォームヘルパーとしてform_forメソッドとform_tagメソッドがありましたが、Rails 5.1以降では非推奨となっています。Rails 7でも利用は可能ですが、本書では取り扱いを割愛してform_withメソッドに一本化しています。

form_withメソッド

モデルと連携したフォームを
生成する

書式 form_with model: model [,opts] do |f|
    body
    end

引数 model：モデルオブジェクト　opts：動作オプション
    f：フォームビルダーオブジェクト　body：フォームの本体

▼ 動作オプション（引数optsのキー）

オプション	概要
:url	フォームの送信先（P.315の表を参照）
:method	フォーム送信時に使用するHTTPメソッド（デフォルトは:post）
:multipart	enctype属性に"multipart/form-data"をセットするか（アップロード時に使用）
:format	ルーティングのフォーマット（:jsonなど）を指定
:scope	id属性、name属性のスコープ
:namespace	id属性に付与する名前空間
:authenticity_token	カスタムの認証トークン（falseでトークンを無効化）
:local	フォームを通常の方法で送信する場合true（デフォルト）
:skip_enforcing_utf8	隠しフィールドutf8を生成しないか（デフォルトはtrue）
:data	HTMLのdata属性
:id	HTMLのid属性
:class	HTMLのclass属性
:html	その他のHTML属性

　form_withメソッドでは、特定のモデルと関連付いたフォームを生成できます。
form_withメソッドはフォームビルダーオブジェクトを生成し、その配下では、モ
デル編集のためのヘルパーを利用できます。
　以下は、Article#formwithアクションで空／空でないArticleオブジェクトを渡
した場合のform_withメソッドの出力の違いを確認した例です。form_withメソッ
ドでは、モデルが保存済みであるかどうかで出力が動的に変動します。

サンプル ● view/formwith.html.erb

```erb
<%= form_with model: @article do |f| %>
  URL：<%= f.text_field :url, { size: 50 } %><br />
  タイトル：<%= f.text_field :title, { size: 30 } %><br />
  <%= f.submit %>
<% end %>
```

▼

```html
<!-- 「@article = Article.new」（Articleオブジェクトが空）の場合-->
<!--ルート定義（P.388）に沿ってポスト先を決定-->
<form action="/articles" accept-charset="UTF-8" method="post">
  <!--CSRF対策のために自動生成された隠しフィールド-->
  <input type="hidden" name="authenticity_token" value="BInL2…" ⏎
autocomplete="off" />
  <!--article[…]のハッシュ形式でパラメータ名を表現-->
  URL：<input size="50" type="text" name="article[url]" id="article_url" /><br />
  タイトル：<input size="30" type="text" name="article[title]" id= ⏎
"article_title" /><br />
  <input type="submit" name="commit" value="Create Article" data- ⏎
disable-with="Create Article" />
</form>
```

```html
<!-- 「@article = Article.find(1)」（Articleオブジェクトが空でない）の場合-->
<form action="/articles/1" accept-charset="UTF-8" method="post">
  <!--CSRF対策、HTTPメソッド決定のために自動生成された隠しフィールド ⏎
（更新ではHTTP PATCHを使用）-->
  <input type="hidden" name="_method" value="patch" autocomplete="off" />
  <input type="hidden" name="authenticity_token" value="55TsO…" ⏎
autocomplete="off" />
  <!--article[…]のハッシュ形式でパラメータ名を表現＆モデルの値も反映-->
  URL：<input size="50" type="text" value="https://atmarkit.itmedia. ⏎
co.jp/ait/articles/2107/28/news010.html" name="article[url]" ⏎
id="article_url" /><br />
  タイトル：<input size="30" type="text" value="プログラミング言語 ⏎
「Rust」とは？" name="article[title]" id="article_title" /><br />
  <input type="submit" name="commit" value="Update Article" data- ⏎
disable-with="Update Article" />
</form>
```

参考 form_withメソッドはオブジェクトの状態とルート定義に応じて<form>要素を動的に
生成します。手動で設定するならば、以下のように書けます。

```
<%= form_with model: @article, url: articles_path,
  html: { id: 'new_article', class: 'new_article' } do |f| %>
```

```
<%= form_with model: @article, url: article_path(1),
  html: { id: 'edit_article_1', class: 'edit_article' } do |f| %>
```

参考 text_fieldなどのヘルパーは、引数にモデルオブジェクトを受け取ることもできます。
ただしフォームを通じて受け取るのが一般的なため、以降の項目では引数のモデルオ
ブジェクトを省略しています。

Column Rubyの高速化アプローチ

RailsはRubyによって動作しているので、その速度はRubyに多くの部分を依
存します。当然、Rubyはその登場からさまざまな高速化アプローチをとって
きました。最近では、Ruby 2.6のJIT(Just-In-Time)コンパイル機能でしょう。
このJITコンパイラはMJITと呼ばれ、RubyのコードからC言語のコードを作
成し、それをコンパイルすることでネイティブ実行に近い速度を得るというも
のです。MJITの利用には、Rubyがコンパイルされたとの同等のコンパイル環
境が必要であるという制約はあるものの、Ruby 2.5に対して数割の速度向上が
望めるとあっては有望な選択肢です。

ただし、Railsのように極めて多数のメソッドが存在し、メモリの利用負荷が高
い環境では、思うような性能向上を得られていないという報告がRubyコミュ
ニティによってなされています。

そして、本書でも紹介しているRuby 3.0ではさらなる速度向上が目指されてい
ます。MJITの動作速度も改善され、従来のVMによる動作もRuby 2.0に比べ
ると数割向上しているそうです。しかしながら、Railsでの性能向上はまだまだ
と言えるとして、最新のRuby 3.1ではYJITというJITコンパイラを導入しま
した。終わらない高速化へのアプローチが引き続き楽しみな状況が続きそう
です。

▼ YJIT
 https://dl.acm.org/doi/10.1145/3486606.3486781

xxxxx_field／text_areaメソッド

入力要素を生成する

書式		
	`text_field(prop [,opts])`	テキストボックス
	`password_field(prop [,opts])`	パスワード入力ボックス
	`file_field(prop [,opts])`	ファイル入力ボックス
	`hidden_field(prop [,opts])`	隠しフィールド
	`text_area(prop [,opts])`	テキストエリア
	`email_field(prop [,opts])`	メール入力ボックス
	`number_field(prop [,opts])`	数値入力ボックス
	`range_field(prop [,opts])`	スライダー
	`search_field(prop [,opts])`	検索ボックス
	`telephone_field(prop [,opts])`	電話番号入力ボックス
	`url_field(prop [,opts])`	URL入力ボックス
	`date_field(prop [,opts])`	日付入力ボックス
	`time_field(prop [,opts])`	時刻入力ボックス
	`datetime_field(prop [,opts])`	日時入力ボックス
	`datetime_local_field(prop [,opts])`	ローカル日時入力ボックス
	`month_field(prop [,opts])`	月入力ボックス
	`color_field(prop [,opts])`	色入力ボックス

引数　prop：**プロパティ名**　opts：**<input>／<textarea>タグのオプション**

　xxxxx_field／text_areaメソッドは、いずれもフォームで指定されたモデルのプ
ロパティに応じて、対応する<input>／<textarea>タグを生成します。引数prop
にはオブジェクトの実在するプロパティをセットしてください。存在しないプロパ
ティを設定した場合には、NoMethodError例外が発生します。

サンプル● view/fform.html.erb

```erb
<%= form_with model: @user do |f| %>
 <div>テキスト入力ボックス：<%= f.text_field :name, { size: 30,
read_only: true } %></div>
   ➡ <input size="30" read_only="true" type="text" name="user[name]"
     id="user_name" />
 <div>パスワード入力ボックス：<%= f.password_field :password, { size:
15, maxlength: 20 } %></div>
   ➡ <input size="15" maxlength="20" type="password" name="user
     [password]" id="user_password" />
 <div>ファイル選択：<%= f.file_field :roles, { size: 50 } %></div>
```

```
➡ <input size="50" type="file" name="user[roles]" id="user_roles" />
<div>隠しフィールド：<%= f.hidden_field :roles %></div>
➡ <input autocomplete="off" type="hidden" name="user[roles]" id= ↵
  "user_roles" />
<div>テキストエリア：<%= f.text_area :kname, { cols: 30, rows: 10 } %></div>
➡ <textarea cols="30" rows="10" name="user[kname]" id="user_kname"> ↵
  </textarea>
<div>メール入力ボックス：<%= f.email_field :email, { size: 30, ↵
read_only: true } %></div>
➡ <input size="30" read_only="true" type="email" name="user[email]" ↵
  id="user_email" />
<div>数値入力ボックス：<%= f.number_field :roles, { step: 5 } %></div>
➡ <input step="5" type="number" name="user[roles]" id="user_roles" />
<div>範囲フィールド：<%= f.range_field :roles, { min: 0, max: 100 } %></div>
➡ <input min="0" max="100" type="range" name="user[roles]" id= ↵
  "user_roles" />
<div>検索ボックス：<%= f.search_field :name, { size: 30, maxlength: ↵
50 } %></div>
➡ <input size="30" maxlength="50" type="search" name="user[name]" ↵
  id="user_name" />
<div>電話番号入力ボックス：<%= f.telephone_field :name, { size: 15, ↵
maxlength: 20 } %></div>
➡ <input size="15" maxlength="20" type="tel" name="user[name]" ↵
  id="user_name" />
<div>URL入力ボックス：<%= f.url_field :name, { size: 30, maxlength: ↵
50 } %></div>
➡ <input size="30" maxlength="50" type="url" name="user[name]" ↵
  id="user_name" />
<div>日付入力ボックス：<%= f.date_field :roles %></div>
➡ <input type="date" name="user[roles]" id="user_roles" />
<div>時刻入力ボックス：<%= f.time_field :roles %></div>
➡ <input type="time" name="user[roles]" id="user_roles" />
<div>日時入力ボックス：<%= f.datetime_field :roles %></div>
➡ <input type="datetime-local" name="user[roles]" id="user_roles" />
<div>ローカル日時入力ボックス：<%= f.datetime_local_field :roles %></div>
➡ <input type="datetime-local" name="user[roles]" id="user_roles" />
<div>月入力ボックス：<%= f.month_field :roles %></div>
➡ <input type="month" name="user[roles]" id="user_roles" />
<div>色入力ボックス：<%= f.color_field :roles %></div>
➡ <input value="#000000" type="color" name="user[roles]" id="user_roles" />
<% end %>
```

参考 telephone_fieldメソッドの替わりにphone_fieldメソッドも使えます。両者とも同じ
く <input type="tel">タグを出力します。

radio_button／check_boxメソッド

ラジオボタン／チェックボックスを生成する

書式 `radio_button(prop, value [,opts])` ラジオボタン
`check_box(prop [,opts`
`[,checked = "1" [,unchecked = "0"]]])` チェックボックス

引数 prop：プロパティ名　opts：<input>タグのオプション
value：value属性の値
checked／unchecked：チェック／非チェック時のvalue属性

　radio_button／check_boxメソッドは、それぞれフォームで指定されたモデルのプロパティに応じて、対応するラジオボタン、チェックボックスを生成します。
　ただし、check_box メソッドは本来のチェックボックス（<input type="checkbox">）だけでなく、同名の隠しフィールドを出力します。これはチェックボックスがチェックされなかった場合にも、チェックされなかったという情報（デフォルトでは0）をサーバに送信するためです。

サンプル ● view/radio_check.html.erb

```
<%= form_with model: @article do |f| %>
<label><%= f.radio_button :category, 'Script', { class: 'ct' } %>
 スクリプト</label>
<label><%= f.radio_button :category, '.NET', { class: 'ct' } %>
 .NET</label>
<label><%= f.radio_button :category, 'Other', { class: 'ct' } %>
 その他</label>
  ➡ <label><input class="ct" type="radio" value="Script" ↵
    name="article[category]" id="article_category_script" />
  スクリプト</label>
<label><input class="ct" type="radio" value=".NET" name="article ↵
[category]" id="article_category__net" />
 .NET</label>
<label><input class="ct" type="radio" value="Other" name="article↵
[category]" id="article_category_other" />
 その他</label>
<label><%= f.check_box :closed, { class: 'cl' }, 'Close', 'Open' %>
 非公開サイン</label>
  ➡ <label><input name="article[closed]" type="hidden" value="Open" ↵
    autocomplete="off" /><input class="cl" type="checkbox" value= ↵
    "Close" name="article[closed]" id="article_closed" />
 非公開サイン</label>
<% end %>
```

コレクションからラジオボタン／チェックボックスを生成する

4

ビ
ュ
ー
開
発

書式
```
collection_check_boxes(prop, coll, value, text [,opts [,
    html_opts]] [,&block])                     チェックボックス
collection_radio_buttons(prop, coll, value, text [,opts [,
    html_opts]] [,&block])                         ラジオボタン
```

引数
prop：プロパティ名
coll：<input>タグのもととなるオブジェクト配列
value：オブジェクト（引数coll）でvalue属性に割り当てる項目
text：オブジェクト（引数coll）でテキストに割り当てる項目
opts：動作オプション（P.300の表を参照）
html_opts：<input>タグのオプション
&block：キャプション

---

collection_check_boxes／collection_radio_buttons メ ソ ッ ド は radio_button／check_boxメソッド（P.297）の発展形で、ラジオボタン／チェックボックス（<input>タグ）の情報をオブジェクト配列によって生成します。これらがデータベースで管理されている場合に有効なメソッドです。

ポイントとなるのは引数coll、value、textで、引数collでラジオボタン／チェックボックスのもととなるオブジェクト配列を、引数value、textでどのプロパティを<input>タグの値／テキストとして割り当てるかを、それぞれ指定します。

ブロックを指定して、ラジオボタン／チェックボックスのラベルを生成できます（省略時は自動生成）。

サンプル view_controller.rb
```ruby
def radio_check_collect
  @article = Article.new(category: 'Script')
  @categories = Article.select('DISTINCT category')
end
```

サンプル view/radio_check_collect.html.erb
```erb
<%= form_with model: :@article do |f| %>
<%= f.collection_radio_buttons :category, @categories, :category,
  :category, {}, { class: 'ct' } %>
<br />
<%= f.collection_check_boxes :category, @categories, :category,
  :category, {}, { class: 'ct' } %>
```

```
<% end %>
```

```
<form action="/articles" accept-charset="UTF-8" method="post">
<input type="hidden" name="article[category]" value="" autocomplete="off" />
<input class="ct" type="radio" value="Script" checked="checked"
name="article[category]" id="article_category_script" /><label
for="article_category_script">Script</label>
<input class="ct" type="radio" value="Other" name="article[category]"
id="article_category_other" /><label for="article_category_other">Other
</label>
<input class="ct" type="radio" value=".NET" name="article[category]"
id="article_category__net" /><label for="article_category__net">.NET</
label>
<br />
<input type="hidden" name="article[category][]" value="" autocomplete="off" />
<input class="ct" type="checkbox" value="Script" checked="checked"
name="article[category][]" id="article_category_script" /><label
for="article_category_script">Script</label>
<input class="ct" type="checkbox" value="Other" name="article[category]
[]" id="article_category_other" /><label for="article_category_
other">Other</label>
<input class="ct" type="checkbox" value=".NET" name="article[category]
[]" id="article_category__net" /><label for="article_category__net">
.NET</label>
</form>
```

参照 ▶ P.297「ラジオボタン／チェックボックスを生成する」

選択ボックス／リストボックスを生成する

書式 `select(prop, choices [,opts [,html_opts]])`

引数 prop：プロパティ名
choices：`<option>`タグの情報（配列／ハッシュ）
opts：動作オプション　html_opts：`<select>`タグのオプション

▼ 動作オプション（引数optsのキー）

オプション	概要
:include_blank	空のオプションを先頭に追加するか（true、もしくは表示テキストを指定）
:disabled	無効にするオプション（文字列、または配列）
:selected	選択されたオプション（プロパティと異なる値を選択させたい場合のみ）

　selectメソッドは、フォームで指定されたモデルのプロパティに関連付いた選択ボックス（`<select>`タグ）を生成します。引数html_optsでsize、multiple属性を指定することで、複数選択に対応したリストボックスを生成することもできます。

　引数chiocesは、選択オプション（`<option>`タグ）を配列（値／テキストのリスト）、入れ子の配列（テキスト、値の組を表すリスト）、ハッシュ（テキスト => 値のリスト）いずれかの形式で表します。

サンプル view_controller.rb

```ruby
def select_for
  @article = Article.new(category: 'Script')
end
```

サンプル view/select_for.html.erb

```erb
<%= form_with model: @article do |f| %>
<%# 配列でオプション指定（value属性とテキストが等しい場合） %>
<%= f.select :category, ['Script', '.NET', 'Other'],
  { include_blank: '選択してください', disabled: '.NET' },
  { class: 'ct' } %>
  ⇒ <select class="ct" name="article[category]" id="article_ ↵
    category"><option value="">選択してください</option>
    <option selected="selected" value="Script">Script</option>
    <option disabled="disabled" value=".NET">.NET</option>
    <option value="Other">Other</option></select>
<%# ハッシュでオプション指定（最もよく利用するパターン） %>
```

```
<%= f.select :category,
  { 'スクリプト' => 'Script', '.NET' => '.NET', 'その他' => 'Other'},
  { include_blank: '選択してください' } %>
  ➡ <select name="article[category]" id="article_category"><option ⏎
    value="">選択してください</option>
    <option selected="selected" value="Script">スクリプト</option>
    <option value=".NET">.NET</option>
    <option value="Other">その他</option></select>
<%# 入れ子の配列でオプション指定 %>
<%= f.select :category,
  [['スクリプト', 'Script'], ['.NET', '.NET'], ['その他', 'Other']],
  { include_blank: '選択してください' } %>
  ➡ <select name="article[category]" id="article_category"><option ⏎
    value="">選択してください</option>
    <option selected="selected" value="Script">スクリプト</option>
    <option value=".NET">.NET</option>
    <option value="Other">その他</option></select>
<%# multipleオプションを有効にしてリストボックスを生成 %>
<%= f.select :category,
  { 'スクリプト' => 'Script', '.NET' => '.NET', 'その他' => 'Other'},
  {}, { multiple: true, size: 3 } %>
  ➡ <input name="article[category][]" type="hidden" value="" ⏎
    autocomplete="off" /><select multiple="multiple" size="3" ⏎
    name="article[category][]" id="article_category"><option ⏎
    selected="selected" value="Script">スクリプト</option>
    <option value=".NET">.NET</option>
    <option value="Other">その他</option></select>
<% end %>
```

参考 ▶ multipleオプションを有効にして複数選択可能なリストボックスを作成した場合、生成された <select> タグの name 属性も（article[category] ではなく）article[category][] となる点に注目してください。

collection_selectメソッド

オブジェクト配列から選択ボックスを生成する

書式 collection_select(prop, coll, value, text [,opts
[,html_opts]])

引数 prop：プロパティ名　coll：<option>タグのもととなるオブジェクト配列
value：オブジェクト（引数coll）でvalue属性に割り当てる項目
text：オブジェクト（引数coll）でテキストに割り当てる項目
opts：動作オプション（P.300の表を参照）
html_opts：<select>タグのオプション

　collection_selectメソッドはselectメソッド（P.300）の発展形で、選択オプション（<option>タグ）の情報をオブジェクト配列によって生成します。選択オプションがデータベースで管理されている場合に有効なメソッドです。

　ポイントとなるのは引数coll、value、textで、引数collで選択オプションのもととなるオブジェクト配列を、引数value、textでどのプロパティを<option>タグの値／テキストとして割り当てるかを、それぞれ指定します。

サンプル view_controller.rb

```
def select_collect
  @article = Article.new(category: 'Script')
  @categories = Article.select('DISTINCT category')
end
```

サンプル view/select_collect.html.erb

```
<%= form_with model: @article do |f| %>
<%= f.collection_select :category, @categories, :category, :category,
  { include_blank: '選択してください'}, { class: 'ct' } %>
<% end %>
```

```
<select class="ct" name="article[category]" id="article_category">
<option value="">選択してください</option>
<option selected="selected" value="Script">Script</option>
<option value="Other">Other</option>
<option value=".NET">.NET</option></select>
```

grouped_collection_select メソッド

選択ボックスのオプションを グループ化する

書式 grouped_collection_select(prop, coll, group,
　　 group_label, opt_key, opt_value [,opts [,html_opts]])

引数 prop：プロパティ名
coll：<optgroup>タグのもととなるオブジェクト配列
group：配下の<option>タグを取得するメソッド（引数collのメンバ）
group_label：<optgroup>タグのlabel属性（引数collのメンバ）
opt_key：<option>タグのvalue属性（引数groupのメンバ）
opt_value：<option>タグのテキスト（引数groupのメンバ）
opts：動作オプション（P.300の表を参照）
html_opts：<select>タグのオプション

　grouped_collection_selectメソッドは、<optgroup>タグ（グループ化ラベル）を伴う選択ボックスを生成します。選択肢が多い場合には、グループ化することで選択ボックスが見やすく、また、選びやすくなります。

　このメソッドを利用するにあたっては、利用するモデル間にアソシエーションを設定しておく必要があります。本書サンプルのデータベースにおけるアソシエーションについては、P.215を参照してください。

サンプル view_controller.rb

```
def select_group
  @comment = Comment.new                      # 編集対象のモデル
  @authors = Author.all               # オプショングループのための配列
end
```

サンプル● view/select_group.html.erb

```erb
<%= form_with model: @comment do |f| %>
<%# article_id列を編集するための選択ボックス（著者でグループ化）%>
<%= f.grouped_collection_select :article_id, @authors,
  :articles, :penname, :id, :title %>
   ➡ <select name="comment[article_id]" id="comment_article_id"> ⏎
     <optgroup label="なおさん"><option value="1">プログラミング言語 ⏎
     「Rust」とは？</option>
     <option value="2">ニュースフィードを読んでみよう</option>
     <option value="3">Rustの変数、データ型を理解する</option>
     <option value="10">基本的な正規表現パターンの書き方</option> ⏎
     </optgroup><optgroup label="西郷どん"><option value="2">ニュース ⏎
     フィードを読んでみよう</option>
     <option value="4">Rustの制御構造、演算子とは</option>
     <option value="5">Rustにおける関数の基本</option></optgroup> ⏎
     <optgroup label="りょうま"><option value="6">通勤経路から運賃を ⏎
     自動で取得してみよう</option>
     <option value="7">「Rustは安全でも難しい」といわれる理由</option> ⏎
     </optgroup><optgroup label="蔵っち"><option value="8">「正規表現」 ⏎
     とは</option>
     <option value="9">ASP.NET Coreとは？</option></optgroup></select>
<% end %>
```

▼ 選択オプション（記事タイトル）を著者単位にグループ化

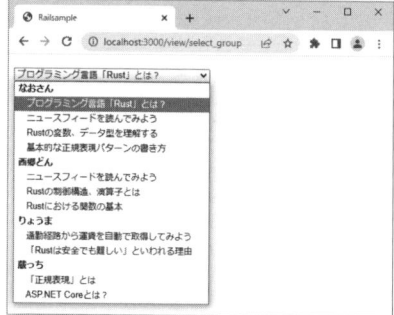

参照 ▶ P.222「m：nの関連を宣言する（中間テーブル）」

xxxxx_select メソッド

日付／時刻入力用の選択ボックスを生成する

書式　datetime_select(prop [,opts [,html_opts]])　　　　　　　日付時刻

date_select(prop [,opts [,html_opts]])　　　　　　　　　日付

time_select(prop [,opts [,html_opts]])　　　　　　　　　時刻

引数　prop：プロパティ名　opts：動作オプション
html_opts：\<select\>タグのオプション

▼ 動作オプション（引数 opts のキー）

オプション名	概要	date_select	datetime_select	time_select
:use_month_numbers	月を数値で表示するか	○	○	×
:use_short_month	月名を省略表示するか（例：Dec）	○	○	×
:add_month_numbers	数値＋月名で表示するか	○	○	×
:use_month_names	月名をカスタマイズする （:use_month_names => %w(睦月 如月 弥生 …))	○	○	×
:date_separator	年月日の間の区切り文字（デフォルトは""）	○	○	×
:start_year	開始年（デフォルトは「Time.now.year - 5」）	○	○	×
:end_year	終了年（デフォルトは「Time.now.year + 5」）	○	○	×
:discard_day	日のセレクトボックスを非表示にするか	○	○	×
:discard_month	月のセレクトボックスを非表示にするか	○	○	×
:discard_year	年のセレクトボックスを非表示にするか	○	○	×
:order	項目の並び順を指定（デフォルトは[:year, :month, :day]）	○	○	○
:include_blank	ブランクを含めて表示をするか	○	○	○
:include_seconds	秒数のセレクトボックスを表示するか	×	○	○
:default	デフォルトの日付を設定（例：:default => 5.days.from_now）	○	○	○
:disabled	選択を無効にするか	○	○	○
:prompt	選択値の一番上の表示を指定（例：:prompt => { :day => 'Choose day',:month => 'Choose month', :year => 'Choose year' })	○	○	○
:datetime_separator	日付と時刻の間の区切り文字	×	○	×
:time_separator	時分の間の区切り文字	×	○	×
:discard_type	名前の型部分を破棄 （例：\<select id="date_month" name="date[month]"\> → \<select id="date_month" name="date"\>）	○	○	○
:prefix	名前の接頭辞を設定（デフォルトは date）	○	○	○
:field_name	フィールド名（デフォルトは select_XXX メソッドの XXX 部分）	×	×	×

オプション名	概要	date_select	datetime_select	time_select
:use_two_digit_numbers	trueで月と日の表示を2桁の数字にする(:use_month_numbers指定時には月に対しては無効)	○	○	×
:month_format_string	月の表示フォーマット("%{name} (%<number>02d)")など	○	○	×
:year_format	年の表示フォーマット(ラムダ式)	○	○	×
:day_format	日の表示フォーマット(ラムダ式)	○	○	×
:selected	実際の日付を上書きする日付を設定	○	○	×
:with_css_classes	trueにすると自動的にCSSクラス('year'、'month'、'day'、'hour'、'minute'、'second'.)を設定(ハッシュ:year、:month、:day、:hour、:minute、:secondで指定も可能)	○	○	○
:use_hidden	trueにすると隠しフィールドのみ作成	○	○	○
:ampm	午前午後表示を使用するか	×	○	○
:ignore_date	日付関連の隠しフィールドを作成しない	×	×	○

datetime_select／date_select／time_selectメソッドは、指定されたモデルのプロパティに応じて、日付／時刻の入力に特化した選択ボックスを生成します。動作オプション(引数opts)に応じて、表示を年月、月日のみに絞り込んだり、並び順を変更したりと、表示をカスタマイズすることもできます。

サンプル ● view/select_dt.html.erb

```erb
<%= form_with model: @article do |f| %>
<%= f.datetime_select :published,
  use_two_digit_numbers: true, start_year: 2020 %>
<br />
<%= f.time_select :published, include_seconds: true %>
<% end %>
```

```html
<select id="article_published_1i" name="article[published(1i)]">
<option value="2020">2020</option>
<option value="2021">2021</option>
  …中略…
</select>
<select id="article_published_2i" name="article[published(2i)]">
<option value="1">01</option>
<option value="2">02</option>
  …中略…
</select>
```

```
<select id="article_published_3i" name="article[published(3i)]">
<option value="1">01</option>
<option value="2">02</option>
  …中略…
</select>
 &mdash; <select id="article_published_4i" name="article[published(4i)]">
<option value="00" selected="selected">00</option>
<option value="01">01</option>
  …中略…
</select>
 : <select id="article_published_5i" name="article[published(5i)]">
<option value="00" selected="selected">00</option>
<option value="01">01</option>
  …中略…
</select>
<input type="hidden" id="article_published_1i" ↵
name="article[published(1i)]" value="2021" autocomplete="off" />
<input type="hidden" id="article_published_2i" ↵
name="article[published(2i)]" value="7" autocomplete="off" />
<input type="hidden" id="article_published_3i" ↵
name="article[published(3i)]" value="28" autocomplete="off" />
<select id="article_published_4i" name="article[published(4i)]">
<option value="00" selected="selected">00</option>
<option value="01">01</option>
…中略…
</select>
 : <select id="article_published_5i" name="article[published(5i)]">
<option value="00" selected="selected">00</option>
<option value="01">01</option>
…中略…
</select>
 : <select id="article_published_6i" name="article[published(6i)]">
<option value="00" selected="selected">00</option>
<option value="01">01</option>
…中略…
</select>
```

注意 datetime_select、date_selectメソッドは、月部分をデフォルトで「January」のような英語表記で返します。これは日本人にとってあまりわかりやすい状態ではありませんので、最低でも:use_month_numbersオプションで月を数字表記にしておくとよいでしょう（もしくは辞書ファイル（P.348）で日本語化する方法もあります）。

参考 select_timeメソッドでは、年月日に相当する隠しフィールドで生成します。:ignore_dateオプションをtrueにすると隠しフィールドは生成されなくなりますが、その場合はselect_dateメソッドを同時に使用しないとエラーが発生します。

label メソッド

ラベルテキストを生成する

4
ビュー開発

| 書式 | label(prop [,content] [,opts]) |

| 引数 | prop：プロパティ名　content：<label>タグ配下のコンテンツ |
| | opts：<label>タグのオプション |

　labelメソッドは、フォームで指定されたモデル（プロパティ）に応じて、<label>タグを生成します。ラベル文字列は、引数contentで指定する他、辞書ファイル（P.348）で定義することも可能です。引数contentも辞書ファイルも指定されなかった場合、labelメソッドはプロパティ名（引数prop）をもとにラベルテキストを生成します。

サンプル articles/_form.html.erb

```erb
<%= form_with(model: article) do |form| %>
  …中略…
  <div>
    <%= form.label :title, style: "display: block" %>
    <%= form.text_field :title %>
  </div>
  …中略…
<% end %>
```

🔽

```html
<form action="/articles" accept-charset="UTF-8" method="post">
  …中略…
  <div>
    <!--辞書ファイルを適用した場合の結果-->
    <label style="display: block" for="article_title">タイトル</label>
    <input type="text" name="article[title]" id="article_title" />
  </div>
  …中略…
</form>
```

submitメソッド

ボタン／サブミットボタンを 生成する

書式	button([value] [,opts] [,&block])	ボタン
	submit([value] [,opts])	サブミットボタン

引数	value：ボタンキャプション　opts：動作オプション
	&block：ボタンキャプション

▼ 動作オプション（引数optsのキー）

オプション	概要
:disabled	サブミットボタンを無効化するか
その他の属性	id、classなど、\<input>タグに付与する属性

　buttonメソッドは、form_withブロックで指定されたモデルの状態に応じてボタン（\<button>）を生成します。submitメソッドは、form_withブロックで指定されたモデルの状態に応じて、サブミットボタン（\<input type="submit">）を生成します。具体的には、オブジェクトが保存済みであるかどうかを判定して、（デフォルトでは）[Create モデル名] [Update モデル名]のようなキャプションを生成します。辞書ファイル（P.348）によって、それぞれのキャプションを定義しておくことも可能です。ボタンキャプションを指定した場合には、それが使用されます。

サンプル ● articles/_form.html.erb

```erb
<%= form_with model: article do |form| %>
  ⇒ <form action="/articles/1" accept-charset="UTF-8" method="post">
  …中略…
  <div>
  <%= form.submit %>
  ⇒ <input type="submit" name="commit" value="Update Article" data-↵
    disable-with="Update Article" />
  </div>
  <div>
  <%= form.button %>
  </div>
  ⇒ <button name="button" type="submit">Update Article</button>
<% end %>
```

参考 ▶ submitボタンでは、ボタンの二重押しを防ぐdata-disable-with属性がデフォルトで出力されます。値は、ボタンが押された後にボタンに表示されるテキストです。

4

ビュー開発

fields_forメソッド

サブフォームを定義する

書式
```
fields_for(model) do |f|
    body
end
```

引数
model：対象となるモデルオブジェクト
f：フォームビルダーオブジェクト
body：フォームの本体

　fields_forメソッドは、form_withブロックの配下で利用することを想定したヘルパーで、form_with配下でその部分だけを別のモデルを対象としたサブフォームに切り替えることができます。

　一般的には、互いに主従関係を持つ複数のモデルを1つのフォームで編集させたい場合に利用します。

　たとえば以下のサンプルでは、fields_forメソッドの引数として@user.authorを渡していますので、ユーザ情報に関連付いた著者情報に関するサブフォームを生成します。結果を見ると、form_withメソッド直下の要素名がUserモデルに対応してuser[…]となっているのに対して、fields_forメソッド直下の要素名はAuthorモデルに対応してauthor[…]となっていることが確認できます。

サンプル● view/fields_for.html.erb
```erb
<%= form_with model: @user do |f| %>
  <div>
    <%= f.label :name %><br />
    <%= f.text_field :name %>
  </div>
  <div>
    <%= f.label :kname %><br />
    <%= f.text_field :kname %>
  </div>
  <%= field_set_tag '著者情報' do %>
    <%# ユーザ情報に付随する著者情報を編集するためのサブフォーム %>
    <%= fields_for(@user.author) do |a| %>
      <div>
      <%= a.label :penname %><br />
      <%= a.text_field :penname %>
      </div>
    <% end %>
```

電子書籍を読んでみよう!

技術評論社　GDP　　　検索

と検索するか、以下のURLを入力してください。

https://gihyo.jp/dp

1. アカウントを登録後、ログインします。
   【外部サービス(Google、Facebook、Yahoo!JAPAN)
   でもログイン可能】

2. ラインナップは入門書から専門書、
   趣味書まで 1,000点以上!

3. 購入したい書籍を 🛒 に入れます。
   カート

4. お支払いは「**PayPal**」「**YAHOO!**ウォレット」にて
   決済します。

5. さあ、電子書籍の
   読書スタートです!

Software Design WEB+DB PRESS も電子版で読める

電子版定期購読が便利!

くわしくは、
「Gihyo Digital Publishing」
のトップページをご覧ください。

電子書籍をプレゼントしよう! 🎁

Gihyo Digital Publishing でお買い求めいただける特定の商品と引き替えが可能な、ギフトコードをご購入いただけるようになりました。おすすめの電子書籍や電子雑誌を贈ってみませんか?

こんなシーンで… ●ご入学のお祝いに ●新社会人への贈り物に ……

●ギフトコードとは? Gihyo Digital Publishing で販売している商品と引き替えできるクーポンコードです。コードと商品は一対一で結びつけられています。

くわしいご利用方法は、「Gihyo Digital Publishing」 をご覧ください。

電脳会議
紙面版
新規送付の
お申し込みは…

ウェブ検索またはブラウザへのアドレス入力の
どちらかをご利用ください。
Google や Yahoo! のウェブサイトにある検索ボックスで、

| 電脳会議事務局 | 検索 |

と検索してください。
または、Internet Explorer などのブラウザで、

https://gihyo.jp/site/inquiry/dennou

と入力してください。

「電脳会議」紙面版の送付は送料含め費用は
一切無料です。
そのため、購読者と電脳会議事務局との間
には、権利＆義務関係は一切生じませんので、
予めご了承ください。

技術評論社 　電脳会議事務局
〒162-0846　東京都新宿区市谷左内町21-13

```erb
  <% end %>
  <div>
    <%= f.submit %>
  </div>
<% end %>
```

▼

```html
<form action="/users/1" accept-charset="UTF-8" method="post">
  …中略…
  <div>
    <label for="user_name">Name</label><br />
    <input type="text" value="nyamauchi" name="user[name]" id="user_name" />
  </div>
  <div>
    <label for="user_kname">Kname</label><br />
    <input type="text" value="山内直" name="user[kname]" id="user_kname" />
  </div>
  <fieldset><legend>著者情報</legend>
      <div>
      <label for="author_penname">Penname</label><br />
      <input type="text" value="なおさん" ↵
name="author[penname]" id="author_penname" />
      </div>
  </fieldset>
<div>
    <input type="submit" name="commit" value="Update User" data-disable- ↵
with="Update User" />
  </div>
</form>
```

サブフォーム

field_set_tagメソッド

入力項目をグループ化する

4
ビュー開発

書式 field_set_tag([legend [,opts]]) do
content
end

引数 legend：サブフォームのタイトル
opts：<fieldset>タグのオプション
content：<fieldset>タグ配下のコンテンツ

---

field_set_tagメソッドは、フォーム要素をグループ化するための <fieldset> タグを生成します。引数 legend を指定した場合には、グループタイトルを表す <legend> タグも生成します。

一般的には、fields_forメソッドと合わせて、サブフォームを定義する際に利用することが多いでしょう。

サンプル ● view/fields_for.html.erb

```erb
<%= form_with model: @user do |f| %>
  <div>
    <%= f.label :name %><br />
    <%= f.text_field :name %>
  </div>
  …中略…
  <%# サブフォームを表す
      <fieldset>タグを生成 %>
  <%= field_set_tag '著者情報' do %>
    …中略…
  <% end %>
  …中略…
<% end %>
```

▼ ユーザ情報フォームと著者情報とを
編集するサブフォーム

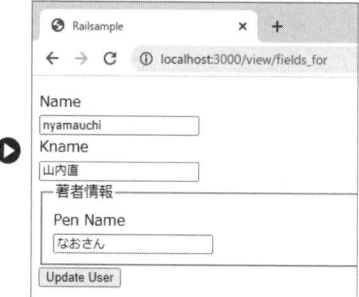

参考 サンプルによって出力されるマークアップについては、P.310を参照してください。

```
xxxxx_fieldメソッド(:index)
```

一覧形式の入力フォームを生成する

書式 xxxxx_field(prop, index: i [,opts])

引数 xxxxx：入力要素の種類（text、password、file、numberなど）
prop：プロパティ名　i：インデックス番号
opts：<input>／<textarea>タグのオプション

text_fieldなどヘルパーの:indexオプションを利用することで、リスト形式の入力フォームでインデックス付きの入力要素を作成できます。:indexオプションを指定することで、article_0_published、article_1_published…のようなid値、article[0][published]、article[1][published]…のような要素名を自動的に生成してくれます。

サンプル view_controller.rb

```ruby
def form_index
  @articles = Article.order('published DESC').limit(5)
end
```

サンプル view/form_index.html.erb

```erb
<%= form_with url: '/view/form_index_process' do %>
  <table>
    <tr><th>URL</th><th>タイトル</th><th>公開日</th></tr>
    <%# 配列@articlesの内容をインデックス付きで順に出力 %>
    <% @articles.each_with_index do |article, i| %>
      <%# xxxxx_fieldメソッドが認識できるよう、インスタンス変数に詰め替え %>
      <% @article = article %>
      <tr>
        <td><%= text_field :article, :url, index: i %></td>
        <td><%= text_field :article, :title, index: i %></td>
        <td><%= text_field :article, :published, index: i %></td>
      </tr>
    <% end %>
  </table>
  <%= submit_tag '更新' %>
<% end %>
```

🔽

313

```
<form action="/view/form_index_process" accept-charset="UTF-8" method="post">
  …中略…
  <table>
    <tr><th>URL</th><th>タイトル</th><th>公開日</th></tr>
      <tr>
        <td><input type="text" value="https://atmarkit.itmedia.co.jp/ ↵
ait/articles/2202/18/news006.html" name="article[0][url]" id="article_ ↵
0_url" /></td>
        <td><input type="text" value="基本的な正規表現パターンの書き方" ↵
name="article[0][title]" id="article_0_title" /></td>
        <td><input type="text" value="2022-02-18" name="article[0] ↵
[published]" id="article_0_published" /></td>
      </tr>
  …中略…
  </table>
  <input type="submit" name="commit" value="更新" data-disable-with="更新" />
</form>
```

参考 ▶ サンプルのようなフォームの入力値は、params[:article]でオブジェクト配列のように
取得できます。以下は取得内容の例です。

```
{
  "0"=>{
    "url"=>"https://atmarkit.itmedia.co.jp/ait/articles/2202/18/news006.html",
    "title"=>"基本的な正規表現パターンの書き方",
    "published"=>"2022-02-18"},
  …中略…
}
```

参照 ▶ P.69「ポストデータ／クエリ情報／ルートパラメータを取得する」

url_forメソッド

ルート定義をもとに URL を生成する

書式 `url_for(opts)`

引数 opts：URLの生成オプション

▼ URLの生成オプション（引数optsのキー）

オプション	概要
:controller	コントローラ名
:action	アクション名
:host	ホスト名
:domain	ドメイン名
:subdomain	サブドメイン名
:tld_length	TLDのレベル数
:port	ポート番号
:protocol	プロトコル
:anchor	アンカー名
:params	クエリパラメータ
:only_path	相対URLを返すか。:host無指定の場合、デフォルトはtrue
:trailing_slash	末尾にスラッシュを付与するか
:script_name	アプリケーションのパス
:user	HTTP認証に使用するユーザ名
:password	HTTP認証に使用するパスワード

url_forメソッドは、routes.rbファイルで定義済みのルート（第5章）と指定されたオプション（引数opts）からURL文字列を生成します。

テンプレートでurl_forメソッドを直接利用する機会は少ないですが、link_toメソッド（P.317）などリンク系ヘルパーは内部的にurl_forメソッドを利用しており、URL指定のオプションもurl_forメソッドのそれに準じます。

引数optsには、ハッシュの他、URL文字列、またはモデルオブジェクトを渡すこともできます。モデルオブジェクトを渡した場合には、モデルに対応するURLを生成します。

サンプル ◉ views/urlfor.html.erb

```erb
<%# コントローラ名が省略された場合、現在のコントローラを利用 %>
<%= url_for(action: 'process') %>
    ➡ /view/process
<%# 絶対URLを取得 %>
<%= url_for(action: 'process', only_path: false) %>
    ➡ http://localhost:3000/view/process
<%# その他のパラメータ（ここでは:charset）はクエリ情報として付与 %>
<%= url_for(controller: 'hello', action: 'index',
  charset: 'utf-8', anchor: 'top') %>
    ➡ /hello?charset=utf-8#top
<%# ドメイン／サブドメインを指定（アクション省略時は現在のものを利用）%>
<%= url_for(domain: 'wings.msn.to', subdomain: 'www2',
  only_path: false) %>
    ➡ http://www2.wings.msn.to:3000/view/urlfor
<%# オブジェクトを表すパスを生成 %>
<%= url_for(Article.find(1)) %>
    ➡ /articles/1
<%# ルート定義によって自動生成されたUrlヘルパーも指定可 %>
<%= url_for(article_path(1)) %>
    ➡ /articles/1
<%# モデルそのものを渡した場合は一覧ページへのリンクを生成 %>
<%= url_for(Article) %>
    ➡ /articles
<%# 文字列はそのまま返す %>
<%= url_for('https://wings.msn.to/') %>
    ➡ https://wings.msn.to/
<%# 特殊値:backは、前ページへのリンクを生成 %>
<%= url_for(:back) %>
    ➡ javascript:history.back()
```

注意 ▶ url_forメソッドは、テンプレート／アクションメソッドいずれで呼び出すかによって 微妙に挙動が異なります。前者ではデフォルトでプロトコル／ホスト名を出力しませ んが、後者では出力します。

注意 ▶ :controllerや:actionを使ってURLを生成する場合、有効なルート設定がないとエラー になります。

参考 ▶ 引数に:backを指定した場合、Referer要求ヘッダの値によって挙動が異なります。 Refererが空でない場合にはその値を、空の場合は「javascript:history.back()」のよう なJavaScript疑似プロトコルを返します。

参照 ▶ P.133「url_forメソッドに渡すデフォルトパラメータを設定する」

link_toメソッド

ハイパーリンクを生成する

書式 `link_to(body, url [,html_opts])`

引数 body：リンクテキスト　url：リンク先のURL
html_opts：動作オプション

▼ 動作オプション（引数html_optsのキー）

オプション	概要
:data	HTMLのdata属性
:属性名	id、class、styleなど、\<a>タグに付与する属性

link_toメソッドは、与えられた引数に従ってハイパーリンク（\<a>タグ）を生成
します。リンク先（引数url）は文字列、ハッシュ、自動生成されたUrlヘルパー（P.373）
などで表現できます。ハッシュの指定方法については、url_forメソッド（P.315）を
参照してください。

サンプル ● view/linkto.html.erb

```
<%# 文字列でURLを指定する最もシンプルなパターン %>
<%= link_to '著者サイト', 'https://wings.msn.to/' %>
  ➡ <a href="https://wings.msn.to/">著者サイト</a>
<%# ハッシュに基づいてURLを生成 %>
<%= link_to 'Home', {controller: 'hello', action: 'index',
  charset: 'utf-8', anchor: 'top'} %>
  ➡ <a href="/hello?charset=utf-8#top">Home</a>
<%# モデルオブジェクトに基づいてURLを生成 %>
<%= link_to '詳細', Article.find(1) %>
  ➡ <a href="/articles/1">詳細</a>
```

注意 ：controllerや:actionを使ってURLを生成する場合、有効なルート設定がないとエラー
になります。

link_to_if／link_to_unlessメソッド

条件に合致した／しない場合のみ
リンクを生成する

書式
```
link_to_if(condition, name [,url
    [,html_opts]] [,&block])              条件に一致
link_to_unless(condition, name [,url
    [,html_opts]] [,&block])              条件に不一致
```

引数
condition：**条件式**　name：**リンクテキスト**
url：**リンク先URL**（P.315の表を参照）
html_opts：**動作オプション**　&block：**代替コンテンツ**

link_to_if／link_to_unlessメソッドは、条件式conditionに合致した／しない場合にのみハイパーリンクを、さもなければ固定テキスト（引数name）のみを出力します。ただし、ブロック（&block）を指定した場合には、固定テキストの代わりにブロックの内容を出力します。ブロックには、ブロック変数として引数name（リンクテキスト）が渡されます。

ユーザの権限に応じてリンク／テキストを振り分けたい場合などに利用できます。

サンプル view/linkif.html.erb
```
<%# セッション:userの値をセット（ログインユーザを表すものと仮定） %>
<% session[:user] = 10850 %>
<%# セッションユーザが空の場合に [ログイン] リンクを生成 %>
<%= link_to_if session[:user].nil?, 'ログイン',
  { controller: 'login', action: :index } %>
    ➡ ログイン
<%# 上と同じ意味をlink_to_unlessメソッドで書き換え %>
<%= link_to_unless session[:user], 'ログイン',
  { controller: 'login', action: :index } %>
    ➡ ログイン
<%# セッション:userが空の場合に [ログイン] リンクを、
    そうでない場合は [管理] リンクを生成 %>
<%= link_to_if session[:user].nil?, 'ログイン',
  { controller: 'login', action: :index } do |name|
  link_to '管理', { action: 'manage', id: session[:user] }
end %>
    ➡ <a href="/view/manage/10850">管理</a>
```

参考 サンプルの太字（2行目の10850）をnilにした場合、以下のようなリンクを生成します。

```
<a href="/login">ログイン</a>
```

link_to_unless_currentメソッド

リンク先が現在のページであれば
ハイパーリンクを無効にする

書式 `link_to_unless_current(name [,url [,html_opts]]) [,&block])`

引数 name：リンクテキスト
　　　 url：リンク先URL（P.315の表を参照）
　　　 html_opts：動作オプション（P.317の表を参照）
　　　 &block：代替コンテンツ

　link_to_unless_currentメソッドはlink_to_unlessメソッドの亜形で、リンク先が現在のページでない場合にのみリンクを生成します（現在のページの場合はテキストを出力）。レイアウト（P.276）上の共通メニューで現在ページのリンクのみ無効にするようなケースで利用できます。

サンプル ● view/link_current.html.erb

```
<%= link_to_unless_current 'ホーム', { action: 'index' } %> |
<%= link_to_unless_current '掲示板', { action: 'link_current' } %> |
<%= link_to_unless_current '書籍一覧', { action: 'list' } %>
```

▼

```
<a href="/view">ホーム</a> |
掲示板 | ─────────────────────────── 現在のページのみテキスト
<a href="/view/list">書籍一覧</a>
```

参考 ▶ ブロック（&block）の用法は、link_to_unlessメソッド（P.318）の例も参照してください。

メールアドレスへのリンクを生成する

書式 `mail_to(address [,name [,opts]])`

引数 address：メールアドレス
name：リンクテキスト（省略時は引数addressの値）
opts：動作オプション

▼ 動作オプション（引数optsのキー）

オプション	概要
:encode	メールアドレスのエンコード方法（:javascript、:hex）※要Gem
:replace_at	リンク表示時に「@」の代替となる文字列※要Gem
:replace_dot	リンク表示時に「.」の代替となる文字列※要Gem
:cc	カーボンコピー
:bcc	ブラインドカーボンコピー
:reply_to	Reply-To フィールド
:subject	メールの件名
:body	メール本文

mail_toメソッドは、指定されたメールアドレスaddressに基づいてmailto:リンクを生成します。:encode／:replace_at／:replace_dotは、いずれもスパム業者対策のためのオプションです（利用には別途Gemが必要。下記注意を参照）。サイトを定期的に巡回してメールアドレスを収集しているようなスパム業者からアドレスを保護します。ただし、いずれのオプションも復元は容易なので、機械的な収集からアドレスを保護する一時的な手段にすぎないと考えてください。

サンプル ● view/mailto.html.erb

```
<%= mail_to 'info@naosan.jp', '連絡先', { encode: :hex } %>
  ➡ <a href="&#109;&#97;&#105;&#108;&#116;&#111;&#58;%69%6e%66%6f@%6e%
    61%6f%73%61%6e.%6a%70">連絡先</a>
<%= mail_to 'info@naosan.jp', nil, { replace_at: 'アット',
replace_dot: ' ', subject: '連絡' } %>
  ➡ <a href="mailto:info@naosan.jp?subject=%E9%80%A3%E7%B5%A1">info
    アットnaosan jp</a>
```

注意 :encode、:replace_at、:replace_dotオプションの使用には、別途Gemライブラリ actionview-encoded_mail_to が必要です。Gemfile ファイルに「gem "actionview-encoded_mail_to"」を追加して、bundle install コマンドを実行してください。

image_tagメソッド

イメージ画像を表示する

書式 `image_tag(src [,opts])`

引数 src：**画像ファイルのパス（絶対／相対パス）**
opts：**動作オプション**

▼ 動作オプション（引数optsのキー）

オプション	概要
:alt	alt属性（省略時はファイル名から拡張子を除いたものを自動セット）
:size	画像サイズ（「幅x高さ」で指定）。:height／:widthでも代用可
:srcset	srcset属性のための画像ファイルのパスとサイズの組み合わせ
:width	画像の幅
:height	画像の高さ
:属性	その他、<img>タグに付与すべき属性

image_tagメソッドは、<img>タグを生成します。引数srcで相対パスが指定された場合、画像ファイルは/app/assets/imagesフォルダの配下にあるものと見なされます。:srcsetオプションを指定することで、Webブラウザが画面解像度に応じた画像選択をできるようにするsrcset属性を出力できます。オプションの値は、srcset属性で指定する画像URLと画像サイズの組み合わせの配列です。

サンプル● view/image.html.erb

```erb
<%# 相対パスは/assets/imagesフォルダ配下の画像を表す %>
<%= image_tag 'wings.jpg' %>
    ⇒ <img src="/assets/wings-61d64….jpg" />
<%# /public（公開）フォルダ配下のicons/wings.jpgを指定するなら絶対パスで指定 %>
<%= image_tag '/icons/wings.jpg' %>
    ⇒ <img src="/icons/wings.jpg" />
<%# :alt、:sizeオプションで代替テキスト、サイズを指定 %>
<%= image_tag 'wings.jpg',
  alt: 'サーバサイド技術の学び舎', size: '215x70' %>
    ⇒ <img alt="サーバサイド技術の学び舎" src="/assets/wings-61d64…. ↵
      jpg" width="215" height="70" />
```

参考▶ /assetsフォルダに関する詳細は、assets.xxxxxパラメータ（P.563、566）の[参考]も合わせて参照してください。

audio_tag／video_tagメソッド

ブラウザ上で音声／動画を再生する

書式　audio_tag(src [,opts])　　　　　　　　　　　　　　　　音声
　　　　video_tag(src [,opts])　　　　　　　　　　　　　　　　動画

引数　src：音声／動画ファイルのパス（絶対／相対パス）
　　　　opts：動作オプション

▼ **動作オプション（引数optsのキー）**

メソッド	オプション	概要
共通	:autoplay	自動再生を有効にするか（下記の注意を参照）
	:controls	再生／停止／ボリューム調整などのコントロールパネルを表示するか
	:loop	繰り返し再生を行うか
video_tag	:autobuffer	自動でバッファリングを行うか
	:size	動画サイズ（「幅x高さ」の形式）。:width／:heightでも代用可
	:width	動画の幅
	:height	動画の高さ
	:poster	動画が再生可能になるまで表示するサムネイル画像のパス

　audio_tag／video_tagメソッドは、音声／動画を再生するための <audio>、<video> タグを生成します。引数srcで相対パスが指定された場合、音声／動画ファイルはassetsフォルダの配下にあるものと見なされます。

　audio_tagメソッドには、独自の動作オプション（引数opts）はありません。利用できるのは共通オプションに含まれるものだけです。

サンプル● view/audio.html.erb

```
<%= audio_tag '/audios/music.mp3', controls: true, loop: true %>
  ⇒ <audio controls="controls" loop="loop" src="/audios/music.mp3" />
```

▼ **音声を再生するためのコントロールパネルを表示**

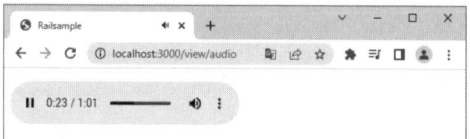

サンプル2 view/video.html.erb

```
<%= video_tag '/videos/sl.mp4', controls: true, loop: true,
  size: '400x300', poster: 'wings.jpg' %>
  ➡ <video controls="controls" loop="loop" poster="/assets/wings- ⏎
    61d64….jpg" width="400" height="300" src="/videos/sl.mp4"></video>
```

▼ 動画を再生するためのコントロールパネルを表示（ロード時はwings.jpgを表示）

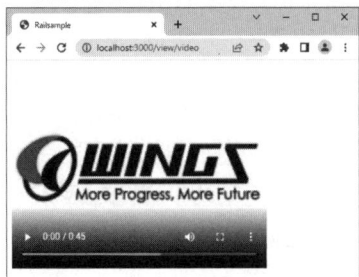 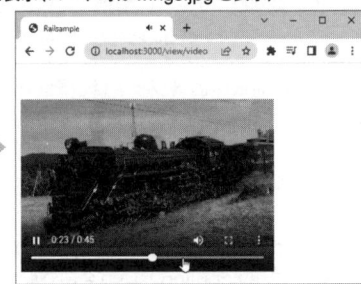

注意 autoplayオプションによる自動再生は、Webブラウザ依存になっていることに注意してください。基本的に、自動再生は禁止されていることが多くなっていますが、Google Chromeでは、起動オプション--autoplay-policy=no-user-gesture-requiredで自動再生が可能になります。

サイトの Favicon を設定する

4

ビュー開発

書式	`favicon_link_tag([src [,opts]])`

引数	src：アイコン画像のパス（デフォルトは/favicon.ico）
	opts：`<link>`タグに付与するオプション

favicon_link_tagメソッドは、**Favicon（Favorite Icon：ファビコン）**を定義するための`<link>`タグを生成します。Faviconとは、サイトに関連付けられたアイコンのことで、ブックマークやアドレス欄、タブなどでの表示に利用されます。ページタイトルだけの表示よりも視認性がよいため、多くのサイトがFaviconに対応しています。

Faviconのファイル名に決まりはありませんが、通例、/app/assets/imagesフォルダ直下にfavicon.icoという名前で配置します。

サンプル ◉ view/favicon.html.erb

```erb
<%# 最も基本的なパターン（普通はこれで十分） %>
<%= favicon_link_tag %>
  ⇒ <link rel="icon" type="image/x-icon" href="/assets/favicon-e65a9….ico" />
<%# ファイル指定の場合、/assets配下のファイルとして認識 %>
<%= favicon_link_tag 'favicon.ico' %>
  ⇒ <link rel="icon" type="image/x-icon" href="/assets/favicon-e65a9….ico" />
<%# .ico以外の形式では:typeオプションを明示的に指定 %>
<%= favicon_link_tag 'favicon.png', type: 'image/png' %>
  ⇒ <link rel="icon" type="image/png" href="/assets/favicon-df4db….png" />
```

注意	引数 opts に :type オプションを指定することで、.ico形式以外（.gif、.png形式）の Faviconも設置できます。しかし、ブラウザによっては対応していないものもありますので、できるだけ.ico形式を利用するようにしてください。

---

auto_discovery_link_tagメソッド

ブラウザにフィードの存在を通知する

書式 `auto_discovery_link_tag(type = :rss [,url_opts [,tag_opts]])`

引数 type：フィードの種類（:rss | :atom）
url_opts：フィードのパス（P.315の表を参照）
tag_opts：`<link>`タグに付与する属性

▼ `<link>`タグに付与する属性（引数tag_optsのキー）

オプション	概要	デフォルト値
:rel	外部文書との関係（rel属性）	alternate
:type	コンテンツタイプ（type属性）	application/rss+xml
:title	タイトル（title属性）	RSS

　auto_discovery_link_tagメソッドは、ブラウザにフィードを自動検出させるための`<link>`タグを生成します。

　引数tag_optsでは表のようなオプションを付与できますが、rel属性を変更することはほとんどありませんし、type属性も引数typeに応じて適切なものが自動で割り当てられますので、自分で指定する必要があるのは:title属性くらいでしょう。

サンプル view/feed.html.erb

```
<%= auto_discovery_link_tag :atom,
  { controller: 'main', action: 'feed' },
  { title: 'WINGSプロジェクト公開記事' } %>
  ⇒ <link href="http://localhost:3000/main/feed" rel="alternate"
     title="WINGSプロジェクト公開記事" type="application/atom+xml" /> ↵
     <link rel="alternate" type="application/atom+xml" title="WINGS ↵
     プロジェクト公開記事" href="http://localhost:3000/main/feed" />
```

▼ アドレスバーにフィードアイコンを表示

参考 Google Chrome、Microsoft EdgeなどのWebブラウザは、デフォルトでRSSフィードを認識しません。これらのWebブラウザで試す場合、必要に応じて「RSS Subscription Extender(by Google)」などの拡張機能をインストールし、拡張機能アイコンをクリック、固定して、ツールバーにアイコンが表示されるようにしてください。

path_to_xxxxxメソッド

外部リソースのパスを取得する

書式

path_to_javascript(src [,opt])	JavaScript
path_to_stylesheet(src [,opt])	スタイルシート
path_to_audio(src [,opt])	音声ファイル
path_to_video(src [,opt])	動画ファイル
path_to_image(src [,opt])	画像ファイル
path_to_font(src [,opt])	フォントファイル
path_to_asset(src [,opt])	アセットファイル

引数 src：外部リソースへの絶対／相対パス
opt：オプション

▼ オプション（opt）

オプション	概要
:host	ホスト名
:protocol	プロトコル（http、https）
:type	ファイルタイプ（:javascript、:stylesheet）
:extname	ファイル拡張子（'.js'、'.css'など）
:skip_pipeline	アセットパイプラインをスキップするか

　path_to_xxxxxメソッドは、それぞれのファイルに応じた適切なパスを取得します。path_to_xxxxxメソッドでは、引数srcの先頭に「/」が付いている場合は絶対パスと見なされ、それ以外の場合は相対パスと見なされます。相対パスでは、対応する/app/assetsフォルダ配下の/javascripts、/stylesheets、/imagesなどのサブフォルダを基点として解釈されます。

　srcがURIである場合、返されるパスはURLとなります。また、オプションを指定して、生成するパスの形式を指定できます。:hostと:protocolでホスト名を、:extnameと:typeでファイル拡張子を、:skip_pipelineでアセットパイプラインの処理結果としてのパスを無視するかを指定できます。

　拡張子を省略した場合には、使用するメソッドに応じて拡張子が自動的に付加されますが、srcにURIを指定した場合には付加されません。

サンプル path_to.html.erb

```
<%= path_to_javascript 'lib/my.js' %>
    /assets/lib/my.js
<%= path_to_stylesheet 'my.css' %>
```

```
    ⇒ /assets/my.css
<%= path_to_audio 'audio.wav' %>
    ⇒ /audios/audio.wav
<%= path_to_video '/mp.avi' %>
    ⇒ /mp.avi
<%= path_to_image 'img.gif' %>
    ⇒ /assets/img.gif
<%= path_to_font 'font.ttf' %>
    ⇒ /fonts/font.ttf
```

参考▶ パスだけでなく、外部リソースを取り込むためのタグ（<script>、<link>、<img>など）までを生成するならば、javascript_include_tag、image_tagなどのヘルパーを利用してください。

参考▶ path_to_xxxxxメソッドはxxxxx_pathメソッドのエイリアスです。xxxxx_pathメソッドは、ルート定義によって自動生成されるUrlヘルパー（P.373）と名前衝突する可能性がありますので、path_to_xxxxxメソッドを優先して利用してください。

Column 日付／時刻に関する便利なメソッド

Active Supportでは、標準のDate／Timeオブジェクトを拡張して、より簡単に相対的な日付を取得できます。たとえば、「Time.now.yesterday」で昨日の日付を求められます。特に以下のものはよく利用しますので、ぜひ覚えておいてください。

▼ 主な日付／時刻に関するメソッド

メソッド	概要
today	今日
yesterday	昨日
tomorrow	明日
prev_xxxxx	前年／月／週（xxxxxはyear、month、week）
next_xxxxx	翌年／月／週（xxxxxはyear、month、week）
beginning_of_xxxxx	年／四半期／月／週／日／時／分の始まり（xxxxxはyear、quarter、month、week、day、hour、minute）
end_of_xxxxx	年／四半期／月／週／日／時／分の終わり（xxxxxは同様）

また、日付／時間間隔を求めるならば「3.months.ago」（3か月前）、「3.months.from_now」（3か月後）のようにNumericオブジェクトのメソッドとして表現できます。太字の部分は単位に応じて、以下のようなものが利用できます（monthのような単数形も可）。

years、months、days、hours、minutes、seconds

外部リソースのパスを取得する

4
ビュー開発

書式

```
url_to_javascript(src [,host: hname])          JavaScript
url_to_stylesheet(src [,host: hname])          スタイルシート
url_to_audio(src [,host: hname])               音声ファイル
url_to_video(src [,host: hname])               動画ファイル
url_to_image(src [,host: hname])               画像ファイル
url_to_font(src [,host: hname])                フォントファイル
url_to_asset(src [,host: hname])               アセットファイル
```

引数　src：外部リソースへの絶対／相対パス　hname：ホスト名

---

　url_to_xxxxxメソッドは、それぞれのファイルに応じた適切なURLを取得します。url_to_xxxxxメソッドでは、引数srcの先頭に「/」が付いている場合は絶対パスと見なされ、それ以外の場合は相対パスと見なされます。相対パスでは、それぞれ対応する/app/assets、/publicフォルダ配下の/javascripts、/stylesheetsなどのサブフォルダを基点として解釈されます。

　オプションで:hostが指定されると、そのホスト名に基づくURLが返されます。省略時は自ホストとなります。

サンプル　app/views/view/url_to.html.erb

```erb
<%= url_to_javascript 'lib/my.js' %>
  ➡ http://localhost:3000/assets/lib/my.js
<%= url_to_stylesheet 'my.css' %>
  ➡ http://localhost:3000/assets/my.css
<%= url_to_audio 'audio.wav' %>
  ➡ http://localhost:3000/audios/audio.wav
<%= url_to_video '/mp.avi', host: 'https://wings.msn.to' %>
  ➡ https://wings.msn.to/mp.avi
<%= url_to_image 'img.gif', host: 'https://naosan.jp' %>
  ➡ https://naosan.jp/assets/img.gif
<%= url_to_font 'font.ttf' %>
  ➡ http://localhost:3000/assets/fonts/font.ttf
```

参考　外部リソースを取り込むためのタグ（<script>、<link>、<img>など）までを生成するならば、script_include_tag、image_tagなどのヘルパーを利用してください。

参考　url_to_xxxxxメソッドはxxxxx_urlメソッドのエイリアスです。

4

ビュー開発

simple_format メソッド

改行文字を \<p\> ／ \<br\> タグで置き換える

書式 `simple_format(text [,html_opts])`

引数 text：整形対象のテキスト
html_opts：\<p\>タグに付与するオプション

　simple_formatメソッドは、引数textで指定された文字列を以下の規則で整形します。

1. 連続した改行文字には\</p\>\<p\>を付与
2. 単一の改行文字には\<br /\>を付与
3. 文字列全体を\<p\>タグで括る

　simple_formatメソッドを利用することで、改行文字を含んだ文字列もブラウザ上で正しく表示できるようになります。

サンプル ● view/simpleformat.html.erb

```
<% msg = <<EOL
xxxxx_pathメソッドは、それぞれのファイルに応じた適切なパスを取得します。
エイリアスとして、path_to_xxxxxメソッドも利用できます。

xxxxx_pathメソッドでは、引数srcの先頭に「/」が付いている場合は…解釈されます。
EOL
%>
<%= simple_format msg, class: 'msg' %>
```

```
<p class="msg">xxxxx_pathメソッドは、それぞれのファイルに応じた適切
なパスを取得します。
<br />エイリアスとして、path_to_xxxxxメソッドも利用できます。</p>

<p class="msg">xxxxx_pathメソッドでは、引数srcの先頭に「/」が付いている
場合は…解釈されます。</p>
```

注意 ▶ 正確には、simple_formatメソッドは改行文字をタグに置き換えるのではなく、タグを改行文字の後方（または前後）に追加します。

sprintfメソッド

文字列を指定フォーマットで整形する

書式 `sprintf(format, obj [,…])`

引数 format：書式文字列　obj：書式文字列に埋め込む文字列

▼ 書式文字列の主な構成要素（引数format）

分類	指定子	意味
フラグ	+	値を符号付きで出力
	0	右詰めで出力（幅が指定された場合のみ）。桁の不足分（左側）は0で埋める
幅	1以上の整数	生成される文字列の長さ（小数点／符号を含む）
精度	0以上の整数	文字列の場合は文字列長、整数の場合は桁数、浮動小数点の場合は小数点以下の桁数
型	s	文字列として出力（オブジェクトはto_sメソッドの戻り値）
	p	inspectメソッド（可読形式に変換）による戻り値を出力
	d	整数として表現
	f	浮動小数点数として表現
	e	指数として表現
	%	パーセント文字

　sprintfメソッドは、指定された書式文字列に基づいて文字列を整形します。書式文字列（引数format）には、「%［フラグ］［幅］［.精度］型」という形式で変換指定子を埋め込むことができます。変換指定子とは、引数obj,…で指定された文字列を埋め込むための場所と考えればよいでしょう。書式文字列で、変換指定子以外の文字列はそのまま出力されます。

サンプル ● view/sprintf.html.erb

```
<% title = 'WINGSプロジェクト メンバ記事'
   access = 657519.0
   member = 30 %>
<%= sprintf('%.12s：累計アクセス数%d件、メンバ平均%5.2f件',
   title, access, access / member) %>>
```

WINGSプロジェクト ：累計アクセス数657519件、メンバ平均21917.30件

参考 ▶ sprintfメソッドは、厳密にはRailsのビューヘルパーではなく、Ruby標準の組み込みメソッドです。重要な機能ですので、ここで合わせて解説しています。

truncateメソッド

文字列を指定の桁数で切り捨てる

書式 **truncate**(text [,opts])

引数 text：切り捨て対象の文字列　opts：動作オプション

▼ 動作オプション（引数optsのキー）

オプション	概要	デフォルト値
:length	切り捨てる文字位置	30
:separator	切り捨てる場所を表す文字	（なし）
:omission	切り捨て後の文字列末尾に付与する文字列	...

　truncateメソッドは、与えられた文字列（引数text）を、指定の桁数（:lengthオプション）で切り捨てます。ただし、:separatorオプションが指定された場合には、:lengthオプションで指定された文字数を超えない範囲で、指定の文字が登場する最も長い範囲で文字列を切り捨てます。

サンプル ● view/truncate.html.erb

```
<% msg = '<b>ビューヘルパー</b>は、ビューを効率的に開発するためのメソッド⏎
です。truncateメソッドもビューヘルパーの一種です。' %>
<%# 50文字となる箇所で切り捨て（最もシンプルなパターン） %>
<%= truncate msg, length: 50 %>
```
　➡ <b>ビューヘルパー</b>は、ビューを効率的に開発
　するためのメソッドです。truncateメ...

```
<%# 50文字を超えない「。」で区切れる最長の箇所で切り捨て %>
<%= truncate msg, length: 50, separator: '。' %>
```
　➡ <b>ビューヘルパー</b>は、ビューを効率的に開発
　するためのメソッドです...

```
<%# 切り捨て時に末尾に「～」を付与 %>
<%= truncate msg, :length:, omission: '～' %>
```
　➡ <b>ビューヘルパー</b>は、ビューを効率的に開発
　するためのメソッドです。truncateメソッ～

注意 ▶ truncateメソッドで処理された文字列をrawメソッド（P.341）で出力してはいけません。たとえば、「<h1>XXX</h1>」のような文字列が「<h1>XXX...」のように整形されている場合、閉じタグがないために以降のレイアウトが乱れる原因にもなります。

excerptメソッド
文字列から指定された単語の前後を抜き出す

書式 excerpt(text, phrase [,opts])

引数 text：抜粋対象となる文字列　phrase：検索する文字列
opts：動作オプション

▼ 動作オプション（引数optsのキー）

オプション	概要	デフォルト値
:radius	抜き出す範囲（引数phrase前後の文字数）	100
:omission	抜粋した文字列の前後に付与する文字列	...
:separator	指定する区切り文字単位で抜粋	

　excerptメソッドは、文字列から特定の単語を中心に、前後の文字列を抜き出します。たとえば全文検索の結果を表示するようなケースでは、検索キーワードを中心に文章を抜き出すようにすれば、検索結果をよりわかりやすく見せられるでしょう。

サンプル view/excerpt.html.erb

```erb
<% msg = 'ビューヘルパーは、ビューを効率的に開発するためのメソッドです。
truncateメソッドもビューヘルパーの一種です。' %>
<%# 「truncate」の前後15文字を抜粋 %>
<%= excerpt msg, 'truncate', radius: 15 %>
```
➡ ...に開発するためのメソッドです。truncateメソッドもビューヘルパーの一種...
```erb
<%# キーワードが合致する箇所が複数ある場合は最初に合致した方で抜粋 %>
<%= excerpt msg, 'ヘルパー', radius: 15 %>
```
➡ ビューヘルパーは、ビューを効率的に開発するた...
```erb
<%# 切り捨て文字列の前後に「～」を付与 %>
<%= excerpt msg, 'truncate', radius: 10, omission: '～' %>
```
➡ ～ためのメソッドです。truncateメソッドもビューヘル～
```erb
<%# 区切り文字に空白を指定して1個分を抜粋 %>
<% msg = 'View helpers are methods for developing views efficiently.' %>
<%= excerpt msg, 'for', separator: ' ', radius: 1 %>
```
➡ ...methods for developing...

注意 :separatorオプションは、半角英数記号以外の文字列だと、期待どおりの動作にならない場合があります。様子を見ながら使用してください。

highlightメソッド

キーワードをハイライト表示する

書式 `highlight(text, phrases [,highlighter: replaced])`

引数 text：ハイライト処理するテキスト
phrases：ハイライトするキーワード（配列指定も可）
replaced：ハイライト形式（ハイライト文字列は「¥1」で表現）

　highlightメソッドは、テキストtextに含まれる特定のキーワードphraseをハイライト表示します。具体的には、引数phraseに合致した部分を「<strong class="highlight">～<strong>」で括ります（デフォルトの挙動）。スタイルクラスhighlightは、必要に応じて自分で定義してください。

　:highlighterオプションを指定することで、ハイライトのためのフォーマットをカスタマイズすることもできます。フォーマットreplacedには「¥1」という形式でプレイスホルダを埋め込むことができます。「¥1」には、実行時にハイライト文字列（引数phraseで指定された文字列）がセットされます。

サンプル ● view/highlight.html.erb

```
<% msg = 'ビューヘルパーは、ビューを効率的に開発するためのメソッド⏎
です。truncateメソッドもビューヘルパーの一種です。' %>
<%# 文字列「ヘルパー」を強調表示（最もシンプルなパターン） %>
<%= highlight msg, 'ヘルパー' %>
```

　➡ ビュー<strong class="highlight">ヘルパー</strong>は、
　　ビューを効率的に開発するためのメソッドです。truncateメソッド
　　もビュー<strong class="highlight">ヘルパー</strong>の一種です。

```
<%# 複数のキーワードをまとめて指定する場合は配列で表現 %>
<%= highlight msg, [ 'ビュー', 'メソッド' ] %>
```

　➡ <strong class="highlight">ビュー</strong>ヘルパーは、
　　<strong class="highlight">ビュー</strong>を効率的に開発
　　するための<strong class="highlight">メソッド</strong>です。
　　truncate<strong class="highlight">メソッド</strong>も
　　<strong class="highlight">ビュー</strong>ヘルパーの一種です。

```
<%# ハイライト時に使用するタグを指定することも可能 %>
<%= highlight msg, 'ヘルパー', highlighter: '<a href="search/¥1">¥1</a>' %>
```

　➡ ビュー<a href="search/ヘルパー">ヘルパー</a>は、ビューを効率的
　　に開発するためのメソッドです。truncateメソッドもビュー
　　<a href="search/ヘルパー">ヘルパー</a>の一種です。

テーブルやリストのスタイルを
n行おきに変更する

4

ビュー開発

書式	`cycle(value [,…] [,name: cname])`	サイクル値の取得
	`reset_cycle([cname = 'default'])`	サイクルのリセット

引数	value：値リスト　cname：サイクル名

　cycleメソッドは、あらかじめ用意された値リストの内容を順番に出力します。たとえば、テーブルやリストを出力する際に、交互に異なるスタイルを適用したいというケースはよくありますが、そのような場合もcycleメソッドを利用することでスマートに表現できます。一般的に、eachブロックの配下で利用します。

　:nameオプションはサイクルの識別名です。ページ内で複数のcycleメソッドを呼び出す際に指定してください。

　reset_cycleメソッドは、サイクルを初期状態に戻します。

サンプル view/table_index.html.erb

```erb
<% @articles.each do |article| %>
  <%# 背景色を#ccc、#fff交互に出力 %>
  <tr style="background-color: <%= cycle '#ccc', '#fff' %>">
    <td><%= article.url %></td>
    …中略…
  </tr>
<% end %>
```

▼ 1行おきに背景色を交互に適用

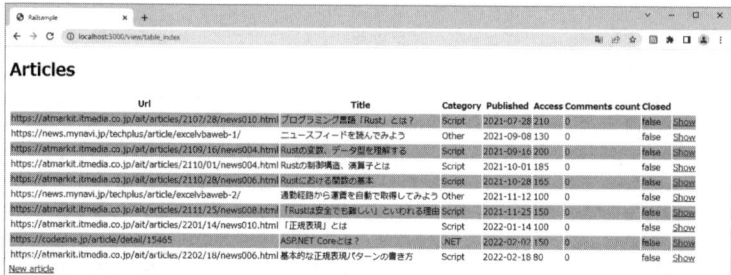

注意 Rails 7では、Scaffoldingで作成される一覧表示がテーブル形式ではなくなりました。そのため、サンプルでは独立したビューを用意してテーブル形式で表示するようにしています。

ビューヘルパー（データ加工）

current_cycle メソッド

サイクルの現在値を取得する

書式 current_cycle([cname = 'default'])

引数 cname：サイクル名

値リストの循環と現在値の取得を同時に行う cycle メソッドに対して、循環せずに、現在値の取得のみを行うのが current_cycle メソッドです。

たとえば以下のサンプルは、前項のサンプルを current_cycle メソッドを使って書き換えたものです。最初の cycle メソッド呼び出しではリストを循環した上で現在値を取得していますが、次の current_cycle メソッド呼び出しでは循環せずに現在値のみを取得しますので、結果、両者は同じ値を得られます。

サンプル articles/index.html.erb

```erb
<% @articles.each do |article| %>
  <tr>
    <%# 値リストから次の値を取得 %>
    <td style="background-color: <%= cycle '#ccc', '#fff' %>">
      <%= article.url %></td>
    <%# 値リストの現在値（上のcycleメソッドと同じ値）を取得 %>
    <td style="background-color: <%= current_cycle %>">
      <%= article.title %></td>
      …中略…
  </tr>
<% end %>
```

4
ビュー開発

数値データを加工する

書式		
`number_to_currency(num [,opts])`		通貨形式
`number_to_human(num [,opts])`		10、100、1000…の形式
`number_to_human_size(num [,opts])`		KB、MB…の形式
`number_to_percentage(num [,opts])`		パーセント形式
`number_to_phone(num [,opts])`		電話番号
`number_with_delimiter(num [,opts])`		桁区切り数字
`number_with_precision(num [,opts])`		指定桁数で丸め

引数 num：加工する数値 opts：動作オプション

▼ 動作オプション（引数optsのキー）

分類	オプション	概要	デフォルト値
共通	:locale	使用するロケール	現在のロケール
	:precision	数値の桁数（＊1）	3（＊2）
	:raise	trueに設定することで不正な値のときにInvalidNumberError例外を発生させる	
	:round_mode	丸め方法（次ページの表を参照）	
	:separator	小数点記号	.
	:delimiter	桁区切り文字	,（＊3）
number_to_currency	:unit	通貨単位	$
	:format	正数の形式（%uは通貨単位、%nは数値）	%u%n
	:negative_format	負数の形式	-%u%n
number_to_human	:units	単位名を表すハッシュ（整数部は:unit、:ten、:hundred、:thousand、:million、:billion、:trillion、:quadrillion。小数部は:deci、:centi、:mili、:micro、:nano、:pico、:femto）	－
	:format	出力形式	%n%u
number_to_human、number_to_human_size、number_to_percentage、number_with_precision	:significant	trueの場合、:precisionが全体桁数（有効桁数）を、falseの場合は小数点以下の桁数を表す	false
	:strip_insignificant_zeros	小数点以下の0を削除するか	true（＊4）

* 1：number_with_delimiter では使用不可。
* 2：number_to_currency では2。
* 3：number_to_percentage、number_with_precision では空文字。number_to_phone で
  はハイフン(-)。
* 4：number_to_percentage、number_with_precision では false。

▼ 丸め方法(:round_mode)

オプション	概要
:up	すべて切り上げ
:down	すべて切り捨て(Truncate)
:halfup	四捨五入(デフォルト)
:halfdown	五捨六入
:halfeven	四捨六入(5のときは上位1桁が奇数のときのみ繰り上げ)
:ceiling	大きい方に繰り上げ(Ceil)
:floor	小さい方に繰り下げ(Floor)
:default	デフォルトに設定(:halfup)

number_xxxxxメソッドは、与えられた数値 num を、指定されたオプション opts
に従って整形します。利用できるオプションについては、上の表を参照してくださ
い。ただし、number_with_delimiter メソッドについては共通以外で利用できるオ
プションはありません。

サンプル ● view/numberto.html.erb

```erb
<%# 数値を整形＋デフォルト通貨「$」で修飾 %>
<%= number_to_currency(12086.5) %>                              ⇒ $12,086.50
<%# 通貨と小数点以下の桁数、フォーマットを指定 %>
<%= number_to_currency(-12086.5, unit: '￥',
  precision: 0, format: '△ %u%n', negative_format: '▼ %u%n') %>
                                                               ⇒ ▼ ￥12,087
<%# 小数点以下を切り上げ %>
<%= number_to_currency(12086.5, precision: 0, round_mode: :up) %>
                                                               ⇒ $12,087
<%# 桁数に応じてthousand、millionなどの桁表記が付与される %>
<%= number_to_human(1208650) %>                                ⇒ 1.21 Million
<%# 桁表記をカスタマイズした例 %>
<%= number_to_human(12086,
  units: { unit: '', thousand: '千'}) %>                       ⇒ 12.1 千
<%# KB、MB…の単位を付与 %>
<%= number_to_human_size(12086.5) %>                           ⇒ 11.8 KB
<%# %表記に整形 %>
<%= number_to_percentage(0.1208) %>                            ⇒ 0.121%
```

```erb
<%# 電話番号を国コード、内線番号付きで局番をカッコで囲む %>
<%= number_to_phone(459111234, country_code: 81, area_code: true,
  extension: 5555) %>                        ➡ +81-(45) 911-1234 x 5555
<%# 桁区切り文字を追加 %>
<%= number_with_delimiter(12086.5) %>                  ➡ 12,086.5
<%# 桁区切り文字、小数点文字を指定 %>
<%= number_with_delimiter(12086.5,
  delimiter: " ", separator: ',') %>                   ➡ 12 086,5
<%# 小数点以下の桁数を4に設定 %>
<%= number_with_precision(86.547, precision: 4) %>     ➡ 86.5470
<%# 整数／小数点以下全体の桁数を4に設定 %>
<%= number_with_precision(86.547,
  precision: 4, significant: true) %>                  ➡ 86.55
<%# 小数点以下の桁数を4に、ただし、末尾の0はサプレス %>
<%= number_with_precision(86.547, precision: 4,
  strip_significant_zeros: true) %>                    ➡ 86.547
```

参考 number_xxxxxメソッドの一部のオプションは、辞書ファイル（P.348）としてロケール単位に設定しておくこともできます。

Column binフォルダとは？

binフォルダには、railsやbundleなどおなじみのコマンドが置かれています。これらは **binstub** と呼ばれ、アプリケーションのGemfileの構成を読み込んで本来のコマンドの処理を行ってくれるラッパーです。Rails 4以降では、このラッパー（つまりbin/railsなど）を使ってコマンドを実行することになっており、異なるRailsバージョンによる複数のアプリがある場合でも、Railsバージョンに合ったコマンド実行ができるようになっています。

しかし実際には、「bin」なしでコマンドを実行しても、正しくbinフォルダのコマンドが実行されたのと同様になるようです。これは、たとえばrailsコマンドの場合、①パスが通っているrails（Windowsではrails.bat）が実行される、②プロジェクト内で実行されたらプロジェクト内のrailsを実行する、③プロジェクト外で実行されたらプロジェクト外のrailsを実行する、という流れになっているからです。

strftimeメソッド

日付／時刻データを加工する

| 書式 | `time.strftime(format)` |

| 引数 | `time`：**Time**オブジェクト |
| | `format`：書式文字列（利用できる変換指定子は以下の表を参照） |

▼ 日付／時刻の変換指定子（引数format）

指定子	概要	指定子	概要
%c	日付時刻	%a	曜日の省略名（Sun、Mon…）
%x	日付	%p	午前／午後
%X	時刻	%H	時刻（00～23）
%Y	年4桁	%I	時刻（01～12）
%y	年2桁（00～99）	%M	分（00～59）
%m	月（01～12）	%S	秒（00～60）
%B	月名（January、February…）	%j	年間通算日（001～366）
%b	月の省略名（Jan、Feb…）	%U	週数（00～53。最初の日曜が第1週）
%d	日（01～31）	%W	週数（00～53。最初の月曜が第1週）
%w	曜日（0～6。日曜が0）	%Z	タイムゾーン
%A	曜日（Sunday、Monday…）	%%	パーセント文字

　strftimeメソッドは、日付／時刻値（Timeオブジェクト）を指定されたフォーマットformatで整形したものを返します。正確には、Railsのビューヘルパーではなく、Ruby標準の機能ですが、よく利用しますので、覚えておくとよいでしょう。

| サンプル | ● view/strftime.html.erb |

```
<% current = Time.now %>
<%= current.strftime('%Y年%m月%d日 %H時%M分%S秒') %>
```

2022年04月04日 14時49分27秒 ——————————————————— 結果はその時どきで異なる

| 参考 | アプリケーション全体で日付／時刻の形式を統一するならば、国際化対応のl（localize）メソッド（P.357）を利用するのが便利です。 |

`<%…%>` の中で文字列を出力する

書式 `concat(str)`

引数 str：出力する文字列

concatメソッドは、指定された文字列を出力します。テンプレートの中で利用できるput／printメソッドと考えてもよいでしょう。

`<%…%>`（出力を伴わないブロック）でちょっとした出力を行いたい場合、あるいは、ビューヘルパーを自作する場面（P.362）などで利用します。

サンプル view/concat.html.erb

```erb
<%
point = 82
if point > 70
  concat '合格！'
else
  concat '不合格...'
end
%>

<%# 上と同じ意味で、以下のような記述も可 %>
<% point = 82
if point > 70 %>
  合格！
<% else %>
  不合格...
<% end %>
```

合格！

注意 テンプレートでの出力は、あくまで`<%=…%>`が基本と考えてください。`<%…%>`でconcatメソッドが連綿と続くようなコードは記述すべきではありません。

rawメソッド

文字列を HTML エスケープせずに 出力する

書式 raw(str)

引数 str：エスケープしない文字列

HTML エスケープとは「<」「>」「&」のような HTML 予約文字を「<」「>」「&」のような文字列に置き換える処理のことです。エスケープ処理の漏れは、そのまま**クロスサイトスクリプティング（XSS）**と呼ばれる脆弱性の原因にもなりますので、要注意です。

もっとも、Railsでは<%=…%>による出力が自動的にエスケープ処理されますので、これを意識する局面はほとんどありません。逆に、エスケープ処理したくない場合にのみ、rawメソッドで文字列を修飾する必要があります。

rawメソッドを利用するのは、文字列が「安全な（＝内容が完全に把握できている）」HTMLである場合、もしくは既にエスケープ済みであることがわかっている場合に限るべきです。

サンプル view/raw.html.erb

```
<% msg = '<b>WINGS Project</b>'%>
<%# 変数msgをそのまま表示 %>
<%= raw msg %>
    ➡ <b>WINGS Project</b>
<%# 上と同じ意味（html_safeメソッドで安全なHTMLであることを宣言） %>
<%= msg.html_safe %>
    ➡ <b>WINGS Project</b>
<%# 変数msgをエスケープ処理した上で表示 %>
<%= msg %>
    ➡ &lt;b&gt;WINGS Project&lt;/b&gt;
```

参考 エスケープを除外して出力するには<%==…%>（P.272）を優先して利用してください。

参考 html_safeメソッドは、「文字列をエスケープしなくてよいこと」をマークするメソッドです。自作のビューヘルパーで、タグを文字列として組み立てた場合などに利用することになるでしょう（ただし、任意のタグ生成には、基本的にtagメソッドを優先して利用すべきです）。

参照 P.358「任意のタグを生成する」

url_encode メソッド

URL エンコードを行う

書式 `url_encode(str)`

引数 str：エンコードする文字列

　クエリ情報、ルートパラメータに日本語などのマルチバイト文字や「?」「%」「&」のような予約文字が含まれる場合には、あらかじめ文字列を**URLエンコード**しておく必要があります。URLエンコードとは、マルチバイト文字を%xxの形式に変換することをいいます。エイリアスとして、uメソッドも利用できます。

サンプル view/urlencode.html.erb

```
<%= url_encode 'いろはにほへと' %>
    ➡ %E3%81%84%E3%82%8D%E3%81%AF%E3%81%AB%E3%81%BB%E3%81%B8%E3%81%A8
<%# 上と同じ意味 %>
<%= u 'いろはにほへと' %>
```

参考 アクションメソッドでは、以下のように記述してください。

```
render plain: ERB::Util.url_encode('いろはにほへと')
```

参照 P.82「XML形式のデータをJSON形式に変換する」

sanitizeメソッド

文字列から特定のタグ／属性を除去する

書式 `sanitize(html [,opts])`

引数 html：HTML文字列　opts：許可するタグ／属性

▼ 許可するタグ／属性（引数optsのキー）

オプション	概要
:tags	除去しないタグ（配列）
:attributes	除去しない属性（配列）
:scrubber	カスタムScrubberオブジェクト

　sanitizeメソッドは、与えられた文字列からタグと属性を除去します。たとえば、ブログやフォーラムなどのアプリケーションでエンドユーザによるタグ付けを認める場合にも、最低限のタグだけを許可することで、セキュリティを維持しやすくなります。

　sanitizeメソッドは、デフォルトで以下のタグ／属性を許可します。以下は、許可するタグ（sanitized_allowed_tags）と属性（sanitized_allowed_attributes）をrails consoleコマンドで確認したものです。

```
irb(main):001:0> ActionView::Base.sanitized_allowed_tags
=> #<Set: {"strong", "em", "b", "i", "p", "code", "pre", "tt", "samp",
"kbd", "var", "sub", "sup", "dfn", "cite", "big", "small", "address",
"hr", "br", "div", "span", "h1", "h2", "h3", "h4", "h5", "h6", "ul", "ol",
"li", "dl", "dt", "dd", "abbr", "acronym", "a", "img", "blockquote", "del",
"ins"}>
irb(main):002:0> ActionView::Base.sanitized_allowed_attributes
=> #<Set: {"href", "src", "width", "height", "alt", "cite", "datetime",
"title", "class", "name", "xml:lang", "abbr"}>
```

　このデフォルトの挙動を変更したい場合には、引数optsで:tags／:attributesオプションを指定してください。:tags／:attributesオプションを指定した場合、ここで指定されなかったタグ／属性はすべて除去されます。

　:scrubberオプションを指定することで、除去の内容をカスタマイズできます。:scrubberオプションには、処理の内容を記述した以下などのオブジェクトを指定します。この指定は、上記の:tags／:attributesオプションに優先します。

```erb
<pre>
<% msg = <<EOL
<h1>WINGSプロジェクト</h1>
<a href="https://wings.msn.to/">サポートサイト</a>
<a href="javascript:location.href='index.php'">サポートサイト</a>
<input type="text" name="nam" />
EOL
%>
<%# 標準で決められたタグ／属性のみを残して、他は除去 %>
<%= sanitize msg %>
    ➡ <h1>WINGSプロジェクト</h1>
       <a href="https://wings.msn.to/">サポートサイト</a>
       <a>サポートサイト</a>
<%# :tags／:attributesオプションを指定した場合、指定のタグ／属性のみ許可 %>
<%= sanitize msg, tags: ['a', 'input'], attributes: ['id', 'href'] %>
    ➡ WINGSプロジェクト
       <a href="https://wings.msn.to/">サポートサイト</a>
       <a>サポートサイト</a>
       <input>
<%= sanitize msg, scrubber: @permit_scrubber %>
    ➡ WINGSプロジェクト
  <a href="https://wings.msn.to/">サポートサイト</a>
  <a>サポートサイト</a>
<%= sanitize msg, scrubber: @target_scrubber %>
    ➡ <h1>WINGSプロジェクト</h1>
  サポートサイト
  サポートサイト
  <input type="text" name="nam">
<%= sanitize msg, scrubber: @loofah_scrubber %>
    ➡ <h1>WINGSプロジェクト</h1>
  <a href="https://wings.msn.to/">サポートサイト</a>
  <a href="javascript:location.href='index.php'">サポートサイト</a>
```

注意 ▶ sanitizeメソッドは、「javascript:〜」で始まる**JavaScript**疑似プロトコルを含んだ属性を危険であると見なして、無条件に除去します。:attributesオプションの指定に関わらず、残すことはできません。ただし、:ssrubberオプションでLoofahオブジェクトを指定した場合を除きます。

参考 ▶ 許可するタグ／属性は、設定ファイル（application.rb）で追加／削除することもできます。

```ruby
# 許可するタグ／属性を追加
config.action_view.sanitized_allowed_tags = 'table', 'tr', 'td'
```

```
config.action_view.sanitized_allowed_attributes = 'id', 'class', 'style'
# 許可するタグ／属性を削除
config.after_initialize do
  ActionView::Base.sanitized_allowed_tags.delete 'b'
  ActionView::Base.sanitized_allowed_attributes.delete 'href'
end
```

参考 ハイパーリンク(<a>タグ)だけを破棄するならば、strip_linksメソッドを利用しても構いません。

Column 状態管理の手法

状態管理とは、複数のページ間で情報を維持するためのしくみのことをいいます。Railsの通信基盤となるHTTPは状態を維持できない―いわゆる**ステートレス**なプロトコルですので、ページ(通信)をまたがるような情報はアプリケーション側で管理しなければならないのです。

Railsでは、状態管理のためにいくつかの方法を提供しています(以下は有効範囲の狭いものから順に並べています)。

▼ Railsで利用可能な状態管理の方法

機能	保存場所	有効範囲	参照先
フラッシュ	クライアント／サーバ	現在／次のページ	P.106
クッキー	クライアント	現在のユーザ	P.97
セッション	クライアント／サーバ	現在のユーザ	P.101
アプリケーション変数	サーバ	アプリケーション全体	P.54

状態管理の基本は、有効範囲の最も狭いものを選ぶことです。たとえばリダイレクト前後でのメッセージの引き渡しはフラッシュで十分ですので、セッション／クッキーを利用すべきではありません。

また、データの保存場所も重要です。クライアントによるデータ管理は「改ざんや情報漏えいに弱い」「通信トラフィックに影響しやすい」などの短所がありますので、特に機密情報を扱う場合には、ActiveRecordストアのセッションなどサーバサイドの状態管理を利用してください。

もっとも、サーバサイドでの管理手段についても無制限というわけではありません。大容量のデータ維持はサーバリソースを逼迫させる原因にもなりますので、そもそも状態管理の世界ではできるだけ必要最小限のデータのみを維持するようにしてください(たとえばユーザ情報であればユーザ情報そのものではなく、ユーザIDのみを維持する方が望ましいでしょう)。

4
ビュー開発

国際化対応とは？

　昨今、1つのアプリケーションで複数の言語に対応したいということはよくあります。そのような要件で、アクションメソッドやテンプレートに、直接、言語依存の文字列を埋め込んでしまうのは望ましくありません。複数言語に対応させようとすれば、言語の数だけコードを多重化させなければならないためです。

　そこでRailsでは、ロケール（地域）固有の文字列情報を管理するためのしくみとして、I18n（Internationalization）APIを提供しています。I18n APIを利用することで、アプリケーションコード本体から地域依存の情報を切り離すと共に、表示する言語を自在に切り替えられるようになります。

● 国際化対応アプリケーションの構造

　以下は、Railsにおける国際化対応アプリケーションの構造です。

▼ 国際化対応アプリケーションのしくみ

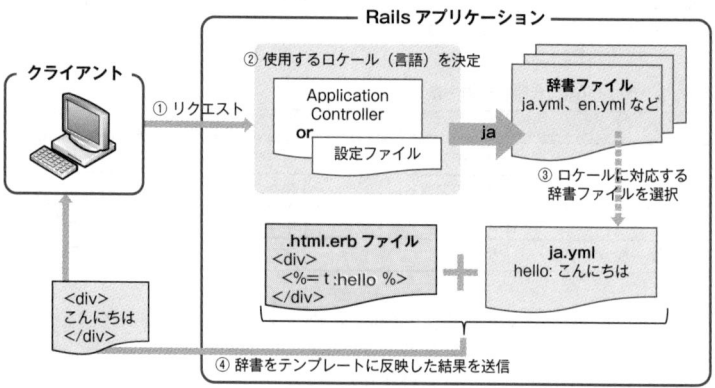

　国際化対応アプリケーションでは、まず**辞書（翻訳）ファイル**を準備する必要があります。辞書ファイルとは、言語に依存するコンテンツをまとめたファイルです。Railsではあらかじめ指定された言語情報で適切な辞書ファイルを選択し、その中の情報をテンプレートに埋め込むことで、国際化対応を実現しているのです。これによって、ページそのものを多重化することなく、さまざまな言語に対応できます。

　言語情報の設定そのものは、

● 設定ファイル（application.rbなど）
● ルートコントローラ（application_controller.rbファイル）

のいずれかで設定するのが基本です。あらかじめ言語情報が静的に決まる場合は設定ファイルを、ブラウザの言語設定などによって動的に変更したい場合にはルートコントローラを利用してください。

参照 ▶ P.52「アプリケーションの設定情報を定義する」
P.126「すべてのコントローラ共通の処理を定義する」

● テンプレートによる国際化

テンプレートの大部分が翻訳情報で構成されており、かつ、その内容が他で再利用しにくいものであるならば（たとえば文章を中心とした記事コンテンツなどです）、そもそも辞書ファイルに切り分けるのではなく、テンプレートそのものを国際化しても構いません。

テンプレートを国際化するには、index.html.ja.erb、index.html.en.erbのようにファイル名にロケール情報を加えるだけです。

▼ ローカル対応テンプレート

index.en.html.erb

This guide is designed for beginners who want to get started with a Rails application from scratch. It does not assume that you have any prior experience with Rails (source : RailsGuide)

index.ja.html.erb

このガイドは、Rails アプリケーションに初めて触れる初心者のために書かれています。Rails の事前知識などは要求していません（出典：RailsGuide）

テンプレートそのものを国際化

○ テンプレートと一緒に修正できるので、編集しやすい＆シンプル
× デザインが複雑になると、テンプレートのメンテナンスが煩雑に

ただし、テンプレートファイルの国際化対応では、言語の数だけテンプレートを用意する必要がありますので、デザインの変更時にそれなりの手間がかかります。まずは辞書ファイルでの翻訳を基本とし、辞書ファイルに分離するのが冗長である場合のみ国際化対応テンプレートを利用するとよいでしょう。

辞書ファイルを作成する

書式
```
lang:
  key:
    subkey: value
```

引数 lang：**言語名** key：**キー名** subkey：**サブキー名** value：**値**

辞書ファイルでは、言語名を頂点に、配下に「キー名: 値」の形式で辞書情報を記述します。インデントを付けることで、「キー.サブキー」のような階層構造を表現することもできます。アプリケーションが大きくなれば、辞書ファイルのサイズも大きくなりますので、キーの衝突を防ぐ意味でも、できるだけ意味あるかたまりで階層を設けておくのが望ましいでしょう。また、Railsでは定型的な分類のために、以下のようなルールを定めています。

▼ Railsで決められたキー階層

キー階層	概要
コントローラ名.アクション名.キー名	テンプレート固有のキー
attributes.属性名	モデル共通の属性名
attributes.モデル名.属性名	モデルの属性名

翻訳文字列には%{名前}の形式で、プレイスホルダを指定することもできます。プレイスホルダには、あとからtメソッド（P.355）で動的に値を埋め込むことができます。

作成した辞書ファイルは、/config/localesフォルダ配下に「言語名.yml」という名前で保存するのが基本です。

サンプル ja.yml

```
ja:
  view:
    trans:
      msg: "こんにちは、世界！"        ← アクション固有の翻訳
      current: "今は ${time} です。"

  attributes:
    penname: "ペンネーム"            ← モデル共通の属性翻訳
    birth: "誕生日"
```

```
  article: ─────────────────────────────┐
    url: "URL"                           │
    title: "タイトル"                     │
    category: "分類"                      ├──── Article モデルの属性翻訳
    published: "公開日"                   │
    access: "アクセス数"                  │
    closed: "非公開サイン" ──────────────┘

common: ───────────────────────────────┐
  msgs:                                 │
    morning: "おはようございます。"        │
    rows:                               ├──── 任意の和訳
      one: "一"                         │
      other: "%{count} 件がマッチしました。" ┘
```

サンプル ● en.yml

```
en:
  view: ──────────────────────────────┐
    trans:                            │
      msg: "Hello World！"            ├──── アクション固有の翻訳
      current: "It's %{time} Now." ──┘

  attributes:                        ─┐
    penname: "Pen Name":              ├──── モデル共通の属性翻訳
    birth: "Birthday" ────────────────┘

  article: ─────────────────────────┐
    url: "URL"                       │
    title: "Title"                   │
    category: "Category"             ├──── Article モデルの属性翻訳
    published: "Publish Date"        │
    access: "Access Count"           │
    closed: "Closed Sign" ──────────┘

common: ────────────────────────────┐
  msgs:                             │
    morning: "Good Morning."        ├──── 任意の和訳
    rows:                          │
      one: "一"                    │
      other: "%{count} affairs matched." ┘
```

349

参考 attributes.～で定義されたキーは、ビューヘルパーlabel（P.308）で参照できます。label メソッドでテキストラベルが指定されていない場合、指定された属性名に応じて翻訳 結果がラベルに反映されます。

参考 辞書データが膨大になってきた場合、/config/localesフォルダ配下にサブフォルダを 設け、コントローラ／モデルなどの単位で辞書ファイルそのものを分割することも可 能です。ただし、あくまでフォルダ階層は整理のためのものですので、辞書のキー階 層は分割前と同じ方法で記述します。

```
/locales
 ├ja.yml、en.yml … アプリケーション共通の翻訳
 ├/models
 │  └/article
 │      └ja.yml、en.yml … Articleモデルの翻訳
 └/views
    └/hello
        └ja.yml、en.yml … Helloコントローラの翻訳
```

注意 辞書ファイルをサブフォルダに分割した場合、設定ファイル（application.rb）でi18n. load_pathパラメータを設定して、/config/localesフォルダ配下をサブフォルダまで 読み込むようにしてください。デフォルトでは/config/localesフォルダ直下のファイ ルのみが読み込まれます。

```
config.i18n.load_path += Dir[Rails.root.join('config', 'locales', ⏎
'**', '*.{rb,yml}').to_s]
```

参照 P.351「ビューヘルパー／エラーメッセージなどを日本語化する」

辞書ファイル

ビューヘルパー／エラーメッセージ などを日本語化する

書式
```
lang:
  key:
    subkey: value
```

引数　lang：**言語名**　key：**キー名**　subkey：**サブキー名**　value：**値**

Railsでは、数値や日付／時刻関係のビューヘルパー、Active Modelによる検証メッセージなどがあらかじめ国際化対応しており、辞書ファイルを設定するだけで多国語対応できます。

もっとも、これらRails標準の辞書は一から作成するのは大変なので、rails-i18nプロジェクト（https://github.com/svenfuchs/rails-i18n）で提供されている辞書ファイルを利用させてもらいましょう。こちらを入手し、必要な箇所のみ適宜更新して利用するのがよいでしょう。

以下のサンプルは、rails-i18nプロジェクトで提供されている辞書ファイルを抜粋し、コメントを付加したものです。

サンプル ● ja.yml

```yaml
ja:
  activerecord:
    errors:
      messages:
        …Active Recordのエラーメッセージ…
  date:
    …日付フォーマット、曜日名、月名など…
  datetime:
    …日付／時刻系ヘルパーの翻訳／設定値…
  errors:
    format: "%{attribute}%{message}"
    …エラーメッセージの翻訳…
    messages:
      accepted: を受諾してください                      # acceptance検証
      blank: を入力してください                          # presence検証
      confirmation: と%{attribute}の入力が一致しません    # confirmation検証
      empty: を入力してください
      equal_to: は%{count}にしてください                 # numerically検証
      even: は偶数にしてください                         # numerically検証
      exclusion: は予約されています                      # exclusion検証
```

```
      greater_than: は%{count}より大きい値にしてください   # numerically検証
      greater_than_or_equal_to: は%{count}以上の値にしてください
                                                              # numerically検証
      inclusion: は一覧にありません                          # inclusion検証
      invalid: は不正な値です                                # format検証
      less_than: は%{count}より小さい値にしてください        # numerically検証
      less_than_or_equal_to: は%{count}以下の値にしてください
                                                              # numerically検証
      model_invalid: 'バリデーションに失敗しました: %{errors}'
      not_a_number: は数値で入力してください                 # numerically検証
      …中略…
        # 以下、length検証
      too_long: は%{count}文字以内で入力してください
      too_short: は%{count}文字以上で入力してください
      wrong_length: は%{count}文字で入力してください
    template:
      …テンプレート中のエラーメッセージの翻訳…
helpers:
  …中略…
  submit: # サブミットボタンの翻訳
    create: 登録する
    submit: 保存する
    update: 更新する
number:
  currency:
    format:
      …通貨フォーマットの翻訳／設定値…
  format:
    …number〜系ビューヘルパーの翻訳／設定値…
  human:
    …単位などの翻訳／設定値…
  …中略…
support:
  …Active Supportの翻訳情報…
time:
  …時刻のフォーマット…
```

参考 ► helpers.submitキー配下では、新規／既存レコードによってサブミットボタンの翻訳を分けています。

参照 ► P.247「標準の検証機能を利用する」
P.309「ボタン／サブミットボタンを生成する」
P.336「数値データを加工する」
P.305「日付／時刻入力用の選択ボックスを生成する」

i18n.default_locale パラメータ

アプリケーションで使用する
ロケールを設定する

書式 `config.i18n.default_locale = locale`

引数 locale：ロケール名（:ja、:en、:deなど）

アプリケーションで使用するデフォルトのロケールは、/config/application.rb ファイルのi18n.default_locale パラメータで設定します。これによって、アプリケーション全体で、指定されたロケールの辞書ファイルが利用されるようになります。

デフォルトのロケールは、あとからI18n.locale=メソッド(P.354)、もしくは、個別にビューヘルパーのtメソッド(P.355)で上書きすることもできます。

サンプル application.rb

```
config.i18n.default_locale = :ja
```

Column ハッシュの省略形には要注意

Rubyでは、メソッドに渡す引数の最後がハッシュである場合、{…}を省略しても構わないというルールがあります。よって、以下のコードは同じ意味です。

```
<%= link_to 'Home', { controller: 'hello', action: 'index' } %>
<%= link_to 'Home', controller: 'hello', action: 'index' %>
```

ただし、以下のようなケースでは要注意です。:controller／:actionオプションは第3引数（URLオプション）、:id／:classオプションは第4引数（HTML属性）を意図したものの、すべてのオプションが第3引数と見なされた例です。

```
<%= link_to 'Home', controller: 'hello', action: 'index',
  id: 'link', class: 'menu' %>
  ➡ <a href ="hello/index/link?class=menu">Home</a>
```

このような場合は、以下のように{…}でハッシュの区切りを明記してください。

```
<%= link_to 'Home', { controller: 'hello', action: 'index' },
  { id: 'link', class: 'menu' } %>
  ➡ <a href ="hello/index" id="link" class="menu">Home</a>
```

ロケール情報を動的に設定する

4
ビュー開発

書式	I18n.locale= loc

引数	loc：ロケール名（ja、en、deなど）

I18n.locale= メソッドは、アプリケーションで利用するロケールを表します。ブラウザの言語設定（Accept-Languagesヘッダ）やルートパラメータ／クエリ情報などに応じて、利用する言語も動的に変更したい場合に利用します。

ロケールの設定は、一般的にアプリケーション共通に、かつ、リクエストの実処理前に行うべきですので、Applicationコントローラのbeforeフィルタで行います。

サンプル ● application_controller.rb

```ruby
class ApplicationController < ActionController::Base
  before_filter :get_locale
…中略…
  private
  def get_locale
    # Accept-Languageヘッダから先頭のロケールを抽出
    I18n.locale = request.headers['Accept-Language'].scan(/^[a-z]{2}/).first
  end
end
```

注意 ▶ 静的にロケール設定する場合は、i18n.default_localeパラメータ（P.353）を利用してください。

参考 ▶ サンプルでは、Accept-Languageヘッダをもとにロケール設定していますが、その他にもロケールの決定ルールはさまざまに考えられます（サンプルの太字部分を差し替えればよいだけです）。たとえばクエリ情報／ルートパラメータ、アプリケーションで管理しているユーザ情報、サブドメイン（ja.wings.msn.toなどのように）、トップレベルドメインなどからロケールを判定してもよいでしょう。

参考 ▶ ブラウザの言語設定は、たとえばGoogle Chromeであれば[設定]ー[詳細設定]ー[言語]から変更できます。

tメソッド

辞書ファイルを参照する

書式 t(key [,opts])

引数 key：翻訳情報のキー　opts：動作オプション

▼ 動作オプション（引数optsのキー）

オプション	概要
:パラメータ名	翻訳文字列に含まれるプレイスホルダ（%{名前}）に値をセット
:scope	翻訳情報の親キー（名前空間）
:default	翻訳情報が見つからなかった場合のデフォルト値
:locale	使用するロケール（アプリケーション設定と異なる場合）
:count	指定された値に応じて単数形／複数形の翻訳を取得

テンプレートから辞書ファイルを引用するには、tメソッドを利用します。

引数keyには、辞書ファイルのキーを文字列、またはシンボルで指定します。ただし、「**コントローラ名.アクション名**.キー名」の形式で定義された辞書を参照したい場合には、太字の部分を省略して「.キー名」だけで指定できます（頭のドットを忘れないようにしてください）。

サンプル ● view/trans.html.erb

```
<%# 辞書階層を完全なキーで指定（基本的な書き方） %>
<%= t 'common.msgs.morning' %>
```
   ➡ おはようございます。
```
<%# 名前空間を:scopeオプションで指定 %>
<%= t :morning, scope: 'common.msgs' %>
```
   ➡ おはようございます。
```
<%# :scopeオプションは配列での指定も可能 %>
<%= t :morning, scope: [:common, :msgs] %>
```
   ➡ おはようございます。

```
<%# 名前空間を変数にセットしておくことで、よりシンプルに記述できる %>
<% @ns = [:common, :msgs] %>
<%= t :morning, scope: @ns %>
    ➡ おはようございます。
<%# :localeオプションで現在のロケールを一時的に切り替えも可 %>
<%= t 'common.msgs.morning', locale: 'en' %>
    ➡ Good Morning.
<%# 現在のテンプレートに対応するキーであれば名前空間
    (ここではview.trans.〜) が省略可能 (キーの先頭はドット)  %>
<%= t '.msg' %>
    ➡ こんにちは、世界！
<%# 翻訳「今は ${time} です。」の${time}に値をセット %>
<%= t '.current', time: l(Time.now) %>
    ➡ 今は 2022/04/04 15:44:54 です。
<%# 指定のキーが存在しない場合のデフォルト値として「Hello」を設定 %>
<%= t 'common.msgs.greeting', default: 'Hello' %>
    ➡ Hello
<%# デフォルトキーと値を設定。common.msgs.greeting→
    common.msgs.morningの順で検索し、両方ない場合、「Hello」を出力 %>
<%= t 'greeting', scope: 'common.msgs', default: [:morning, 'Hello'] %>
    ➡ おはようございます。
<%# :countパラメータの値によって単数形、複数形の翻訳を振り分け %>
<%= t 'common.msgs.rows', count: 1 %>
    ➡ 一
<%= t 'common.msgs.rows', count: 2 %>
    ➡ 2 件がマッチしました。
```

※結果は、P.351 の辞書ファイルが配置されていること、ロケールが :ja に設定されていることを前提とします。

参考 ▶ t メソッドは、translate メソッドの別名です。

参考 ▶ :count オプションを利用する場合は、本来のキー配下のサブキーとして、one(単数形)、other(複数形)を用意しておく必要があります。

参照 ▶ P.357「ロケール設定に応じて日付／時刻を整形する」

ロケール設定に応じて日付／時刻を整形する

書式 l(date [,:format => fmt])

引数 date：日付／時刻値
fmt：日付／時刻形式（:long、:short、:default）

lメソッドを利用することで、日付／時刻値を辞書ファイルであらかじめ定義されたフォーマットに従って整形できます。日付／時刻の整形にはRuby標準のstrftimeメソッドを利用することもできますが、フォーマット定義を辞書ファイルにまとめるという意味でも、できるだけ国際化対応のlメソッドを利用すべきです。

サンプル view/localize.html.erb

```
<% @now = Time.now %>
<%= l @now, format: :default %>
  ⇒ 2022/04/04 15:47:32
<%= l @now, format: :short %>
  ⇒ 22/04/04 15:47
```

サンプル ja.yml

```
ja:
  …中略…
  time:
    formats:
      default: "%Y/%m/%d %H:%M:%S"
      short: "%y/%m/%d %H:%M"
      long: "%Y年%m月%d日 %H時%M分%S秒"
```

参考 lメソッドは、localizeメソッドの別名です。

参照 P.351「ビューヘルパー／エラーメッセージなどを日本語化する」

357

任意のタグを生成する

書式 tag.tname[(content[,opts] [,&block])]

引数 tname：**タグ名** content block：**本体**
opts：**タグの属性**（「属性名：値」の形式）

　tagメソッドは、指定された引数の情報に基づいてタグを生成します。Rails 5.1
以降では、空タグを生成するtagメソッドと本体を持つタグを生成するcontent_
tagが統合され、単一のtagメソッドですべてのタグの生成が可能です。すべての
HTML Living Standard準拠のタグを生成できますが、専用のヘルパーがあるタグ
（<img>タグならimage_tagメソッド）については、専用のメソッドを利用するよ
うにしてください。

　引数contentにはtagメソッドを指定できますので、入れ子になったタグも生成
できます。

　引数optsに:dataオプション、:ariaオプションを指定することで、data-xxxxx
属性、aria-xxxxx属性を渡せるようになっています。また、disabledやreadonly
のように値を持たない属性では、disabled: trueのようにtrueを値として指定しま
す。

　引数optsにescapeを与えることで、タグ名や属性のエスケープ処理を制御でき
ます。デフォルトはtrueでエスケープ処理されます。

サンプル view/tag.html.erb

```
<%= tag.input type: 'button', value: '保存' %>
  ➡ <input type="button" value="保存">
<%= tag.span '5桁以内で入力', data: { length: 5 } %>
  ➡ <span data-length="5">5桁以内で入力</span>
<%= tag.br %>
  ➡ <br>
<%= tag.div tag.span 'ありがとうございました。' %>
  ➡ <div><span>ありがとうございました。</span></div>
```

注意 従来の書式のtagメソッド、content_tagメソッドも引き続き使用できますが、非推奨となっています。特に理由のない限りはこの書式のtagメソッドを使用した方がよいでしょう。

参考 ERB内では、tag.attrbutesメソッドでHTMLタグに属性を指定できます。

```
<input <%= tag.attributes(type: :text, aria: { label: "検索" }) %>>
  ➡ <input type="text" aria-label="検索">
```

注意 オプションescapeをfalseとするのは避け、属性値がエスケープ済みであるとわかっている場合に限るべきです。特にユーザによる入力値をもとに属性値を生成するような場合、オプションescapeをfalseにするのは避けてください。クロスサイトスクリプティング脆弱性の原因となります。

参考 data-xxxxx属性は、JavaScriptで利用するパラメータ情報を埋め込むための属性です。JavaScriptのコードそのものはHTMLから切り離し、最低限のパラメータ情報だけをHTML側に残すのが一般的です。

参考 aria-xxxxx属性は、アクセシビリティ向上のための情報を指定するための属性です。要素の意味(ナビゲーションなど)を説明するrole、要素の性質(必須項目など)を説明するproperty、要素の状態(無効状態など)を説明するstateなどがあります。具体的には、スクリーンリーダーなどの支援技術によって使われます。

> **Column** **HTML5とHTML Living Standard**
>
> 2021年1月に、W3C(World Wide Web Consortium)はHTML5の廃止を発表しました。そして、WHATWG(Apple, Mozilla, Operaが2004年に設立した団体)のHTML Review Draftを推奨勧告したことで、以降は同グループの**HTML Living Standard**がHTMLの標準規格となりました。これにより、2つの標準があったような状況は終わり、開発者はただ1つの標準に沿えばよいということになりました。
>
> HTML5とHTML Living Standardの仕様には現時点で大きな差異はありませんが、hgroupタグやslotタグなど新規追加されたもの、citeタグやlinkタグなど変更を受けたものもいくつか存在します。これらのタグを使用する場合には動作環境がHTML Living Standardへ準拠しているかの確認が必要です。
>
> なお、RailsではHTML Living Standardへの対応は明言していません。よって、RailsにおいてはHTML5とHTML Living Standardはほぼ同義であるとみてよさそうです。
>
> ▼ HTML Living Standard
>   https://html.spec.whatwg.org/multipage/

debugメソッド

オブジェクトやハッシュなどの
データを可読形式に整形する

4
ビュー開発

書式 debug(obj)

引数 obj：出力対象のオブジェクト

debugメソッドは、配列やハッシュ、オブジェクトの内容を人間の目にも読みやすい形（YAML形式）に整形した上で出力します。テンプレート変数に意図したデータが渡されているかを確認したい場合に活用できます。

サンプル view/debug.html.erb

```
<% @articles = Article.all %>
<%= debug @articles %>
```

▼ オブジェクト配列の内容をダンプ表示

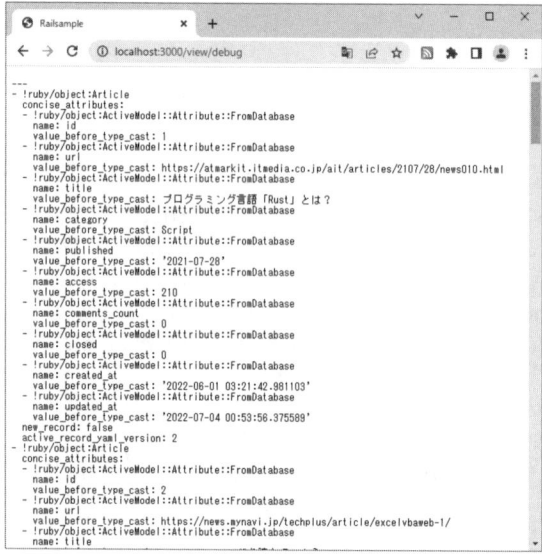

参考 その他、オブジェクトを可読形式に変換するinspectメソッドも有用です。「<%=@books.inspect %>」のように利用できます。

capture メソッド

テンプレートの処理結果を変数にセットする

書式　var = capture do
　　template
　　end

引数　var：変数　template：変数に格納する任意のテンプレート

captureメソッドを利用することで、ブロック配下で定義されたテンプレートの結果を変数に格納できます。「部分テンプレートとして切り出すほどではないが、テンプレートの複数箇所で再利用したい」というコンテンツを定義する際に利用します。

サンプル view/capture.html.erb

```erb
<% @msg = capture do %>
  <%= Time.now %>です。
<% end %>

<%= @msg %>
<div style="color: Red;"><%= @msg %></div>
```

▼

```
2022-04-04 16:23:54 +0900です。

<div style="color: Red;">  2022-04-04 16:23:54 +0900です。
</div>
```

ビューヘルパーを自作する

4

ビュー開発

書式 `module ApplicationHelper…end`

　アプリケーション共通で利用するビューヘルパーは、ApplicationHelperモジュール（/app/helpers/application_helper.rbファイル）配下のメソッドとして記述するのが基本です。

　メソッドとしての決まりは特にありませんが、戻り値として出力すべき文字列（タグ文字列）を返すようにしてください。

サンプル application_helper.rb

```ruby
module ApplicationHelper
  # 現在時刻を返すcurrent_timeヘルパー
  def current_time
    Time.now.strftime '%Y年%m月%d日 %H:%M:%S'
  end
  …中略…
end
```

サンプル view/helper_basic.html.erb

```erb
<%= current_time %>
```

▼

```
2022年04月04日 16:27:12
```

サンプル2 application_helper.rb

```ruby
module ApplicationHelper
  …中略…
  # 与えられたモデルオブジェクト配列をもとにリンク付き箇条書きリストを生成
  # models：リストのもととなるモデルオブジェクト配列
  # url_fields：リンク先を表すプロパティ名（デフォルトは'url'）
  # title_fields：リンクテキストを表すプロパティ名（デフォルトは'title'）
  def bulleted_list(models, url_field = 'url', title_field = 'title')
    # <ol>要素を生成
    tag.ol do
      # オブジェクト配列から順に<li>/<a>要素を生成
      models.each do |model|
        concat tag.li(
          link_to(model.attributes[title_field],
```

```
            model.attributes[url_field]))
      end
    end
  end
end
```

サンプル2 view/helper.html.erb

```
<%= bulleted_list Article.all, 'url', 'title' %>
<%# 以下でも同じ意味 %>
<%= bulleted_list Article.all %>
```

▼ articlesテーブルをもとにリンク付き箇条書きリストを生成

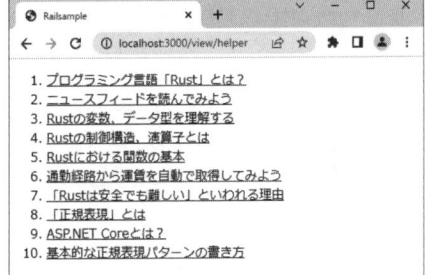

参考 ヘルパーメソッドの配下でタグを生成するには、できるだけtagメソッドを利用して
ください。tagメソッドは、属性や本体テキストを自動的にエスケープしますし、タ
グ部分はそのまま出力してくれるというメリットがあります。

参考 コントローラ固有のビューヘルパーは<コントローラ名>_helper.rbファイルに記述
するようにしてください。Railsではデフォルトで/app/helpersフォルダ配下のすべて
のヘルパーを読み込みますが、action_controller.include_all_helpersパラメータおよ
びclear_helpersメソッド（P.132）を利用することで、現在のコントローラに対応する
ヘルパー以外を無効にすることもできます。

参照 P.186「レコードのフィールド値を取得する」

ビュー開発

363

任意の属性を受け取る
ビューヘルパーを定義する

4

ビュー開発

書式	h.**merge!**(h2)

引数	h：もとのハッシュ　h2：結合するハッシュ

自作のビューヘルパーで任意の属性を受け取るには、以下のようにします。

- ハッシュ型の引数（以下のサンプルではoptions）として、任意の属性を受け取る
- 引数optionsとその他、明示的に指定された属性（以下のサンプルではstart）をmerge!メソッドで結合する

merge!メソッドはRuby標準で利用できるメソッドの1つで、もとあるハッシュに指定されたハッシュを追加します。これによって、最終的にタグに出力すべきすべての属性が1つのハッシュにまとまりますので、tagメソッドに渡すことが可能となります。

たとえば以下は、P.362のbulleted_listヘルパーに省略可能な引数start（リストの開始番号）、options（<ol>要素の任意の属性）を追加した例です。

サンプル● application_helper.rb

```
def bulleted_list(models, url_field = 'url',
  title_field = 'title', start = 1, options = {})
  options.merge! start: start          # 任意の属性群にstart属性を統合
  tag.ol( options) do                  # <ol>タグに属性を追加
    …中略…
  end
end
```

サンプル● view/merge.html.erb

```
<%= bulleted_list Article.all, 'url', 'title',
  10, id: 'list', class: 'menu' %>
```

⬇

```
<ol id="list" class="menu" start="10">…</ol>
```

364

本体を持つビューヘルパーを定義する

書式　capture(&block)　　　　　　　　　　　ブロックの取得
　　　　block_given?　　　　　　　　　　　　　ブロックの有無判定

引数　&block：ブロック変数

本体を持つビューヘルパーを定義するには、以下のようにします。

- 引数としてブロック（以下のサンプルでは&block）を受け取る
- block_given?メソッドでブロックの有無を判定（ブロックがない場合は別の引数、ここでは引数contentを利用）
- captureメソッドでブロック内のテンプレートを処理し、結果を変数にセット
- tagメソッドにcaptureメソッドからの戻り値を渡す（または、concatメソッドで結果を出力）

ブロック指定が必須の場合、block_given?メソッドによる判定は省略可能です。

サンプル application_helper.rb

```ruby
# 与えられたコードをもとに<code>要素を生成
# caption：コードに付与するキャプション文字列
# code、&block：コード本体、clazz：<code>要素に付与するclass属性
def code_tag(caption, code = '', clazz = 'code', &block)
  # <pre>／<code>要素を生成
  code_text = tag.pre do
    # &blockが指定されていない場合のみ引数codeの値を利用
    tag.code(
      block_given? ? capture(&block) : code,
      class: clazz)
  end
  # 引数captionをもとに<div>要素を生成
  p_text = tag.div('▲' + caption)
  # <pre>／<code>要素と<div>要素を統合したものを出力
  code_text.concat(p_text)
end
```

サンプル view/block.html.erb

```
<%# ブロックでコードを指定する方法 %>
<%= code_tag('ビューヘルパーの自作') do %>
def code_tag(caption, code = '', clazz = 'code', &block)
  …中略…
end
<% end %>
```
⟹
```
<pre><code class="code">
def code_tag(caption, code = '', class = 'code', &block)
  …中略…
end
</code></pre>
<div>▲ビューヘルパーの自作</div>
```

```
<%# 引数codeでコードを指定する方法 %>
<%= code_tag('ビューヘルパーの利用', 'debug @articles', 'sample') %>
```
⟹
```
<pre><code class="sample">debug @articles</code></pre>
<div>▲ビューヘルパーの利用</div>
```

▼ code_tagヘルパーで整形されたコード

参照 ▶ P.361「テンプレートの処理結果を変数にセットする」

## Chapter 5

ルーティング

概要

ルーティングとは、リクエストURLに応じて処理の受け渡し先を決定すること、または、そのしくみのことをいいます。Railsでは、クライアントからの要求を受け取ると、まずはルーティングを利用して呼び出すべきアクションを決定します。

▼ ルーティングとは？

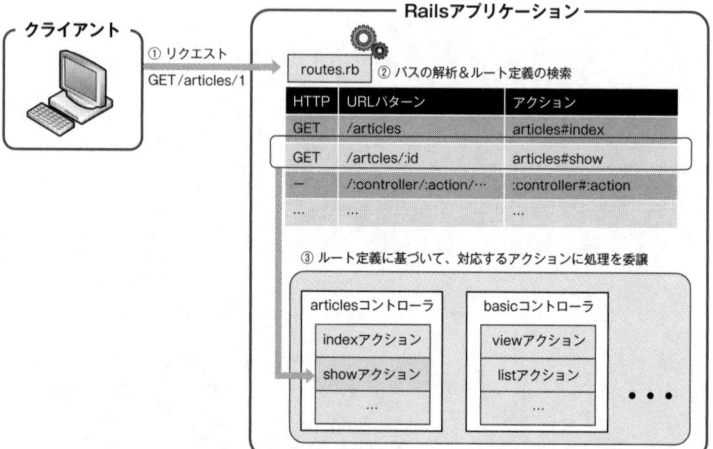

ルーティング設定の基本

ルーティング設定（**ルート**）は、/config/routes.rb ファイルの＜アプリケーション名＞::Application.routes.draw ブロックの配下に記述します。

サンプル routes.rb

```
Rails.application.routes.draw do
  …ルーティング設定を記述…
end
```

なお、ルートの優先順位は、記述の順序によって決まります。よって、汎用的なルートはできるだけ最後に記述すべきです。

● RESTfulなインターフェイス

Railsでは、**RESTfulなインターフェイス**に沿ってルート設計するのが基本です。

RESTfulなインターフェイスとは、RESTの特徴を備えたルートのことです。**REST**(REpresentational State Transfer)の世界では、ネットワーク上のコンテンツ(リソース)を一意なURLで表すのが基本です。これらのURLに対して、HTTPのメソッドであるGET、POST、PUT、DELETEを使ってアクセスするわけです。HTTP POST、GET、PUT、DELETEは、それぞれCRUD(Create、Read、Update、Delete)に相当すると考えればよいでしょう。

RESTfulなインターフェイスに沿うことで、一貫性のある、また直感的に理解しやすいURLを設計できます。

▼ RESTとは？

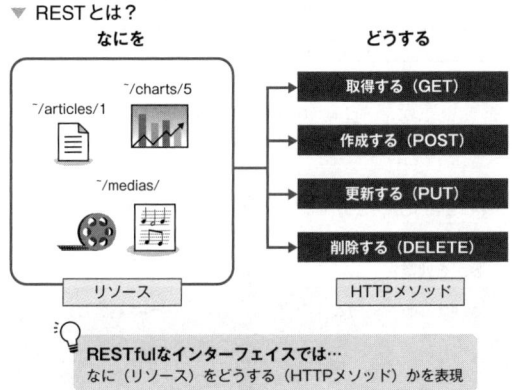

> 💡 **RESTfulなインターフェイスでは…**
> なに(リソース)をどうする(HTTPメソッド)かを表現

Railsでは、ルート定義のために、RESTful対応のメソッド(resources/resource)と、非RESTfulなメソッド(match/root)とを提供していますが、できるだけ前者を優先して利用するようにしてください。先ほど述べたように、RailsではRESTfulを推奨しており、また、それに沿った機能設計が為されていますので、RESTfulなインターフェイスの方がコードもより自然に表現できます。

rails routes コマンド

現在のルート定義を確認する

書式 `rails routes [opts]`

引数 opts：オプション

▼ オプション（opts）

オプション	概要
-c、--controller=CONTROLLER	指定コントローラでフィルタリングする
-g、--grep=GREP	正規表現でフィルタリングする
-E、--expanded	縦方向にまとめて表示する

rails routes コマンドは、ルート定義ファイル（routes.rb）を解析し、現在、有効となっているルートをリスト表示します。意図したルートが認識されているかを確認するのに便利です。

本章の以降の項でも、結果は rails routes コマンドによる結果で表しています。

サンプル 現在のルーティング設定を列挙

```
> rails routes -c artciles -E
--[ Route 1 ]------------------------------------------------------------
Prefix            | articles                              Urlヘルパー
Verb              | GET                                   HTTPメソッド
URI               | /articles(.:format)                   URLパターン
Controller#Action | articles#index                    コントローラ#アクション
--[ Route 2 ]------------------------------------------------------------
Prefix            |
Verb              | POST
URI               | /articles(.:format)
Controller#Action | articles#create
--[ Route 3 ]------------------------------------------------------------
Prefix            | new_article
Verb              | GET
URI               | /articles/new(.:format)
Controller#Action | articles#new
--[ Route 4 ]------------------------------------------------------------
Prefix            | edit_article
Verb              | GET
URI               | /articles/:id/edit(.:format)
```

```
Controller#Action | articles#edit
--[ Route 5 ]-----------------------------------------------------
Prefix            | article
Verb              | GET
URI               | /articles/:id(.:format)
Controller#Action | articles#show
--[ Route 6 ]-----------------------------------------------------
Prefix            |
Verb              | PATCH
URI               | /articles/:id(.:format)
Controller#Action | articles#update
--[ Route 7 ]-----------------------------------------------------
Prefix            |
Verb              | PUT
URI               | /articles/:id(.:format)
Controller#Action | articles#update
--[ Route 8 ]-----------------------------------------------------
Prefix            |
Verb              | DELETE
URI               | /articles/:id(.:format)
Controller#Action | articles#destroy
```

参考 ▶ Urlヘルパーは、実際にはarticles_path、articles_urlのように接尾辞「_path」「_url」
を付与する必要があります。また、URLパターンに含まれる「:name」はルートパラメー
タを、「(…)」という表記はその部分が省略可能であることを、それぞれ意味します。

参照 ▶ P.376「階層関係にあるリソースをルート定義する」

resourcesメソッド

RESTful インターフェイスを
定義する

書式 `resources names [,…] [,opts]`

引数 names：リソース名　opts：ルートオプション

▼ ルートオプション（引数optsのキー）

オプション	概要	参照
:constraints	ルートパラメータの制約条件	P.378
:only	指定のアクションのみを有効化	P.383
:except	指定のアクションを除外	P.383
:path_names	new、editアクションに対応するURL	P.384
:path	変更するパスのプレフィクス	
:shallow	入れ子になったルートに浅いルートを生成するか	
:shallow_path	入れ子になったルートの浅いルートに付加するパス	
:shallow_prefix	入れ子になったルートの浅いルートに付加するプレフィクス	
:format	formatパラメータのデフォルト（falseで指定なし）	
:param	:idパラメータの名称を変更	
:controller	マッピングするコントローラ名	P.388
:as	自動生成するUrlヘルパー名	P.389

　RESTfulなインターフェイス（ルート）を定義するには、resourcesメソッドを利用します。リソース（引数names）とは、CRUDの対象となる情報（コンテンツ）であると考えればよいでしょう。本書サンプル（P.35）であれば、モデルによって操作する記事情報（articles）、コメント情報（comments）、ユーザ情報（users）などがリソースです。

　たとえば、以下は「resources :articles」によって定義されるルートです。アクション（メソッド）は、すべてリソース名に対応するArticlesControllerクラスに属さなければなりません。

▼ 「resources :articles」で定義されるルート（例）

URL	アクション	HTTPメソッド	役割
/articles(.:format)	index	GET	一覧画面を表示
/articles/:id(.:format)	show	GET	個別の詳細表示画面を表示
/articles/new(.:format)	new	GET	新規データの登録画面を表示
/articles(.:format)	create	POST	新規データ登録画面からの入力を受けて登録処理

URL	アクション	HTTPメソッド	役割
/articles/:id/edit(.:format)	edit	GET	既存データの編集画面を表示
/articles/:id(.:format)	update	PUT/PATCH	編集画面からの入力を受けて更新処理
/articles/:id(.:format)	destroy	DELETE	一覧画面で選択されたデータを削除処理

　resourcesメソッドは、ビューヘルパーlink_toメソッドなどで利用できる**Urlヘルパー（名前付きルート）**も自動生成します。これらのヘルパーを利用することで、リンク先のパスををよりわかりやすく、かつ、ルート定義に左右されることなく表現できます。

▼「resources :articles」によって自動生成されるUrlヘルパー（例）

ヘルパー名（_path）	ヘルパー名（_url）	戻り値（パス）
articles_path	articles_url	/articles
articles_path(id)	articles_url(id)	/articles/:id
new_article_path	new_article_url	/articles/new
edit_article_path(id)	edit_article_url(id)	/articles/:id/edit

　xxxxx_pathとxxxxx_urlの違いは、前者が仮想パスを返すのに対して、後者が「http://〜」で始まる絶対URLを返す点です。idには、id値そのものだけでなく、articles_path(@article)」のようにモデルを渡すこともできます。

サンプル ● routes.rb

```
resources :articles
```

```
> rails routes -c articles
      Prefix Verb  URI Pattern                Controller#Action
    articles GET   /articles(.:format)        articles#index
             POST  /articles(.:format)        articles#create
 new_article GET   /articles/new(.:format)    articles#new
edit_article GET   /articles/:id/edit(.:format) articles#edit
     article GET   /articles/:id(.:format)    articles#show
             PATCH /articles/:id(.:format)    articles#update
             PUT   /articles/:id(.:format)    articles#update
             DELETE /articles/:id(.:format)   articles#destroy
```

参考 自動生成されるURLパターンには、省略可能なパラメータ「(.:format)」が含まれます。formatパラメータとrespond_to（P.89）メソッドを組み合わせることで、要求に応じて応答フォーマットを切り替えることもできます。また、:formatオプションでformatパラメータのデフォルト値を指定することができます。

resource メソッド

単一リソースに対するルートを定義する

書式 `resource name [,…] [,opts]`

引数 name：リソース名
opts：ルートオプション（P.372の表を参照）

resource メソッドは、単一のリソースを対象としたルートを定義します。単一のリソースとは、たとえばアプリケーションの設定情報のようなリソースをいいます。アプリケーション設定は、そのアプリケーションで唯一ですので、「/config/108」（id で特定）ではなく、「/config」のような URL でアクセスしたいと考えるでしょう。このようなリソースは、resource メソッドでルート定義するのが自然です。

自動生成されるルート定義や Url ヘルパーも、resources メソッド（複数形。P.372）とは微妙に異なります。index アクションがありませんし、show、edit、delete などのアクションで id 値を要求しない、などの違いを確認してみてください。

▼ 「resource :config」で定義されるルート（例）

URL	アクション	HTTP メソッド	役割
/config(.:format)	show	GET	詳細表示画面を表示
/config/new(.:format)	new	GET	新規データの登録画面を表示
/config(.:format)	create	POST	登録画面の入力を受けて登録
/config/edit(.:format)	edit	GET	既存データの編集画面を表示
/config(.:format)	update	PATCH／PUT	編集画面の入力を受けて更新
/config(.:format)	destroy	DELETE	指定された情報を削除

▼ 「resource :config」によって自動生成される Url ヘルパー（例）

ヘルパー名(_path)	ヘルパー名(_url)	戻り値（パス）
config_path	config_url	/config
new_config_path	new_config_url	/config/new
edit_config_path	edit_config_url	/config/edit

表のアクション（メソッド）は、すべてリソース名に対応する Config**s**Controller クラスに属します。リソースは単数形で表しますが、マッピングされるコントローラは複数形である点に要注意です。

```
サンプル ● routes.rb
 # アプリケーション設定（config）の取得／編集のためのルート設定
resource :config
```

⬇

```
> rails routes -g config
     Prefix Verb   URI Pattern            Controller#Action
 new_config GET    /config/new(.:format)  configs#new
edit_config GET    /config/edit(.:format) configs#edit
     config GET    /config(.:format)      configs#show
            PATCH  /config(.:format)      configs#update
            PUT    /config(.:format)      configs#update
            DELETE /config(.:format)      configs#destroy
            POST   /config(.:format)      configs#create
```

参考 ► resources メソッドと resource メソッドに関連して、resolve メソッドがあります。resolve メソッドは、リソースベースの URL の生成ルールをカスタマイズします。引数にモデルを受け取り、ブロックで生成ルールを指定します。たとえば、link_to メソッドや form_with メソッドにモデルオブジェクトが渡された際に、生成される URL をコントロールします。以下は、User と Article というモデルがあり、link_to メソッドに Article オブジェクトが渡されたときに、User モデルに基づく URL を生成することを指示しています。これはかなり極端な例ですが、渡されたオブジェクトにかかわらず id を含まない URL を生成する必要があるときなどに使用できます。

```
resouces :articles
resouces :users

resolve 'Article' do
  [:users]
end
```

⬇

```
link_to('topic', @article)
  ➡ <a href='/users'>topic</a>
```

階層関係にあるリソースを
ルート定義する

書式
```
resource[s] names do
  resource[s] names [,…]
end
```

引数 names：リソース名

　たとえば本書のサンプルでは、articles（記事）リソースが、配下にcomments（コメント）リソースを伴います。このようなリソース同士の関係を、親子関係といいます（belongs_to／has_manyなどのアソシエーションで表現できる関係です）。

　そして、リソースの親子関係はそのまま、URLとしても表現できた方が直感的です。たとえば、記事108に属するコメント情報は「～/articles/108/comments」と表現できるのが望ましいでしょう。Railsでは、このようなリソースの親子関係を、resources／resourceメソッドのネストによって表現できます。

サンプル routes.rb
```
# articles／commentsの親子関係をリソース定義
resources :articles do
  resources :comments
end
```

🔻

```
> rails routes -g "(article)+.+(comment)+"
   # 以下、articles配下のcommentsルート
   # ルートパラメータ:article_id、Urlヘルパーarticle_commentsのように接頭辞が付く
            Prefix Verb   URI Pattern                                         Controller#Action
   article_comments GET   /articles/:article_id/comments(.:format)            comments#index
                   POST   /articles/:article_id/comments(.:format)            comments#create
 new_article_comment GET  /articles/:article_id/comments/new(.:format)        comments#new
edit_article_comment GET  /articles/:article_id/comments/:id/edit(.:format)   comments#edit
    article_comment GET   /articles/:article_id/comments/:id(.:format)        comments#show
                  PATCH   /articles/:article_id/comments/:id(.:format)        comments#update
                    PUT   /articles/:article_id/comments/:id(.:format)        comments#update
                 DELETE   /articles/:article_id/comments/:id(.:format)        comments#destroy
> rails routes -c articles
   # 以下、articlesルート（ネストされない通常のルートが設定される）
     Prefix Verb   URI Pattern                Controller#Action
    articles GET   /articles(.:format)        articles#index
            POST   /articles(.:format)        articles#create
```

```
 new_article GET    /articles/new(.:format)       articles#new
edit_article GET    /articles/:id/edit(.:format)  articles#edit
     article GET    /articles/:id(.:format)       articles#show
             PATCH  /articles/:id(.:format)       articles#update
             PUT    /articles/:id(.:format)       articles#update
             DELETE /articles/:id(.:format)       articles#destroy
             GET    /articles(.:format)           articles#index
             POST   /articles(.:format)           articles#create
             GET    /articles/new(.:format)       articles#new
             GET    /articles/:id/edit(.:format)  articles#edit
             GET    /articles/:id(.:format)       articles#show
             PATCH  /articles/:id(.:format)       articles#update
             PUT    /articles/:id(.:format)       articles#update
             DELETE /articles/:id(.:format)       articles#destroy
```

注意 ▶ 仕様上は、ネストに制限はありません。しかし、URLのわかりやすさという観点では せいぜい2階層に留めておくのが無難です。

参考 ▶ ネストされたルートを定義した場合には、url_forメソッド(P.315)に配列で複数のモデ ルオブジェクトを引き渡すことも可能です。

```
url_for([Article.find(1), Comment])        # /articles/1/comments
```

ただし、配列要素がnilの場合、url_forメソッドはこれを無視しますので要注意です。 以下は @commentがnilの場合の結果です。

```
url_for([Article.find(1), @comment])        # /articles/1
```

参考 ▶ 不必要にパスの階層を深くなるのを防ぐために、:shallowオプションがあります。:shallow オプションを指定したリソースは、index、newなどのID値が不要なアクションについ てはIDの階層を生成しなくなります。

5

ルーティング

:constraints オプション

ルートパラメータに制約条件を付与する

書式
```
resource[s] names, …,
    constraints: { param: regexp, … }          単一
constraints( param: regexp, …) do … end        複数
```

引数　names：リソース名　param：パラメータ名
　　　　 regexp：制約条件（正規表現パターン）

---

resources／resource メソッドの :constraints オプションを利用することで、ルートパラメータ（:id のように、URL パターンに含まれる変数）に制約条件を設定できます。引数 regexp（正規表現パターン）に反する値には、そもそもルートとしてマッチしないようになります。ルートパラメータが数値／日付である、もしくは、なんらかの体系を持つような値の場合には、:constraints オプションを使って、できる限りパラメータ値をルートレベルで限定するのが望ましいでしょう。

複数のリソースにまたがって同一の制約条件をまとめて設定する場合には、constraints ブロックを利用しても構いません。

サンプル ● routes.rb
```ruby
 # articlesリソースのidパラメータは1～2桁の数値であること
resources :articles, constraints: { id: /[0-9]{1,2}/ }
 # comments／usersリソースのidパラメータは1～3桁の数値であること
constraints(id: /[0-9]{1,3}/) do
  resources :comments
  resources :users
end
```

▼ **制約条件に反する URL でアクセス（たとえば「～/articles/108」）**

matches?メソッド

ルートパラメータに
複雑な制約条件を設定する

書式　def matches?(request)
　　　route_proc
　　end

引数　request：リクエスト情報
　　　route_proc：ルートの有効／無効を判定する処理

　正規表現パターンだけでは設定できない複雑な制約条件を定義するならば、制約クラスを利用します。制約クラスであることの条件は、matches?メソッドを実装することだけです。matches?メソッドは、引数としてrequestオブジェクトを受け取り、ルートとして有効であるかどうかをtrue/falseで返す必要があります。
　制約クラスをルートに適用するには、:constraintsオプションに制約クラスのインスタンスを渡してください。

サンプル ● models/date_constraint.rb

```ruby
require 'date'
  # 今日の日付が10/1〜31の間である場合のみルートを有効にする制約クラス
class DateConstraint
  def matches?(request)
    current = Date.today                        # 今日の日付
    b_date = Date.parse('2022-10-01')           # 有効期間の始点
    e_date = Date.parse('2022-10-31')           # 有効期間の終点
      # b_date≦current≦e_dateの場合のみルートを有効とする
    (current <=> b_date) >= 0 && (current <=> e_date) <= 0
  end
end
```

サンプル ● routes.rb

```ruby
  # 制約クラスDateConstraintでarticlesリソースの有効／無効を判定
resources :articles, constraints: DateConstraint.new
```

参考 ▶ サンプルの挙動は、システムの日付を有効期間の範囲内／外に変更することで確認できます。またはサンプル中の有効期間を変更してください。

RESTful インターフェイスに
自前のルートを追加する（1）

書式　resource[s] names do
　　　　[collection do
　　　　　method action
　　　　　…
　　　　end]
　　　　[member do
　　　　　method action
　　　　　…
　　　　end]
　　　　end

引数　names：リソース名
　　　　method：関連付けるHTTPメソッド（get、patch、post、put、delete）
　　　　action：関連付けるアクション

　collection／memberブロックを利用することで、resources／resourceメソッドで生成される標準のルートに対して、必要に応じて自前のルートを追加できます。collectionブロックは複数のオブジェクトを扱うアクションに対して、memberブロックは単一のオブジェクトを扱うアクションに対して、それぞれ利用します。

サンプル● routes.rb

```
resources :articles do
  # 複数オブジェクトを扱うuncheckedアクションを追加
  collection do
    get 'unchecked'
  end
  # 単一オブジェクトを扱うdraftアクションを追加
  member do
    get 'draft'
  end
end
```

🔻

```
> rails routes -c articles
            Prefix Verb   URI Pattern                    Controller#Action
…中略…
    # collection／memberブロックによって追加生成されたルート
unchecked_articles GET    /articles/unchecked(.:format)  articles#unchecked
    draft_article GET     /articles/:id/draft(.:format)  articles#draft
    # 標準で生成されるルート
         articles GET     /articles(.:format)            articles#index
                  POST    /articles(.:format)            articles#create
…後略…
```

注意 collection／memberブロックで大量のアクションを追加するのは避けるべきです。そのような状況になった場合、まずはリソース設計を見直すことを検討してください。

参考 サンプルで生成されたURLパターンとUrlヘルパーを表でもまとめておきます。単一オブジェクトを扱うdraftアクションでは、URLパターンにもオブジェクトを特定するための:idパラメータが付与されます。

▼collection／memberブロックで定義されたルート

ブロック	URLパターン	Urlヘルパー
collection	/articles/unchecked(.:format)	unchecked_articles_path、unchecked_articles_url
member	/articles/:id/draft(.:format)	draft_article_path、draft_article_url

:on オプション

RESTful インターフェイスに
自前のルートを追加する（2）

書式
```
resource[s] names do
    method action, on: kind
    ...
end
```

引数
names：リソース名
method：関連付けるHTTPメソッド（get、patch、post、put、delete）
action：関連付けるアクション
kind：アクションの種類（:collection、:member）

追加するアクションが1つならば、collection／member ブロック（P.380）の代わりに、:on オプションを利用した方がシンプルに記述できます。

以下は、P.380 のサンプルを :on オプションで書き換えたものです。

サンプル● routes.rb
```ruby
resources :articles do
    # 複数オブジェクトを扱うuncheckedアクションを追加
  get 'unchecked', on: :collection
    # 単一オブジェクトを扱うdraftアクションを追加
  get 'draft', on: :member
end
```

```
> rails routes -c articles
            Prefix Verb   URI Pattern                    Controller#Action
…中略…
    # :onオプションによって追加生成されたルート
unchecked_articles GET     /articles/unchecked(.:format) articles#unchecked
    draft_article GET     /articles/:id/draft(.:format) articles#draft
…後略…
```

:only／:exceptオプション

RESTful インターフェイスの 標準アクションを無効にする

書式   resource[s] names, …, only: acts

　　　　resource[s] names, …, except: acts

引数   names：リソース名　acts：残す／除外するアクション名（配列）

resources／resourceメソッド標準で有効化されるアクション（P.372）を無効にしたい場合には、:only／:exceptオプションを指定します。:onlyオプションは指定されたアクションのみを有効化し、:exceptオプションは指定されたアクションを標準のアクションから除外します。

サンプル ● routes.rb

```
 # articlesリソースで除外するアクションを指定
resources :articles, except: ['show', 'edit', 'update', 'destroy']
 # usersリソースで自動生成するアクションを指定
resources :users, only: ['show', 'new', 'create']
```

```
> rails routes -c articles
    Prefix Verb URI Pattern              Controller#Action
   # 指定されたアクションを除くindex／create／newアクションのみを定義
  articles GET  /articles(.:format)       articles#index
           POST /articles(.:format)       articles#create
new_article GET  /articles/new(.:format) articles#new
> rails routes -c users
  Prefix Verb URI Pattern              Controller#Action
   # 指定されたcreate、new、showアクションのみを定義
  users POST /users(.:format)         users#create
new_user GET  /users/new(.:format) users#new
   user GET  /users/:id(.:format) users#show
```

参考 ▶ ルート定義が複雑になった場合、不要なルートを残しておくのはパフォーマンスを低下させる原因にもなります。不要なルートはできるだけ無効化すべきです。

5

ルーティング

new ／ edit アクションに対応する URL を変更する

書式　resource[s] names, …,
　　　　　　path_names: { new: n_act, edit: e_act }

引数　names：リソース名
　　　　　n_act、e_act：insert／editアクションの名前

:path_namesオプションを利用することで、new／editアクションに関連付いたURL（/names/**new**、/names/:id/**edit**の、new、editの部分）を変更できます。

サンプル routes.rb

```
resources :articles, path_names: { new: 'regist', edit: 'renew' }
```

🔽

```
> rails routes -c articles
     Prefix Verb   URI Pattern                Controller#Action
     # 太字が変更されたURLパターン
     # （アクション名が変わるわけではないので注意）
   articles GET    /articles(.:format)        articles#index
            POST   /articles(.:format)        articles#create
new_article GET    /articles/regist(.:format) articles#new
edit_article GET   /articles/:id/renew(.:format) articles#edit
    article GET    /articles/:id(.:format)    articles#show
            PATCH  /articles/:id(.:format)    articles#update
            PUT    /articles/:id(.:format)    articles#update
            DELETE /articles/:id(.:format)    articles#destroyes
```

namespace ブロック

モジュール配下のコントローラを
マッピングする（1）

書式　namespace ns do

　　　routes

　　end

引数　ns：モジュール名　routes：任意のルート定義（群）

namespace ブロックを利用することで、モジュール配下のコントローラに対して、RESTful なインターフェイスを定義できます。引数 ns にモジュール名を指定することで、URL パターンには「/ns/~」、Url ヘルパーには「ns_~」のような接頭辞が付与されます。

サンプル ● routes.rb

```
# manageモジュール配下のusersコントローラに対するルートを定義
namespace :manage do
  resources :users
end
```

```
> rails routes -c users
          Prefix Verb   URI Pattern                    Controller#Action
…中略…
     manage_users GET    /manage/users(.:format)        manage/users#index
                  POST   /manage/users(.:format)        manage/users#create
 new_manage_user GET    /manage/users/new(.:format)    manage/users#new
edit_manage_user GET    /manage/users/:id/edit(.:format) manage/users#edit
      manage_user GET    /manage/users/:id(.:format)    manage/users#show
                  PATCH  /manage/users/:id(.:format)    manage/users#update
                  PUT    /manage/users/:id(.:format)    manage/users#update
                  DELETE /manage/users/:id(.:format)    manage/users#destroy
```

参照 ▶ P.65「コントローラクラスを作成する」

5

ルーティング

scope(:module)ブロック

モジュール配下のコントローラを
マッピングする（2）

書式　scope module: ns do
　　　routes
　　end

引数　ns：モジュール名　routes：任意のルート定義（群）

　scopeブロックの:moduleオプションを利用することで、モジュール配下のコントローラに対して、RESTfulなインターフェイスを定義できます。namespaceブロック（P.385）にも似ていますが、namespaceブロックがURLパターン、Urlヘルパーにモジュール名を反映させるのに対して、scopeブロックはモジュールを認識するだけである（＝URLパターンやUrlヘルパーには影響しない）点が異なります。

サンプル ● routes.rb

```
# manageモジュール配下のusersコントローラに対するルートを定義
scope module: 'manage' do
  resources :users
end
```

▼

```
> rails routes -c users
   Prefix Verb   URI Pattern                 Controller#Action
…中略…
         # URLパターンやUrlヘルパーにはモジュール名は反映されない
         GET    /users(.:format)            manage/users#index
         POST   /users(.:format)            manage/users#create
         GET    /users/new(.:format)        manage/users#new
         GET    /users/:id/edit(.:format)   manage/users#edit
         GET    /users/:id(.:format)        manage/users#show
         PATCH  /users/:id(.:format)        manage/users#update
         PUT    /users/:id(.:format)        manage/users#update
         DELETE /users/:id(.:format)        manage/users#destroy
```

scope ブロック

URL に特定の接頭辞を付与する

書式 scope prefix do
　　routes
　　end

引数 prefix：URLに付与する接頭辞　routes：任意のルート定義（群）

　scope ブロックを利用することで、デフォルトで生成されるパス（URL）の先頭に接頭辞を付与できます（前項のように:moduleオプションの指定がない点に注目です）。

　引数prefixには固定文字列だけでなく、「:locale」のようなルートパラメータも指定できます。

サンプル ● routes.rb

```
# パス接頭辞として/manage/～を付与
scope 'manage' do
  resources :users
end
```

●

```
> rails routes -c users
  Prefix Verb   URI Pattern                       Controller#Action
…中略…
        # マッピングやUrlヘルパーには影響させず、URLパターンのみ変更
        GET    /manage/users(.:format)           users#index
        POST   /manage/users(.:format)           users#create
        GET    /manage/users/new(.:format)       users#new
        GET    /manage/users/:id/edit(.:format)  users#edit
        GET    /manage/users/:id(.:format)       users#show
        PATCH  /manage/users/:id(.:format)       users#update
        PUT    /manage/users/:id(.:format)       users#update
        DELETE /manage/users/:id(.:format)       users#destroy
```

:controller オプション

マッピングすべきコントローラを
変更する

書式　resource[s] names, …, controller: ctrl

引数　names：リソース名　ctrl：コントローラ名

　resources／resource メソッドは、デフォルトでリソース名に応じてコントローラ名を決定しますが、:controller オプションを利用することで、マッピングすべきコントローラを変更できます。

サンプル ● routes.rb

```
# commentsリソースをReviewsControllerにマッピング（本来はCommentsController）
resources :comments, controller: 'reviews'
```

```
> rails routes -c reviews
Prefix Verb    URI Pattern                  Controller#Action
       GET     /comments(.:format)          reviews#index
       POST    /comments(.:format)          reviews#create
       GET     /comments/new(.:format)      reviews#new
       GET     /comments/:id/edit(.:format) reviews#edit
       GET     /comments/:id(.:format)      reviews#show
       PATCH   /comments/:id(.:format)      reviews#update
       PUT     /comments/:id(.:format)      reviews#update
       DELETE  /comments/:id(.:format)      reviews#destroy
```

:as オプション

自動生成する Url ヘルパーの名前を変更する

書式 resource[s] names, …, as: helper

引数 names：リソース名 helper：ヘルパー名

resources／resource メソッドは、デフォルトでリソース名に応じて Url ヘルパーの名前（接頭辞）を決定しますが、:as オプションを利用することで、ヘルパー名を変更できます。

サンプル routes.rb

```ruby
# reviews_path／review_pathのようなヘルパーを生成
# （本来はcomments_path、comment_pathなどを生成）
resources :comments, as: 'reviews'
```

```
> rails routes -c comments
      Prefix Verb   URI Pattern                Controller#Action
     reviews GET    /comments(.:format)        comments#index
             POST   /comments(.:format)        comments#create
  new_review GET    /comments/new(.:format)    comments#new
 edit_review GET    /comments/:id/edit(.:format) comments#edit
      review GET    /comments/:id(.:format)    comments#show
             PATCH  /comments/:id(.:format)    comments#update
             PUT    /comments/:id(.:format)    comments#update
             DELETE /comments/:id(.:format)    comments#destroy
```

matchメソッド
リソースに関係ないルートを定義する

書式　①match pattern => act, via: verb
　　　②verb pattern => act

引数　pattern：URLパターン（「:名前」「*名前」などを含むこともできる）
　　　act：ルート先（「コントローラ名#アクション名」の形式）
　　　verb：ルートを割り当てるHTTPメソッド

　matchメソッドは、リソースとは直接関係しない（＝非RESTfulなインターフェイス）、または、resources／resourceメソッドでは定義できない変則的なルートを定義します。matchメソッドでは、「pattern => act」の形式でルート定義するのが基本ですが、URLパターン自体が「コントローラ名/アクション」で表される場合、またはURLパターンに:controller、:actionを含む場合、「=> act」は省略できます。

　:viaオプションには、ルーティングを割り当てるHTTPメソッドを指定します。:get、:patch、:put、:post、:deleteの組み合わせを指定します（複数を指定する場合には配列にする）。:allを指定すると、すべてのHTTPメソッドに割り当てます。

　:viaオプションを指定する代わりに。メソッド形式で「post 'hello/process'」のようにしても構いません。同じように、get、patch、put、deleteメソッドも利用できます。

　URLパターンに含まれる「:名前」は、ルートパラメータです。:controller（コントローラ名）、:action（アクション）の他、任意のパラメータを設置できます。また、URLパターンを丸カッコで括った場合、その部分が省略可能であることを意味します。

サンプル● routes.rb

```
# 「/news/xxxxx」をnews#showアクションにマッピング
match '/news/:content_id' => 'news#show', via: :get
   ⇒ GET  /news/:content_id(.:format) news#show
      例. /news/aspnet01、news/108


# 上と同じ内容をgetメソッドで定義
get '/news/:content_id' => 'news#show'
   ⇒ GET  /news/:content_id(.:format) news#show


# 「/hello/intro」をhello#introアクションにマッピング
# （URLとアクションが同名）
match 'hello/intro', via: :get
```

```
⇒ hello_intro GET /hello/intro(.:format) hello#intro
   例. /hello/intro
```

```
# 「/products/xxxxx/…/…/999999」をproduct#showアクションにマッピング
# 可変長のパラメータを受け取るパターン
match '/products/*keywords/:product_id' => 'product#show', via: :get
   ⇒ GET /products/*keywords/:product_id(.:format) product#show
      例. /products/ruby/rails/wings/development/108
```

```
# 「コントローラ/アクション/id」で対応するアクションにアクセス
# 丸カッコで囲まれた「/:action」以降は省略可能
match ':controller(/:action(/:id(.:format)))', via: [:get, :post]
   ⇒ GET|POST /:controller(/:action(/:id(.:format))) :controller#:action
      例. /hello、/model/select、/books/show/108、/blogs/show/1.xml
```

※ ⇒ 以降はrails routesコマンドでの結果とマッチするリクエストURLの例です。

注意 1つのアクションにGETリクエストとPOSTリクエストを両方ルーティングすると、セキュリティに影響する可能性があります。明確な目的がない限り、1つのアクションに複数のHTTPメソッドをルーティングしないでください。

注意 「:controller(/:action(/:id(.:format)))」というルート定義によって、すべてのアクションメソッドが「/controller/action」の形式で呼び出せるようになり便利です（ワイルドコントローラルート）。ただし、このルートを構成する:controllerセグメントと:actionセグメントは、許可されるルートを把握しにくくなるため非推奨となっており、Railsの将来のバージョン（7.1）で廃止が予定されています。

```
DEPRECATION WARNING: Using a dynamic :controller segment in a ⏎
route is deprecated and will be removed in Rails 7.1. (called ⏎
from block in <main> at …
DEPRECATION WARNING: Using a dynamic :action segment in a route ⏎
is deprecated and will be removed in Rails 7.1. (called from ⏎
block in <main> at …
```

参考 特殊なパラメータとして、「* 名前」という表記も利用できます。この場合、「/」をまたいだ複数のパラメータをまとめて1つのパラメータとして認識します。たとえばサンプルの例であればkeywordsパラメータ（params[:keywords]）の値は「ruby/rails/wings/development」、product_idパラメータは108となります。可変長のパラメータを扱う場合に便利な表現です。

参考 ルート先を「match '/news/:content_id', to: 'news#show'」のように、:toオプションで明示的に表現することもできます。しかし、冗長なだけであまり意味はありませんので、一般的にはサンプルのように省略します。

参照 P.69「ポストデータ／クエリ情報／ルートパラメータを取得する」

:constraints オプション

非 RESTful インターフェイスで ルートパラメータに制約条件を付与する

書式
```
match pattern => act, via: verb,
    constraints: { param => regexp, … }
```

引数
pattern：URLパターン   act：ルート先   verb：HTTPメソッド
param：パラメータ名
regexp：制約条件（正規表現パターン）

:constraintsオプションを利用することで、ルートパラメータに制約条件を設定できます（引数regexpに反する値には、そもそもルートとしてマッチしないようになります）。ルートパラメータが数値／日付である、もしくは、なんらかの体系を持つような値の場合には、:constraintsパラメータを使ってできる限り、パラメータ値をルートレベルで限定するのが望ましいでしょう。

:constraintsオプションを省略して、直接に「param: regexp, …」と列挙しても構いません。

サンプル● routes.rb

```
# content_idパラメータは3〜5桁の英数字であること
match '/news/:content_id' => 'news#show', via: :get,
  constraints: { content_id: /[A-Za-z0-9]{3,5}/ }
  ➡ GET  /news/:content_id(.:format) news#show {:content_id=>/[A-Za-z0-9]{3,5}/}
     例. /news/X01、/news/Wings

# 上と同じ意味（:constraintsを省略してもよい）
match '/news/:content_id' => 'news#show', content_id: /[A-Za-z0-9]{3,5}/, via: :get

# controllerに制約条件を付与することでモジュール対応も可
match ':controller(/:action(/:id))', controller: /admin¥/[^¥/]+/, via: :get
  ➡ /:controller(/:action(/:id))(.:format)
     例. /admin/configs/edit
         (Admin::ConfigsController#editアクションに対応)
```

参考 静的にモジュール対応のコントローラにマッピングさせるならば、「match '/news/:content_id' => 'common/news#show'」のようにします。これで「〜/news/wings」のようなURLでCommon::NewsControllerコントローラのshowアクションにマッピングされます。

:defaultsオプション

ルートパラメータのデフォルト値を設定する

書式 `match pattern => act, defaults: { param: value, … }`

引数 pattern：URLパターン act：ルート先
param：パラメータ名 value：デフォルト値

:defaultsオプションは、ルートパラメータ（:controller、:action以外）のデフォルト値を設定します。デフォルト値を持てる（持つべきである）のは、URLパターンpatternの中でも省略可能なパラメータだけです。省略可能なパラメータは、丸カッコで括って表します。

サンプル routes.rb

```
match '/news(/:content_id)' => 'news#show', via: :get,
  defaults: { content_id: 1, format: :json }
  ➡ GET  /news(/:content_id)(.:format) news#show {:content_id=>1, :format=>:json}
```

参考 resources／resourceメソッドでも:defaultsオプションは利用できます。しかし、:idパラメータは省略できませんので、:formatパラメータのデフォルト値を設定する程度で、あまり利用する機会はありません。

参照 P.69「ポストデータ／クエリ情報／ルートパラメータを取得する」

redirectメソッド

ルート定義をリダイレクトする

書式
① `match pattern => redirect(new_pattern)`
② `match pattern => redirect { |params, req| statements }`

引数
pattern：URLパターン　 new_pattern：リダイレクト先のURLパターン
params：パラメータ情報　 req：リクエスト情報
statements：リダイレクト先のURLパターンを構築する式

redirectメソッドを利用することで、現在のルート定義を他のルートにリダイレクトできます。サイト改修などでURLを束ねたい場合などに利用できるでしょう。

リダイレクト先のパターン（new_pattern）には、%{名前}の形式で、もともとのURLで指定されたルートパラメータを埋め込むことができます（書式①）。

リダイレクト先のURLパターンを作成する際に、なんらかの処理を挟みたい場合には、redirectメソッドにブロックを渡します（書式②）。ブロックは、引数としてパラメータ情報paramsとリクエストオブジェクトreqを受け取り、戻り値としてリダイレクト先のパスを返す必要があります。

サンプル● routes.rb

```
# ① 「/news/xxxxx」へのアクセスを「/articles/xxxxx」にリダイレクト
match '/news/:content_id' => redirect('/articles/%{content_id}'), via: :get
```
➡ `GET  /news/:content_id(.:format) redirect(301, /articles/%{content_id})`
　例. /news/108 (/articles/108にリダイレクト)

```
# ② 「/news/xxxxx」へのアクセスを「/articles/<1000 + xxxxx>」にリダイレクト
match '/news/:content_id' =>
  redirect {|p, req| "/articles/#{p[:content_id].to_i + 1000}" }, via: :get
```
➡ `GET  /news/:content_id(.:format) redirect(301)`
　例. /news/108 (/articles/1108にリダイレクト)

注意 ▶ redirectメソッドを利用する場合には、リダイレクト先のルートは別に準備しておく必要があります。

参照 ▶ P.69「ポストデータ／クエリ情報／ルートパラメータを取得する」

5

ルーティング

asオプション

非 RESTful インターフェイスで自動生成する Url ヘルパーの名前を変更する

書式 `match pattern => act, as: helper, via: verb`

引数 pattern：URLパターン　act：ルート先　helper：ヘルパー名
verb：HTTPメソッド

---

matchメソッドは、デフォルトでURLパターンに応じてUrlヘルパーの名前（接頭辞）を決定しますが、:asオプションを利用することで、ヘルパー名を変更できます。

サンプル routes.rb

```
# 「/books」に対応するUrlヘルパーはarticle_url、article_path
match '/books' => 'books#list', as: :article
  ➡ article GET  /books(.:format) books#list
```

参考 matchメソッドでUrlヘルパーを自動生成するのは、URLパターンに「:name」などのルートパラメータを含まない場合のみです。

---

rootメソッド

トップページへのルートを定義する

書式 `root to: act`

引数 act：ルート先 （「コントローラ名#アクション名」の形式）

---

rootメソッドは、トップページ(/)へのルートを表します。rootメソッドは、原則としてroutes.rbファイル（Rails.application.routes.draw ブロック）の末尾で記述してください。

サンプル routes.rb

```
# 「http://localhost:3000」でbasic#indexを呼び出し
root to: 'basic#index'
```

注意 rootメソッドを利用する場合は、/public/index.htmlがあれば削除するようにしてください。Railsでは、ルート定義よりも/publicフォルダ配下の静的ファイルを優先して認識するためです（デフォルトでは存在しません）。

カスタム URL ヘルパーを定義する

書式 `direct name [,opts] block`

引数 name：URLヘルパーに使われる名前　opts：オプション
block：URLの生成ソース

/config/routes.rb ファイル内でdirectメソッドを使うと、アプリケーション内外へのカスタムURLヘルパーを定義することができます。これにより、アプリケーションの内外を問わず、すべてのルーティングルールを/config/routes.rb ファイルに集約できます。

引数nameはルーティング名で、name_urlというようにURLヘルパーの生成に使用されます。ブロックには、url_forメソッド(P.315)の引数と同様のものを指定できます。URL文字列、:controllerや:actionなどのハッシュ、モデルのインスタンス、そしてモデルのクラスです。

サンプル /config/routes.rb

```
direct :website do
  'https://naosan.jp'
end
  ⇒ website_url = https://naosan.jp
```

サンプル /config/routes.rb

```
direct :website2 do
  {controller: 'main', action: 'index'}
end
  ⇒ website2_url = http://localhost:3000/main/index
```

概要

アプリケーション開発では、**テスト**のためのコードを用意し、テストを自動化するのが一般的です。もちろん、テストを自動化したからといって、人間がテストしなくてもよいというわけではありませんが、少なくともその範囲を最小限に抑えることができます。また、以下のようなメリットもあるでしょう。

- バグの見落としを防げる
- テストの範囲が明確になる
- 繰り返しのテストにも対応しやすい

Railsでもテストの自動化を重視しており、以下のようなテストを標準でサポートしています。

▼ Railsで対応しているテストの種類

テストの種類	概要
Modelテスト	モデル単体での検索／更新などの動作をチェック
Functionalテスト	コントローラ／テンプレートの呼び出し結果をチェック（応答ステータスやテンプレート変数、ビューによる出力結果など）
Integrationテスト	複数のコントローラにまたがる挙動の正否を、ユーザの実際の操作に沿ってチェック
Systemテスト	ユーザの操作に対して正しい挙動になっているかチェック

また、Parallel（並列）テストをサポートしています。Parallelテストでは、マルチプロセッサ環境で複数のテストを並行し、テストの実行時間を短縮する効果があります。

本書では、Rails標準のテスティングフレームワークであるMinitestを解説しますが、昨今ではRSpec（http://rspec.info/）というライブラリもよく利用されるようになっています。RSpecは **BDD（Behavior Driven Development）**フレームワークに分類されるライブラリです。テストコードを英文に近い構文で、アプリケーションの振る舞い（Behavior）として表現できるため、とても読みやすいという特長があります。

参照 ▶ P.401「Parallelテストを指定する」

テストデータベースを作成する

書式 `rails db:test:xxxxx`

引数 xxxxx：作成／破棄の種類

6

テスト

▼ テストデータベースの作成／破棄

コマンド	概要
rails db:test:prepare	config.active_record.schema_format パラメータが :ruby の場合は現在のschema.rbファイルから、:sql の場合は現在の structure.sql からテストデータベースを再作成
rails db:test:load	現在のschema.rbファイルからテストデータベースを再作成
rails db:test:purge	テストデータベースを破棄

rails db:test:xxxxx コマンドは、それぞれ指定された方法(xxxxxによる)によってテストデータベースを作成／破棄します。たとえば以下では、未実行のマイグレーションファイルを実行し、データベースを最新状態にした上で、その情報でもってテストデータベースを作成しています。

サンプル テストデータベースの作成／破棄

```
# development環境のデータベースを最新状態にアップデート
> rails db:migrate
# 最新のスキーマファイルをもとにテストデータベースを作成
> rails db:test:load
# 作成したテストデータベースを破棄
> rails db:test:purge
```

参考 テストデータを準備するのはフィクスチャ(P.156)の役割です。Railsでは、フィクスチャをテスト実行時に自動展開しますので、データそのもののセットアップは不要です。フィクスチャファイルを /test/fixtures フォルダに配置してください。

すべてのテストを実行する

書式 `rails test:all`

rails test:all コマンドを使うと、本章で紹介するSystem テストを含むすべての
テストを実行できます。System テストが不要な場合には、rails test コマンドを使
用してください。また、System テストを単独で行う場合には、rails test:system
コマンドを使用してください。

サンプル● すべてのテストを実行

```
> rails test:all
```

参照▶ P.410「Model テストを実行する」、P.422「Functional テストを実行する」、P.432
「System テストを実行する」

テストの順番を変更する

書式 `config.active_support.test_order = order`

引数 order：順番の指定

▼ 順番の指定（order）

order	概要
:random	ランダムに実行（デフォルト）
:parallel	並行して実行
:sorted	メソッド名の辞書順に実行
:alpha	:sorted と同じ

config.active_support.test_order パラメータを使うと、テストケース内のテス
トメソッドの実行順を変更できます。デフォルトは:random で、ランダムに実行さ
れます。:sorted を指定するとメソッド名の辞書順に実行できますが、記述順に実
行するという指定はありません。記述順に実行したければ、テストメソッド名をそ
のように決定する必要があります。

サンプル● /config/environments/test.rb

```
# テストメソッド名の辞書順に実行
config.active_support.test_order = :sorted
```

6
テスト

parallelize メソッド

Parallel テストを指定する

書式 `parallelize workers: cnum [,with: method, threshold: tnum]`
引数 cnum：CPUのコア数　method：並列化の方法　tnum：しきい値

parallelize メソッドを使うと、テストを並列化して実行時間を短縮できます。

:workers オプションにCPUのコア数を指定することで、その数だけテストが並列化されます。テストが並列化されると、テストデータベースも test-0.db、test-1.db というように複数個作成されます。:number_of_processors を指定すれば（デフォルト）、プロセッサ数を指定できます。1になる場合は並列化されません。

:with オプションには並列化の方法を指定します。:processes（マルチプロセッサ、デフォルト）と :thread（マルチスレッド）が指定できます。:thread を指定した場合には、データベースは複数個作成されません。

:threshold オプションには、実際に並列化を行うテスト数を指定します。デフォルトは ActiveSupport.test_parallelization_threshold（50）で、この数を超えると並列化されます。

サンプル /test/test_helper.rb

```
# プロセッサ数だけマルチスレッドで並列化
parallelize(workers: :number_of_processors, with: :threads)
```

参考 PARALLEL_WORKERS環境変数を指定すると、:workersオプションに優先して使用されます。

注意 Windows環境では、with:オプションに:processes（マルチプロセッサを使用した並列化）の指定はできません。

注意 with: :threadsを指定した場合、Systemテストは実行できません。

参考 :thresholdオプションの値はconfig.active_support.test_parallelization_threshold でも指定できます。

Parallel テストの前処理と後処理を行う

書式	`parallelize_setup` block	前処理
	`parallelize_teardown` block	後処理

引数 block：前処理および後処理の内容

parallelize_setup メソッドと parallelize_teardown メソッドは、それぞれ Parallel テストの実行に先立つ前処理、実行してからの後処理の内容を指定します。具体的には、テストプロセスの起動直後と、終了直前です。通常は、必要なデータを準備したり、データベースやファイルを削除する目的で使用されます。

サンプル /test/test_helper.rb

```ruby
# プロセスが生成された直後に呼び出される
parallelize_setup do |worker|
    # fixturesの替わりにseedsをテストデータに使う
  load "#{Rails.root}/db/seeds_test.rb"
end
```

注意 parallelizeメソッドの:withオプションに:threadsを指定した場合には使用できません。実際に試すには:withオプションを:processes(デフォルト)に設定してください。

注意 配布サンプルでは、loadメソッドはコメントアウトで無効化されています。loadコマンドでseedsデータを読み込む場合にはこのコメントを解除し、fixturesメソッドの呼び出しを無効化してください。

なお、/db/seeds_test.rbファイルと/test/fixturesフォルダ以下の各ファイルでは、同じデータが登録されています。また、フィクスチャの読み込みを行わない場合、テストメソッドではフィクスチャのハッシュを使ったモデルの取得はできません。以下のように、id等を直接指定して取得する必要があります。

```ruby
article = articles(:rust1)
↓
article = Article.find(1)
```

参照 P.408「フィクスチャの内容を参照する」

rails generate test_unit:model コマンド

Model テストを作成する

書式 `rails generate test_unit:model model [fields]`
引数 model：**モデル名** fields：**フィールド定義**

rails generate test_unit:model コマンドを使うと、Model テストのためのクラスを作成できます。クラスファイルは、/test/models フォルダに＜モデル名＞_test. rb というファイル名で作成されます。

Model テストは、モデルの自動生成と同時に作成されます。通常はコマンドを明示的に実行する必要はありません。モデルを手動で作成した場合に使用してください。

＜モデル名＞_test.rb ファイルでは、ActiveSupport::TestCase クラスを継承するテストクラスを＜モデル名＞Test という名前で宣言します。テストクラスの内容は、個々のテストメソッドの定義です。

サンプル Model テストの作成

```
> rails generate test_unit:model article title:string url:text
      create   test/models/article_test.rb
      create   test/fixtures/articles.yml
```

サンプル /test/models/article_test.rb

```
require "test_helper"

class ArticleTest < ActiveSupport::TestCase
  def setup
      # フィクスチャに合わせて引数は変更
    @a = articles(:one)
  end

  def teardown
    @a = nil
  end
…後略…
```

参照 P.409「テストの準備と後始末を行う」

Model テストを準備する

書式　test name do
　　　assertion
　　　end

6

引数　name：**テスト名**　assertion：**テストコード**

Modelテストは、ActiveSupport::TestCase派生クラスとして定義します。rails generate modelコマンドでモデルを作成した時に、/test/modelsフォルダ配下に xxxxx_test.rb（xxxxxはモデル名）のようなテストスクリプトができているはずで す。一般的には、この自動生成されたコードに対して、テストコードを追加してい きます。

テストを実施するためのメソッド（**テストメソッド**）を定義するには、testメソッ ドを利用します。引数nameには空白などが混在していても構いませんが、テスト スクリプトの中で一意になるようにしてください（内部的には、指定された名前を もとにメソッド名が生成されるからです）。

テストメソッドの中では、モデルのコードを呼び出し、Assertionメソッドで結 果のチェックを行うのが一般的です。Assertionメソッド（次項）は、実際の結果値 と期待値とを比較し、テストの成否を判定するためのメソッドの総称です。テスト メソッドの中で最低でも1つは呼び出す必要があります。

サンプル article_test.rb

```ruby
require 'test_helper'

class ArticleTest < ActiveSupport::TestCase
  # テストコードはtestメソッドの配下に記述
  test "article save" do
    article = Article.new({
      url: 'https://wings.msn.to',
      title: 'サーバサイド技術の学び舎',
      category: 'Script', published: '2022-01-01',
      access: 1, closed: false
    })
    assert article.save, 'Failed saving'          # 記事内容の成否をチェック
  end
end
```

Model テストの結果をチェックする

書式 `assert_xxxxx(args)`

引数 `args`：以下の表を参照

assert_xxxxx メソッドは、テストメソッドの中で処理結果のチェックを行うためのメソッドです。Assertion メソッドと総称される場合もあります。以下に、Model テストで利用できる主な Assertion メソッドをまとめます。

▼ 主な Assertion メソッド（引数 msg は失敗時に出力するメッセージ）

メソッド	概要
assert(exp [,msg])	式 exp が true であるか
assert_not(exp [,msg])	式 exp が false であるか
assert_equal(obj1, obj2 [,msg])	obj1、obj2 が等しいか
assert_not_equal(obj1, obj2 [,msg])	obj1、obj2 が等しくないか
assert_same(obj1, obj2 [,msg])	obj1、obj2 が同一のインスタンスであるか
assert_not_same(obj1, obj2 [,msg])	obj1、obj2 が同一のインスタンスでないか
assert_nil(obj [,msg])	obj が nil であるか
assert_not_nil(obj [,msg])	obj が nil でないか
assert_empty(obj [,msg])	obj.empty? が true であるか
assert_not_empty(obj [,msg])	obj.empty? が false であるか
assert_match(reg, str [,msg])	正規表現 reg に文字列 str がマッチするか
assert_no_match(reg, str [,msg])	正規表現 reg に文字列 str がマッチしないか
assert_includes(collection, obj [,msg])	obj が collection に含まれるか
assert_not_includes(collection, obj [,msg])	obj は collection に含まれないか
assert_in_delta(expect, act, delta [,msg])	実際値 act が期待値 expect の絶対誤差 delta の範囲内であるか
assert_in_delta(expect, act, delta [,msg])	実際値 act が期待値 expect の絶対誤差 delta の範囲内でないか
assert_in_epsilon(expect, act [,epsilon] [,msg])	実際値 act と期待値 expect の個数の差が epsilon より小さいか
assert_not_in_epsilon(expect, act [,epsilon] [,msg])	実際値 act と期待値 expect の個数の差が epsilon より大きいか等しいか
assert_throws(symbol [,msg]) { … }	ブロック内で例外 symbol が発生するか
assert_raise(ex1, ex2 [,…]) { … }	ブロック内で例外 ex1、ex2…が発生するか
assert_instance_of(clazz, obj [,msg])	オブジェクト obj がクラス clazz のインスタンスであるか

メソッド	概要
assert_not_instance_of(clazz, obj [,msg])	オブジェクトobjがクラスclazzのインスタンスでないか
assert_kind_of(clazz, obj [,msg])	オブジェクトobjがクラスclazz(派生クラスを含む)のインスタンスであるか
assert_not_kind_of(clazz, obj [,msg])	オブジェクトobjがクラスclazz(派生クラスを含む)のインスタンスでないか
assert_respond_to(obj, symbol [,msg])	オブジェクトobjがメソッドsymbolを持つか
assert_not_respond_to(obj, symbol [,msg])	オブジェクトobjがメソッドsymbolを持たないか
assert_operator(obj1, ope, obj2 [,msg])	「obj1.ope(obj2)」がtrueであるか
assert_not_operator(obj1, ope, obj2 [,msg])	「obj1.ope(obj2)」がfalseであるか
assert_predicate(obj, predicate [,msg])	obj.predicateがtrueであるか
assert_not_predicate(obj, predicate [,msg])	obj.predicateがfalseであるか

サンプル ● article_test.rb

```ruby
test "article save2" do
   article = Article.new({
     url: 'ftp://www.web-deli.com',          # http:〜で始まらないのでエラー
     title: 'WebDeli',
     category: 'Script', published: '2022-01-01',
     access: 1, closed: false
   })
   # 不正な値を渡しているので保存に失敗することをチェック
  assert !article.save, 'Failed validating'
   # 発生するエラーの数が1であることをチェック
  assert_equal article.errors.size, 1, 'Failed error count'
   # url列に関するエラーが1つは存在する（=nilでない）ことをチェック
  assert_not_nil article.errors[:url], 'Failed url validate'
end
```

サンプル2 ● article_test.rb

```ruby
test "article get" do
   # 存在しないレコードでRecordNotFound例外が発生することをチェック
  assert_raise ActiveRecord::RecordNotFound,
    'record is found' do
    Article.find(108)
  end

  article = Article.find(1)
   # 変数articleがArticleクラスのインスタンスであることをチェック
  assert_instance_of Article, article,
```

```
      'article is not instance of Article'
    # urlプロパティの値が空でないことをチェック
  assert_not_empty article.url, 'url is blank'
    # published列がYYYY-MM-DDの形式であることをチェック
  assert_match /[0-9]{4}-[0-9]{1,2}-[0-9]{1,2}/,
    article.published.to_s,
    'published is missmatch'
    # 変数articleがsaveメソッドを持つことをチェック
  assert_respond_to article, :save,
    'object does not have save method'
end
```

参考 これらのAssertionメソッドは、Functional／Integrationテストでも共通して利用できます。

Column Railsを支える標準基盤 - Rack

Rackとは、Webサーバとアプリケーション／フレームワークとの間を仲介する共通の基盤(インターフェイス)です。Rubyの世界では、Rackが標準的なインターフェイスとしての地位を築いています。インターフェイスというと難しくも聞こえるかもしれませんが、Rackで決められた規約は、わずかに以下の点だけです。

リクエストをあらかじめ用意したcallメソッドで処理し、その結果を「ステータスコード、HTTPヘッダ、レスポンス本体」のセットで返すこと

Rackを利用することで、アプリケーションの窓口部分が統一されますので、Rack対応のサーバやフレームワークとの連携が容易になるというメリットがあります。Railsは、このRackの規約に則ったRackフレームワークです。Railsでは、WebサーバにWEBrickを長らく使ってきましたが、Rails 5からはPumaに標準が変わりました。この切り替えも、Rackにこれらが準拠していたのでスムースに運んだと言えます。
Railsのアプリケーションルートに注目してみるとconfig.ruというファイルがありますが、これも、実はRack標準の設定ファイルで、アプリケーション起動時にエントリポイントとして読み込まれます。

サンプル○ config.ru

```
require_relative "config/environment"

run Rails.application
Rails.application.load_server
```

無条件にテストメソッドを失敗させる

書式 flunk([msg])

引数 msg：任意のメッセージ

　flunkメソッドを利用することで、テストを無条件に失敗させることができます。未完成のテストケースを暫定的に失敗させたい場合などに利用します。

サンプル article_test.rb

```
test "flunk sample" do
  flunk 'failed by flunk'                          # 無条件にテストを失敗
end
```

フィクスチャの内容を参照する

書式 tables(label)

引数 tables：テーブル名 label：フィクスチャで定義された行ラベル

　Railsでは、テスト時にフィクスチャ（P.156）をテストスクリプト中で参照できるようにハッシュとして展開しています。たとえばarticles.yml中で「:rust1」というラベルで定義されたレコードであれば、articles(:rust1)で参照できます（戻り値はモデルオブジェクト）。これにより、モデルの値をテストする場合にも、フィクスチャ値のハードコーディングが不要になるため、テストメソッド／フィクスチャの修正が容易になります。

サンプル article_test.rb

```
test "fixture hash" do
  article = Article.where(title: 'プログラミング言語「Rust」とは？').first
    # 取得したモデルオブジェクトがArticleであることをチェック
  assert_instance_of Article, article, 'article is not instance of Article'
    # フィクスチャの値とデータベースから取得した値が等しいことをチェック
  assert_equal articles(:rust1).url, article.url, 'Url value is wrong'
end
```

参照 P.156「データベースにテストデータを投入する」

テストの準備と後始末を行う

■ 書式	def setup … end	準備
	def teardown … end	後始末

setup／teardownメソッドは、個々のテストメソッドを実行する前後で呼び出される予約メソッドです。基底クラスActiveSupport::TestCaseクラスで定義されていますので、個別のテストスクリプトではオーバライドして使用します。

一般的に、setupメソッドで使用するリソースの初期化を行い、teardownメソッドで利用済みのリソースの後始末を行います。もっとも、データベースのクリアなどは自動的に行われますので、teardownメソッドを利用する局面は限定されるでしょう。

■ サンプル ● article_test.rb

```ruby
def setup
   # フィクスチャの内容をあらかじめインスタンス変数にセット
  @a = articles(:rust1)
end

def teardown
   # インスタンス変数を破棄
  @a = nil
end

test "fixture hash2" do
  article = Article.where(title: 'プログラミング言語「Rust」とは？').first
   # 取得したモデルオブジェクトがArticleであることをチェック
  assert_instance_of Article, article, 'article is not instance of Article'
   # フィクスチャの値とデータベースから取得した値が等しいことをチェック
  assert_equal @a.url, article.url, 'Url value is wrong'
  assert_equal @a.published, article.published, 'Published value is wrong'
end
```

■ 参考 ▶ setup／teardownメソッドは、Modelテストだけでなく、Functional／Integrationテストでも利用できます。

Model テストを実行する

書式 `rails test [path] [opts]`

引数 path：テストスクリプトのパス　opts：オプション

▼ オプション（opts）

オプション	概要
-n method	指定するテストメソッドをテスト
-v	テスト経過を詳細に出力する

　Model テストを実施するには、rails test コマンドを利用します。

　rails test コマンドはデフォルトで/test フォルダ配下の System テストを除くすべてのテストを実行しますが、パラメータ path を指定することで、特定のテストスクリプトだけを実行することもできます。また、-n オプションで特定のテストメソッドを指定できます。

サンプル ● Model テストの実行（成功時）

```
> rails test test/models/article_test.rb
Running 1 tests in a single process (parallelization threshold is 50)
Run options: --seed 21589

# Running:

.                                                    「.」はテストメソッドの成功

Finished in 0.133875s, 7.4697 runs/s, 7.4697 assertions/s.
1 runs, 1 assertions, 0 failures, 0 errors, 0 skips
                        1つのテストメソッドを実行、1つのAssertionメソッドが成功
```

サンプル Model テストの実行（失敗時）

```
> rails test test/models/article_test.rb
Running 6 tests in a single process (parallelization threshold is 50)
Run options: --seed 44993

# Running:

.F ─────────────────────────────────────────────「F」はテストメソッドの失敗

Failure:
ArticleTest#test_flunk_sample [C:/Users/nao/Documents/Rails/railsample/ ⏎
test/models/article_test.rb:52]:      test_flunk_sample テストで失敗したことを通知
failed by flunk


rails test test/models/article_test.rb:51

....

Finished in 0.160434s, 37.3987 runs/s, 112.1960 assertions/s.
6 runs, 18 assertions, 1 failures, 0 errors, 0 skips
```

注意 Windows 環境ではテストの実行に Gem ライブラリ ffi が必要になります。以下のよう
に Gemfile ファイルを修正し、bundle install コマンドを実行してインストールしてく
ださい。

```
…略…
group :test do
  # Windows環境のみ
  gem "ffi"
  # Use system testing [https://guides.rubyonrails.org/testing.⏎
html#system-testing]
  gem "capybara"
  gem "selenium-webdriver"
  gem "webdrivers"
end
```

411

Functional テストを作成する

書式 `rails generate test_unit:scaffold model`

引数 model：モデル名

rails generate test_unit:scaffold コマンドを使うと、Functional テストのためのクラスを作成できます。クラスファイルは、/test/controllers フォルダに＜モデル名＞_controller_test.rb というファイル名で作成されます。

Functional テストは、コントローラの自動生成と同時に作成されます。通常はコマンドを明示的に実行する必要はありません。コントローラを手動で作成した場合に使用してください。

＜モデル名＞_controller_test.rb ファイルでは、ActionDispatch::Integration Test クラスを継承するテストクラスを＜モデル名＞ControllerTest という名前で宣言します。テストクラスの内容は、個々のテストメソッドの定義です。

サンプル Functional テストの作成

```
> rails generate test_unit:scaffold article
…中略…
      invoke  test_unit
      create    test/controllers/articles_controller_test.rb
…後略…
```

サンプル /test/controllers/articles_controller_test.rb

```
require "test_helper"

class ArticlesControllerTest < ActionDispatch::IntegrationTest
  # indexアクションが正しく動作するか
  test "index action" do
    get articles_url
    assert_response :success, 'index action failed'
    assert_template 'articles/index', 'index template missing'
  end
  # showアクションが正しく動作するか
  test "show action" do
    article = articles(:rust1)
    get article_url(article)
    assert_equal @controller.controller_name, 'articles'
    assert_response :success
```

```
    assert_not_nil assigns(:article)
  end
    # updateアクションが正しく動作するか
  test "update action" do
    article = articles(:rust1)
    patch article_url(article), params: {
      article: { title: 'ASP.NET Core入門', category: 'Script' }
    }
    assert_equal assigns(:article).category, 'Script'
    assert_redirected_to article_path(1)
  end
  …中略…
end
```

Column Rails アプリ開発に役立つ情報源

進化の速いRailsを理解するには、書籍（P.426）だけでなく、インターネットからの情報収集は欠かせません。以下に、学習やアプリケーション開発に役立つと思われるページをまとめておきます。

● Ruby on Rails Guides（https://guides.rubyonrails.org/）／Ruby on Rails — Blog（https://rubyonrails.org/blog/）

いわずと知れた本家サイトのドキュメントとブログです。英語ですが、まずは基本的な情報としておさえておきたいところです。ブログには新バージョンのリリースやセキュリティ情報も含まれています。

● Railsガイド（https://railsguides.jp/）

英語を読むのに抵抗があるという方は、上記の「Ruby on Rails Guides」をベースに日本語に翻訳したこちらがおすすめです。本家に更新が追いつかない、Pro版（有償）でない場合に情報や機能の制限がありますが、日本語で読めるというのはやはり安心するものです。

● Ruby on Rails API（https://api.rubyonrails.org/）／Ruby on Rails - APIdock（https://apidock.com/rails）

開発には欠かせないリファレンスです。公式のAPIリファレンスのほか、APIdockはバージョンごとのドキュメントを掲載していますので、機能の変化などを確認したい場合には便利でしょう。ただ、残念ながら2021年中盤以降の更新が止まっているようです。

このほか、「Ruby / Rails関連の記事一覧 | TechRacho by BPS株式会社」（https://techracho.bpsinc.jp/category/ruby-rails-related）などもコンスタントに最新の情報を掲載しており、非常に有用です。

test メソッド

Functional テストを準備する

書式　test name do
　　assertion
　end

引数　name：**テスト名**　assertion：**テストコード**

　Functional テストは、ActionDispatch::IntegrationTest 派生クラスとして定義します。rails generate controller コマンドでコントローラを作成した時に、/test/controllers フォルダ配下に xxxxx_controller_test.rb（xxxxx はコントローラ名）のようなテストスクリプトができているはずです。一般的には、この自動生成されたコードに対して、テストコードを追加していきます。

　テストスクリプトに対して、test メソッド（P.404）でテストメソッドを追加していく、setup／teardown メソッド（P.409）で初期化／後処理を定義するなど、基本的な記述のルールは Model テストの場合と同じです。しかし、利用できる Assertion メソッドが増えている、固有の予約変数が用意されているなど、独自のポイントもありますので、これらについては次項以降を参照してください。

サンプル　articles_controller_test.rb

```
require 'test_helper'

class ArticlesControllerTest < ActionDispatch::IntegrationTest
  test "index action" do
    # indexアクションへのアクセス
    get articles_url
    # 応答ステータスが200であることをチェック
    assert_response :success, 'index action failed'
  end
…後略…
```

参照　P.405「Model テストの結果をチェックする」

get／post／patch／put／delete／head メソッド

Functional テストで
コントローラを起動する

書式　verb(action [,params [,session [,flash]]])

引数　verb：コントローラ呼び出しに使用するHTTPメソッド（get／post／
　　　　　patch／put／delete／head）
　　　　action：実行するアクション　params：実行時に渡すパラメータ情報
　　　　session：実行時に渡すセッション情報
　　　　flash：実行時に渡すフラッシュ情報

　Functionalテストでは、まずコントローラを起動し、アクションメソッドを実行する必要があります。これを行うのが、get／post／patch／put／delete／headメソッドの役割です。それぞれのメソッドは、アクションが要求するHTTPメソッドに応じて使い分けてください。引数params／session／flashをハッシュ形式で渡すことで、リクエストパラメータやセッション／フラッシュ情報を引き渡すこともできます。

　なお、get／postなどのメソッドを実行した後、テストメソッドの中では以下のような予約変数にアクセスできるようになります。

▼ リクエスト処理後にアクセスできる予約変数

分類	変数名	概要
オブジェクト	@controller	リクエストされたコントローラクラス
	@request	リクエストオブジェクト
	@response	レスポンスオブジェクト
ハッシュ	assigns(:key)	ビューで利用できるテンプレート変数（下記注意を参照）
	cookies[:key]	クッキー情報
	flash[:key]	フラッシュ情報
	session[:key]	セッション情報

```ruby
test "show action" do
  # showアクション（/articles/1）へのアクセスを実施
  article = articles(:rust1)
  get article_url(article)
  # コントローラ名が正しいかをチェック
  assert_equal @controller.controller_name, 'articles'
  # 応答ステータスが200 Successであるかをチェック
  assert_response :success
end

test "update action" do
  # updateアクション（/articles/1）へのアクセスを実施
  article = articles(:rust1)
  patch article_url(article),
    params: { article: { title: 'ASP.NET Core入門', category: 'Script' }}
  # テンプレート変数@articleに更新値が反映されているかをチェック
  assert_equal assigns(:article).category, 'Script'
  # リダイレクト先がarticle_path(1)（=/articles/1）であることをチェック
  assert_redirected_to article_path(1)
end

test "destroy action" do
  # destroyアクション（/articles/1）へのアクセスを実施
  article = articles(:rust1)
  # リクエストの前後でarticlesテーブルの件数が1減っていることをチェック
  assert_difference('Article.count', -1) do
    delete article_url(article)
  end
  # リダイレクト先がarticles_pathであることをチェック
  assert_redirected_to articles_path
end
```

注意 assignsメソッドは標準ではサポート外になっています。使用する場合にはGemライブラリ rails-controller-testing が必要です（P.423を参照）。

Functional テストの結果を チェックする

■**書式**■ `assert_xxxxx(args)`

■**引数**■ args：引数は以下の表を参照

　assert_xxxxxメソッド（Assertionメソッド）は、テストメソッドの中でも処理結果のチェックを行うためのメソッドです。以下に、Functionalテストで使える主なAssertionメソッドをまとめます。これらのメソッドを利用したサンプルは前後の項でも紹介していますので、合わせて参照してください。

▼ 主なAssertionメソッド（引数msgは失敗時のメッセージ）

メソッド	概要
assert_difference(exp [,diff = 1 [,msg]]) { … }	ブロック配下の処理を実行した前後で式expの値が引数diffだけ変化しているか
assert_no_difference(exp [,msg]) { … }	ブロック配下の処理を実行した前後で式expの値が変化しないか
assert_changes(exp, msg = nil, from:, to:) { }	ブロック配下の処理を実行した前後で式expの値がfrom～toに変化しているか
assert_no_changes(exp, msg = nil) { }	ブロック配下の処理を実行した前後で式expの値が変化していないか
assert_nothing_raised { }	ブロック配下で例外が発生していないか
assert_generates(path, opts [,defaults [,extras [,msg]]])	与えられた引数opts（url_forメソッドの引数）で指定されたパスpathが生成できるか
assert_recognizes(exp_opts, path [,extras [,msg]])	与えられたパスpathで引数exp_optsと解析できるか（assert_generatesの逆）
assert_response(type [,msg])	指定されたHTTPステータスが返されたか。引数typeは:success（200）、:redirect（300番台）、:missing（404）、:error（500番台）など
assert_redirected_to([url [,msg]])	リダイレクト先urlが正しいか
assert_template(temp [,msg])	指定されたテンプレートが選択されたか（下記注意を参照）
assert_select(selector [,equality [,msg]])	セレクタselectorに合致した要素の内容を引数equalityでチェック（引数equalityの値はP.420を参照）

■**サンプル**● articles_controller_test.rb

```ruby
test "create action" do
    # createアクションの実行によってarticlesテーブルの値が1増えることを
    # チェック
  assert_difference('Article.count') do
```

417

```
      post articles_url, params: {
        article: {
          url: 'https://codezine.jp/article/detail/15673',
          title: 'Railsによるクライアントサイド開発入門', category: 'Script' }
      }
  end
    # リダイレクト先が/articles/xx（xxは新規レコードのid）であることを
    # チェック
  assert_redirected_to article_path(assigns(:article))
end

test "create action fail" do
    # レコードの登録に失敗し、articlesテーブルの件数が増えないことを
    # チェック
  assert_no_difference('Article.count') do
    post articles_url, params: {
      article: {
        url: '@railsref/index.html',              # 不正なURL形式（検証エラー）
        title: 'Railsリファレンス',
        category: 'Script' }
      }
  end
end

test "routing check" do
    # 与えられたハッシュによってarticles/1というパスが生成されることを
    # チェック
  assert_generates('articles/1',
    controller: 'articles', action: 'show', id: 1)
    # 与えられたパスによって指定のルートパラメータが得られることをチェック
  assert_recognizes(
    { controller: 'articles', action: 'edit', id: '1' },
    'articles/1/edit')
end
```

注意 assert_templateメソッドは標準ではサポート外になっています。使用する場合にはGemライブラリrails-controller-testingが必要です（P.423を参照）。

参考 assert_deferenceメソッドの引数expとdiffはハッシュにできます。これにより、異なるexpに対して異なるdiffを指定でき、同一のアサーションでさまざまな数値の違いを指定できるようになっています。

参考 Functionalテストでは、これらのAssertionメソッドに加えて、ModelテストのAssrtionメソッド（P.405）も利用できます。

assert_select メソッド

テンプレートによる出力結果をチェックする

書式 `assert_select(selector [,equality [,msg]])`

引数 selector：セレクタ式　equality：チェック内容
msg：エラー時のメッセージ

▼ セレクタ式（引数selector）

セレクタ式	概要	記述例（意味）
element	指定した名前の要素	p（すべての\<p\>要素）
#id	指定したid値を持つ要素	#main（id="main"である要素）
.class	指定したclass属性を持つ要素	.menu （class="menu"である要素）
element.class	指定したclass属性を持つ要素element	a.navi （class="navi"である\<a\>要素）
ancestor descendant	ancestor配下のすべての子孫要素descendant	div.main p （class="main"である\<div\>配下の\<p\>要素）
parent > child	parent直下の子要素child	#menu > a （id="menu"である要素直下の\<a\>要素）
[attr_exp]	条件式attr_expに合致する要素	a[target="_blank"] （target属性が_blankである\<a\>要素）
:first-child	最初の子要素	div#main p:first-child （\<div id="main"\>配下の最初の\<p\>要素）
:last-child	最後の子要素	div#main p:last-child （\<div id="main"\>配下の最後の\<p\>要素）
:nth-child	n番目の子要素	div#main p:nth-child(3) （\<div id="main"\>配下の3番目の\<p\>要素）

▼ attr_exp

条件式	概要
attr = value	属性attrがvalueに等しい
attr != value	属性attrがvalueに等しくない
attr ^= value	属性attrがvalueで始まる
attr $= value	属性attrがvalueで終わる
attr *= value	属性attrがvalueを含む
attr	属性attrが存在する

▼ 引数selectorで取得した要素群と比較する式（引数equality）

値（型）	チェック内容		
true、省略	指定された要素が最低1つは存在するか		
false	指定された要素が1つも存在しないか		
文字列	指定された要素配下のテキストいずれかが、指定の文字列に一致するか		
正規表現パターン	指定された要素配下のテキストのいずれかが、正規表現パターンにマッチするか		
整数値	取得した要素の数が指定値に等しいか		
Rangeオブジェクト	取得した要素の数が指定の範囲内であるか		
ハッシュ	指定した複合条件で要素をチェック（指定可能なキーは以下）		
	キー	チェック内容	
	:text	文字列、または正規表現にマッチ	
	:html	文字列、または正規表現にHTML文字列がマッチ	
	:count	マッチした要素の数が指定値に等しい	
	:minimum	マッチした要素の数が少なくとも指定値以上である	
	:maximum	マッチした要素の数が最大でも指定値以下である	
	:属性名	HTMLの属性にマッチ	

assert_selectメソッドは、ビュー検査のための高機能なAssertionメソッドです。引数selectorで取得した要素（群）を、引数equalityと比較して検査します。セレクタ構文を利用することで、ごくシンプルな式で目的要素にアクセスできるのが特長です。また、引数equalityにもさまざまなパターンで比較式を指定できますので、これ1つでビューのチェックはほぼまかなえるでしょう。

サンプル ● articles_controller_test.rb

```ruby
test "select check" do
  # indexアクションへのリクエストを実施し、テンプレートによる出力を確認
  get articles_url
  # <script>要素が1つでも含まれるか
  assert_select 'script'
  # <script>要素が1つでも含まれるか (上と同じ意味)
  assert_select 'script', true
  # <center>要素が1つも存在しないか
  assert_select 'center', false
  # <title>要素のテキストが「Railsample」であるか
  assert_select 'title', 'Railsample'
  # <h1>配下のテキストが英数字、空白で構成されているか
  assert_select 'h1', /[A-Za-z0-9 ]+/
  # <script>要素のtype属性が空でないか
  assert_select 'script', type: /.+/
  # <script>要素が1~5個の間で存在するか
  assert_select 'script', minimum: 1, maximum: 5
  # <div id="articles">要素の配下に<div class="inf">要素が10個存在するか
  assert_select 'div#articles div.inf', 10
  # <div id="articles">要素の配下に<div class="inf">要素が10個存在するか⏎
  (上と同じ意味)
  assert_select 'div#articles' do
    assert_select 'div.inf', 10
  end
end
```

注意▶ セレクタ式は、先の表でまとめている他にもさまざまな表現が可能です。セレクタ式は本書の範疇を外れるため、これ以上の解説は割愛しますが、詳しくは「Selectors Level 4」(https://www.w3.org/TR/selectors-4/)のようなページも参考にしてください。

参考▶ 引数selectorにプレイスホルダ「?」を埋め込むことで、対応する属性の値を判定することもできます。

参考▶ サンプルの最後の例のように、assert_selectメソッドは入れ子にもできます。特定要素の配下について繰り返し処理を行う場合には、入れ子構文を利用することで、セレクタ式をシンプルに記述できます。

Functional テストを実行する

書式 `rails test [path] [opts]`

引数 path：テストスクリプトのパス　opts：オプション（P.410参照）

Functional テストを実施するには、rails test コマンドを利用します。

rails test コマンドはデフォルトで System テストを除く /test フォルダ配下のすべてのテストを実行しますが、パラメータ path を指定することで、特定のテストスクリプトだけを実行することもできます。

サンプル Functional テストの実行（成功時）

```
> rails test test/controllers/articles_controller_test.rb -v
Running 8 tests in a single process (parallelization threshold is 50)
Run options: -v --seed 1956

# Running:

ArticlesControllerTest#test_destroy_action = 0.41 s = .
ArticlesControllerTest#test_routing_check = 0.00 s = .
ArticlesControllerTest#test_index_action = 0.15 s = .
ArticlesControllerTest#test_create_action = 0.02 s = .
ArticlesControllerTest#test_select_check = 0.03 s = .
ArticlesControllerTest#test_show_action = 0.04 s = .
ArticlesControllerTest#test_update_action = 0.06 s = .
ArticlesControllerTest#test_create_action_fail = 0.05 s = .

Finished in 0.794029s, 10.0752 runs/s, 36.5226 assertions/s.
8 runs, 29 assertions, 0 failures, 0 errors, 0 skips
```
8テストメソッド、29Assertionメソッドを実行&すべて成功

サンプル Functional テストの実行（失敗時）

```
> rails test test/controllers/articles_controller_test.rb -v
Running 8 tests in a single process (parallelization threshold is 50)
Run options: -v --seed 15920

# Running:

ArticlesControllerTest#test_select_check = 0.54 s = .
```

```
ArticlesControllerTest#test_index_action = 0.02 s = .
ArticlesControllerTest#test_routing_check = 0.00 s = F


Failure:
ArticlesControllerTest#test_routing_check [C:/Users/nao/Documents/Rails/ ⏎
railsample/test/controllers/articles_controller_test.rb:59]:
The generated path </articles/1> did not match </articles/2>.
Expected: "/articles/2"
  Actual: "/articles/1"                        routing_checkテストで失敗


rails test test/controllers/articles_controller_test.rb:58

ArticlesControllerTest#test_show_action = 0.02 s = .
ArticlesControllerTest#test_update_action = 0.02 s = .
ArticlesControllerTest#test_create_action = 0.03 s = .
ArticlesControllerTest#test_create_action_fail = 0.06 s = .
ArticlesControllerTest#test_destroy_action = 0.02 s = .

Finished in 0.737210s, 10.8517 runs/s, 37.9810 assertions/s.
8 runs, 28 assertions, 1 failures, 0 errors, 0 skips
```

注意 assignsメソッド、assert_templateメソッドを含むテストの実行にはGemライブラ
リrails-controller-testingが必要です。Gemfileファイルを修正し、bundle installコ
マンドを実行してインストールしてください。サンプルではこれらのメソッド呼び出
しはコメントアウトしてありますので、必要に応じてコメントを解除してください。

```
…略…
group :test do
  # Windows環境のみ必要
  gem "ffi"
  # assignsメソッド、assert_templateメソッドを含むテストに必要
  gem "rails-controller-testing"
  # Use system testing [https://guides.rubyonrails.org/testing. ⏎
html#system-testing]
  gem "capybara"
  gem "selenium-webdriver"
  gem "webdrivers"
end
```

参照 ▶ P.410「Modelテストを実行する」

rails generate integration_test コマンド

Integration テストを準備する

書式 `rails generate integration_test name [opts]`

引数 name：**テスト名** opts：**動作オプション（P.65の表［基本］を参照）**

　Integration テストの骨組みは、rails generate integration_test コマンドで生成できます（Model／Function テストと異なり、なにかと合わせて生成されるということはありません）。コマンドを実行すると、/test/integration フォルダ配下に＜テスト名＞_test.rb（ActionDispatch::IntegrationTest 派生クラス）が生成されます。

　テストスクリプトに対して、test メソッドでテストメソッドを追加していく、setup／teardown メソッドで初期化／後処理を定義するなど、基本的な記述のルールは Model／Functional テストの場合と同じです。しかし、利用できるヘルパーメソッドが増えているなど、独自のポイントもありますので、これらについては次項以降を参照してください。

サンプル ● Integration テストの骨組みを作成

```
> rails generate integration_test article_process
    invoke  test_unit
    create    test/integration/article_process_test.rb
```

```
  # 自動生成されたarticle_process_test.rb
require 'test_helper'

class ArticleProcessTest < ActionDispatch::IntegrationTest
  # test "the truth" do
  #   assert true
  # end
end
```

get／post／patch／put／delete／head／follow_redirect! メソッド

Integration テストで コントローラを起動する

書式
```
verb(path [,params [,headers]])     コントローラの起動
follow_redirect!                    リダイレクトの追跡
```

引数
verb：コントローラ呼び出しに使用するHTTPメソッド（get／post／patch／put／delete／head）
path：リクエスト先のパス　params：実行時に渡すパラメータ情報
headers：追加のヘッダ情報

Integrationテストでは、まずコントローラを起動し、アクションメソッドを実行する必要があります。これを行うのが、get／post／patch／put／delete／headメソッドの役割です。それぞれのメソッドは、アクションが要求するHTTPメソッドに応じて使い分けてください。引数params／headersをハッシュ形式で渡すことで、リクエストパラメータやヘッダ情報を引き渡すこともできます。

follow_redirect!メソッドは、直前のリダイレクトを追跡して、リダイレクト先へのリクエストを行います。

サンプル● article_process_test.rb

```ruby
require 'test_helper'

class ArticleProcessTest < ActionDispatch::IntegrationTest
  test "create article" do
    # 新規登録画面にアクセスし、200 Successが返されることをチェック
    get '/articles/new'
    assert_response :success

    # 登録フォームからデータをポスト
    post '/articles', params: {
      article: {
        url: 'https://codezine.jp/article/detail/15673',
        title: 'Railsによるクライアントサイド開発入門',
        category: 'Script' }
    }
    # 処理に成功し、articles#showアクションにリダイレクトすることをチェック
    assert_redirected_to controller: 'articles',
      action: 'show', id: assigns(:article)

    # リダイレクト先の挙動をシミュレート
```

```
    follow_redirect!

    # リダイレクト先で応答ステータス200（success）が返されることをチェック
    assert_response :success
  end
end
```

注意 Functional テストで利用できる get／post／patch／put／delete／head メソッド
（P.415）とは、微妙に書式が異なりますので要注意です。

Column Rails をより深く学ぶための参考書籍

本書は、リファレンスという性質上、Railsというフレームワークを基本から順
序だって解説するものではありません。もし本書を利用する上で、基本や周辺
知識の理解が足りていないな、もっと知りたいな、と思ったら、以下のような
書籍も合わせて参照することをおすすめします。

● 独習Ruby 新版（翔泳社）
Railsの理解には、その基盤となるRuby言語の理解は欠かせません。例文を見
ながらであれば似たようなコードは書けるが、細かな構文になると自信がない、
という方は、本書で再入門しておきましょう。

● Ruby on Rails 5アプリケーションプログラミング（技術評論社）
Rails 5を前提とした入門書です。アプリケーションの作成からScaffolding機
能など、Railsの基本的な考え方に始まり、Model－View－Controllerの基本
機能、テスト、ルーティングまで、Railsの全体像を概観できます。

● 3ステップでしっかり学ぶMySQL入門 改訂2版（翔泳社）／書き込み式SQL
  のドリル 改訂新版（日経BP社）
アプリケーションを開発する上で、データベースと、それを扱うための言語で
あるSQLの理解は欠かせません（それはO/RマッパーによってSQLが隠蔽され
ているとしても同じです）。「しっかり入門」で基礎固めし、「ドリル」で実践的に
知識を定着させていくとよいでしょう。

● 改訂新版JavaScript本格入門　～モダンスタイルによる基礎から現場での応
  用まで（技術評論社）／JavaScript逆引きレシピ 第2版（翔泳社）
いまやWebアプリケーション開発には、クライアントサイド技術（JavaScript）
との連携は欠かせません。「本格入門」は、JavaScript入門者のみならず、なん
となく、わかったつもりで書いている人が、改めて基礎からきちんと再確認で
きる1冊です。Rails 7で使われるようになったFetch APIも学ぶならば
「JavaScript逆引きレシピ」なども参考にしてください。

rails test:integration コマンド

Integration テストを実行する

書式 `rails test:integration [path] [opts]`

引数 path：テストスクリプトのパス　opts：オプション（P.410参照）

Integration テストを実施するには、rails test:integration コマンドを利用します。

rails test:integration コマンドはデフォルトで /test/integration フォルダ配下のすべての Integration テストを実行しますが、パラメータ path を指定することで、特定のテストスクリプトだけを実行することもできます。

サンプル ● すべての Integration テストを実行

```
> rails test:integration
Running 1 tests in a single process (parallelization threshold is 50)
Run options: --seed 51903

# Running:

.

Finished in 0.638248s, 1.5668 runs/s, 7.8339 assertions/s.
1 runs, 5 assertions, 0 failures, 0 errors, 0 skips
```

参考 テストをすべてまとめて実行するならば、rails test:all コマンドを実行してください。

参照 P.410「すべてのテストを実行する」

System テストを作成する

書式 `rails generate system_test controller`

引数 `controller`：**テスト対象のコントローラ**

rails generate system_test コマンドを使うと、System テストのためのクラスを作成できます。クラスファイルは、/test/system フォルダに＜コントローラ名＞_test.rb というファイル名で作成されます。このファイルは、/test/application_system_test_case.rb ファイルで定義される ApplicationSystemTestCase クラスを継承するテストクラスを＜コントローラ名＞Test という名前で宣言します。

/test/application_system_test_case.rb ファイルは、アプリケーションの作成時に自動的に作成されます。ApplicationSystemTestCase クラスには driven_by メソッドが記述されており、引数 :selenium と :using オプションが指定されています。引数 :selenium はテストに Selenium ドライバを使うことを指定し、:using オプションは :chrome ハッシュと :screen_size ハッシュでブラウザに Chrome を使用、解像度は 1400 × 1400 ピクセルとすることを指定します。

＜コントローラ名＞_test.rb ファイルでは、コントローラごとのテストクラスを定義します。テストクラスの内容は、個々のテストメソッドの定義です。

サンプル /test/application_system_test_case.rb

```
class ApplicationSystemTestCase < ActionDispatch::SystemTestCase
  driven_by :selenium, using: :chrome, screen_size: [1400, 1400]
end
```

サンプル ● /test/system/articles_test.rb

```ruby
require "application_system_test_case"

class ArticlesTest < ApplicationSystemTestCase
  setup do
    @article = articles(:rust1)
  end

  test "visiting the index" do
    visit articles_url
    assert_selector "h1", text: "Articles"
  end
…後略…
```

参考 Selenium ドライバとは、Web ブラウザの操作を自動化するフレームワークです。ツールとライブラリが提供され、Rails では Selenium の機能を利用して System テストを実装しています。

参考 ドライバには Cuprite などの選択肢もあります。Cuprite を使う場合には、Gem ライブラリ cuprite をインストールし、driven_by メソッドの引数に :cuprite オプションを指定します。

参考 Web ブラウザの指定は Selenium ドライバでのみ可能です。:chrome 以外には :firefox などが指定できます。

System テストを準備する

■■ 書式 ■■ `visit` url　　　　　　　　　　　　　　指定URLへアクセス

`fill_in` label, opts　　　　　　　　　　入力要素に設定

`check` label　　　　　　　　　チェックボックスをオン

`click_on` label　　　　　　　コントロールをクリック

（この他、下記「主なメソッド」参照）

■ 引数 ■ url：アクセスするURL　label：フォームのラベル　opts：オプション

▼ オプション（opts）

オプション	概要
:from	対象のコントロール（select、unselect）
:with	コントロールに設定する内容を指定（fill_in）

　Systemテストで用意するテストメソッドには、専用のメソッド（Capybaraの DSL構文）を使ってテストの内容を定義します。たとえばvisitメソッドは、urlで指 定されるアドレスにアクセスしてページを開きます。fill_inメソッドは、labelをラ ベルに持つ入力要素に:withハッシュの値を設定します。checkメソッドは、label をラベルに持つチェックボックスをオンにします。click_onメソッドは、labelを ラベルに持つコントロールをクリックします。その他、ラジオボタンやセレクト ボックス、ファイルコントロールなどを操作することができます。

▼ 主なメソッド

メソッド	概要
uncheck label	チェックボックスをオフ
choose label	ラジオボタンを選択
select value, opts	リスト項目を選択状態に
unselect value, opts	リスト項目を非選択状態に
attach_file label, path	ファイルを添付
click_link label	リンクをクリック
click_button label	ボタンをクリック
click_link_or_button label	リンクあるいはボタンをクリック

　操作した結果は、Capybaraのassert_xxxxメソッドで検証します。たとえば assert_textメソッドは、引数で指定される文字列がページ上にあればtrueとなり ます。

サンプル ⬤ /test/system/articles_test.rb

```ruby
test "should create article" do
  # articles_url (/articles) へアクセス
  visit articles_url
  # "New article"でクリック
  click_on "New article"
  # "Access"にアクセス数をセット
  fill_in "Access", with: @article.access
  # "Category"にカテゴリをセット
  fill_in "Category", with: @article.category
  # クローズされていれば"Closed"をチェック
  check "Closed" if @article.closed
  # "Published"に公開日をセット
  fill_in "Published", with: @article.published
  # "Title"にタイトルをセット
  fill_in "Title", with: @article.title
  # "Url"にURLをセット
  fill_in "Url", with: @article.url
  # "Create Article"をクリック
  click_on "Create Article"
  # "Article was successfully created"と表示されているか
  assert_text "Article was successfully created"
  # "Back"をクリック
  click_on "Back"
end
```

参考 Capybaraのメソッドおよびアサーションについては、以下を参照してください。

▼ Module: Capybara::Node::Actions
https://www.rubydoc.info/gems/capybara/Capybara/Node/Actions

▼ Module: Capybara::Minitest::Assertions
https://www.rubydoc.info/gems/capybara/Capybara/Minitest/Assertions

System テストを実行する

書式 `rails test:system`

rails test:system コマンドを使うと、System テストを実行できます。rails test:system コマンドにはオプションを除く引数はありません。/test/system フォルダにあるテストスクリプトをすべて実行します。

サンプル System テストの実行

```
> rails test:system
Running 4 tests in a single process (parallelization threshold is 50)
Run options: --seed 35246

# Running:

DEBUGGER: Attaching after process 39450 fork to child process 39459
Capybara starting Puma...
* Version 5.6.4 , codename: Birdie's Version
* Min threads: 0, max threads: 4
* Listening on http://127.0.0.1:49762
....

Finished in 6.420376s, 0.6230 runs/s, 0.6230 assertions/s.
4 runs, 4 assertions, 0 failures, 0 errors, 0 skips
```

注意 System テストの実行で、オペレーティングシステムからセキュリティ上の警告を受けることがあります。Windows では、Windows Defender ファイアウォールがブロックの警告を表示しますので、[アクセスを許可する]をクリックして Ruby インタプリタからのネットワークアクセスを許可してください。macOS では、Web ブラウザがファイルシステムへのアクセスを許可するか聞かれますので、[OK]をクリックしてアクセスを許可してください。

▼ セキュリティの警告

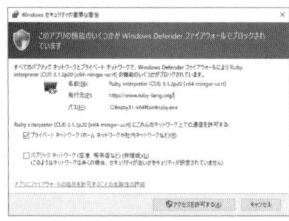

take_screenshot／take_failed_screenshotメソッド

スクリーンショットを撮る

■ 書式 take_screenshot 任意のスクリーンショット
take_failed_screenshot テスト失敗時のスクリーンショット

take_screenshotメソッドは、テスト中のスクリーンショットを取得してファイルとして保存します。take_failed_screenshotメソッドは、テストの失敗時にafter_teardownメソッド（teardownメソッド実行後に呼び出されるメソッド）から自動的に呼び出されて、スクリーンショットを取得してファイルとして保存します。

スクリーンショットは、デフォルトでは/tmp/screenshotsフォルダに保存されます。保存場所は、Capybara.save_pathパラメータでカスタマイズできます。take_screenshotメソッドによるスクリーンショットは＜番号＞_＜テストメソッド名＞.pngという形式、take_failed_screenshotメソッドによるスクリーンショットはfailures_＜テストメソッド名＞.pngという形式のファイル名で保存されます。

サンプル /test/system/articles_test.rb

```
test "visiting the index" do
  visit articles_url
  assert_selector "h1", text: "Articles"
  # スクリーンショットをここで取得
  take_screenshot
end
```

参考 RAILS_SYSTEM_TESTING_SCREENSHOT_HTML環境変数を1にセットすると、スクリーンショット保存時のページのHTMLを保存できます。対応するスクリーンショットの拡張子を.htmlとしたファイル名で保存されます。

参考 RAILS_SYSTEM_TESTING_SCREENSHOT環境変数をsimple、inline、artifictのいずれかにセットすると、スクリーンショットの出力をコントロールできます。デフォルトはsimpleで、ファイルがフォルダに保存されます。inline、artifictはスクリーンショットをターミナルに出力します。詳細はそれぞれ以下を参考にしてください。

▼ Inline Images Protocol
https://iterm2.com/documentation-images.html

▼ URL-BASED INLINE IMAGES
https://buildkite.github.io/terminal-to-html/inline-images/

Column コードの改行位置に要注意

Rubyでは、改行で文の区切りを表すのが基本です。しかし、「次の行に文が継続するのが明らかな場合だけ」例外的に空白文字と見なされ、行継続が認められます。よって、たとえば以下は正しいRailsのコードです。行末にカンマがあるので、「明らかに次の行に継続している」ことがわかるからです。

```
http_basic_authenticate_with realm: 'Railsample',     ──次行への継続が明らか
  only: :auth_action,
  name: 'nyamauchi', password: '12345'
```

しかし、以下はSyntaxError(文法エラー)となります。行末がメソッド名で終わっているため、次の行に継続していないと見なされてしまうのです。

```
http_basic_authenticate_with     ──次行への継続が明らかでない
  realm: 'Railsample', only: :auth_action,
  name: 'nyamauchi', password: '12345'
```

このようなケースでは、引数を丸カッコで括るか、行末にバックスラッシュを付与するようにしてください。これは、行継続を意味する特殊文字です。

```
http_basic_authenticate_with(
  …中略…
)
http_basic_authenticate_with ¥
  …後略…
```

7

コンポーネント

メール送信のための共通設定を定義する

書式 `config.action_mailer.xxxxx = value`

引数 xxxxx：**設定パラメータ名** value：**設定値**

▼ Action Mailer関連のパラメータ名（書式のxxxxxの部分）

パラメータ名	概要		デフォルト値
delivery_method	メールを送信する方法		:smtp
	設定値	概要	
	:smtp	SMTPサーバで送信	
	:sendmail	sendmailコマンドで送信	
	:file	メールをファイルとして保存	
	:test	メールを配列としてのみ返す（テストモード）	
template_root	メール本文を表すテンプレートのルートフォルダ		/app/views
perform_deliveries	deliverメソッドで実際にメールを送信するか		true
raise_delivery_errors	メール送信を失敗したらエラーを発生させるか		false
smtp_settings	:smtpモードの設定（サブオプションは以下）		—
	サブオプション	概要	デフォルト値
	:address	SMTPサーバのホスト名	localhost
	:port	SMTPサーバのポート番号	25
	:domain	HELOドメイン	localhost.localdomain
	:user_name	認証で使用するユーザ名	—
	:password	認証で使用するパスワード	—
	:authentication	認証方法（:plain、:login、:cram_md5）	—
	:enable_starttls_auto	利用するSMTPサーバでSTARTTLSが有効な場合は使用	true
	:openssl_verify_mode	TLSを使う場合、OpenSSLの認証方法を設定（:none、:peer）	—
	:ssl/:tls	SMTP接続でSMTP/TLS（SMTPS: SMTP over direct TLS connection）を有効にする	false
	:open_timeout	コネクション開始の試行待ち時間（秒）	—
	:read_timeout	read(2)システムコール呼び出しのタイムアウト（秒）	—

パラメータ名	概要		デフォルト値
sendmail_settings	:sendmailモードの設定(サブオプションは以下)		—
	サブオプション	概要	デフォルト値
	:location	sendmailコマンドの場所	/usr/bin/sendmail
	:arguments	sendmailコマンドのオプション	-i -t
file_settings	:fileモードの設定(サブオプションは以下)		—
	サブオプション	概要	デフォルト値
	:location	メッセージの保存先	#{Rails.root}/tmp/mails
asset_host	メーラーで用いるアセットのホスト		—
logger	ログ出力のためのLog4rのインタフェースまたはデフォルトのRuby Loggerクラス		nil
smtp_timeout	メール配信用の:smtpメソッドの:open_timeout値と:read_timeout値を設定可能にするか		false
default_options	メーラーオプションのデフォルト		mime_version: "1.0", charset: "UTF-8", content_type: "text/plain", parts_order: ["text/plain", "text/enriched", "text/html"]
observers	メールを配信したときに通知を受けるオブザーバー		—
interceptors	メールを送信する前に呼び出すインターセプタ		—
preview_interceptors	メールのプレビュー前に呼び出すインターセプタ		—
preview_path	メーラーのプレビュー場所		—
show_previews	メーラーのプレビューを有効にするか		development環境でtrue
deliver_later_queue_name	配信ジョブで用いるActive Jobキュー		nil
perform_caching	メーラーのテンプレートでフラグメントキャッシュを有効にするか		true
delivery_job	メールの配信ジョブ		—

Action Mailerは、メール送信のためのモジュールです。Action Mailerを利用することで、コントローラを開発するのとほぼ同じ要領でメール送信のしくみを開発できます。プレーンテキストからHTMLメール、ファイル添付メールまで対応しています。

Action Mailerを利用するにあたっては、まず、設定ファイル(application.rb)に対してメール送信のための基本情報を定義しておく必要があります。

Action Mailerの設定パラメータ(config.action_mailer.xxxxx)にはすべての送信モードで共通で利用できるパラメータと、それぞれのモードでのみ有効なxxxxx_settingsパラメータとがあります。

サンプル ● application.rb

```ruby
# :smtpモードを利用するための設定
config.action_mailer.delivery_method = :smtp
config.action_mailer.raise_delivery_errors = true
config.action_mailer.smtp_settings = {
  address: 'smtp.examples.com',
  port: 25,
  domain: 'examples.com'
}
```

サンプル2 ● application.rb

```ruby
# :fileモードを利用するための設定
config.action_mailer.delivery_method = :file
config.action_mailer.file_settings = {
  location: "#{Rails.root}/tmp/test_mail"
}
```

注意 ▶ :smtpモードの設定はあくまで例です。実際にサンプルを動作させるためには、SMTPサーバのホスト名、ポート番号などは自分が利用できる環境に合わせて修正してください。

参考 ▶ :testモードでは、送信されたメールの情報はActionMailer::Base.deliversメソッドから取得できます。

メーラークラスを自動生成する

書式 `rails generate mailer name method [opts]`

引数 name：メーラー名　method：送信用のメソッド名
opts：動作オプション（P.65の表［基本］を参照）

メーラー（**ActionMailer::Base**派生クラス）は、Action Controllerでのコント
ローラクラスに相当するクラスで、要求を受けて必要な処理を実施し、その結果を
テンプレートを使ってメール本文に整形します。

メーラーは、rails generate mailerコマンドで生成できます。コマンドはメー
ラークラスだけでなく、テンプレートファイルやテストスクリプトも合わせて自動
生成します。

サンプル ● ReportMailerクラス(user_updateメソッド)を生成

```
> rails generate mailer report_mailer user_update
     create  app/mailers/report_mailer.rb
     invoke  erb
     create    app/views/report_mailer
     create    app/views/report_mailer/user_update.text.erb
     create    app/views/report_mailer/user_update.html.erb
     invoke  test_unit
     create    test/mailers/report_mailer_test.rb
     create    test/mailers/previews/report_mailer_preview.rb
```

▼

```
/railsample
├/app
│ ├/mailers
│ │ ├application_mailer.rb … 各メーラーのデフォルトを設定するクラス
│ │ └report_mailer.rb … メーラークラス
│ └/views
│   └/report_mailer
│     ├user_update.html.erb … HTML形式のメール本文を生成するためのテンプレートファイル
│     └user_update.text.erb … テキスト形式のメール本文を生成するためのテンプレートファイル
└/test
  └/mailers
    ├report_mailer_test.rb … メーラークラスのテストスクリプト
    └/previews
      └report_mailer_preview.rb … プレビュー用のテストスクリプト
```

default／mailメソッド

メール送信のための処理を実装する

■ **書式** ■ **default** header: value [,…]　　　　　　デフォルト

mail header: value [,…]　　　　　　メール個別

■ **引数** ■ header：**ヘッダ名**　value：**ヘッダ値**

▼ 主なヘッダ名（引数header）

ヘッダ名	概要
:to、:cc、:bcc	宛先、写し、ブラインドカーボンコピー
:subject	件名
:from	メールの送信元
:date	メールの送信日時
:reply_to	返信先のメールアドレス
:errors_to	エラー発生時の通知アドレス
:x_priority／:x_msmail_priority	メールの重要度（:x_priorityは1、:x_msmail_priorityは'High'で優先度高）
:content_type	コンテンツタイプ（デフォルトはtext/plain）
:charset	使用する文字コード（デフォルトはUTF-8）
:parts_order	複数形式を挿入する順番（デフォルトは、["text/plain", "text/enriched", "text/html"]）
:mime_version	MIMEのバージョン

　メーラーでは、まずdefaultメソッドでデフォルトのメールヘッダを設定できます。送信時に個別に指定することもできますが、FromやReply-Toヘッダなど共通で利用することの多いヘッダはdefaultメソッドで宣言しておくのが望ましいでしょう。

　メールの実処理は、メーラー配下のパブリックメソッドで定義します（コントローラクラスのアクションメソッドに相当するものです。本書では、便宜的に**送信メソッド**と呼びます）。メソッド名、引数は自由に設定できますが、処理の最後ではmailメソッドを呼び出す必要があります。

　mailメソッドは、アクションメソッドでのrenderメソッドに相当するメソッドで、テンプレートファイルを呼び出し、メール本文を生成します。引数にはハッシュ形式で、defaultメソッドで指定していない、もしくは上書きしたいヘッダを指定してください。

サンプル ● application_mailer.rb

```ruby
class ApplicationMailer < ActionMailer::Base
  # すべてのメーラークラスのデフォルトを設定
  default from: 'sgl01203@nifty.com'
end
```

サンプル ● report_mailer.rb

```ruby
class ReportMailer < ApplicationMailer
  # すべての送信メソッドで利用するデフォルトのヘッダ情報
  default cc: 'info@naosan.jp'

  # メールを生成するための送信メソッド
  def user_update(user)
    # テンプレートへの値の引き渡しは、インスタンス変数で
    # (アクションメソッドの場合と同じ)
    @user = user
    # 対応するテンプレートreport_mailer/user_update.text.erb
    # (メーラー名/メソッド名.text.erb)でメール本体を生成
    mail subject: 'ユーザ登録受付完了', to: user.email
  end
end
```

サンプル ● report_mailer/user_update.text.erb

```erb
<%= @user.kname %>さん！

アプリケーションへの登録、ありがとうございます。
以下は、あなたの登録情報です。

ユーザ名：<%= @user.name %>
パスワード：(セキュリティの都合で省略しています)
メールアドレス：<%= @user.email %>

アプリケーションには、以下のページからアクセスできます。
<%= url_for(host: 'wings.msn.to', controller: 'users') %>

(有) WINGSプロジェクト (webmaster@wings.msn.to)
```

参考 ▶ ヘッダ名は、本来のヘッダ名をアンダースコア形式のシンボルで表すのが基本です。た とえばReply-Toヘッダは:reply_toとなります。ただし、:charsetのように、本来の名 前とは異なるAction Mailer固有の名前もありますので要注意です。

参照 ▶ P.444「メールを送信する」
P.442「メールヘッダを設定する」

7

コンポーネント

メールヘッダを設定する

書式 ①headers[name] = value
②headers(name: value, …)

引数 name：ヘッダ名　value：ヘッダ値

メールヘッダは、default／mailメソッド(P.440)で指定する他、送信メソッドの配下でheadersメソッドを利用して指定することもできます。たとえば、以下はP.441のサンプルをheadersメソッドを使って書き換えた例です。

サンプル report_mailer.rb

```
def user_update(user)
  @user = user
    # Toヘッダを指定
  headers(to: user.email)
    # 以下でも同じ意味
  # headers['To'] = user.email
  mail subject: 'ユーザ登録受付完了'
end
```

参照 P.440「メール送信のための処理を実装する」

メールテンプレートで利用する url_for オプションを宣言する

書式 `config.action_mailer.default_url_options =`
`{ name: value, … }`

引数 name：パラメータ名（P.315の表を参照）
value：値

　メールテンプレートでurl_forメソッド（P.315）を利用する場合、:hostオプション（ホスト名）は必須です。というのも、メール本文では相対パスを表記しても意味がないからです。

　もっとも、すべてのurl_forメソッドでいちいち:hostオプションを指定するのは面倒なことですし、ホストの移動があった場合の影響も大きくなります。そこでメールテンプレートのurl_forメソッドで利用するホスト名は、設定ファイルでaction_mailer.default_url_optionsパラメータとして設定しておくのが望ましいでしょう。

　action_mailer.default_url_optionsパラメータは「ヘッダ名：値」のハッシュでurl_forメソッドの任意のオプションを指定できます（:hostオプションに限らないということです）。

サンプル application.rb

```
config.action_mailer.default_url_options = { host: 'wings.msn.to' }
```

参考 設定の効果を確認するには、P.441のサンプルでurl_for呼び出しの部分を以下のように書き換えてください。action_mailer.default_url_optionsパラメータでホスト名を設定した場合には、url_forメソッドの側で:only_pathオプションをfalseにし、url_forメソッドが絶対URLを返すようにする必要があります。

```
<%= url_for(controller: 'users', only_path: false) %>
```

deliverメソッド

メールを送信する

書式 `Mailer.method(…).deliver`

引数 Mailer：メーラークラス名　method：送信メソッド

　メーラーの送信メソッドは、アクションメソッドなどから「メーラー名.メソッド名(…)」のように、クラスメソッドのように呼び出すことができます。ただし、送信メソッドはあくまでメール本体をMail::Messageオブジェクトとして返すだけです。

　メールを実際に送信するには、deliverメソッドを呼び出す必要があります。

サンプル other_controller.rb

```ruby
def basic_mail
    # 本来であればメール通知の前にユーザ登録などの処理があるべきだが、
    # ここでは便宜的にusersテーブルからユーザ情報を取得している
  @user = User.find(1)
    # ユーザ情報に基づいてメールを送信
  ReportMailer.user_update(@user).deliver
  render plain: 'メールを送信しました。'
end
```

▼ 送信されたメールを受信したところ

注意 配布サンプルを実際に試す場合には、設定ファイル／メーラーのサーバ名やアドレスなどの設定を自環境で利用できるものに変更してください（配布サンプルそのままの設定では動作しません）。

.html.erbファイル

HTML メールを送信する

書式 `mailer/method.html.erb`

引数 `mailer`：メーラー名　`method`：送信メソッド名

Action MailerでHTMLメールを送信するのに、特別な準備は不要です。メールテンプレートとして.text.erbファイルを用意する代わりに、.html.erbファイルを準備してください。メーラークラスにアクションを追加すると、.html.erbファイルも自動的に作成されます。

サンプル report_mailer/update_user.html.erb

```
<img src="https://wings.msn.to/image/wings.jpg" />
<hr />
<p><%= @user.kname %>さん！</p>
<p>アプリケーションへの登録、ありがとうございます。<br />
以下は、あなたの登録情報です。</p>
<ul>
<li>ユーザ名：<%= @user.name %></li>
<li>パスワード：（セキュリティの都合で省略しています）</li>
<li>メールアドレス：<%= @user.email %></li>
</ul>
<p>アプリケーションには、<%= link_to 'こちら', controller: 'users',
  only_path: false %>からアクセスできます。</p>
<p><%= mail_to 'webmaster@wings.msn.to', '（有）WINGSプロジェクト' %></p>
```

▼ 送信されたメールを受信したところ

注意▶ HTMLメールはさまざまな情報を盛り込めるという意味で、テキストメールよりも有利です。しかし、サイズが大きくなりがち、セキュリティ上の脆弱性の原因となる場合があるなどの理由から嫌われることも少なくありません。時代の変化と共に、次第に抵抗感も薄れているようにも思えますが、嫌う人もまだまだいるということを少しだけ考慮してもよいでしょう（それで十分なのであれば、まずはテキストメールを利用すべきです）。

参考▶ 1つの送信メソッドに対して、update_user.html.erb／update_user.text.erbと2種類のフォーマットでテンプレートが用意されている場合、Action Mailerは、**マルチパートメール**（multipart/alternative形式）を生成します。

▼ multipart/alternative形式のメール

```
                        マルチパートメール

 ヘッダ        From: sgl01203@nifty.com
             …中略…
             Content-Type: multipart/alternative;
              boundary="--=_mimepart_627dc67a80ab2_3da4e344490e5";

 テキスト形式  ----==_mimepart_627dc67a80ab2_3da4e344490e5
             …中略…
             Content-Type: text/plain;
              charset=UTF-8
             …中略…

 HTML形式     ----==_mimepart_627dc67a80ab2_3da4e344490e5
             …中略…
             Content-Type: text/html;
              charset=UTF-8
             …後略…
```

マルチパートメールとは、1つのメールに複数形式（多くはテキストとHTML）の本文を含んだメールです。上の図であれば、メールクライアントはHTML形式を優先して描画しようとし、HTML形式を利用できない環境でのみテキスト形式を描画します（要は、あとの形式を優先して利用します）。フォーマットの並び順は、defaultメソッド（P.440）の:parts_orderオプションで指定できます。

メール本文に共通のテキストを挿入する

書式 layout name

引数 name：レイアウトの名前

layoutメソッドを利用することで、メール本文に共通レイアウトを適用できます。レイアウトファイルは/app/views/layoutsフォルダに配置する、個別テンプレートの埋め込み場所はyieldメソッドで指定するなど、レイアウトの考え方はコントローラのそれ（P.277）と同じです。ただし、Action Mailerではレイアウトはlayoutメソッドで宣言しない限り、デフォルトで適用され**ない**点に注意してください。

サンプル layouts/mail.text.erb

```
■────────────────────────◆
■□■ ＷＩＮＧＳ ユーザ登録受付完了のご案内
■────────────────────────◆


<%= yield %>


*********************************************************************
■ユーザ登録の解除について
ユーザ登録の解除は、アプリケーション内の「ユーザの登録／解除」
から行ってください。
このメールにご返信いただきましても、解除はできませんのでご了承
ください。
*********************************************************************
```

サンプル layouts/mail.html.erb

```
<h2>ＷＩＮＧＳ ユーザ登録受付完了のご案内</h2>
<hr />


<%= yield %>


<hr />
<h4>ユーザ登録の解除について</h4>
<p>ユーザ登録の解除は、アプリケーション内の「ユーザの登録／解除」 ↵
から行ってください。</p>
<p>このメールにご返信いただきましても、解除はできませんのでご了承ください。</p>
```

サンプル ● report_mailer.rb

```
class ReportMailer < ApplicationMailer
  layout 'mail'                          # 送信メソッドにレイアウトを適用
  …中略…
end
```

▼ レイアウトを適用した場合の受信メール(左：テキストメール、右：HTMLメール)

 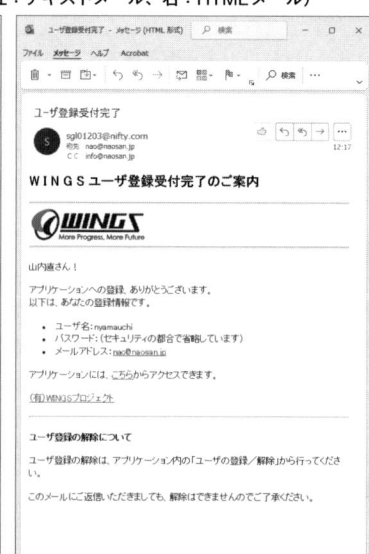

attachmentsメソッド

添付ファイル付きメールを送信する

書式 `attachments[name] = data`

引数 name：添付ファイル名　data：ファイルのデータ

メールにファイルを添付するには、attachmentsメソッドを利用します。attachmentsメソッドはハッシュのように操作できますので、キーとしてファイル名を、値としてファイル本体をセットします。ファイルそのものの読み込みには、File.readメソッドなどを利用します。

サンプル ● report_mailer.rb

```ruby
def user_update(user)
  @user = user
    # cat.jpgという名前のファイルをメールに添付
  file = File.open(Rails.root.join('tmp/docs/cat.jpg'), 'rb')
  attachments['cat.jpg'] = file.read
  mail subject: 'ユーザ登録受付完了', to: user.email
end
```

▼ 画像ファイルが添付されたメールを受信したところ

mailメソッド

メールの出力形式を制御する

書式
```
mail header: value, … do |format|
  format.type { statements }
  …
end
```

引数 header：ヘッダ名　value：値　format：フォーマット制御オブジェクト
type：応答フォーマット　statements：描画のためのコード

mailメソッドでは、respond_toメソッド（P.89）にも似た形式でメールの出力フォーマットを操作できます。respond_toメソッドはリクエスト時の指定に従って、フォーマットを切り替えるメソッドでしたが、mailメソッドは指定されたフォーマットのすべてを指定の順序でマルチパートメールとして出力する点に注意してください（逆に、mailブロックで指定されなかったフォーマットは対応するテンプレートがあっても除外されます）。たとえば、以下はマルチパートメールでtext/plain→text/html形式の順にメールを出力し、かつ、テキストメールは（テンプレートではなく）テキストで直接指定する例です。

サンプル report_mailer.rb
```
def user_update(user)
  @user = user
    # テキストメールの本文はインラインテキストで指定
  mail subject: 'ユーザ登録受付完了', to: user.email do |format|
    format.text { render plain: 'HTML対応クライアントで受信してください。' }
    format.html
  end
end
```

▼ HTML非対応のメールクライアント（Webメール）で受信した場合

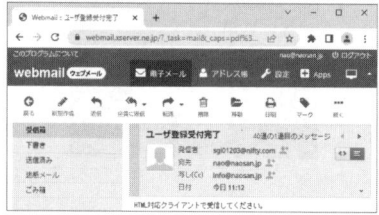

参考 マルチパートメールのデフォルトの出力順は、defaultメソッド（P.440）の:parts_order
オプションで指定できます。

450

概要

Action Mailboxは、Rails 6から実装されたメール受信のためのフレームワークです。メール送信のためのフレームワークであるAction Mailerとともにメールの取り扱いを受け持ちます。Action Mailboxを使うことで、ディスカッションにメールでコメントを入れたり、コンタクトフォームからの受信メールに自動で返信したりと、アプリケーションの幅が拡がります。

● イングレス

Action Mailboxは、Railsがメールの受信を行い、自身のデータベースに格納します。メール受信では、POP3やIMAP4を使ってメール受信サーバからダウンロードするのが一般的ですが、Action Mailboxでは**イングレス(ingress)**という仕組みを通じてメールを受信します。

▼ Action MailBox

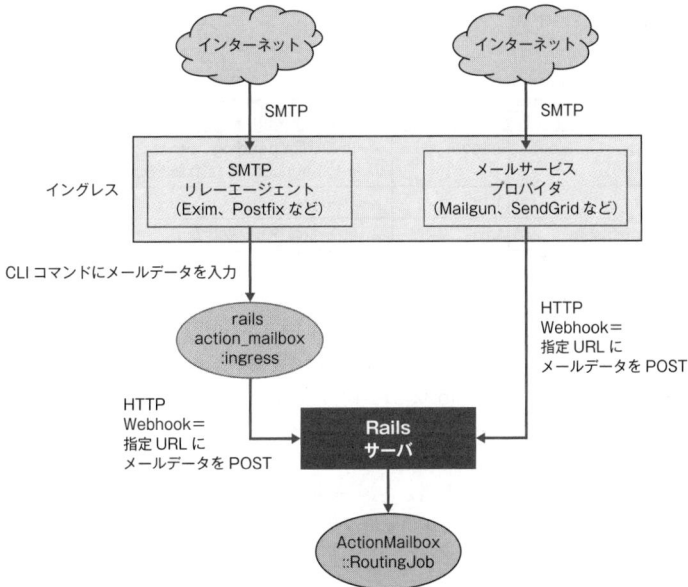

イングレスとは「入口」という意味で、Action Mailboxではメール受信のためのサービスのことをいいます。イングレスには、以下に示すメールサービスプロバイダとSMTPリレーエージェントが使用可能です。

- Exim(SMTPリレーエージェント)
- Mailgun(メールサービスプロバイダ)
- Mandrill(メールサービスプロバイダ)
- Postmark(メールサービスプロバイダ)
- Postfix(SMTPリレーエージェント)
- Qmail(SMTPリレーエージェント)
- SendGrid(メールサービスプロバイダ)

イングレスの仕組みによって、Action Mailboxでメールの着信を知る必要がなくなり、即時性に優れるというメリットが生まれます。その代わり、使用するイングレスに合わせた設定を行う必要があります。なお使用できるイングレスは、アプリケーションにつき1個だけです。

● メールの保存場所

イングレスから受信したメールはAction Mailboxのためのaction_mailbox_inbound_emailsテーブルとActive Storageに保存されます。action_mailbox_inbound_emailsテーブルの構造は以下の通りです(idフィールド、created_atフィールド、updated_atフィールドは省略)。

▼ action_mailbox_inbound_emailsテーブルの構造

フィールド名	データ型	概要
status	integer	メールの状態(:pending、:processing、:delivered、:failed、:bouncedのいずれか。初期値は:pending)
message_id	text	メッセージID
message_checksum	text	メッセージのチェックサム

テーブルには、受信メールのステータス(statusフィールド)があり、メールがイングレスから到着した時点で:pendingとなり、processメソッド(P.463)で処理が始まると:processing、終了すると:deliveredまで変化します。また、受信メールのデータそのものはActive Storageに保存されますので、保存されるイメージはActive Storageの節を参照してください(P.487)。

保存されたメールはルーティングという仕組みでメールボックスに振り分けられます。メールボックス内では、受信したメールに対してinbound_emailインスタンス変数やmail変数を参照して、送信者に返信したりモデルへ保存したりと細かな処理が可能です。

● 本節のサンプルについて

本節のサンプルは、質問メールの受付アプリケーションです。イングレスから届けられる宛先が「enquiry-○@example.com」のような形式の質問メール(○部分が

記事番号)を受信し、Enquiryテーブルにメールの内容を保存する、というものです。具体的には、メールをメールボックスEnquiriesMailboxで受け取り、Enquiryテーブルに保存します。メールに不備があった場合には、その旨をメーラーEnquiryMailerで自動返信します。このため、railsampleアプリケーションでは以下のコマンドでEnquiryモデルのScaffolding、メールボックスEnquiriesMailboxの作成、メーラーEnquiryMailerの作成を行っています。作成後のファイルの内容については、サンプルを参照してください。

```
> rails generate scaffold enquiry article:reference from:text date:date ⏎
subject:text content:text ─────────────────── Enquiryモデルの Scaffolding
> rails generate mailbox enquiries ──── メールボックス EnquiriesMailbox の作成
> rails generate mailer enquiry ──── メーラー EnquiryMailer の作成
```

7

コンポーネント

　サンプルは、イングレスにSendGridを使用しています。そのため、アプリケーションは外部からアクセス可能である必要があるので、実際に試すにはアプリケーションをHerokuなどにデプロイしてください(development環境では実行できません)。

　また、SendGridへの利用登録が必要です。SendGridは一定の範囲内であれば無料で利用できます。また、SendGridへメールを届けることができるメールアドレス(具体的には、DNSサーバの設定が可能な独自ドメイン)も必要です。登録、設定についてはSendGridのサイトを参照してください。

▼ SendGrid
　https://sendgrid.com/

注意 Action Mailboxは、Railsアプリケーションのデフォルト構成で使用可能になっていますが、rails newコマンドに --skip-action-mailboxオプションを与えてアプリケーションを作成したときには使用できません。また、実際に使用するにはAction Mailboxのインストールが必要です。

注意 メールの受信は、メールサービスプロバイダおよびSMTPリレーエージェントから接続されて実行されますので、アプリケーションは外部からアクセス可能である必要があります。このため、production環境にてアプリケーションを適切に公開する必要があります。

注意 受信したメールは、Active Storageを通じて保存されますので、事前にActive Storageのセットアップが必要です。Action Mailboxをインストールすると、ひとまずActive Storageが標準構成でセットアップされます。

参考 Development環境におけるメール受信のテストのために、コンダクターコントローラが用意されています。本節の「development環境でメール受信を実行する」(P.464)を参照してください。

参照 P.604「Heroku環境への配置」

Action Mailbox を インストールする

書式 `rails action_mailbox:install`

rails action_mailbox:install コマンドを実行すると、メールボックスに必要な ファイルが作成されるほか、Action Mailbox に必要なデータベーススキーマがマ イグレーションとして準備されます。rails db:migrate コマンドの実行で、データ ベースがセットアップされます。

さらに、/app/mailboxes/application_mailbox.rb ファイルが作成されます。 application_mailbox.rb ファイルは、メールにおけるコントローラのような役割を 果たします。application_mailbox.rb ファイルには、メールアドレスのパターンに 応じたメールボックスの対応を routing メソッドで記述します。

サンプル ● Action Mailbox をインストールする

```
> rails action_mailbox:install
Copying application_mailbox.rb to app/mailboxes
     create  app/mailboxes/application_mailbox.rb
      rails  railties:install:migrations FROM=active_storage,action_⏎
mailbox
Copied migration 20220513053934_create_active_storage_tables.active_⏎
storage.rb from active_storage
Copied migration 20220513053935_create_action_mailbox_tables.action_⏎
mailbox.rb from action_mailbox
> rails db:migrate
…略…
```

注意 ▶ Rails アプリケーションの作成時に --skip-action-mailbox オプションを指定してある と、Action Mailbox はインストールできません。

参照 ▶ P.459「ルーティングルールを設定する」

イングレスのための資格情報を登録する

書式 `rails credentials:edit`

▼ /config/credentials.yml.enc ファイルに設定する資格情報

イングレス	エントリ	環境変数
Exim	ingress_password	RAILS_INBOUND_EMAIL_PASSWORD
Mailgun	mailgun_api_key	MAILGUN_INGRESS_API_KEY
Mandrill	mandrill_api_key	MANDRILL_INGRESS_API_KEY
Postfix	ingress_password	RAILS_INBOUND_EMAIL_PASSWORD
Postmark	ingress_password	RAILS_INBOUND_EMAIL_PASSWORD
Qmail	ingress_password	RAILS_INBOUND_EMAIL_PASSWORD
SendGrid	ingress_password	RAILS_INBOUND_EMAIL_PASSWORD

　イングレスの利用に必要な資格情報(パスワード、APIキー)は、rails credentials:edit コマンドで登録します。rails credentials:edit コマンドは、/config/credentials.yml.enc ファイルを編集し、その際に暗号化と復号化を行います。このとき、rails credentials:edit コマンドはテキストエディタを起動して credentials.yml ファイルを開きますが、使用するテキストエディタをあらかじめ環境変数 EDITOR に指定しておく必要があります。

　資格情報は、ファイルの action_mailbox: 配下に設定するエントリに記述します。このエントリはイングレスによって異なりますので、上記の表を参照してください。イングレスに渡す資格情報が必要になったときには、Action Mailbox が /config/credentials.yml.enc ファイルから自動的に取得します。資格情報は、表に示す環境変数を設定することで、そこから取得させることもできます(ファイルがあればそれが優先されます)。

サンプル イングレスのための資格情報を登録する

```
> set EDITOR=notepad ──────────── テキストエディタに notepad を指定(Windows環境)
> rails credentials:edit
  # 編集作業を実行
File encrypted and saved.
```

サンプル /config/credentials.yml(編集中)

```
action_mailbox:
  ingress_password: <パスワード>        # イングレスのためのパスワード
```

注意 EDITORに指定できるテキストエディタは、システムにインストールされている必要があります。Windowsならnotepadが、Unix/Linux系ならvi、vimなどが標準で使えます。Visual Studio Code（VSCode）がインストールされていれば、コマンドにcodeを指定することでVSCodeで編集できます。

参考 rails credentials:edit コマンドは、/config/master.key ファイルを用いて /config/credentials.yml.enc ファイル復号し、/config/credentials.yml ファイル（実際にこのファイルが保存されることはありません）として編集し、再び/config/master.key ファイルを用いて暗号化して保存しています。

Column Action 〜と Active 〜の違いとは？

Railsには、Activeで始まるコンポーネントと、Actionで始まるコンポーネントがありますが、この違いは？という疑問を持つ方もいるのではないでしょうか？（筆者もそうでした）やはりそういう疑問を持つ人は世界中にいるようで、海外のIT系質問サイトとして有名なStackOverflowでは以下のような質問が投げかけられました。

▼ What is the naming rule behind Rails' parts?
https://stackoverflow.com/questions/23747162/what-is-the-naming-rule-behind-rails-parts

ここに寄せられた回答は、以下のようなものでした。

- Action は Controller と View に関連するコンポーネント
- Active は Model に関連するコンポーネント

これに照らすと、Action View、Action Mailer、Action Mailbox、Action Cable、Action TextはControllerとViewに関連する、Active Model、Active Record、Active Job、Active StorageはModelに関連するということになり、確かにその通りかもと思います。ちなみにAction Textは当初はActive Textだったらしいですが、Rails開発者のDHH氏がModelよりはViewに近いということで名称を変更したということです。
いずれも公式な見解ではないですが、DHH氏が言及しているところを見ると、信憑性は高いのではないかと思われます。

action_mailbox.ingressパラメータ / rails action_mailbox:ingress:xxxxコマンド

イングレスのための設定を定義する (SMTPリレーエージェント)

書式
```
config.action_mailbox.ingress = :relay
rails action_mailbox:ingress:iname opt
```

引数　iname：イングレスの名称　opt：オプション

▼ イングレス(SMTPリレーエージェント)の名称(iname)

イングレス	iname
Exim	exim
Postfix	postfix
Qmail	qmail

▼ オプション(opt)

opt	概要
URL=url	イングレスのURL
INGRESS_PASSWORD=password	イングレスのパスワード

　Action Mailboxで使用するイングレスは、action_mailbox.ingressパラメータで指定します。このパラメータは実稼働環境でのみ利用されるので、/config/environments/production.rbファイルで指定するのが普通です。SMTPリレーエージェントをイングレスに使用する場合、action_mailbox.ingressパラメータに:relayを設定します。このとき、SMTPリレーエージェント側の設定で、受信メールの送信先をrails action_mailbox:ingress:inameコマンドへのパイプとして指定し、さらにURLパラメータにイングレスのURL、INGRESS_PASSWORDパラメータにパスワードを指定します。

　たとえばPostfixでは、設定ファイル/etc/postfix/main.cfにmailbox_command行を追記し、値にイングレスへのコマンドを記述します。

サンプル /config/environments/production.rb
```
# SMTPリレーエージェントをイングレスに指定
config.action_mailbox.ingress = :relay
```

サンプル 受信メールの送信先の例(Postfix)
```
# mailbox_commandにイングレスを設定 (ドメインは要修正)
mailbox_command = rails action_mailbox:ingress:exim URL=https://example.⏎
com/rails/action_mailbox/relay/inbound_emails INGRESS_PASSWORD=<パスワード>
```

action_mailbox.ingress パラメータ

イングレスのための設定を定義する（メールサービスプロバイダ）

書式 `config.action_mailbox.ingress = iname`

引数 iname：イングレスの名称

▼ イングレス（メールサービスプロバイダ）の名称（iname）

イングレス	iname
Mailgun	:mailgun
Mandrill	:mandrill
Postmark	:postmark
SendGrid	:sendgrid

　Action Mailboxで使用するイングレスは、action_mailbox.ingressパラメータで指定します。このパラメータは実稼働環境でのみ利用されるので、/config/environments/production.rbファイルで指定するのが普通です。SendGridなどのメールサービスプロバイダをイングレスに使用する場合、action_mailbox.ingressパラメータにイングレスの名前を設定します。指定できるイングレスは表の通りです。このとき、メールサービスプロバイダ側の設定で、受信メールの送信先をhttps://actionmailbox:password@example.com/rails/action_mailbox/iname/inbound_emailsに設定しておく必要があります（passwordにはパスワード、example.comには実際のアプリケーションのドメイン、inameにはイングレスを指定）。

サンプル /config/environments/production.rb

```
# SendGridメールサービスプロバイダをイングレスに指定
config.action_mailbox.ingress = :sendgrid
```

サンプル SendGridにおける受信メールの送信先の例

```
https://actionmailbox:<パスワード>@rails.naosan.jp/rails/action_mailbox↵
/sendgrid/inbound_emails
```

注意 PostmarkにおけるInbound Webhookの設定では、[Include raw email content in JSON payload]にチェックを入れてください。これは、Action Mailboxがメールのrawコンテンツを処理するために必要な設定です。

注意 SendGridにおけるInbound Parseの設定では、[Post the raw, full MIME message]にチェックを入れてください。これは、Action Mailboxがraw MIMEメッセージを処理するために必要な設定です。

ルーティングルールを設定する

■ **書式** ■ `routing pattern, mailbox`

■ **引数** ■ `pattern`：受信メールアドレスのパターン
　　　　　`mailbox`：振り分け先のメールボックス

―――――――――――――――――――――――――――――――――――

　routingメソッドは、受信したメールをメールボックスに振り分けます。受信メールアドレスをpatternでフィルタし、マッチしたメールのみmailboxに送ります。

　patternには、全メールを表す:allのほかに、正規表現でフィルタリングのルールを指定できます。mailboxとは、rails generate mailboxコマンドで作成されるメールボックスです。routingメソッドは、通常は/app/mailboxes/application_mailbox.rbファイルに記述され、受信したメールの基本的なルーティングを設定します。

サンプル ● /app/mailboxes/application_mailbox.rb

```
class ApplicationMailbox < ActionMailbox::Base
    # 処理メールの宛先の正規表現パターン（「enquiry-数字」）
  RECIPIENTS = /^enquiry\-(\d+)@/i
    # 合致するメールはenquiriesメールボックスに送る
  routing RECIPIENTS => :enquiries
end
```

■ **参照** ■ P.460「メールボックスをセットアップする」

7

コ
ン
ポ
ー
ネ
ン
ト

rails generate mailbox コマンド

メールボックスをセットアップする

書式 `rails generate mailbox name`

引数 name：メールボックスの名前

受信したメールは、メールボックスという論理的な場所に送られます(物理的な格納場所ではありません)。受信メールによってメールボックスを使い分けることで、コントローラのように処理の振り分けを行えます。メールボックスは、rails generate mailbox コマンドを実行して作成します。

rails generate mailbox コマンドを実行すると、/app/mailboxes フォルダに< name >_mailbox.rb ファイルが作成されます(< name >は指定したメールボックスの名前)。メールボックスの具体的な処理は、< name >_mailbox.rb ファイルの process メソッドが担います。通常、process メソッドには、受信したメールの内容から別のモデルにデータを登録するなどの処理を記述します。process メソッドでは、変数 mail に受信メールの内容が格納されています。

サンプル メールボックスを作成する

```
> rails generate mailbox enquiries
      create  app/mailboxes/enquiries_mailbox.rb
      invoke  test_unit
      create    test/mailboxes/enquiries_mailbox_test.rb
```

サンプル /app/mailboxes/enquiries_mailbox.rb

```
class EnquiriesMailbox < ApplicationMailbox
  …中略…
  def process
    # mail変数を使ってメールにアクセス
  end
  …中略…
end
```

before_processingメソッド

メール受信の前処理を行う

書式 `before_processing` method

引数 method：処理するメソッド

before_processingメソッドは、受信したメールに対する前処理を指定します。受信したメールの発信者（from）からユーザを割り出してインスタンス変数に設定したり、必要な条件を満たしていないメールに対してBounceメールを送信したりするために用いられます。

サンプル /app/mailboxes/enquiries_mailbox.rb

```ruby
# get_article関数に前処理を依頼する
before_processing :get_article
…中略…
def get_article
    # 最初のメールアドレスを取得
  @recipient = mail.recipients[0]
    # 宛先のパターンに一致すれば番号を取得して対応記事をさらに取得
  if RECIPIENTS.match?(@recipient)
    id = @recipient[RECIPIENTS, 1].to_i
    @article = Article.find(id)
  end
end
```

参考 サンプルでは、メールの受信者（recipient）が複数であることを想定し、最初のメールアドレスを取り出して、定める正規表現パターンにそれが一致していれば、最初のグループ（数字部分）のみを整数値として取り出しています。

参照 P.459「ルーティングルールを設定する」

メールを返信する

書式 `bounce_with mailer`

引数 `mailer`：返信に使用するメーラー

bounce_withメソッドは、Action Mailerオブジェクトを使ってメールを返信します。返信後、受信メールであるinbound_email変数のstatusフィールドに:bouncedを設定し、返信済みを示すステータスに変更します。このメソッドを呼び出すと、processメソッドの実行は終了します。

サンプル /app/mailboxes/enquiries_mailbox.rb

```
# メールの表題と本文があるかチェック
def check_filled(content)
    # 表題と本文のいずれかが空ならエラーメールを送信する
  if mail.subject.blank? || content.blank?
    bounce_with EnquiryMailer.invalid_mail(mail.from)
  end
end
```

サンプル /app/mailers/enquiry_mailer.rb

```
class EnquiryMailer < ApplicationMailer
  # 不正である旨のメールを送信
  def invalid_mail(sender)
    mail(to: sender,
        subject: 'Invalid Mail',
        body: 'No subject or body.')
  end
end
```

参照 P.436「Action Mailer」
P.463「受信メールを処理する」

7 コンポーネント

processメソッド

受信メールを処理する

processメソッドは、作成したメールボックスにデフォルトで作成されているメソッドで、受信したメールに対しての処理を記述します。processメソッドでは、変数mailに受信メールの内容が格納されていますので、それに基づく処理ができるようになっています。

サンプル ● /app/mailboxes/enquiries_mailbox.rb

```ruby
def process
  # マルチパートを判定して本文を取得
  content = ''
  if mail.parts.present?
    content = mail.parts[0].body.decoded
  else
    content = mail.decoded
  end
  # 表題と本文をチェック
  check_filled(content)
  # 受信メールの内容をEnquiryモデルに保存
  Enquiry.create article_id: @article.id, from: mail.from, date: mail.date,
    subject: mail.subject, content: content
end
```

action_mailbox.incinerate_afterパラメータ

メールが削除されるまでの時間を設定する

■ 書式 ■ config.action_mailbox.incinerate_after = period

■ 引数 ■ period：削除されるまでの時間

action_mailbox.incinerate_afterパラメータは、受信したメールが削除されるまでの時間を指定します。デフォルトでは30.daysすなわち30日後です。削除は、Active Jobに登録されたIncinerationJobによって実行されます。

サンプル ● /config/environments/production.rb

```ruby
# 受信メールを60日後に削除する
config.action_mailbox.incinerate_after = 60.days
```

development環境でメール受信を実行する

Action Mailboxでは、Development環境におけるメール受信のテストのために、コンダクターコントローラが用意されています。Pumaサーバを起動した状態で「http://localhost:3000/rails/conductor/action_mailbox/inbound_emails」にアクセスすると、「Rails Conductor: Deliver new inbound email」ページを表示できるので、そこからテスト用のメールを作成、送信できます。

▼ Rails Conductor: Deliver new inbound email（一覧ページ）

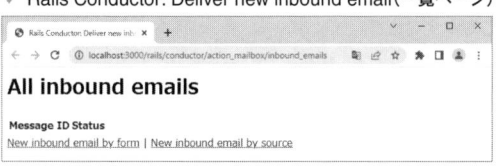

ここには、すべての受信メールが表示されています（初期状態では空です）。ここで[New inbound email by form]か[New inbound email by source]をクリックすると、メールの作成画面に遷移します。前者はフォーム形式、後者はメールデータそのもの（メールソース）の入力となりますが、ここでは前者をクリックしたとします。

▼ メール作成

フォーム画面に遷移しますので、それぞれの項目を埋めていきます。ここでは、「From」「To」「Subject」「Body」のみを埋めています。[Deliver inbound email]をクリックするとメールが送信されます。

▼ メール送信完了

このように、「メッセージID:delivered」と表示されればメール送信は成功です。「failed」「processing」などと表示される場合は、何かしらのエラーが発生しています。「bounced」と表示されれば、bounce_withメソッドによってメールが返信されています。

画面中で、[Route again]をクリックすると、修正後のメールルーティング設定で再試行します。[Incinerate]をクリックすると、メールを削除します（ただし設定されている時間後なので、直ちには削除されません）。[Full email source]をクリックすると、受信メールのソースを表示できます。

注意 railsampleアプリケーションのRailsバージョンである7.0.2.3では、この機能が正しく動作しません（執筆時点での最新バージョンでも同様）。なので、上記の動作検証はGemライブラリaction_mailboxのRubyコードを一部修正して実行しています。将来のバージョンでは正しく動作するようになると思われます。

サンプル C:¥Ruby30-x64¥lib¥ruby¥gems¥3.0.0¥gems¥actionmailbox-7.0.2.3
¥app¥controllers¥rails¥conductor¥action_mailbox

```
mail_params[:attachments].to_a.each do |attachment|
```

```
mail_params[:attachments].to_a.select(&:present?).each do |attachment|
```

参照 P.463「メールが削除されるまでの時間を設定する」
P.462「メールを返信する」

概要

Action Textは、Rails 6から実装された、フォームにリッチテキストエディタを埋め込むためのフレームワークです。Action Textを使うことで、WordPressの投稿編集画面のようなUIを実現できます。リッチテキストの編集には、Action Textに含まれるTrixエディタを使用します。TrixエディタはWYSIWYG（What You See Is What You Get）タイプのエディタであり、書式設定/リンク/引用/リスト/画像埋め込み/ギャラリーなどさまざまなリッチコンテンツを扱うことができます。

Action Textを利用するには、まずアプリケーションにAction Textをインストールします。そして、リッチテキストフィールドを持つモデルを作成し、それをフォームで参照、設定します。

> **参考** リッチテキストフィールドは、モデルのテーブルには保存されませんが、代わりにaction_text_rich_textsテーブルに保存されます。action_text_rich_textsテーブルの構造は以下の通りです（idフィールド、created_atフィールドは割愛しています）。record_typeとrecord_idによって、モデルとレコードに対応付けられます。

▼action_text_rich_textsテーブルの構造

フィールド	型	概要
name	varchar	名前
body	text	リッチテキストのデータ
record_type	varchar	レコードタイプ（モデル）
record_id	bigint	レコードID（モデル）

● 本節のサンプルについて

本節のサンプルは、リッチテキストで文章と写真等を埋め込める日記アプリケーションです。フォームには日付とリッチテキストの2つのフィールドが配置され、Diaryテーブルにその内容を保存します。このため、railsampleアプリケーションでは以下のコマンドでDiaryモデルのScaffoldingを行っています。作成後のファイルの内容については、サンプルを参照してください。

```
> rails generate scaffold diary date:date content:rich_text
```

> **注意** Action Textは、Railsアプリケーションのデフォルト構成で使用可能になっていますが、rails newコマンドに--skip-action-textオプションを与えてアプリケーションを作成したときには使用できません。

> **注意** アセットパイプラインにPropshaftを指定した場合、Action TextのCSSファイルをapplication.cssでインポートするか、テンプレートにstylesheet_link_tagメソッドを追加してください。

> **注意** Action Textの利用に先立ち、添付ファイルの格納や表示のために、Active Storageをアプリケーションの構成に応じてセットアップしておく必要があります。

Action Text をインストールする

書式 `rails action_text:install`

rails action_text:install コマンドを実行すると、アプリケーションに Action Text をインストールできます。Action Text をインストールすると、/app/javascript/application.js ファイルが書き換えられて、Trix エディタに必要な JavaScript モジュールが読み込まれるようになります。さらに、Trix エディタのためのスタイル指定である /app/assets/stylesheets/actiontext.css ファイルが追加されます。Trix エディタの見た目を調整したい場合には、このファイルを書き換えることになります。そして、Action Text で入力されたリッチテキストや挿入された画像を保存するテーブルを作成するためのマイグレーションが生成されます。rails db:migrate コマンドを実行して、これらのテーブルをデータベーススキーマに追加します。

サンプル Action Text をインストール

```
> rails action_text:install
…中略…
> rails db:migrate
…後略…
```

サンプル /app/javascript/application.js

```
import "trix"
import "@rails/actiontext"
```

サンプル /app/assets/stylesheets/actiontext.css

```
.trix-content .attachment-gallery > action-text-attachment,
.trix-content .attachment-gallery > .attachment {
  flex: 1 0 33%;
  padding: 0 0.5em;
  max-width: 33%;
}
…略…
.trix-content action-text-attachment .attachment {
  padding: 0 !important;
  max-width: 100% !important;
}
```

注意 Rails アプリケーションの作成時に --skip-action-text オプションを指定してあると、Action Text はインストールできません。

7

コンポーネント

モデルにリッチテキストフィールドを追加する

書式 `has_rich_text field [,encrypted = false]`

引数 `field`：フィールド名　`encrypted`：暗号化する場合true

既存のモデルにリッチテキストフィールドを追加するには、has_rich_textメソッドを使います。引数fieldにはフィールド名を指定します。暗号化されたリッチテキストを扱う場合には、引数encryptedをtrueに設定します。コントローラでは、permitメソッドの引数にリッチテキストフィールドのフィールド名を加えます。

なお、新規にモデルを作成するときにリッチテキストフィールドも追加するには、rails generate modelコマンド（scaffoldも同じ）に、他のフィールドに加えてリッチテキストを格納するフィールド（型はrich_text）を指定します。ここで指定したフィールド名で、モデルクラスにhas_rich_textメソッドが追加されます。このとき、リッチテキストフィールドはテーブルには追加されないことに注意してください。

サンプル /app/models/diary.rb

```
class Diary < ApplicationRecord
    # contentフィールドをリッチテキストとして指定
  has_rich_text :content
end
```

サンプル /app/controllers/diaries_controller.rb

```
def create
  @diary = Diary.new(diary_params)
  …中略…
private
  def diary_params
      # リッチテキストフィールドのcontentを許可する
    params.require(:diary).permit(:date, :content)
  end
```

リッチテキストフィールドを
フォームで参照する

| 書式 | `rich_text_area field [,method, opts = {}]` |

| 引数 | field：フィールド名　method：メソッド　opts：オプション |

▼ オプション（引数opts）

オプション	概要
:class	"trix-content"に設定することでデフォルトのスタイルを適用
:value	入力タグにデフォルト値を指定
:data－:direct_upload_url	添付ファイルのアップロードURLの指定
:data－:blob_url_template	添付ファイルの参照URLの指定

7

コンポーネント

　フォームでリッチテキストフィールドを参照するには、rich_text_areaメソッドを使用します。rich_text_areaメソッドにフィールド名を指定することで、リッチテキストフィールドが編集用に展開されます。ビューを自動生成すると、rich_text_areaメソッドを使用したフィールド参照が自動的に作成されます。

　添付ファイルのレンダリングは/app/views/active_storage/blobs/_blob.html.erbファイルによって指定されます。デフォルトでは、イメージの画像、指定されていればキャプション、そうでない場合は画像ファイル名とファイルサイズが表示されます。添付ファイルの表示形式は、このファイルを修正することでカスタマイズできます。

　:data－:direct_upload_url、:data－:blob_url_templateは、添付ファイルのアップロードに使用するURLと、添付ファイルの参照に使うURLのテンプレートを指定します。これらはレンダリング時にリッチテキストフィールドにdata属性として埋め込まれます。Active Storageを使用しない場合などに必要となるオプションなので、通常はデフォルト値のままで使用します。

サンプル /app/views/diaries/_form.html.erb

```
…中略…
<div>
  <%= form.label :content, style: "display: block" %>
  <%# rich_text_areaメソッドでcontentフィールドを表示 %>
  <%= form.rich_text_area :content %>
</div>
…後略…
```

```erb
…中略…
<%= image_tag blob.representation(resize_to_limit: local_assigns[:in↵
gallery] ? [ 800, 600 ] : [ 1024, 768 ]) %> ――――――――イメージ
…中略…
<% if caption = blob.try(:caption) %>
  <%# キャプション %>
  <%= caption %>
<% else %>
  <%# ファイル名 %>
  <span class="attachment__name"><%= blob.filename %></span>
  <%# ファイルサイズ %>
  <span class="attachment__size"><%= number_to_human_size blob.byte_size ↵
%></span>
<% end %>
…後略…
```

参考 一覧や詳細表示でリッチテキストフィールドを表示するには、モデルのインスタンス
にフィールド名を指定します。リッチテキストのレンダリングは、レイアウトファイ
ル(/app/views/layouts/action_text/contents/_content.html.erb)によって指示されま
す。trix-content クラスに囲まれた yield メソッドの呼び出しで、リッチテキストフィー
ルドが適切にレンダリングされます。

サンプル /app/views/layouts/action_text/contents/_content.html.erb

```erb
<div class="trix-content">
  <%= yield -%>
</div>
```

▼ リッチテキストフィールドをフォームに表示

7
コンポーネント

470

概要

Action Cable は、Rails 5 から実装された、WebSocket を利用したリアルタイム通信のためのフレームワークです。Action Cable により、チャットアプリ、SNS アプリのようにリアルタイム性が重要なアプリケーションを Rails で作成できます。Action Cable はフルスタックのフレームワークであり、サーバ側のコンポーネントとクライアント側の JavaScript ライブラリの双方が提供されます。つまり、Rails だけで完結したリアルタイム Web システムを構築できます。

● WebSocket とは？

WebSocket は、HTTP を拡張したサーバ・クライアント間の相互通信を行うためのプロトコルです。最初のハンドシェイク＝接続確立のみ HTTP に準拠した通信を行いますが、接続確立後は WebSocket 独自のルールに基づいた通信へ移行し、**フレーム**と呼ばれるバイナリ形式のフォーマットでデータをやり取りします。WebSocket を使うには、サーバとクライアントの双方が対応している必要がありますが、最新の nginx、Apache HTTP Server といった Web サーバ、Google Chrome をはじめとするモダンブラウザでは問題なく使うことができます。Rails の開発用 Web サーバは長らく WEBrick がデフォルトで使われてきましたが、Rails 5 からは WebSocket に対応した Puma へ変更されました。

▼ WebSocket

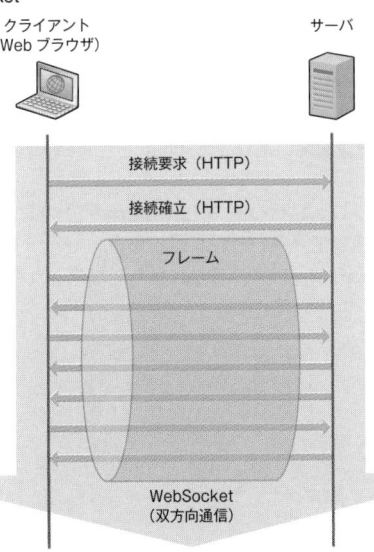

クライアント
（Web ブラウザ）

サーバ

接続要求（HTTP）

接続確立（HTTP）

フレーム

WebSocket
（双方向通信）

● Pub/Subモデル

Action Cableは、**Pub/Subモデル**(Publisher/Subscriberモデル、発信者/購読者モデルともいう)というメッセージ送受信モデルを採用しています。Pub/Subモデルには、主にメッセージを発信する**パブリッシャ**(**publisher**)、そしてメッセージを受け取る**サブスクライバ**(**subscriber**)が存在します。中間に**チャネル**(**channel**)が存在し、そこでメッセージをやり取りします。パブリッシャはチャネルにメッセージを送信し、サブスクライバはチャネルからメッセージを受信します。このように、パブリッシャとサブスクライバの中間にチャネルが介在することで、パブリッシャとサブスクライバで直接やり取りしないことが特徴です。

▼ Action Cable

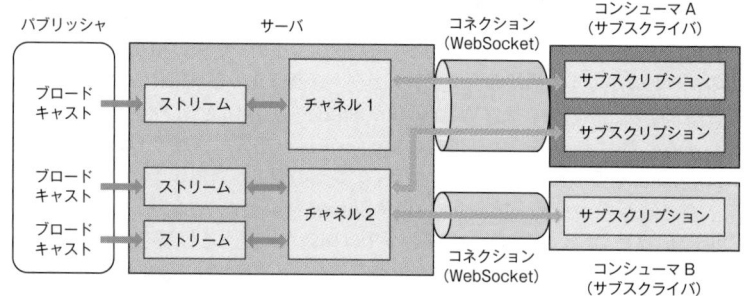

● サーバとコンシューマとコネクション

コネクション(**connection**)は、文字どおりWebSocketクライアントとWebSocketサーバ間の接続です。WebSocketサーバは、コネクションごとに1つのコネクションインスタンスを保持します。WebSocketクライアントは、コネクションインスタンスを複数持つことができます。たとえば、同一ユーザが複数のデバイスを用いたり、複数のページを開いたりしたとしても、そのそれぞれでコネクションを保持できます。

WebSocketのクライアントは、**コンシューマ**(**consumer**)と呼ばれます。コンシューマは、コネクションを通じてサーバとつながります。Action Cableにおけるコンシューマの機能は、JavaScriptライブラリによって提供されます。

● チャネルとサブスクライブ

チャネルは、サーバ側の仕組みです。チャネルは、**ストリーム**を介してサーバか
らの**ブロードキャスト**を受け取ります。コンシューマがチャネルとつながることを
サブスクライブ(購読)といいます。サブスクライブしたコンシューマはサブスクラ
イバと呼ばれ、ブロードキャストとはサーバがこのサブスクライバにデータを送信
することを指します。

ここまで、Action Cableに関係する概念や用語を紹介しましたが、以降は「コン
シューマ=クライアント」として、サーバ/クライアントという表現で解説します。

● 本節のサンプルについて

本節のサンプルは、シンプルなチャットアプリケーションです。複数のブラウザ
でチャネルを共有し、メッセージのやり取りを行います。具体的には、チャット画
面はフォームで作成し、フォームから送信されたメッセージをチャネルでテーブル
に保存し、保存できた時点でメッセージをブロードキャストすることで、それぞれ
のブラウザがそのメッセージを受け取り、チャット画面を更新します。そのため、
チャット画面に相当するChat#showアクションとそのビュー、チャットデータ
(メッセージ)を保持するテーブルMessage、メッセージをブロードキャストする
ジョブMessageBroadcastJob、メッセージをやり取りするチャネルChatChannel
を作成しています。作成後のファイルの内容については、サンプルを参照してくだ
さい。

```
> rails generate controller chat show            Chat#show アクションの作成
> rails generate scaffold message message:text   Message モデルのScaffolding
> rails generate job message_broadcast           ジョブMessageBroadcatJobの作成
> rails generate channel chat                     チャネルChatChannelを作成
```

- モデル：/app/models/message.rb、/db/migrate/20220516075030_create_
  messages.rb
- コントローラ：/app/controllers/chat_controller.rb
- ビュー：/app/views/chat/show.html.erb、/app/views/messages/_message.
  html.erb
- ジョブ：/app/jobs/message_broadcast_job.rb

▼ チャットアプリの構成

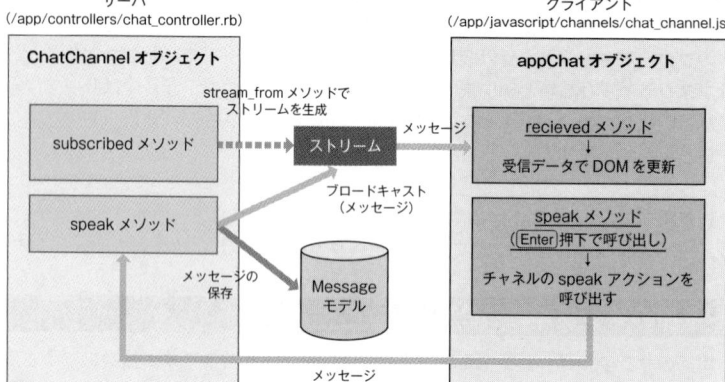

▼ チャットアプリの画面

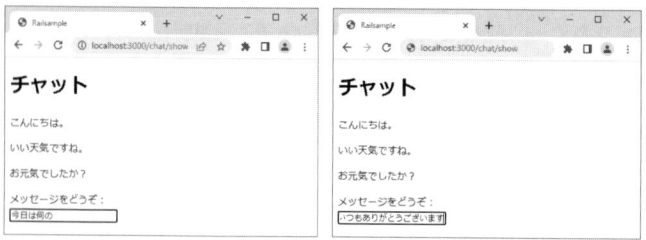

注意 rails new コマンドで -C オプションまたは --skip-action-cable オプションを指定しない限り、アプリケーションには Action Cable のファイル群が自動的に生成されます。

サーバにチャネルを作成する

書式 `rails generate channel cname [action]`

引数 cname：作成するチャネル　action：作成するアクション

　rails generate channel コマンドを使うと、チャネルを作成できます。引数 cname には作成するチャネルの名前、引数 action にはチャネルに追加するアクションの名前を指定します。アクションの指定は省略でき、その場合にはチャネルクラスのみが作成されます。Action Cable においては、チャネルは通常のアプリケーションのコントローラと同様の位置付けになります。コマンドの実行で、たとえばサーバのための /app/channels/chat_channel.rb ファイル、クライアントのための /app/javascript/channels/chat_channel.js ファイルが作成されます。これらのファイルを、必要に応じて修正します。

サンプル チャネルを作成する

```
> rails generate channel chat speak     chatチャネルを作成してspeakアクションを追加
    invoke  test_unit
    create    test/channels/chat_channel_test.rb
 identical  app/channels/application_cable/channel.rb
 identical  app/channels/application_cable/connection.rb
    create  app/channels/chat_channel.rb
    create  app/javascript/channels/index.js
    create  app/javascript/channels/consumer.js
    append  app/javascript/application.js
    append  config/importmap.rb
    create  app/javascript/channels/chat_channel.js
      gsub  app/javascript/channels/chat_channel.js
    append  app/javascript/channels/index.js
```

subscribed／unsubscribedメソッド

サブスクライブされたときの処理を指定する

書式	subscribed	サブスクライブ時
	unsubscribed	アンサブスクライブ時

subscribedメソッドを使うと、クライアントがサブスクライブしたとき(/app/javascript/channels/xxxx_channel.jsでconsumer.subscriptions.createメソッドを呼び出したとき)に行うサーバ側の処理を指定できます。通常は、stream_fromメソッドを記述し、チャネルに結び付けるストリームの名称を指定します。

また、unsubscribedメソッドを使うと、クライアントがアンサブスクライブしたとき(consumerオブジェクトが破棄されるとき)に行う処理を指定できます。チャネルからアンサブスクライブしたときに必要な処理があれば、ここに記述しておきます。

サンプル /app/channels/chat_channel.rb

```
def subscribed
    # サブスクライブされたら'chat_channel'からストリーム
  stream_from 'chat_channel'
end

def unsubscribed
  # チャネルからアンサブスクライブしたときに行う処理を記述
end
```

参照 ▶ P.479「ストリームを作成する」
P.477「クライアントにサブスクリプションを作成する」

7

コンポーネント

consumer.subscriptions.createメソッド

クライアントにサブスクリプションを作成する

書式 consumer.subscriptions.create(channel, objs) **J**

引数 channel：サブスクライブするチャネル
objs：コールバック関数を含んだオブジェクト（主なメンバーは以下）

▼ オブジェクト（objs）で指定できるメソッド

メソッド	概要
initialized()	サブスクリプションが作成されたときに呼び出されるコールバック関数
rejected()	サブスクリプションが拒否されたときに呼び出されるコールバック関数
connected()	コネクションが確立したときに呼び出されるコールバック関数
disconnected()	コネクションが切断したときに呼び出されるコールバック関数
received(data)	チャネルからデータを受信したときに呼び出されるコールバック関数。引数dataには受信したデータが格納される
任意のメソッド	サブスクリプションオブジェクトから呼び出す関数

/app/javascript/channels/chat_channel.js の consumer.subscriptions.createメソッドは、クライアントにサブスクリプションを作成し、そのオブジェクトを返します。引数channelにはサブスクライブするチャネルを指定し、引数objsには表に挙げたコールバック関数を含んだオブジェクトを指定します。

initialized()、rejected()、connected()、disconnected()、received()の5つは、それぞれサブスクリプションの作成と拒否、コネクションの確立、切断、データの受信時に呼び出される既定の関数です。そして「任意のメソッド」に相当するのは、例えばサンプルのspeak関数です。このspeak関数は、チャネルのspeakアクションを呼び出します。アクションとは、チャネルに対する指示であり、アクションメソッドとして定義されます。このように、「任意のメソッド」とチャネルのアクションを結び付けておくことで、サブスクリプションオブジェクトを使ってチャネルの任意のアクションを呼び出すことができるようになります。

```javascript
import consumer from "channels/consumer"

// サブスクリプションオブジェクトをappChatで受け取る
const appChat = consumer.subscriptions.create("ChatChannel", {
  connected() {
    // 接続したときに行う処理
  },

  disconnected() {
    // 切断されたときに行う処理
  },

  received(data) {
    // チャネルからデータが送られてきたときに行う処理
    // ここではメッセージ表示部に送られてきたメッセージを挿入
    const messages = document.getElementById('messages');
    messages.insertAdjacentHTML('beforeend', data['message']);
  },

  // サブスクリプションオブジェクトを通じて利用可能な関数
  speak(message) {
    // チャネルのspeakアクションを引数を指定して呼び出す
    return this.perform('speak', {message: message});
  }
});

// Enter キーの押下でメッセージを送信する
document.getElementById('message').addEventListener('keydown', function(e) {
  if (e.key === 'Enter') {
    appChat.speak(e.target.value);
    e.target.value = '';
    e.preventDefault();
  }
});
```

ストリームを作成する

| **書式** | stream_from name [,callback =
nil [,coder: nil]] |

| **引数** | name：ストリーム名
callback：送信に使うコールバック関数
coder：送信データのデコード方法 |

stream_from メソッドは、引数 stream からのストリームを開始します。stream_from メソッドは、通常は subscribed メソッドの内部に記述され、クライアントからのサブスクライブに対して使用するストリームを指定するのに用いられます。ブロードキャストするときには、ここで指定するストリーム名を使って行います。

引数 callback が nil 以外の場合、それはコールバックメソッドとなり、そのメソッドがクライアントに直接送信します。引数 coder には ActiveSupport::JSON を指定でき、その場合にはコールバック関数に渡すメッセージが JSON でエンコードされます。

また、サブスクライブ時にクライアントからパラメータを引数 param で受け取って、パラメータによってストリームを異なるものにできます。

クライアントがサブスクライブ時にパラメータを渡すには、/app/javascript/channels/chat_channel.js ファイルの consumer.subscriptions.create メソッドに、チャネル名とは別にパラメータをオブジェクトで与えます。

サンプル /app/channels/chat_channel.rb

```ruby
def subscribed
   # chat_channelからのストリームを開始する
 stream_from 'chatchannel'
end
```

サンプル /app/channels/chat_channel.rb

```ruby
def subscribed
   # chat_xxxxからのストリームを開始する (xxxxはparam[:room]で指定)
 stream_from "chat_#{param[:room]}"
end
```

```ruby
def subscribed
    # chatからのストリームをコールバック関数を指定して開始する
  stream_from 'chat', stream_callback, coder: ActiveSupport::JSON
end
…中略…
private

  # コールバック関数。引数にストリームを受け取る
def stream_callback(stream)
    # 引数にmessageを受け取って送信する無名関数を返す
  -> (message) do
      # :via以下はログに記録するメッセージ
    transmit message, via: "streamed from #{stream}"
  end
end
```

```javascript
// チャネルにChatChannel、roomパラメータにmyroomを指定してサブスクライブする
// サーバ側ではchat_myroomというストリームが作成される
const appChat = consumer.subscriptions.create({channel: "ChatChannel",
    room: "myroom"}, {
…略…
});
```

参照 ▶ P.483「ブロードキャストする」

クライアントからアクションを実行する

書式 `perform(action, data)` **J**

引数 action：呼び出すアクション　data：アクションの引数

クライアントでperformメソッドを実行すると、チャネルに定義されたアクションを実行することができます。サーバ側では、アクションを適切に定義しておくことにより、クライアントからの呼び出しでメッセージをモデルに保存したり、メッセージをブロードキャストしたりすることができます。

サンプル `/app/javascript/channels/chat_channel.js`

```
…略…
// Enterキーの押下で呼び出される（messageはメッセージ文字列）
speak(message) {
  // チャネルのspeakアクションを引数を指定して呼び出す
  return this.perform('speak', {message: message});
}
```

Column Pipedream

Action Mailboxでメール受信のイングレスにメールサービスプロバイダを指定するとき、正しくメールが受信されてイングレスに送られてきているのか、期待通りの内容のものが送られているか調べたいときに使えるのがPipedreamです。一定の範囲内では、無料で使用できます。

▼ Pipedream
　https://pipedream.com/

メールサービスプロバイダに設定するイングレスのURLに、Pipedreamで割り当てられるURLを設定すると、受信したメールをPipedreamで受け取ることになり、メールの到着履歴とその内容を逐次確認できて便利です。

▼ Pipedreamの画面

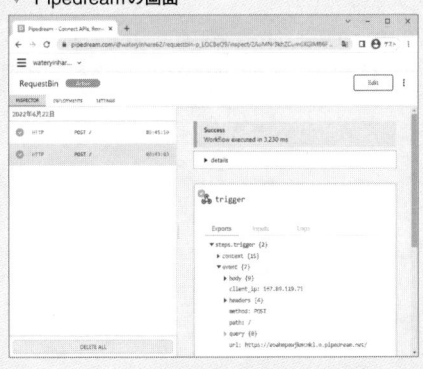

stream_for／broadcast_toメソッド

特定のモデルにブロードキャストする

書式　stream_for model
　　　　broadcast_to model, data

引数　model：ブロードキャストを送るモデル
　　　　data：ブロードキャストするデータ

stream_forメソッドを使うと、モデルをもとにストリームを作成することができます。これにより、モデル単位にストリームを作成でき、例えば特定のユーザに対してのみブロードキャストするストリームを作成できます。

引数modelに、ストリームを作成、ブロードキャストするモデルオブジェクトを指定します。通常は、特定のユーザオブジェクトなどを指定し、そのユーザにのみブロードキャストするといった用途で用いられます。ブロードキャストは、broadcast_toメソッドで行います。stream_forメソッドに指定したモデルと同じモデルを引数に与えることで、引数dataで指定するデータをそのモデルにブロードキャストします。

サンプル /app/channels/chat_channel.rb

```
def subscribed
    # userへのストリームを開始する
  user = User.find(params[:id])
  stream_for user
end
```

サンプル /app/channels/chat_channel.rb

```
def speak(data)
    # userにメッセージをブロードキャストする
  ActionCable.server.broadcast_to @user, message: 'Message to you!'
end
```

ブロードキャストする

書式　`broadcast stream, message [,coder]`

引数　stream：ストリームの名前
message：ブロードキャストするメッセージ
coder：送信データのデコード方法

broadcast メソッドは、引数 stream で指定されるストリームへ、引数 message で指定されるメッセージをブロードキャストします。broadcast メソッドは、主にチャネルのアクションで呼び出され、ストリームにメッセージをブロードキャストします。

引数 coder に ActiveSupport::JSON を指定すると、送信前に JSON 形式のデータをデコードします。

サンプル /app/jobs/message_broadcast_job.rb

```ruby
# ジョブの実行メソッド
def perform(message)
  # chat_channelストリームにレンダリング済みメッセージをブロードキャストする
  ActionCable.server.broadcast 'chat_channel',
    {message: render_message(message)}
end

private
# メッセージをレンダリングする関数
def render_message(message)
  ApplicationController.renderer.render(partial: 'messages/message',
    locals: { message: message })
end
```

cable.yml ファイル

サブスクリプションアダプタを設定する

書式
```
environment:
    adapter: adapter_type
    url: adapter_url
    channel_prefix: prefix_name
    ssl_params: SSL_parameter
```

引数
environment：**環境名**　adapter_type：**アダプタのタイプ**
adapter_url：**アダプタに接続するためのURL**
prefix_name：**プレフィクス名**
SSL_parameter：**SSL接続のためのパラメータ**

　/config/cable.yml ファイルには、サブスクリプションを記録するデータベースへのアダプタを設定します。デフォルトでは、3つの環境に対する設定のデフォルト値が記述されています。development環境ではasync、test環境ではtestというインプロセスのアダプタが使用されますが、production環境ではRedisなどのオンメモリデータベースを使用することが推奨されます。もちろん、Redisを使用する場合にはRedisサーバが稼働していることが前提で、そのホスト名やポート番号等は稼働環境に合わせて設定することが必要です。また、複数のアプリケーションを同一のサーバで稼働させる場合には、channel_prefixもデータの重複を避けるために設定してください。

サンプル /config/cable.yml

```
development:
  adapter: async

test:
  adapter: test

production:
  adapter: redis
  url: <%= ENV.fetch("REDIS_URL") { "redis://localhost:6379/1" } %>
  channel_prefix: action_cable_sample_production
```

サンプル ● /config/cable.yml（PostgreSQL使用）

```
production:
  adapter: postgresql
```

サンプル ● /config/cable.yml（SSL使用）

```
production:
  …略…
  ssl_params: {
    ca_file: '/path/to/ca.crt'          # 証明書ファイルへのパス
  }
```

参考 ▶ development環境とtest環境では同じくasyncアダプタが使用されますが、test環境
デフォルトのtestは、テストのために特化されたアダプタです。エンキューしたブロー
ドキャストがキューに存在するかなどを調べることができるので、テストの際に有用
です。

● Column Trixエディタ

Action Textで使用しているTrixは、オープンソース（MITライセンス）の
WYSIWYGエディタです。Action Textに限らず、幅広くWebページに導入で
きます。1個のJavaScriptファイルと1個のCSSファイルで導入できる手軽さ
が魅力です。

▼ Trix: A rich text editor for everyday writing
  https://trix-editor.org/

本家サイトはTrixエディタのデモになっていますので、詳細は以下のGitHubリ
ポジトリで確認できます。

▼ basecamp/trix: A rich text editor for everyday writing
  https://github.com/basecamp/trix

Trixエディタ自体は、hiddenフィールドを <trix-editor> タグに紐付けて、編
集したリッチテキストをhiddenフィールドの値として処理する仕組みになっ
ています。Railsでは、このあたりをAction Textがラップし、メソッド呼び出
しだけで簡単に使えるようになっています。

許可する送信元を設定する

書式
```
config.action_cable.allowed_request_origins = list
config.action_cable.disable_request_forgery_protection = flag
```

引数　list：許可する送信元リスト
　　　　 flag：機能を有効にするか（false／true）

action_cable.allowed_request_originsパラメータを指定すると、リクエストを受け入れる送信元（具体的にはOrigin:ヘッダ）を制限できます。デフォルトでは、development環境においてlocalhost:3000からのリクエストを受け入れるのみです。リストは配列で、それぞれの要素は送信元ドメインのリテラルか、正規表現パターンを指定できます。

action_cable.disable_request_forgery_protectionパラメータを指定すると、すべての送信元からのリクエストを許可、あるいは禁止できます。デフォルトはfalseで禁止されていますが、trueを指定すると一括で許可できます。

サンプル ● /config/production/application.rb
```
# https://wings.msn.toか、https://naosanではじまるURLを受け入れる
config.action_cable.allowed_request_origins = ['https://msn.wings.to', ⏎
%r{https://naosan.*}]
```

サンプル ● /config/production/application.rb
```
# すべての送信元からのリクエストを許可
config.action_cable.disable_request_forgery_protection = true
```

参考 ▶ disable_request_forgery_protectionパラメータは、その名の通り実際はAction CableにおけるCSRF（クロスサイトリクエストフォージェリ）保護の機能です。その方法は、上記の通り送信元からのリクエストのヘッダ情報を見て、Origin:ヘッダがallowed_request_originsパラメータに一致するか判断するというものです。

概要

Active Storageは、Rails 5.2から導入された、主にファイルをクラウドストレージサービスにアップロードして保持するためのフレームワークです。Active Storageを使用することで、Amazon S3、Google Cloud Storage、Microsoft Azure Storageなどのクラウドストレージサービスへ簡単にファイルをアップロードできるようになります。ファイルの形式は問われず、あらゆるファイルをアップロードできます。

Active Storageでは、アップロードしたファイルに個別のURLを付加します。このURLはRailsアプリケーションのURLの中に作られます。たとえば、https://naosan.jp/rails/active_storage/representations/.../test.pngのように作られます。このURLにアクセスすると、Railsのリダイレクトコントローラの仕組みによって、実際の保管場所に対するURLへリダイレクトしてくれます。このURLは、ファイルがAmazon S3に格納されているとしたら、https://s3.apnortheast1.amazonaws.com/...のようになります。このようなURLには一般的に有効期間が設定されますが、RailsがURLの生成をクラウドストレージサービスに依頼してくれます。

ディスクサービス

ディスクサービスとは、ローカルストレージ上にファイルを格納する仕組みです。

development環境とtest環境では、このディスクサービスをファイルの格納場所に使うのが一般的です。開発やテストで、課金対象となるクラウドストレージサービスを利用することは現実的ではないからです。

ただし、production環境ではクラウドストレージサービスを利用することを推奨します。production環境では、負荷によってはロードバランサなどを利用した構成となることも考えられますが、ディスクサービスを使う場合は複数のアプリケーションサーバ間でファイルの同期を取らなければならないなど、インフラ面での対応が必要になってきます。クラウドストレージサービスを利用する場合は、スケールアップなどはクラウド側で行ってくれますから、アプリケーションとしてはそれを考慮する必要はありません。

ディスクサービスでは、アプリケーションのルート直下に作成されるStorageフォルダ以下にファイルが格納されます。ただし、これらのファイルに直接アクセスできるわけではなく、クラウドストレージサービスを使うときと同様に個別のURLが割り当てられますので、それを使うことになります。

画像処理サポート

Active Storageには、画像や動画、PDFファイルについて内容を解析したり、サイズを変換したり、プレビューを作成する機能が備わっています。この機能を使うに

はGemライブラリのimage processingが必要ですので、bundle installコマンドを実行してインストールおきます（Gemfileではデフォルトで有効になっています）。

また、image processingは、プラットフォームに用意されているライブラリに依存します。画像ならlibvipsかImageMagick、動画ならffmpeg、PDFならpopplerあるいはmuPDFです。

画像処理ライブラリについては、Rails 7からはデフォルトがlibvipsに変更されましたので、libvipsを優先してインストールしてください。ただし、ImageMagickも非推奨になってはいないので、これも選択できます。これらのインストールについては、プラットフォームに応じて「画像処理サポートのためのライブラリをインストールする（Windows環境の場合）」（P.490）か「画像処理サポートのためのライブラリをインストールする（macOS環境の場合）」（P.491）を参照してください。

【縦書き】7 コンポーネント

● テーブル構造

Active Storageでは、複数のテーブルを連携させて使用します。Active Storageのセットアップ時に生成されるテーブルの役割とフィールドレイアウト、その関連は以下の図の通りです（idフィールド、created_atフィールドは割愛しています）。**ブロブ**（BLOB、Binary Large OBject）とはActive Storageに格納されるファイルそのもの（画像、動画、PDFなど）であり、**バリアント**（variant）とはそれを変形（拡大縮小、回転など）したバージョンです。

▼ Active Storage関連テーブル

ブロブの情報：active_storage_blobs

フィールド	型	概要
key	text	Storageフォルダ以下のキー文字列
filename	text	ファイル名
content_type	text	コンテンツタイプ
metadata	text	メタデータのハッシュ
service_name	text	サービス名
byte_size	integer	ファイルサイズ
checksum	text	チェックサム文字列

バリアントの情報：active_storage_variant_records

フィールド	型	概要
blob_id	integer	対応するブロブのID
variant_digest	text	バリアントのダイジェスト

添付ファイルの情報：active_storage_attachments

対応するモデルのクラス、レコード、フィールド

フィールド	型	概要
name	text	フィールド名
record_type	text	クラス名
record_id	integer	対応するレコードのID
blob_id	integer	対応するブロブのID

488

● 本節のサンプルについて

　本節のサンプルは、メモ(memo)アプリケーションとアルバム(album)アプリ
ケーションです。メモアプリケーションは、モデルと添付ファイルが1対1となる
サンプル、アルバムアプリケーションはモデルと添付ファイルが1対多となるサン
プルです。双方とも、画像ファイルに加えて日付とタイトルをそれぞれMemoテー
ブル、Albumテーブルに保存します。このため、railsampleアプリケーションで
は以下のコマンドでMemo／AlbumモデルのScaffoldingを行っています。作成後
のファイルの内容については、サンプルを参照してください。

```
> rails generate scaffold memo title:text date:date ── MemoモデルのScaffolding
> rails generate scaffold album title:text date:date ── AlbumモデルのScaffolding
```

▼ 1対1の添付ファイル：memoアプリ

種別	ファイル
モデル	/app/models/memo.rb、/db/migrate/20220518064919_create_memos.rb
コントローラ	/app/controllers/memos_controller.rb
ビュー	/app/views/memos/*.html.erb、/app/views/memos/_memo.html.erb、/app/views/memos/_form.html.erb

▼ 1対多の添付ファイル：albumアプリ

種別	ファイル
モデル	/app/models/album.rb、/db/migrate/20220518065245_create_albums.rb
コントローラ	/app/controllers/albums_controller.rb
ビュー	/app/views/albums/*.html.erb、/app/views/albums/_album.html.erb、/app/views/albums/_form.html.erb

注意 rails newコマンドで--skip-active-storageオプションを指定しない限り、アプリケーションにはActive Storageのファイル群が自動的に生成されます。

7

コンポーネント

画像処理サポートのためのライブラリ
をインストールする（Windows）

　ここでは、Windows環境における画像処理サポートのためのライブラリのイン
ストール方法を紹介します。

libvips

　libvipsは、Rails 7で標準となった画像処理サポートのためのライブラリです。
以下の手順でインストールを実行します（バージョンは執筆時点のもの）。

① https://www.libvips.org/からバイナリ vips-dev-w64-all-8.12.2.zip をダウ
　ンロードします。
② このファイルを解凍してできる vips-dev-8.12 フォルダをC ドライブの直下
　に移動します。
③ C:¥vips-dev-8.12¥bin を環境変数PATHに追加します。

ImageMagick

　ImageMagickは、以前のRailsで実績がある画像処理サポートのためのライブ
ラリです。デフォルトであるlibvipsをインストールする場合は不要ですが、こち
らを使用する場合には以下の手順でインストールを実行します（バージョンは執筆
時点のもの）。

① https://imagemagick.org/index.php から ImageMagick-7.1.0-34-Q16-
　HDRI-x64-dll.exeをダウンロードします。
② ダウンロードしたファイルを実行して標準オプションでインストールします。

　この場合は、Gemライブラリmini_magickも必要ですので、Gemfileを書き換
えてインストールしてください。

ffmpeg

　http://ffmpeg.org/からWindows版のインストーラをダウンロードしてインス
トールしてください。

注意　libvipsを使った画像ファイルの表示時にlibglib-2.0.0.dllが見つからないというエラー
　　　になる場合、C:¥vips-dev-8.12¥binフォルダ以下のすべての.dllファイルをC:¥Ruby
　　　30-x64¥binフォルダにコピーしてから実行してください。

画像処理サポートのためのライブラリ をインストールする（macOS）

ここでは、macOS環境における画像処理サポートのためのライブラリのインストール方法を紹介します。

● libvips

libvipsは、Rails 7で標準となった画像処理サポートのためのライブラリです。インストールは、以下のコマンドを実行します（Homebrewがインストールされている必要があります）。glibなどの依存関係にあるライブラリのインストールも必要となることがありますので、その場合にはそれらもインストールしておく必要があります。

```
> brew install vips
```

● ImageMagick

ImageMagickは、以前のRailsで実績がある画像処理サポートのためのライブラリです。インストールは、以下のコマンドを実行します（Homebrewがインストールされている必要があります）。glibなどの依存関係にあるライブラリのインストールも必要となることがありますので、その場合にはそれらもインストールしておく必要があります。

```
> brew install imagemagick
> brew install ghostscript
```

この場合は、Gemライブラリmini_magickも必要ですので、Gemfileを書き換えてインストールしてください。

● ffmpeg

http://ffmpeg.org/からmacOS版のインストーラをダウンロードしてインストールしてください。

Active Storage を
セットアップする

書式 `rails active_storage:install`

rails active_storage:install コマンドを実行すると、Active Storage のための
データベースをセットアップできます。Active Storage では、active_storage_
blobs、active_storage_variant_records、active_storage_attachments という
3つのテーブルを使います。rails active_storage:install コマンドを実行すると、こ
れらのテーブルを作成するマイグレーションファイルが作成されますので、rails
db:migrate コマンドを実行してデータベーススキーマに反映させます。

サンプル ● Active Storage をセットアップする

```
> rails active_storage:install
…中略…
> rails db:migrate
…後略…
```

注意 Action Mailbox、Action Text などのフレームワークが有効な環境では、すでに Active
Storage のセットアップが済んでいますので、改めてのセットアップは不要です。

Column **rake コマンド? rails コマンド?**

以前のRailsではrakeコマンドとrailsコマンドがあり、機能によって使い分け
られていました。Rails 5以降では、railsコマンドにほぼ一本化されています
が、なぜ2つのコマンドがあったのでしょうか?

railsコマンドは、Railsのコントローラやビューといったファイル、そしてその
置き場所のフォルダを作成するためのもの、と位置付けられていました。これ
に対してrakeコマンドは、データベース、アセット、キャッシュなど、それら
とは関係のないファイルの作成などを行うビルドツールとしての位置付けでし
た。アプリケーションの作成を行うrails new コマンドはrails、データベースの
マイグレーションを行う rake db:migrate コマンドはrakeという具合です。

しかし、コマンドを作る、使うというときに、rakeなのか? railsなのか? とい
う若干の混乱も招いたこともあって、現在はrailsコマンドに一本化されていま
す。

もちろん、P.55で紹介したようにRakeタスクというものは依然として存在し
ますので、あくまでもコマンドの呼び出しにおいて、と理解しておくのがよい
でしょう。

サービスを定義する

書式 name:
```
    service: service_type
    ......
```

引数 name：**サービス名**　service_type：**サービスのタイプ**

▼ サービスのタイプ（service_type）

タイプ	概要
Disk	ローカルディスクサービス
S3	Amazon S3
GCS	Google Cloud Platform
AzureStorage	Microsoft Azure Storage
Mirror	ミラー

　Active Storageで使用するストレージサービスは、/config/storage.ymlファイルで定義します。サービスごとに、名前と必要な構成を指定します。nameにはサービスを識別するための名称（active_storage.serviceパラメータで使用）、serviceにはサービスのタイプを指定します。Diskでは、rootによってファイルの置き場所を指定しますが、利用するサービスによって設定項目は異なります。

　Active Storageのセットアップ直後の/config/storage.ymlファイルでは、testとlocalという2つのサービスが宣言されています。外部のストレージサービスを使うproduction環境用には、設定を追加する必要があります。

サンプル /config/storage.yml

```
test:
  service: Disk
  root: <%= Rails.root.join("tmp/storage") %>

local:
  service: Disk
  root: <%= Rails.root.join("storage") %>
```

参考 環境固有の設定ファイルがあれば、それが優先されます。たとえばproduction環境では、/config/storage/production.ymlファイルが存在すれば/config/storage.ymlファイルよりも優先されます。development.ymlファイル、test.ymlファイルについても同様です。

参照 P.497「利用サービスを設定する」

サービスに Amazon S3 を使う

書式　name:

```
service: S3
access_key_id: akey
secret_access_key: sakey
region: rname
bucket: bname
```

引数　name：**サービス名**　akey：**アクセスキー**
sakey：**シークレットアクセスキー**　rname：**リージョン名**
bname：**バケット名（オブジェクトコンテナ、参考も参照）**

　サービスに Amazon S3 を使う場合、/config/storage.yml ファイルの service 項目に「S3」を指定して、その他の必要な項目を追加します。サンプルは、/config/storage.yml ファイルの例のコメントアウトを解除したもので、name 項目に amazon が指定されています。このように、name 項目は Amazon S3 であることがわかる適当な名前で構いません。

サンプル● /config/storage.yml（Amazon S3）

```
amazon:
  service: S3
  access_key_id: <%= Rails.application.credentials.dig(:aws, :access_key_↵
id) %>
  secret_access_key: <%= Rails.application.credentials.dig(:aws, :secret_↵
access_key) %>
  region: us-east-1
  bucket: your_own_bucket-<%= Rails.env %>
```

注意▶ Amazon S3 を使う場合、Gem ライブラリ aws-sdk-s3 が必要です。Bundle ファイルに追加後、bundle install コマンドでインストールしてください。

サンプル● Bundle

```
gem "aws-sdk-s3", require: false
```

注意▶ production 環境におけるデータ喪失リスクを軽減するために、サンプルのようにバケット名に Rails.env を含めることをお勧めします。

参考▶ バケット（bucket）とは、Amazon S3 におけるオブジェクトコンテナです。単純に、ここにオブジェクトとしてのファイルが収納されると思って問題ありません。バケットは複数持つことができ、名前によって区別します。

7

コンポーネント

サービスに Microsoft Azure Storage を使う

書式
```
name:
    service: AzureStorage
    storage_account_name: saname
    storage_access_key: sakey
    container: cname
```

引数 name：サービス名　saname：ストレージアカウント名
sakey：ストレージアクセスキー
cname：コンテナ名（オブジェクトコンテナ、参考も参照）

　サービスに Microsoft Azure Storage を使う場合、/config/storage.yml ファイルの service 項目に「AzureStorage」を指定して、その他の必要な項目を追加します。サンプルは、/config/storage.yml ファイルの例のコメントアウトを解除したもので、name 項目に microsoft が指定されています。このように、name 項目は Microsoft Azure Storage であることがわかる適当な名前で構いません。

サンプル /config/storage.yml（Microsoft Azure Storage）
```
microsoft:
  service: AzureStorage
  storage_account_name: your_account_name
  storage_access_key: <%= Rails.application.credentials.dig(:azure_
storage, :storage_access_key) %>
  container: your_container_name-<%= Rails.env %>
```

注意 Microsoft Azure Storage を使う場合、Gem ライブラリ azure-storage-blob が必要です。Bundle ファイルに追加後、bundle install コマンドでインストールしてください。

サンプル Bundle
```
gem "azure-storage-blob", require: false
```

参考 コンテナとは、Azure Storage におけるブロブコンテナです。単純に、ここにブロブとしてのファイルが収納されると思って問題ありません。コンテナは複数持つことができ、名前によって区別します。

storage.yml ファイル

サービスに Google Cloud Storage を使う

書式
```
name:
    service: GCS
    credentials: cfile
    project: pname
    bucket: bname
```

引数 name：**サービス名** cfile：**証明書ファイル名**
pname：**プロジェクト名**
bname：**バケット名（オブジェクトコンテナ、参考も参照）**

7

コンポーネント

サービスに Google Cloud Storage を使う場合、/config/storage.yml ファイル
の service 項目に「GCS」を指定して、その他の必要な項目を追加します。サンプル
は、/config/storage.yml ファイルの例のコメントアウトを解除したもので、name
項目に google が指定されています。このように、name 項目は Google Cloud
Storage であることがわかる適当な名前で構いません。

サンプル /config/storage.yml（Google Cloud Platform）

```
google:
  service: GCS
  project: your_project
  credentials: <%= Rails.root.join("path/to/gcs.keyfile") %>
  bucket: your_own_bucket-<%= Rails.env %>
```

注意 Google Cloud Storage を使う場合、Gem ライブラリ google-cloud-storage が必要
です。Bundle ファイルに追加後、bundle install コマンドでインストールしてくださ
い。

サンプル Bundle

```
gem "google-cloud-storage", require: false
```

参考 バケット（bucket）とは、Google Cloud Storage におけるオブジェクトコンテナです。
単純に、ここにオブジェクトとしてのファイルが収納されると思って問題ありません。
バケットは複数持つことができ、名前によって区別します。

利用サービスを設定する

書式 `config.active_storage.service = sname`

引数 sname：**config/storage.ymlファイルで宣言したサービス**

/config/storage.ymlファイルで宣言したサービスをActive Storageに認識させるには、config.active_storage.serviceパラメータを設定します。環境ごとに異なるサービスを使用するのが一般的なため、development環境、test環境、production環境ごとに設定を行います。

サンプル /config/environments/development.rb

```
# ローカルディスクサービスを使う
config.active_storage.service = :local
```

サンプル /config/environments/test.rb

```
# 一時ディレクトリを使用する
config.active_storage.service = :test
```

サンプル /config/environments/production.rb

```
# Amazon S3を使用する（/config/storage.ymlファイルに設定が必要）
config.active_storage.service = :amazon
```

参照 P.493「サービスを定義する」

7

コンポーネント

has_one_attachedメソッド

ファイルとレコードにマッピングを設定する（1対1）

書式 has_one_attached name [,service: sname = nil]

引数 name：フィールド名　sname：使用するサービス

---

　has_one_attachedメソッドは、レコードとファイルの間に1対1のマッピングを設定します。1レコードに1個のファイルを添付できます。既存のモデルには、has_one_attachedメソッドでファイルのフィールドを追加します。このとき、コントローラのストロングパラメータに添付ファイルのフィールドを指定するのを忘れないようにします。

　:serviceオプションで使用するサービスを指定できます。省略時はnilとなり、この場合はconfig.active_storage.serviceパラメータで指定されるデフォルト値が用いられます。

　新規のモデルをrails generate modelコマンド等で作成するときにファイルのフィールドを追加するには、attachment型のフィールドを指定します。このときは、ストロングパラメータに添付ファイルのフィールドも自動的に指定されます。

サンプル /app/models/memo.rb

```ruby
class Memo < ApplicationRecord
    # サービスにs3を指定して添付ファイルフィールドcontentを追加
  has_one_attached :content, service: :amazon
end
```

サンプル /app/controllers/memos_controller.rb

```ruby
def memo_params
    # 添付ファイルのフィールドcontentを追加
  params.require(:memo).permit(:title, :date, :content)
end
```

参考 ファイル（ブロブ）とレコードの関連付けは、active_storage_attachmentsに格納されます。同テーブルのrecord_typeフィールド、record_idフィールド、nameフィールドで、添付したブロブが対応するレコードとフィールドを表します。

参照 P.497「利用サービスを設定する」

has_many_attachedメソッド

ファイルとレコードにマッピングを設定する（1対多）

書式 `has_many_attached name [,service: sname = nil]`

引数 name：**フィールド名**　sname：**使用するサービス**

has_many_attachedメソッドは、レコードとファイルの間に1対多の関係を設定します。1レコードに、複数のファイルを添付できます。既存のモデルには、has_many_attachedメソッドでファイルのフィールドを追加します。このとき、コントローラのストロングパラメータに添付ファイルのフィールドを指定するのを忘れないようにします。

:serviceオプションで使用するサービスを指定できます。省略時はnilとなり、config.active_storage.serviceパラメータで指定されるデフォルト値が用いられます。

サンプル /app/models/album.rb

```
class Album < ApplicationRecord
   # 複数の添付ファイルフィールドimagesを追加
  has_many_attached :images
end
```

サンプル /app/controllers/albums_controller.rb

```
def message_params
   # 複数の添付ファイルのフィールドimagesを追加
  params.require(:album).permit(:title, :date, images: [])
end
```

参考 ファイル（ブロブ）とレコードの関連付けは、active_storage_attachmentsに格納されます。同テーブルのrecord_typeフィールド、record_idフィールド、nameフィールドで、添付したブロブが対応するレコードとフィールドを表します。1体多となる場合、同じレコードとフィールドを指すブロブが複数存在することになります。

参照 P.497「利用サービスを設定する」

file_fieldメソッド

ファイルをアップロードする

書式 `file_field field [,:multiple = false]`

引数 field：添付ファイルのフィールド名
:multiple：複数ファイルをアップロードするかどうか

　フォームでは、file_fieldメソッドを使って添付ファイルを指定します。:multiple
オプションをtrueに設定すると、複数ファイルの選択を行えるようになります。

サンプル /app/views/memos/_form.html.erb

```
<!-- 単一ファイルのアップロード -->
<%= form.file_field :content %>
```

サンプル /app/views/albums/_form.html.erb

```
<!-- 複数ファイルのアップロード -->
<%= form.file_field :images, multiple: true %>
```

参照 ▶ P.295「入力要素を生成する」

ファイルを表示する

■**書式**　representable?　　　　　　　　　　　　　　　表示できるかどうか
　　　　　representation transformation [,...]　　　表示する

■**引数**　transformation：変形の指定

representable?メソッドは、添付ファイルが表示可能な場合にtrueを返します。表示可能なファイルでは、representationメソッドはプレビュー可能なブロブ（ActiveStorage::Preview）または可変のイメージブロブ（ActiveStorage::Variant）を返します。多くのファイル形式はプレビュー可能ですが、Microsoft Wordのドキュメントファイルなどプレビュー不可の場合はダウンロードリンクのみを置くなど使い分けます。

representationメソッドの内部では、画像に対してvariantメソッドを呼び出し、プレビュー可能なファイルであればpreviewメソッドを呼び出します。これらのメソッドを直接呼ぶことも可能です。

サンプル /app/views/memos/_memo.html.erb

```
…略…
<!-- 添付ファイルcontentが表示可能ならイメージ表示タグを生成 -->
<%= image_tag memo.content.representation(resize_to_limit: [200, 200])
if memo.content.representable? %>
…略…
```

サンプル /app/views/albums/_album.html.erb

```
…略…
<!-- 添付ファイルimagesが表示可能ならイメージ表示タグを生成 -->
<% if album.images.attached? %>
  <% album.images.each do |image|%>
    …略…
    <%= image_tag image.representation(resize_to_limit: [200, 200]) if
image.representable? %>
  <% end %>
<%end %>
…略…
```

7 コンポーネント

501

▼ memos#show の実行結果

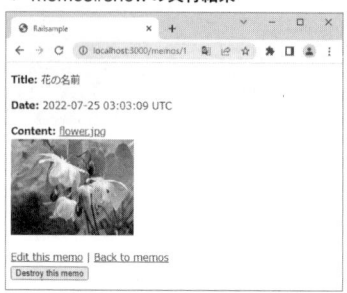

▼ albums#show の実行結果

参考 ▶ 変形の指定については「画像を変形する」(P.514)を参照してください。

ファイルをプレビューする

書式	previewable?	プレビュー可能かどうか
	preview transformation [,...]	プレビューする

引数	transformation：変形の指定

previewable?メソッドは、ファイルがプレビュー可能な場合にtrueを返します。プレビューは、動画やPDFなど静止画でないファイル形式の場合に作成される画像で、通常の画像ファイルについては、previewメソッドではプレビュー不可としてfalseを返します。

preview メソッドは、プレビュー可能なファイルについてプレビューを作成します。画像ファイルなどプレビューが作成できない場合は、ActiveStorage::Unpreviewable Errorが発生しますので、呼び出しに際してはpreviewable?メソッドによる判定が必須です。

preview メソッドは、representationメソッド内部において、画像ファイル以外でプレビュー可能な場合に、プレビューを作成するために呼び出されます。そのため、通常はrepresentable?メソッドとrepresentationメソッドの使用で構いません。

サンプル ● /app/views/memos/_memo.html.erb

```
…略…
<!-- 添付ファイルcontentがプレビュー可能ならイメージ表示タグを生成 -->
<%= image_tag memo.content.preview(resize_to_limit: [200, 200]) if memo.⏎
content.previewable? %>
…略…
```

参考 ▶ Active Storage では、動画ファイルとPDFファイルについては、デフォルトでプレビュー機能をサポートしています。別のフォーマットのサポートを追加するには、独自のプレビュー生成ライブラリ等を追加する必要があります。

参照 ▶ 変形の指定については「画像を変形する」(P.514)を参照してください。

参照 ▶ P.501「ファイルを表示する」

attachメソッド

レコードにファイルを添付する

書式 `attach attachables`

引数 `attachables`：添付するファイルのリスト

attachメソッドを呼び出すと、既存のモデルに新しい添付ファイルを追加できます。

サンプル /app/controllers/memos_controller.rb

```
def create
    @memo = Memo.new(memo_params)
    …略…
      # Memoオブジェクトに添付ファイルを追加
    @memo.content.attach(params[:content])
    …略…
end
```

attached?メソッド

ファイルが添付されているか調べる

書式 `attached?`

モデルオブジェクトに何らかのファイルが添付されているかどうかを調べるには、attached?メソッドを呼び出します。ファイルが添付されているときだけ画像を表示したい、リンクを設定したい、というときに使います。

サンプル /app/views/memos/_memo.html.erb

```
…略…
<!-- 添付ファイルcontentがあればリンクを生成 -->
<%= link_to memo.contrent.filename, memo.content if memo.content.attached? %>
…略…
```

variantメソッド
添付ファイルのバリアントを指定する

書式 `variant transformation [,...]`

引数 `transformation`：変形の指定

variantメソッドを使うと、添付ファイルのバリアント（変形）を作成できます。has_one_attachedメソッド、has_many_attachedメソッドの戻り値であるattachableオブジェクトについてvariantメソッドを実行し、transformationで指定する変形を施したバリアントを作成できます。

サンプル /app/models/memo.rb

```ruby
class Memo < ApplicationRecord
  …略…
    # バリアント名thumbを指定してサムネイルを作成
  has_one_attached :content do |attachable|
    attachable.variant :thumb, resize_to_limit: [200, 200]
  end
end
```

サンプル /views/memos/_memo.html.erb

```erb
<%# バリアントthumbを呼び出す %>
<%= image_tag memo.content.variant(:thumb) %>
```

参考 :thumbはサムネイルを意味する名前付きバリアントです。このように名前を付けられたバリアントは、ビューのvariantメソッドで名前で参照できます。

参照 変形の指定については「画像を変形する」（P.514）を参照してください。

active_storage.variant_processor パラメータ

バリアントプロセッサを指定する

書式 `config.active_storage.variant_processor = processor`

引数 processor：プロセッサ名

▼ バリアントプロセッサ

プロセッサ名	概要
:vips	libvipsを使用（デフォルト）
:mini_magick	ImageMagickを使用

　バリアントプロセッサは、画像のサイズ変更をはじめとした変形処理を行うプログラムです。デフォルトは:vipsであり、libvipsを使用した高速・省メモリな画像処理が行われます。:mini_magickを指定するとImageMagickが使われますが、libvipsに比べると性能面で不利なので、プラットフォームが許せばデフォルトの:vipsを使うことをおすすめします。

サンプル /config/application.rb

```
active_storage.variant_processor = :vips
```

注意 Rails 7から、バリアントプロセッサのデフォルトがImageMagickからlibvipsに変わりました。variantメソッドのオプションが異なるので、以前のバージョンで作成したコードは変更が必要になる場合があります。

7

コンポーネント

ファイルシステムのファイルを添付する

■ 書式 ■ attach io: iobj, filename: name [,content_type: type]

■ 引数 ■ iobj：IOオブジェクト　name：ファイル名
type：コンテンツタイプ

attachメソッドを使うと、ファイルシステム上のファイルをモデルに添付できます。ダウンロードしたファイルを添付するときなどに使用できます。iobjには、File. openメソッドの戻り値などのIOオブジェクトを指定し、nameには添付ファイル名を指定します。コンテンツタイプであるcontent_typeはできるだけ指定するようにします。指定のない場合には、attachメソッドがコンテンツタイプを判定しますが、判定できない場合はapplication/octet-streamが採用されます。

サンプル ● /app/controllers/memos_controller.rb（createアクション）

```
def create
  @memo = Memo.new(memo_params)
    # memoオブジェクトのcontentフィールドにファイルを添付する
  @memo.content.attach(io: File.open('tmp/docs/flower.png'), filename: ⏎
'flower.png', content_type: 'image/jpeg')
  …略…
end
```

参考▶ typeに{identify: false}を渡すと、コンテンツタイプの判定が行われなくなります。

添付ファイルを削除する

書式	purge	すぐに削除
	purge_later	バックグラウンドで削除

　添付ファイルをモデルから削除するには、purgeメソッドを使用します。Active
Jobを使うようにアプリケーションが構成されている場合は、バックグラウンドで
削除を実行できます。削除すると、ブロブとファイルがストレージサービスから削
除されます。

サンプル ● /app/controllers/memos_controller.rb（destroyアクション）

```
def destroy
  …略…
    # ただちに削除
  @memo.content.purge
    # バックグランドで削除
  @memo.content.purge_later
  …略…
end
```

注意 ▶ モデルにhas_one_attachedメソッド／has_many_attachedメソッドで添付ファイ
ルフィールドが指定されている場合、モデルのdestroyメソッドで添付ファイルも削除
されます。

参照 ▶ P.515「Active Job」

リダイレクトモードでファイルを配信する

■ **書式** url_for blob

rails_blob_xxxx blob [,header]

■ **引数** blob：ブロブデータ　header：付加ヘッダ

リダイレクトモードとは、ブロブのURLにアクセスすると、実際のサービスへのURLに内部で自動的にリダイレクトする仕組みです。標準的なブロブへのアクセス方法です。

url_forメソッドをブロブに対して使うと、ブロブのパーマネントURL（恒久的にアクセスが保証されるURL）を生成できます。生成されるURLでは、そのブロブのリダイレクトコントローラにルーティングされる、独自の署名付き識別子が使われます。

rails_blob_xxxxのxxxxは、pathやurlです。rails_blob_pathメソッドを使うとブロブデータのパスを、rails_blob_urlメソッドを使うとブロブデータのURLを、それぞれ返してくれます。

■ **サンプル** /app/views/memos/_memo.html.erb

```
<%# MemoモデルのcontentフィールドのURLを作成する %>
<%= url_for memo.content if memo.content.attached? %>
    ➡ /rails/active_storage/blobs/redirect/eyJfc…/flower.jpg
<%= rails_blob_path memo.content if memo.content.attached? %>
    ➡ /rails/active_storage/blobs/redirect/eyJfc…/flower.jpg
<%= rails_blob_url memo.content if memo.content.attached? %>
    ➡ http://localhost:3000/rails/active_storage/blobs/redirect/eyJfc…⏎
      /flower.jpg
```

■ **参照** P.510「プロキシモードでファイルを配信する」

プロキシモードでファイルを配信する

書式
```
config.active_storage.resolve_model_to_route =
  :rails_storage_proxy
rails_storage_proxy_url blob
```

引数　blob：ダウンロードを中継するブロブ

7

コンポーネント

　プロキシモードとは、ブロブのURLを外部ストレージサービスにリダイレクトするのではなく、アプリケーション内でダウンロードを中継してくれる仕組みです。リダイレクトモードでは、ブロブURLのリダイレクトのためにもアプリケーションが動くので負担となるばかりか、ダウンロード自体はストレージサービスから直接行われるため、HTTPプロキシを設置してもその恩恵を受けることができません。クライアントから見ても、外部サービスのURLは変化するためHTTPキャッシュの効果も薄くなります。プロキシモードは、クライアントは不変であるブロブのURLのみを使うので、HTTPプロキシを設置してその恩恵を受けられますし、HTTPキャッシュも有効に働きます。

▼ リダイレクトモードとプロキシモード

リダイレクトモード

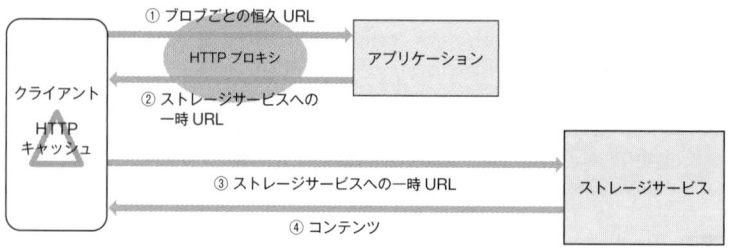

プロキシモード

rails_storage_proxy_urlメソッドを使うと、ブロブデータに対して個別にプロキシモードでのURLを作成できます。

active_storage.resolve_model_to_routeパラメータに :rails_storage_proxy を指定すると、プロキシモードが常に有効になります。この際、すべての生成されるURLが、リダイレクトされるURLではなくプロキシのURLになります。

サンプル /app/views/memos/_memo.html.erb

```
<%# 個別にプロキシモードのURLを作成する（URLにproxyが入る）%>
<%= url_for rails_storage_proxy_url(memo.content) %>
  ➡ http://localhost:3000/rails/active_storage/blobs/proxy/eyJfc…⏎
    /flower.jpg
```

サンプル /config/application.rb

```
# すべてにプロキシモードを有効にする
config.active_storage.resolve_model_to_route = :rails_storage_proxy
```

参考 CDN(Content Delivery Network)を使用したプロキシ機能もあります。active_storage.resolve_model_to_routeパラメータを:cdn_proxyとするとCDNプロキシとなります。CDNプロキシでは、クライアントからのブロブURLはCDNへ向けたものになります。実際の利用には/config/routes.rbファイルにCDNプロキシのための、やや複雑なルート設定を行う必要がありますが、本書では割愛しています。

参照 P.509「リダイレクトモードでファイルを配信する」

7

コンポーネント

openメソッド

ファイルをダウンロードする

書式 open

openメソッドを使用すると、ブロブデータを一時ファイルにダウンロードすることができます。アップロードされたブロブデータに何らかの処理を施したい場合に使用できます。

サンプル /app/controllers/memos_controller.rb(showアクション)

```
# contentフィールドをダウンロードしてファイル名を表示
msg = ''
@memo.content.open do |file|
  msg = file.path
end
render plain: (msg != ''? "#{msg} にダウンロードしました。":'ダウンロード⏎
できませんでした。')
```

➡ C:/Users/nao/AppData/Local/Temp/ActiveStorage-6-20220518-17420-⏎
ngfux1.jpg にダウンロードしました。

参考 ファイルのダウンロードには、もっと直接的なdownloadメソッドもあります。このメソッドは、同じく添付ファイルを読み込みますがメモリに展開し、その内容を返します。ファイルサイズによってはメモリを圧迫しますので、ブロックを指定してそこでファイル書き込みなどの処理を行った方がよいでしょう。この場合は、ファイルを小さな断片(チャンク)に分割し、それらに対してブロックの処理が実行されます。

analyzed? メソッド

ファイルが解析済みか調べる

書式　**analyzed?**

analyzed?メソッドは、アップロードされたファイルが解析済みである場合に
trueを返します。Active Storageは、Active Jobに解析のためのジョブをキュー
イングし、ファイルがアップロードされるとそのファイルを解析するようになって
います。解析されたファイルのメタデータには、analyzed: trueといったハッシュ
が追加されます。メタデータは、ブロブのmetadataフィールドから取得できます。
metadataフィールドはハッシュなので、以下に挙げるキーを用いて参照します。

- 画像では、幅(:width)と高さ(:height)
- 動画では、幅(:width)と高さ(:height)に加えて、再生時間(:duration)、角度
  (:angle)、アスペクト比(:display_aspect_ratio)、動画の存在を表す:video
  (boolean)と音声の存在を表す:audio(boolean)
- 音声では、再生時間(:duration)とビットレート(:bit_rate)

サンプル ● /app/views/memos/_memo.html.erb

```
<!-- ブロブが解析済みなら幅と高さを表示 -->
<% if memo.content.analyzed? %>
   
  <%= memo.content.metadata[:width] %>×<%= memo.content.metadata[:height] %>
<% end %>
```

参照 ▶ P.515「Active Job」

画像を変形する

書式 variable?   変形可能かどうか

variant transformation [,...]   変形

引数 transformation：変形の指定

▼ 主な変形の指定（transformation）

transformation	概要
resize_to_limit: [w, h]	画像を幅w、高さhの大きさに収まるように縮小する。アスペクト比は保持される。nilを指定すると幅か高さは考慮されなくなる
resize_to_fit: [w, h]	画像を幅w、高さhの大きさに拡大・縮小する。アスペクト比は保持される。nilを指定すると幅か高さは考慮されなくなる
resize_to_fill: [w, h]	画像を幅w、高さhの大きさに拡大・縮小する。アスペクト比は保持される。必要な場合には画像の一部が切り取られる
resize_and_pad: [w, h]	画像を幅w、高さhの大きさに拡大・縮小する。アスペクト比は保持される。必要な場合には余白が透明色か黒になる
crop: [x, y, w, h]	画像を指定した矩形で切り取る
rotate: [a]	画像を指定した角度で回転する

variable?メソッドを使うと、画像が変形可能か調べることができます。trueを返す場合、variantメソッドで変形が可能です。

variantメソッドを使うと、変形した画像を表示できます。variantメソッドは、変形後の画像を取得するURLを返します。そのURLにWebブラウザがアクセスすると、オリジナルの画像を指定された変形の指定で処理し、結果の画像にリダイレクトするといったことが行われます。バリアントがリクエストされると、Active Storageは画像フォーマットに応じて自動的に変形処理を適用します。

- content typeが可変（config.active_storage.variable_content_typesの設定に基づく）で、Web画像を考慮しない場合（config.active_storage.web_image_content_typesパラメータの設定に基づく）は、PNGに変換される
- qualityが指定されていない場合は、その画像のデフォルトの画像品質がバリアントプロセッサで使われる

サンプル /app/views/memos/_memo.html.erb

```
<!-- 最大200×200ピクセルとしてリサイズして表示 -->
<%= image_tag memo.content.variant(resize_to_limit: [200, 200]) if memo.
content.variable? %>
```

注意 デフォルトのバリアントプロセッサはlibvipsです。

概要

Active Jobは、バックグラウンドでのジョブ(job)の実行を管理するフレームワークです。ジョブとは、定期的に実行するクリーンナップやメールの送受信、画像処理やデータ集計といった定型の処理のことです。ジョブは、独自に作成して実行できるほか、他のフレームワーク(Active StorageやAction Mailer、Action Mailboxなど)からも作成され、それらのフレームワークのための補助的な処理を行うために実行されます。このようにActive Jobは、これらのフレームワークから依存関係にあるため、フレームワークのインストールと同時にインストールされます。

ジョブの順番待ちを担うのが**キュー**(queue)です。ジョブはキューに入れられて(これをエンキューといいます)、入れられた順すなわちFIFO(先入れ先出し方式)で実行されます。キューの実装にはキューイングライブラリが使用され、キューアダプタとして実装されます。キューイングライブラリには、主にdevelopment環境で利用できるオンメモリのキューイングシステムが標準で提供されますが、これはインプロセスのキューイングシステムであるため、プロセスの異常終了などでキューの内容も失われてしまいます。そのため、本格的にproduction環境で使用するには、サードパーティのキューイングライブラリの使用が推奨されます。サードパーティのキューイングライブラリには、Sidekiqやsucker_punchなどがあります。以下のURLから、使用できるキューアダプタの詳細を見ることができます。

▼ ActiveJob::QueueAdapters
https://api.rubyonrails.org/classes/ActiveJob/QueueAdapters.html

キューは複数作成でき、それぞれにキューイングライブラリを指定できます。本節では、オンメモリのキューイングシステムを使ってサンプルを紹介します。

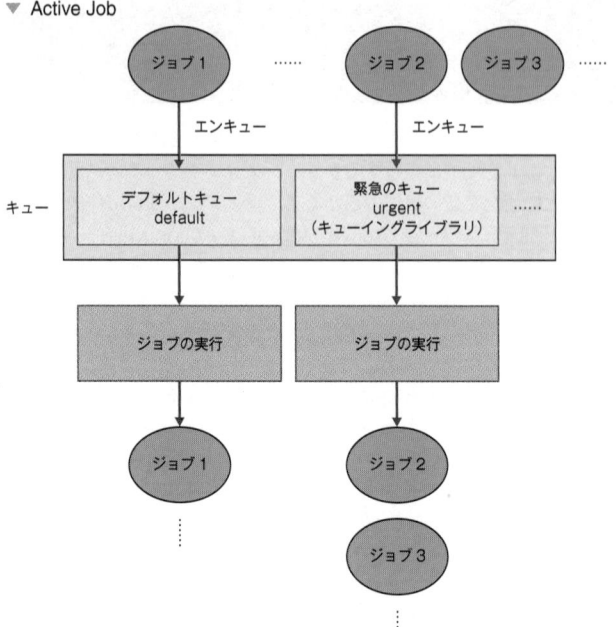

　エンキュー、ジョブの実行はアプリケーション起動中の任意のタイミングで行う、cronのような定期実行サービスを使う、などの方法がありますが、本節のサンプルはRailsコンソールからの操作で実行しています。

参考 ▶ ジョブの実行は、Active Jobの登場前はDelayed:Jobプラグインが使われていました。現在はDelayed:JobはActive Jobから利用し、直接利用すべきではありません。

注意 ▶ rails newコマンド--skip-active-jobオプションを指定しない限り、アプリケーションにはActive Jobのファイル群が自動的に生成されます。

ジョブを作成する

書式 `rails generate job` name

引数 name：**ジョブ名**

ジョブ（**ActiveJob::Base派生クラス**）は、rails generate jobコマンドで生成できます。作成したジョブは、app/jobsフォルダにジョブファイルとして格納されます。このとき生成するクラスは、ApplicationJobクラスを継承し、既定のキューにキューイングされるようになります。

ジョブで処理すべき内容は、performメソッド内に記述します。performメソッドの引数については、下記の参考を参照してください。performメソッドを記述しただけでは、ジョブは実行されません。perform_laterメソッドでジョブをエンキューするか、perform_nowメソッドによって、ジョブのperformメソッドが呼び出されることで、はじめてジョブが実行されます。

サンプル report_article ジョブを作成する

```
> rails generate job report_article
     invoke  test_unit
     create    test/jobs/report_article_job_test.rb
     create  app/jobs/report_article_job.rb
```

サンプル /app/jobs/report_article_job.rb

```
class ReportArticleJob < ApplicationJob
   # ひとまずデフォルトキューにキューイングされる
  queue_as :default

   # ジョブとして実行するメソッド
  def perform(*args)
    puts('********************')
     # 引数がなければ全記事の総アクセス数、あれば指定記事のアクセス数を出力
    if args.length == 0
      puts("Access of all articles: #{Article.sum(:access).to_s}")
    else
      puts("Access of article #{args[0]}: #{Article.find(args[0]).access.
to_s}")
    end
    puts('********************')
  end
end
```

参考 performメソッドの引数は、以下のいずれかの型の組み合わせです。これら以外を引数として渡したい場合、独自にシリアライザを定義する必要があります。

- 基本型（NilClass、String、Integer、Float、BigDecimal、TrueClass、FalseClass）
- Symbol
- Date
- Time
- DateTime
- ActiveSupport::TimeWithZone
- ActiveSupport::Duration
- Hash（キーの型はStringかSymbolにすべき）
- ActiveSupport::HashWithIndifferentAccess
- Array
- Range
- Module
- Class

参照 P.520「ジョブをキューに登録する」
P.525「ジョブをただちに実行する」
P.524「ジョブが使うキューを指定する」

7

コンポーネント

Column Railsアプリケーションの配布

Railsのアプリケーションフォルダには、コントローラなどのRubyファイルや設定ファイル、アセットファイルに加えて、コンパイルによって作成されるキャッシュやログファイル、アセットパイプラインによって生成されるファイル、バンドラーを使用する場合にはNode.jsのパッケージファイルなど、たくさんのファイルやフォルダが生成されます。これらを残したまま、Railsのアプリケーションを配布しようとして圧縮すると、アプリケーションによっては非常に大きなものとなってしまいます。また、キャッシュを残したことで、異なるプラットフォームでの動作に支障を来すことがあります。残ったログファイルによって、いらぬ情報が漏れてしまう、ということにもなりかねません。
そこでアプリケーションの配布前には、以下のコマンド等で掃除してからにしましょう。

```
> rails tmp:clear          ─── 一時ファイル(キャッシュ等)のクリア
> rails log:clear          ─── ログファイルのクリア
> rails assets:clobber     ─── コンパイル済みアセットファイルのクリア
> rails tmp:cache:clear    ─── Bootsnapなどのキャッシュのクリア
```

必要に応じてデータベースファイルをリセットしたり（rails db:resetコマンド）、node_moduleフォルダ以下をすべて削除しましょう（package.jsonは削除しないように！）。これで、安心してアプリケーションが配布できます。

キューを指定してジョブを作成する

書式 `rails generate job` name `--queue=`qname

引数 name：ジョブ名　qname：キューの名前

　規定のキューではなく特定のキューを使用するジョブを作成したい場合には、rails generate job コマンドの --queue オプションでキューを指定します。サンプルで作成したジョブクラスでは、queue_as メソッドの引数に urgent が指定されており、urgent キューにエンキューされます。

サンプル urgent キューを指定して report_article_uegent ジョブを作成

```
> rails generate job report_article_uegent --queue=urgent
    invoke  test_unit
    create    test/jobs/report_article_uegent_job_test.rb
    create  app/jobs/report_article_uegent_job.rb
```

サンプル /app/jobs/guest_cleanup_urgent.rb

```
class GuestsCleanupUrgentJob < ApplicationJob
   # urgentキューが指定されている
  queue_as :urgent
  …中略…
end
```

参照 P.517「ジョブを作成する」

ジョブをキューに登録する

書式 `perform_later [args]`

引数 `args：ジョブの引数`

---

perform_later メソッドは、ジョブをキューに登録（エンキュー）します。引数には、ジョブの perform メソッドへの引数を渡します。perform_later メソッドはクラスメソッドであり、呼び出しにあたりインスタンスの生成は不要です。その代わり、メソッド内部で生成したインスタンスが返ります。エンキューに失敗すると、false が返ります。ジョブの実行タイミングはキューの設定に依存しますが、既定ではサンプルのようにただちに実行されます。エンキューのタイミングを指定したい場合には、set メソッドを使用してください。

サンプル ● タスクをキューに入れる

```
> rails console
irb(main):001:0> ReportArticleJob.perform_later 1 ───────────  引数に1を指定
--------------------
Job d0564b25-72ff-48a2-a94c-572ba87a9d9c enqueued! ── エンキューされたメッセージ
--------------------
Enqueued ReportArticleJob (Job ID: d0564b25-72ff-48a2-a94c-572ba87a9d9c) ⏎
to Async(default) with arguments: 1
=>
#<ReportArticleJob:0x0000016cfb210e58
 @arguments=[1],
 @exception_executions={},
 @executions=0,
 @job_id="d0564b25-72ff-48a2-a94c-572ba87a9d9c",
 @priority=nil,
 @provider_job_id="72650de1-a3e1-42c7-bc1b-6539e52c19e1",
 @queue_name="default",
 @successfully_enqueued=true,
 @timezone="UTC">
 Performing ReportArticleJob (Job ID: d0564b25-72ff-48a2-a94c-⏎
572ba87a9d9c) from Async(default) enqueued at 2022-07-21T03:52:19Z with ⏎
arguments: 1
********************
  (1.4ms)  SELECT sqlite_version(*)
 Article Load (0.2ms)  SELECT "articles".* FROM "articles" WHERE ⏎
```

```
"articles"."id" = ? LIMIT ?  [["id", 1], ["LIMIT", 1]]
Access of article 1: 210                        ｜ジョブの実行で出力されたメッセージ
********************
Performed ReportArticleJob (Job ID: d0564b25-72ff-48a2-a94c-⏎
572ba87a9d9c) from Async(default) in 125.32ms
irb(main):002:0> ReportArticleJob.perform_later         ｜引数を省略
--------------------
Job 8d350d77-821b-4eba-bee9-edbe6d54f8c1 enqueued!   ｜エンキューされたメッセージ
--------------------
Enqueued ReportArticleJob (Job ID: 8d350d77-821b-4eba-bee9-edbe6d54f8c1) ⏎
to Async(default)
=>
#<ReportArticleJob:0x0000016cfbe9e148
 @arguments=[],
 @exception_executions={},
 @executions=0,
 @job_id="8d350d77-821b-4eba-bee9-edbe6d54f8c1",
 @priority=nil,
 @provider_job_id="2d6813f6-a92c-4f7a-9b5e-fba75ba1be8d",
 @queue_name="default",
 @successfully_enqueued=true,
 @timezone="UTC">
 Performing ReportArticleJob (Job ID: 8d350d77-821b-4eba-bee9-⏎
edbe6d54f8c1) from Async(default) enqueued at 2022-07-21T03:54:34Z
********************
  Article Sum (2.4ms)  SELECT SUM("articles"."access") FROM "articles"
Access of all articles: 1470            ｜ジョブの実行で出力されたメッセージ
********************
Performed ReportArticleJob (Job ID: 8d350d77-821b-4eba-bee9-⏎
edbe6d54f8c1) from Async(default) in 7.36ms
```

参照 ▶ P.522「ジョブの実行タイミングなどを指定する」

setメソッド

ジョブの実行タイミングなどを指定する

書式 set [opts]

引数 opts：オプション

▼ オプション（opts）

オプション	概要
:wait	ジョブを指定された時間後にエンキューする
:wait_until	ジョブを指定された時間にエンキューする
:queue	ジョブを指定されたキューにエンキューする
:priority	ジョブを指定された優先度でエンキューする

　setメソッドは、ジョブの実行タイミングなどのオプションを指定します。オプションは表の4種です。setメソッドもクラスメソッドでありジョブインスタンスを戻り値として返しますので、そのままperform_laterメソッドを呼び出し、ジョブをエンキューできます。

サンプル● 実行タイミングを指定してタスクをキューに入れる

```
> rails console                              ┌─10秒後にジョブの実行を指定
irb(main):001:0> ReportArticleJob.set(wait: 10.second).perform_later 1 ─┘
Enqueued ReportArticleJob (Job ID: b968bb50-0a6b-4023-af99-9d79a719ff5a) ⏎
to Async(default) at 2022-05-16 04:01:01 UTC with arguments: 1
=>
#<ReportArticleJob:0x000001d806109110
 @arguments=[1],
 @exception_executions={},
 @executions=0,
 @job_id="b968bb50-0a6b-4023-af99-9d79a719ff5a",
 …中略…
irb(main):004:0> Performing ReportArticleJob (Job ID: b968bb50-0a6b-4023-⏎
af99-9d79a719ff5a) from Async(default) enqueued at 2022-05-16T04:00:51Z ⏎
with
arguments: 1
********************
  Article Load (0.4ms)  SELECT "articles".* FROM "articles" WHERE ⏎
"articles"."id" = ? LIMIT ?  [["id", 1], ["LIMIT", 1]]
Access of article 1: 210 ───────────10秒後に実行されたジョブによるメッセージ
********************
Performed ReportArticleJob (Job ID: b968bb50-0a6b-4023-af99-⏎
9d79a719ff5a) from Async(default) in 19.98ms
```

active_job.queue_adapterパラメータ／queue_adpterメソッド

キューアダプタを指定する

書式 config.active_job.queue_adapter = adapter

queue_adaper = adapter

引数 adapter：アダプタ

▼ アダプタ（adapter）

アダプタ	概要
:async	非同期実行
:inline	同期実行
:backburner、:delayed_job、:que、:queue_classic、:resque、:sidekiq、:sneakers、:sucker_punch	それぞれのキューイングライブラリ
:test	Test(test環境専用)

config.active_job.queue_adapterパラメータを設定することで、すべての
キューで使用するキューイングライブラリ（アダプタ）を指定できます。デフォルト
は非同期実行のオンメモリシステムである:asyncとなります。ジョブの実行結果
をすぐに確認したいときなどは、同期実行のオンメモリシステムである:inlineを指
定します。queue_adpterメソッドを使用すると、特定のジョブクラスにおいてア
ダプタの設定を上書きできます。

サンプル /config/environments/test.rb

```
# test環境で共通のキューアダプタを:inlineに指定
config.active_job.queue_adapter = :inline
```

サンプル /app/jobs/report_article_adapter_job.rb

```
class ReportArticleAdapterJob < ApplicationJob
  …略…
    # キューアダプタにDelayed Jobを指定
  self.queue_adapter = :delayed_job
  …略…
end
```

注意 キューアダプタにキューイングライブラリを指定する場合、それぞれのGemライブラ
リが必要です。

ジョブが使うキューを指定する

書式	`queue_as part_name`	
	`queue_name_prefix = prefix`	フィールド
	`config.active_job.queue_name_prefix = prefix`	パラメータ

引数 part_name：**キューの名前の一部**
prefix：**プレフィクス**

queue_asメソッドは、ジョブの使うキューの名前を指定します。part_name
が省略された場合にはnilとなり、キューの名前はデフォルト値（default）となります。

config.active_job.queue_name_prefixパラメータを指定すると、すべての
キューで使う名前に共通のプレフィクスを指定できます。既定値は空なので、プレ
フィクスは付きません。このパラメータに、たとえばRails.envの値を設定すると、
環境ごとに異なるキューの名称を自動的に指定できます。

インスタンスのqueue_name_prefixフィールドを変更すると、ジョブごとに
active_job.queue_name_prefixパラメータの設定を上書きできます。

サンプル /app/application.rb

```
# アプリケーション環境をキュー名のプレフィクスに指定
config.active_job.queue_name_prefix = Rails.env
```

サンプル /app/jobs/report_article_job.rb

```
# 上記の設定では実際のキュー名はdevelopment_low_priority等になる
queue_as :low_priority
```

サンプル キュー名にプレフィクスを指定してジョブを実行

```
> rails console
irb(main):001:0> ReportArticleJob.perform_later
Enqueued ReportArticleJob (Job ID: ab8f02d8-65be-48c7-99dc-5ae52e263d90) ⏎
to Async(development_low_priority)            キュー名に環境名（development）が付加
…略…
 @queue_name="development_low_priority",
…略…
```

perform_now メソッド

ジョブをただちに実行する

書式 `perform_now [args]`

引数 args：ジョブの引数

perform_nowメソッドは、ジョブをただちに実行します。通常、ジョブはジョブクラスのコンストラクタで作成し、そのインスタンスに対してメソッドを呼び出しします。

perform_nowメソッドではジョブはエンキューされず、直接実行されます。処理が終了するまで、呼び出し元の処理はブロックされます。また、perform_nowメソッドの戻り値は、ジョブのperformメソッドの処理結果となります。

サンプル ◉ **ジョブをただちに実行する**

```
> rails console
irb(main):001:0> ReportArticleJob.new(1).perform_now
Performing ReportArticleJob (Job ID: 88ea2751-2983-438e-b8d0-⏎
d59a8f89dd87) from Async(default) enqueued at  with arguments: 1
********************                    Enqueued ではなく Performing になる
  (1.5ms)  SELECT sqlite_version(*)
  Article Load (0.4ms)  SELECT "articles".* FROM "articles" WHERE ⏎
"articles"."id" = ? LIMIT ?  [["id", 1], ["LIMIT", 1]]
Access of article 1: 210
********************
Performed ReportArticleJob (Job ID: 88ea2751-2983-438e-b8d0-⏎
d59a8f89dd87) from Async(default) in 54.58ms
=> nil
```

参照 P.520「ジョブをキューに登録する」

xxxx_enqueue／xxxx_performメソッド

コールバックを設定する

書式	before_enqueue	エンキュー前に実行
	around_enqueue	エンキュー前後に実行
	after_enqueue	エンキュー後に実行
	before_perform	ジョブ実行前に実行
	around_perform	ジョブ実行前後に実行
	after_perform	ジョブ実行後に実行

7

コンポーネント

xxxx_enqueueメソッドとxxxx_performメソッドは、ジョブのライフサイクル中に呼び出されて実行されるメソッドです。それぞれ、ジョブがエンキューされたとき、ジョブが実行されたときに実行されます。xxxxはbefore、after、aroundの3つが入り、それぞれエンキュー（実行）の前、後、前後となります。すべてのメソッドが、実行されるジョブのインスタンスを引数に持ちますので、必要に応じてジョブの内容を参照できます。

サンプル /app/jobs/report_article_job.rb

```ruby
# エンキューされたらメッセージを出力
before_enqueue do |job|
    puts('--------------------')
    puts("Job #{job.job_id} enqueued!")
    puts('--------------------')
end
```

サンプル エンキューを知らせるメッセージを確認

```
> rails console
irb(main):001:0> ReportArticleJob.perform_later
--------------------
Job 35db67d6-208e-4b00-83db-a00aca1d6cea enqueued! ——— エンキュー前のメッセージ
--------------------
…中略…
Performing ReportArticleJob (Job ID: 35db67d6-208e-4b00-83db-⏎
a00aca1d6cea) from Async(default) enqueued at 2022-05-16T05:23:49Z
********************
  (1.6ms)  SELECT sqlite_version(*)
  Article Sum (0.3ms)  SELECT SUM("articles"."access") FROM "articles"
Access of all articles: 1470 ——————————— ジョブの出力したメッセージ
********************
…後略…
```

526

例外をキャッチする

書式　rescue_from except, with: rescuer

retry_on except, wait, attempts, queue, priority, jitter

discard_on except

引数　except：捕捉する例外クラス　rescuer：例外を処理するメソッド

wait：リトライ間隔（デフォルトは3秒）

attempts：試行回数（デフォルトは最大5回）

queue：キュー（デフォルトはnilで指定なし）

priority：優先度（デフォルトはnilで指定なし）

jitter：間隔のばらつき（デフォルトはJITTER_DEFAULT）

rescue_fromメソッドは、ジョブの実行中に発生する例外をキャッチします。例外のクラスは、exceptで指定します。例外発生時に呼び出すメソッドは、:withオプションで指定します。:withオプションの規定値であるnilを指定したか省略したときには、ブロックで実行する処理を記述します。

retry_onメソッドは、ジョブの実行中に例外が発生したときの再試行について指定します。exceptで指定された例外発生時に、:waitオプションで指定される間隔で、最大:attempts回まで再試行します。:queueオプションに対象のキューを、:priorityオプションで優先度を、:jitterオプションで間隔のばらつき（ジッター）を指定できます。

discard_onメソッドは、ジョブの実行中に例外が発生したら、そのジョブを廃棄することを指定します。exceptで指定された例外発生時に破棄します。

サンプル ● /app/jobs/report_article_job.rb（例外処理を指定）

```
# RecordNotFound例外はブロックで処理する
rescue_from(ActiveRecord::RecordNotFound) do |exception|
    puts("Exception '#{exception.message}' occured!")
end
```

```
> rails console
irb(main):001:0> ReportArticleJob.perform_later 100          存在しないレコード
…中略…
*******************
  (1.6ms)  SELECT sqlite_version(*)
  Article Load (0.2ms)  SELECT "articles".* FROM "articles" WHERE ⏎
"articles"."id" = ? LIMIT ?  [["id", 100], ["LIMIT", 1]]
!!!!!!!!!!!!!!!!!!!!!
Exception 'Couldn't find Article with 'id'=100' occured!  ——— 例外を捕捉した
!!!!!!!!!!!!!!!!!!!!!
Performed ReportArticleJob (Job ID: b342a835-f3e2-4d85-a49c-⏎
7d0a5c11f5db) from Async(default) in 66.6ms
```

7

コンポーネント

サンプル● /app/jobs/report_article_job.rb（再試行と破棄を指定）

```
# CustomAppException例外はデフォルトで再試行する
retry_on CustomAppException

# DeserializationError例外はジョブを破棄する
discard_on ActiveJob::DeserializationError
```

注意▶ rescue_fromメソッドと、retry_onメソッドとdiscard_onメソッドの組み合わせは、同一の例外に対しては排他的に使用してください。例外からの回復と、再試行と破棄は同時に指定すべきでないからです。

参考▶ ジッターとは、複数実行されることがある再試行が重なることで発生する問題を防ぐための値です。再試行間隔を一定間隔にするのではなく、前後に少しずらすことで、処理が重なることを回避します。

action_controller.perform_cachingパラメータ

キャッシュを有効化する

書式 `config.action_controller.perform_caching = flag`

引数 flag：キャッシュを有効にするか（true／false）

もととなるデータソースがたまにしか更新されないのに、ページ自体はリクエストのたびに動的に生成しなければならないとしたら、無駄なことです。そのようなページでは、動的に生成された結果を**キャッシュ**として保存しておくことで、次回以降の処理をスキップし、パフォーマンスを改善できます。

Railsでは、標準で以下のようなキャッシュ機能を提供しています。

▼ Railsのキャッシュ機能

機能名	概要
ページキャッシュ	ページ全体の処理結果を静的なページとして保持
アクションキャッシュ	ページキャッシュとほぼ同じだが、フィルタだけは実行
フラグメントキャッシュ	ページの一部分だけをキャッシュ

Railsでキャッシュを利用する場合は、設定ファイルでaction_controller.perform_cachingパラメータを有効にしておく必要があります。production環境以外ではデフォルトでキャッシュは無効になっていますので、要注意です。

サンプル ● development.rb／test.rb

`config.action_controller.perform_caching = true`

注意 開発の局面では、コードの変更を即座に反映させるためにも、できるだけキャッシュは無効にしておくのが望ましいでしょう。上記の通り、production環境以外ではデフォルトでキャッシュは無効になっていますが、rails dev:cache コマンド（P.530）でdevelopment環境におけるキャッシュの有効・無効を切り替えることができます。

参考 ページキャッシュとアクションキャッシュは、Rails 4以降ではRailsコアから切り離されており、使用には別途Gemライブラリのインストールが必要となっています。本書ではページキャッシュとアクションキャッシュについては割愛しています。

開発環境でキャッシュの
有効・無効を切り替える

書式 `rails dev:cache`

rails dev:cacheコマンドを使うと、development環境におけるキャッシュの有効と無効を切り替えることができます。具体的には、/tmp/caching-dev.txtファイルが存在しなければ作成し、存在すれば削除します。このファイルは /config/environment/development.rb ファイル内で参照され、存在すればaction_controller.perform_cachingパラメータをtrueに、存在しなければfalseに、それぞれ設定します。

サンプル ● development環境におけるキャッシュの有効と無効を切り替える

```
> rails dev:cache
Development mode is now being cached.
> dir .\tmp\caching-dev.txt

    Directory: C:\Users\nao\Documents\Rails\railsample\tmp

Mode              LastWriteTime         Length Name
----              -------------         ------ ----
-a---        2022/05/12   12:38              0 caching-dev.txt
> rails dev:cache
Development mode is no longer being cached.
> dir .\tmp\caching-dev.txt

Get-ChildItem: Cannot find path 'C:\Users\nao\Documents\Rails\railsample⏎
\tmp\caching-dev.txt' because it does not exist.
```

参照 ▶ P.529「キャッシュを有効化する」

cache メソッド

ページの一部分をキャッシュする（フラグメントキャッシュ）

書式　cache([key]) do
　　content
end

引数　key：キャッシュキー（文字列、またはハッシュ）
content：キャッシュするコンテンツ

フラグメントキャッシュとは、ページの一部をキャッシュするしくみです。ページ中に、記事コンテンツのような静的な(ほとんど更新されない)領域と、広告バナーのような動的な領域が混在している場合、これを一緒にキャッシュすることはできません。このような場合にフラグメントキャッシュを利用することで、ほとんど更新されない領域のみをキャッシュし、その他の領域は常に動的に処理するということが可能になります。

フラグメントキャッシュでは、テンプレートでビューヘルパーcacheを利用します。cacheブロックで囲まれた領域だけがキャッシュされます。引数keyには、キャッシュキーを指定します。cacheメソッドはデフォルトでリクエストURLをもとにキャッシュキーを生成します（リクエストURLが「http://〜/other/f_cache」であれば「other/f_cache」がキャッシュキー）。もし1つのページで複数のフラグメントキャッシュを持ちたい場合にはキーが重複してしまいますので、引数keyで追加のキーを「suffix: :main」のようなハッシュで指定し、「other/f_cache?suffix=main」のようなキャッシュキーを生成します。これによって、ページ内のキャッシュキーが識別できるようになるわけです。

サンプル /other/f_cache.html.erb

```
<p>現在時刻（キャッシュなし）：<%= Time.now.to_s %></p>
<%# 以下のブロック内だけキャッシュされる %>
<% cache suffix: :main do %>
  <p>現在時刻（キャッシュあり）：<%= Time.now.to_s %></p>
<% end %>
```

▼ cacheブロック内のみキャッシュ（初回アクセス（左）と次回以降のアクセス（右））

参考 フラグメントキャッシュのキーは、内部的にはurl_forメソッド（P.315）によって処理されます。よって、url_forメソッドで利用できる引数（ハッシュや文字列）をcacheメソッドにも指定できます。

複数のページで
フラグメントキャッシュを共有する

書式 cache(key) do
    content
end

引数 key：キャッシュキー（文字列、またはハッシュ）
content：キャッシュするコンテンツ

フラグメントキャッシュのキーは、デフォルトでリクエストURLをもとに生成されます。しかし、これはあくまでキーの一意性を維持しやすくするための便宜的なルールであって、本質的には、リクエストURLとキャッシュとは無関係です。

よって「hoge/foo/bar」（ハッシュで、{ controller: :hoge, action: :foo, id: :bar }）のような存在しないURLをキャッシュキーとしても、なんら問題はありません。

これを理解していれば、複数のページで共有すべきフラグメントキャッシュを用意することも可能です。たとえば以下は、f_share1.html.erb／f_share2.html.erbでフラグメントキャッシュを共有する例です。両方のページの「現在時刻（キャッシュあり）」が同一の時刻を返せば、キャッシュは共有できています。共有するキャッシュには、同一のキー名を指定します。

サンプル /other/f_share1.html.erb、/other/f_share2.html.erb（内容は同じ）

```
<p>現在時刻（キャッシュなし）：<%= Time.now.to_s %></p>
<%# キャッシュを共有するために同一のキャッシュキーを設定 %>
<% cache 'shared/current/time' do %>
  <%= render 'current' %>
<% end %>
```

サンプル /other/_current.html.erb

```
<%# 共有するキャッシュ領域は部分テンプレートとして外部化 %>
<p>現在時刻（キャッシュあり）：<%= Time.now.to_s %></p>
```

参考 キャッシュキーを無作為に命名するのはキー重複の原因にもなります。たとえばsharedのような接頭辞をあらかじめ決めておくとよいでしょう。

フラグメントキャッシュの有無を確認する

書式 `fragment_exist?(key)`

引数 key：キャッシュキー

フラグメントキャッシュは、あくまでビュー側で制御されるキャッシュのしくみです。よって、フラグメントキャッシュを生成するための重い処理を、アクション側で行っていると、キャッシュの意味がなくなってしまいます（cacheブロックの指定に関わらず、アクションは無条件に実行されるからです）。

そこでフラグメントキャッシュを行う場合には、アクション側でもキャッシュが既に存在するかどうかを意識する必要があります。それがfragment_exist?メソッドの役割です。

fragment_exist?メソッドは、指定されたキーでフラグメントキャッシュが存在するかを判定します。これを利用して、フラグメントキャッシュが存在しない場合にのみ処理を実行することができます。

サンプル● other_controller.rb

```ruby
def cache_ex
  # other/cache_exキャッシュが存在しない場合のみ配下の処理を実施
  unless fragment_exist?(controller: :other, action: :cache_ex)
    @articles = Article.all
  end
end
```

サンプル● /other/cache_ex.html.erb

```erb
<p>現在時刻：<%= Time.now.to_s %></p>
<% cache do %>
  <ul>
  <% @articles.each do |a| %>
    <li><%= link_to a.title, a.url %></li>
  <% end %>
  </ul>
<% end %>
```

参考 「ビジネスロジックとビューとを明確に分離する」という基本からすれば、まずは上記
のアプローチが基本です。しかし、複数のアクションで同じ処理を繰り返し記述しな
ければならないのは、あまりよい状況ではありません。それを回避するならば、以下
のようにcacheブロック配下にコードをまとめる方法もあるでしょう。ただし、この
場合も複雑なロジックはできるだけモデル側にまとめ、ビューでは必要最小限のコー
ドで済むようにするなどの配慮は必須です。

```
<% cache do %>
  <% @articles = Article.all %>
  …中略…
<% end %>
```

Column Bootsnap

Bootsnapは、Rails 5.2から標準として組み込まれるようになった、アプリ
ケーションの動作を最適化するGemライブラリです。eコマースのシステムで
有名なShopifyが開発しています。Bootsnapを導入すると、Railsアプリケー
ションについて以下の処理が行われるようになります。

- Path Pre-Scanning
- Compilation caching

Path Pre-Scanningは、requireやloadの結果をキャッシュして、次に読み込
みが行われる際はそのキャッシュを使用して無駄な$LOAD_PATHの読み込み
を省いて効率化する、ということです。
Compilation cachingは、文字通りRubyのコンパイル済みバイナリを使って
スピードアップする、ということです。同様の処理をYAMLファイルにまで行っ
ているということです。
試しにアプリケーションの/tmp/cacheフォルダを覗くと、そこにはbootsnap
フォルダがあります。その下には、load-path-cacheというファイルと、
compile-cache-iseqとcompile-cache-yamlの2つのフォルダがあります。
名前から想像が付くように、Path Pre-ScanningとCompilation cachingに
よって作成されたファイル、フォルダです。
なお、Bootsnapは、アプリケーションの/config/boot.rbファイルに記述され
た以下のrequireで有効になっています。

```
require "bootsnap/setup" # Speed up boot time by caching expensive operations.
```

キャッシュの保存方法を変更する

書式 `config.cache_store = store`

引数 store：キャッシュの保存先

▼ キャッシュの保存先（storeの値）

設定値	概要
:memory_store	メモリ
:file_store, path	ファイルシステム（pathは保存先フォルダ）
:mem_cache_store, host	Memcachedサーバ（hostはホスト名）
:synchronized_memory_store	メモリ（スレッドセーフ）
:compressed_mem_cache_store, host	GZip圧縮対応のMemcachedサーバ（hostはホスト名）

7

コンポーネント

　Railsのキャッシュ機構では、キャッシュをデフォルトのファイルシステムだけでなく、メモリやMemcachedなどに保存することもできます（ただし、ページキャッシュの保存先はファイルシステムで固定です）。キャッシュの保存先を変更するには、設定ファイルでcache_storeパラメータを変更してください。

サンプル application.rb

```
config.cache_store = :memory_store
```

プラグインとは？

プラグインとは、Rails標準の機能を拡張するためのライブラリの総称です。Active RecordやAction Viewなど標準のモジュールを拡張するためのライブラリから、標準モジュールそのものを差し替えるライブラリ、ジェネレータに対して新しい機能を追加するためのライブラリなど、その種類はさまざまです。

以下に、主なものを挙げておきます。

▼ Railsで利用できる主なプラグイン

名称	概要
CarrierWave	アップロード機能の実装
Delayed::Job	非同期処理を管理
Devise	ユーザ認証機能
Haml	インデントで入れ子を表すテンプレートエンジン
OmniAuth	Twitter／Facebookなどを利用した認証機能の実装
prawn	PDF文書の作成
Rspec	テストコードを英文に近い形で表現できるBDDフレームワーク
will_paginate	ページング機能を提供

本節では、will_paginate、Deviseについて解説します。インストール、環境設定の方法については、それぞれの項を参照してください。

その他、自分で一からプラグインを探すような場合には、以下のようなサイトも役立ちます。

- GitHub（https://github.com/）
- The Ruby Toolbox（https://www.ruby-toolbox.com/）

ライブラリ名やキーワードである程度、目的のライブラリを絞り込めるケースではGitHubを利用するのが手っ取り早いでしょう。現在よく利用されているRailsライブラリのほとんどはGitHubで公開されています。

The Ruby Toolboxではライブラリがカテゴリ別にランク付けされていますので、目的からよく使われているライブラリを検索するには便利です。

7

コンポーネント

paginateメソッド

ページング機能を実装する
（アクションメソッド）

書式 paginate(opts)

引数 opts：動作オプション

▼ 動作オプション（引数optsのキー）

オプション	概要
:page	現在のページ数
:per_page	ページ当たりの表示件数

　ページング機能を実装するには、will_paginateというプラグインを利用します。will_paginateプラグインを利用するにあたっては、Gemfileに以下のコードを追加した上で、bundle installコマンド（P.43）を実行してください。

```
gem "will_paginate", "~> 3.3"
```

　will_paginateプラグインをインストールすると、モデルクラスにはpaginateというメソッドが追加されます。paginateメソッドには、ハッシュの形式でページングのためのパラメータを指定するだけです。これをメソッドチェーン（P.174）に追加することで、指定のページに表示すべきレコードセットを自動的に絞り込んでくれるというわけです。

　:pageパラメータには、クエリ情報pageの値（params[:page]）を渡すようにしておくのが通例です。クエリ情報はあとからビューヘルパーwill_paginateが自動で生成してくれますので、特に意識する必要はありません。

```
def paging
  # articlesテーブルをpublished列降順に並べ、指定ページのデータのみを抽出
  @articles = Article.order('published DESC').
    paginate(page: params[:page], per_page: 3)
end
```

```
SELECT "articles".* FROM "articles" ORDER BY published DESC LIMIT ? OFFSET ?
[["LIMIT", 3], ["OFFSET", 0]]
                    「~/other/paging」でアクセスした場合（クエリ情報の省略時は1ページ目）
SELECT "articles".* FROM "articles" ORDER BY published DESC LIMIT ? OFFSET ?
[["LIMIT", 3], ["OFFSET", 3]]          「~/other/paging?page=2」でアクセスした場合
```

参考 ページングのためのビューテンプレートについては、次項を参照してください。

参考 ページ当たりの表示件数は、paginateメソッドで個別に指定する他、モデルクラス、またはアクションメソッドでグローバルに指定することもできます。

```
class Article < ApplicationRecord
  self.per_page = 3                           # モデルクラスで宣言
  …中略…
end


def paging
  WillPaginate.per_page = 3       # コントローラ側でグローバルに設定
  …中略…
end
```

will_paginateメソッド

ページング機能を実装する（テンプレート）

書式 `will_paginate(data [,opts])`

引数 data：ページング対象のデータ　opts：動作オプション

▼ 動作オプション（引数optsのキー）

オプション	概要	デフォルト値
:previous_label	前ページへのリンクテキスト	← Previous
:next_label	次ページへのリンクテキスト	Next →
:page_links	ページリンクを表示するか（falseの場合は前後リンクのみ）	true
:container	ページャ全体を\<div\>要素で囲むか	true
:id	\<div\>要素のid値。true指定で「\<モデル名小文字\>_pagenation」	nil
:class	\<div\>要素のclass属性	pagination
:param_name	ページ数を示すクエリ情報のキー名	page

will_paginateメソッドは、will_paginateプラグインによって拡張されたビューヘルパーで、ページャ（ページングのためのリンク）を生成します。引数optsでページャの出力をカスタマイズすることも可能です。前後ページのリンクテキストはデフォルトで英語ですので、最低でも:previous_label／:next_labelオプションは明示しておくのが望ましいでしょう。

サンプル other/paging.html.erb

```
<%# ページャを生成＆表示 %>
<%= will_paginate @articles,
  previous_label: '<前ページ', next_label: '次ページ>' %>
```

▼ 一覧表の下部にページャを出力

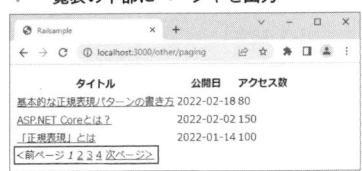

ページングに関する情報を取得する

書式		
	current_page	現在のページ数
	per_page	ページ当たりの表示件数
	total_entries	全ページの総件数
	total_pages	総ページ数
	previous_page	前のページ番号
	next_page	次のページ番号
	offset	現在ページのオフセット値
	out_of_bounds?	現在のページが存在するか

will_paginate プラグインは、paginate メソッド（P.537）の他にも、モデルクラスに上のようなメソッドを追加しています。これらのメソッドを利用することで、たとえば「ページ／総ページ」や「●○〜●○件目を表示しています」のような、標準のwill_paginate ヘルパー（P.539）だけでは表現しにくいページング情報を出力できます。

offset メソッドは、現在のページに表示している先頭レコードが全体のレコードセットの何件目に当たるかを返します。戻り値は0スタートの整数です。

out_of_bounds? メソッドは、現在のページ（current_page メソッド）が総ページ数（total_pages メソッド）を超えている場合にtrueを返します。

サンプル other_controller.rb

```
def paging_inf
  @articles = Article.paginate(page: 2, per_page: 3)
end
```

サンプル paging_inf.html.erb

```
<ul>
  <li>現在のページ数：<%= @articles.current_page %></li>              ➡ 2
  <li>ページ当たりの件数：<%= @articles.per_page %></li>              ➡ 3
  <li>総件数：<%= @articles.total_entries %></li>                    ➡ 10
  <li>総ページ数：<%= @articles.total_pages %></li>                  ➡ 4
  <li>前のページ番号：<%= @articles.previous_page %></li>            ➡ 1
  <li>次のページ番号：<%= @articles.next_page %></li>                ➡ 3
  <li>オフセット：<%= @articles.offset %></li>                       ➡ 3
  <li>存在しないページか：<%= @articles.out_of_bounds? %></li>       ➡ false
</ul>
```

rails generate devise コマンド

アプリケーションに認証機能を実装する

書式	rails generate devise:install	基本ファイル
	rails generate devise:views	ビュー
	rails generate devise model	モデル

引数 model：モデルクラスの名前

Deviseは、ユーザ認証のための基本的な機能を提供するプラグインです。ログイン機能をはじめ、新規ユーザ登録、パスワード問い合わせなど認証関連のよくある機能をひとまとめに提供してくれるため、以前からログイン関連の実装にはよく利用されています。

Deviseプラグインを利用するには、以下の手順で必要なファイルを準備します。

- Gemfile に Devise プラグインを追加し、bundle install コマンドを実行
- rails generate devise コマンドで必要なファイルを作成
- レイアウト、設定ファイルの編集

rails generate devise コマンドには、いくつかのサブコマンドが用意されていますが、それぞれ以下のようなファイルを作成します。自動生成されたテンプレートを編集することで、ログイン画面などをカスタマイズすることもできます。

▼ rails generate devise コマンドのサブコマンド

サブコマンド	作成するファイル
devise:install	初期化ファイルと辞書ファイル
devise:views	ログイン、パスワード問い合わせ画面などのテンプレート
devise model	ユーザ情報操作のためのモデルクラスとマイグレーションファイル

サンプル Gemfile

```
gem "devise"
```

7

コンポーネント

サンプル● Devise プラグインを利用する準備

```
    # Gemfileの内容に基づいてライブラリをインストール
> bundle installl
    …中略…
    # Deviseプラグインで利用するファイルを自動生成
> rails generate devise:install
  create  config/initializers/devise.rb                    初期化ファイル
  create  config/locales/devise.en.yml                     辞書ファイル
    …中略…
> rails generate devise:views
    invoke  Devise::Generators::SharedViewsGenerator
    …中略…
    invoke  form_for
    create  app/views/devise/confirmations            認証関連画面のテンプレート
    create  app/views/devise/confirmations/new.html.erb
    create  app/views/devise/passwords
    …中略…
    invoke  erb
    create  app/views/devise/mailer                   通知メール関連のテンプレート
    create  app/views/devise/mailer/confirmation_instructions.html.erb
    create  app/views/devise/mailer/email_changed.html.erb
    …中略…
> rails generate devise member                        認証モデルMemberを作成
    invoke  active_record
    create  db/migrate/20220512115856_devise_create_members.rb
    create  app/models/member.rb
    invoke  test_unit
    create    test/unit/member_test.rb
    create    test/fixtures/members.yml
    insert  app/models/member.rb
     route  devise_for :members                        ルート定義も追加

    # 自動生成されたマイグレーションファイルを実行
> rails db:migrate
```

サンプル● application.rb

```
# メールテンプレートで利用するホスト名
config.action_mailer.default_url_options = { host: 'localhost:3000' }
```

サンプル● routes.rb

```
# ルートパスを指定（認証した後の最終的なリダイレクト先）
root to: 'other#index'
```

サンプル ● layouts/application.html.erb

```
<body>
    <%# 認証時に発生したエラーメッセージなどを表示する領域 %>
<p class="notice"><%= notice %></p>
<p class="alert"><%= alert %></p>
```

参考 Devise プラグインは 10 個のモジュールから構成されます。有効なモジュールを変更したい場合には、モデルクラス(本書の例では member.rb)の devise メソッドに必要なモジュールを追記してください。

▼ Devise プラグインのモジュール(* は標準で有効化されているもの)

モジュール名	概要
*Database Authenticatable	認証パスワードの暗号化と保存
Omniauthable	Omniauth(github.com/intridea/omniauth)のサポート
Confirmable	サインアップ時に確認メールを送信
*Recoverable	パスワードのリセット&通知メールの送信
*Registerable	ユーザの登録/更新/削除
*Rememberable	クッキーをもとに認証状態の永続化を管理
Trackable	ログインのカウントやタイムスタンプ、IP アドレスの追跡
Timeoutable	ログイン状態のタイムアウトを管理
*Validatable	メールアドレスとパスワードによる認証
Lockable	一定回数以上、ログインに失敗したらロックアウト

参照 P.443「メールテンプレートで利用する url_for オプションを宣言する」
P.395「トップページへのルートを定義する」
P.106「リダイレクト前後で一時的にデータを維持する(1)」

認証の諸機能へのリンクを作成する

書式 xxxxx_path

引数 xxxxx：パス名（詳細は以下で解説）

rails generate devise コマンドを実行すると、routes.rb には「devise_for :xxxxx」（xxxxxはモデル名）という宣言が追加され、ログイン、ユーザ登録など各ページへのルート定義が自動生成されます。以下に自動生成される主なルートとUrlヘルパー（P.373）をまとめます（/members、memberの部分は作成したモデルの名前によって変動します）。

▼ Deviseプラグインで自動生成される主なルート

URL	HTTPメソッド	ヘルパー名	役割
/members/sign_in	GET	new_member_session	ログイン画面の表示
/members/sign_in	POST	member_session	ログイン処理
/members/sign_out	DELETE	destroy_member_session	ログアウト処理
/members/password/new	GET	new_member_password	パスワード問い合わせ画面の表示
/members/password	POST	member_password	パスワード問い合わせ処理
/members/password/edit	GET	edit_member_password	パスワード変更画面
/members/password	PUT	—	パスワード変更処理
/members/sign_up	GET	new_member_registration	新規ユーザ登録画面の表示
/members	POST	member_registration	ユーザ登録処理
/members/edit	GET	edit_member_registration	ユーザ情報編集画面の表示
/members	PUT	—	ユーザ情報編集処理
/members	DELETE	—	ユーザ削除処理

サンプル ● index.html.erb

```erb
<div>
<%= link_to 'ログイン', new_member_session_path %> |
<%= link_to 'ユーザ登録', new_member_registration_path %> |
<%= link_to 'パスワード問い合わせ', new_member_password_path %>
</div>
```

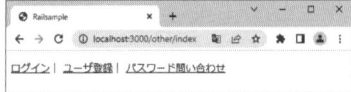

▼ 認証関連ページへのリンクを生成（以下のページへリンク）

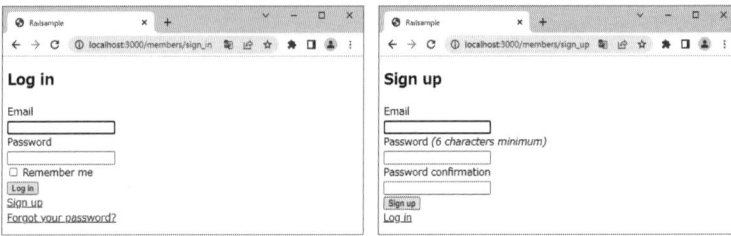

▼ 左からログイン画面、ユーザ登録画面、パスワード問い合わせ画面

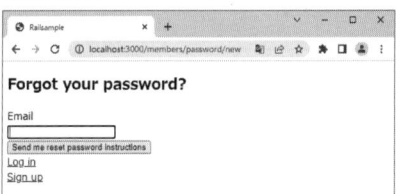

注意 ▶ パスワード問い合わせ画面によるメール配信機能を利用する場合は、P.436に従って Action Mailerの機能を有効にしておく必要があります。

参考 ▶ Devise プラグインでは、認証後やパスワード変更などのタイミングでUrlヘルパー member_root_path を検索し（memberの部分は作成したリソースに応じて変動）、リダイレクトしようとします。よって、以下のように、あらかじめ認証後に表示すべきトップページをルート定義しておくのが望ましいでしょう。もしも member_root_path が存在しない場合は、rootメソッド（P.395）で定義されたルートパスにリダイレクトします。

```
get 'auth/index', as: :member_root
```

参照 ▶ P.370「現在のルート定義を確認する」
P.395「非RESTfulインターフェイスで自動生成するUrlヘルパーの名前を変更する」

7

コンポーネント

authenticate_xxxxx! メソッド

コントローラクラスに認証機能を実装する

書式 `before_action :authenticate_xxxxx!`

引数 xxxxx：リソース名

コントローラクラスに認証機能を適用するには、before フィルタとして :authenticate_xxxxx! を適用します（xxxxx は作成したリソースによって変動）。:authenticate_xxxxx! メソッドはカレントユーザが認証済みであるかどうかを判定し、未認証の場合はログインページを表示します。

サンプル auth_controller.rb

```ruby
class AuthController < ApplicationController
  # Authコントローラ全体に認証機能を適用
  before_action :authenticate_member!
  …中略…
end
```

▼ 未認証の状態でアクセスすると、ログインページを表示

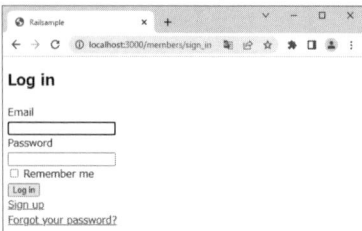

参照 P.122「基本認証を実装する」
P.125「ダイジェスト認証を実装する」

ログインユーザの情報を取得する

書式 | xxxxx_signed_in? | 認証済みか
| current_xxxxx | 現在のユーザ情報（モデルオブジェクト）
| xxxxx_session | ユーザセッション

引数 | xxxxx：リソース名

　これらのメソッドを利用することで、現在のログインユーザに関する情報を取得できます。xxxxxの部分はリソース名（＝ rails generate devise コマンドで作成したもの）によって変動します。

サンプル ⬤ /layouts/application.html.erb

```
<%# 認証済みである場合は［ログアウト］リンクを表示 %>
<%= link_to('ログアウト', destroy_member_session_path,
  method: :delete) if member_signed_in? %>
<%# 上と同じ意味（current_memberメソッドが空でない場合） %>
<%= link_to('ログアウト', destroy_member_session_path,
  method: :delete) if current_member %>
```

参照 ▶ P.544「認証の諸機能へのリンクを作成する」

7

コンポーネント

認証関連ページを日本語化する

書式　lang:
　　key:
　　　subkey: value

引数　lang：**言語名**　key：**キー名**　subkey：**サブキー名**　value：**値**

　Devise プラグインを日本語化するには、/config/locales フォルダ配下に辞書ファイル devise.ja.yml を作成し、日本語辞書を準備してください。あとは、i18n. default_locale パラメータ（P.353）などでロケールを :ja に設定するだけです。

　指定できるキー／サブキーは、rails generate devise コマンドで自動生成された devise.en.yml（英語の辞書ファイル）を参考にしてください。

　ただし、一部のメッセージはテンプレート側にハードコーディングされています。完全に日本語化するには、適宜、/app/views/devise フォルダ配下のテンプレートを編集する必要があります。

サンプル● devise.ja.yml

```
ja:
  devise:
    confirmations:
      confirmed: "アカウントを登録しました。"
      send_instructions: "登録方法について数分以内にメールを送付します。"
      send_paranoid_instructions: "アカウントを確認する方法について、数分以内に↵
メールを送付します。"
    failure:
      already_authenticated: "ログイン済です。"
      inactive: "アカウントがアクティベートされていません。"
      invalid: "メールアドレス %{authentication_keys} またはパスワードが違います。"
      locked: "あなたのアカウントはロックされています。"
      last_attempt: "もう一回ログインに失敗したらアカウントがロックされます。"
      not_found_in_database: "メールアドレス %{authentication_keys} またはパスワー↵
ドが無効です。"
      timeout: "セッションが切れました。もう一度ログインしてください。"
      unauthenticated: "ログインしてください。"
      unconfirmed: "本登録を行ってください。"
    mailer:
      confirmation_instructions:
        subject: "アカウントの登録方法"
```

```yaml
      reset_password_instructions:
        subject: "パスワードの再設定方法"
      unlock_instructions:
        subject: "アカウントのロック解除方法"
      email_changed:
        subject: "メールアドレスの変更"
      password_change:
        subject: "パスワードの変更"
    omniauth_callbacks:
      failure: "問題 (\"%{reason}\") が発生したため、%{kind} でログインできません
でした。"
      success: "%{kind} でログインしました。"
    passwords:
      no_token: "パスワードリセットのメール以外からは、このページにアクセスするこ
とができません。もしパスワードリセットのメールから来ている場合は、正しいURLでアク
セスしていることを確認してください。"
      send_instructions: "パスワードのリセット方法について数分以内にメールを送付し
ます。"
      send_paranoid_instructions: "パスワードリカバリのリンクをメールで送付します。"
      updated: "パスワードを変更しました。ログイン済です。"
      updated_not_active: "パスワードを変更しました。"
    registrations:
      destroyed: "アカウントを削除しました。またのご利用をお待ちしております。"
      signed_up: "ようこそ！ログインに成功しました。"
      signed_up_but_inactive: "アカウントは登録されていますが、有効になっていない
ため利用できません。"
      signed_up_but_locked: "アカウントは登録されていますが、ロックされているため
利用できません。"
      signed_up_but_unconfirmed: "確認メールを登録したメールアドレス宛に送信しまし
た。メールに記載されたリンクを開いてアカウントを有効にしてください。"
      update_needs_confirmation: "アカウント情報が更新されました。新しいメールアド
レスの確認が必要です。更新確認のメールを新しいメールアドレス宛に送信しましたので、
メールを確認し記載されたリンクを開き、新しいメールアドレスの確認をお願いします。"
      updated: "アカウントを更新しました。"
      updated_but_not_signed_in: "アカウント情報が更新されました。パスワードが変更
されたので再度ログインしてください。"
    sessions:
      signed_in: "ログインに成功しました。"
      signed_out: "ログアウトに成功しました。"
      already_signed_out: "すでにログアウトされています。"
    unlocks:
      send_instructions: "アカウントのロック解除の方法について、数分以内にメールを
送付します。"
```

```
        send_paranoid_instructions: "アカウントが存在すれば、ロック解除の方法につい↵
て数分以内にメールを送付します。"
        unlocked: "アカウントのロックを解除しました。ログインしてください。"
  errors:
    messages:
      already_confirmed: "は既に登録済みです。もう一度ログインしてください。"
      confirmation_period_expired: "%{period} までに確認する必要がありますので、新↵
しくリクエストしてください。"
      expired: "は有効期限切れです。"
      not_found: "は見つかりませんでした。"
      not_locked: "はロックされていません。"
      not_saved:
        one: "1つのエラーにより %{resource} を保存できませんでした。"
        other: "%{count} 個のエラーにより %{resource} を保存できませんでした。"
  activerecord:
    attributes:
      member:
        email: メールアドレス
        password: パスワード
        password_confirmation: パスワード（再入力）
        remember_me: ログイン状態を維持する
```

サンプル application.rb

```
config.i18n.default_locale = :ja
```

▼ 日本語化されたログインページの例（「Sign In」などはハードコードされているので翻訳され
ません）

参考 ▶ 日本語の辞書ファイルは、以下のページからダウンロードすることもできます。ただ
し、本書執筆時点で公開されているのは3.4.0対応の古いものであるため、あくまで参
考程度に利用させてもらうとよいでしょう。

```
https://github.com/plataformatec/devise/wiki/I18n
```

参照 ▶ P.353「アプリケーションで使用するロケールを設定する」

フロントエンド開発

Rails 7では、フロントエンド開発が大きく刷新されました。アプリケーションの目的や性質に応じて、多様な選択肢の中からライブラリやフレームワークなどを選択するという方式になります。Rails 6まではSprocketsやWebpackerを使ってフロントエンドを構成するのが定番でしたが、これらにImport Mapsをはじめとする新たな選択肢が加わっています。

Rails 7におけるフロントエンド開発で検討すべきポイントは以下です。それぞれに選択肢があり、目的や用途に応じて選択肢を組み合わせます。

- JavaScriptアプローチ … JavaScriptモジュール等の取り扱い
- アセットパイプライン … アセットファイルを公開フォルダへ転送するライブラリの選択
- CSSプロセッサ … CSSプロセッサの選択

JavaScriptアプローチとは、JavaScriptモジュールをどのように取り扱うかという選択です。Import Mapsまたは3種類のバンドラーから選択できます。

アセットパイプラインとは、静的アセットに結合や圧縮などの処理を施し、公開フォルダ(/public)に転送する機能で、SprocketsとPropshaftから選択できます。

CSSプロセッサとは、CSSの生成をどのフレームワーク、ツールで行うかという選択です。5種類から選択できます。

参考 ▶ CSSプロセッサという名称は、RailsにおけるCSSフレームワークおよびCSSツールのサポートが、Sassなどのメタ言語で記述されたCSSソースおよびピュアCSSをコンパイル(ビルド)して利用するプロセスによるという意味です。ですので単純に、どのCSSフレームワークを使うか、CSSツールを使うか、というように捉えても問題ありません。

基本的な構成

　ここではまず基本的な構成として、JavaScriptアプローチにImport Maps、ア
セットパイプラインにPropshaftを使い、CSSプロセッサは使わない構成を示しま
す。この構成では、JavaScriptモジュールはImport MapsによりCDN等から直
接インポートされ、CSSファイルや画像ファイルなどの静的アセットはPropshaft
により公開フォルダに配置されます。

▼ 基本的な構成

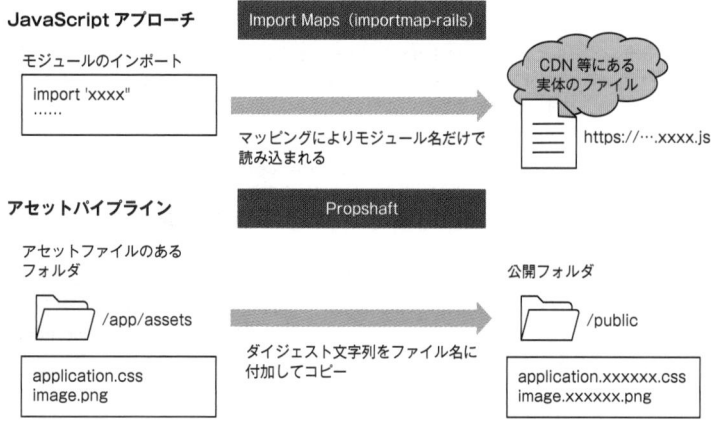

CSS プロセッサ ⇒ なし

● Import Maps

　Import Mapsは、Rails 7から新しくサポートされた機能です。Webブラウザ
の備えるImport Mapsの機能を利用し、ESモジュール（ECMAScriptモジュール）
をCDN等から直接インポートします。ECMAScript 2015に対応したWebブラウ
ザが普及したこと、HTTP/2プロトコルが普及したこと、などの背景で利用が現実
的になりました。この機能により、後述するバンドルが不要になり、Node.js環境
も不要になりデプロイするアプリケーションのサイズを抑えられるなどのメリット
も生まれますが、Import MapsをサポートするWebブラウザが限定されるなどの
デメリットもあります。Import Mapsの機能はimportmap-railsライブラリで使用
できます。なおImport Mapsを使用する場合、バンドラーの使用は選択できなく
なります。

8　フロントエンド開発

3

● アセットパイプライン

アセットパイプラインには、Rails 3.1からサポートされているSprocketsに加えて、Rails 7でPropshaftが新たにサポートされました。Sprocketsがバンドル機能を持つのに対して、Propshaftはバンドル機能を持たないライブラリです。バンドル機能を持たないので、基本的な動作はアセットファイルのファイル名にダイジェストを付加して公開フォルダにコピーするだけになり、軽快に動作します。Import Mapsや別のバンドラーを組み合わせて使用することになります。

ここではRails 7の標準とも言える基本的な構成を示しましたが、用途によってはバンドラーを使う構成、CSSプロセッサを使う構成も必要になります。以降の項目は、その代表的な組み合わせです。

参考 ESモジュールとは、ECMAScriptモジュールともいいい、ECMAScript 2015で規定されたJavaScriptモジュールの形式です。現時点では、JavaScriptモジュールのほぼ標準と言えます。ほかのモジュール形式には、Node.jsモジュール、CommonJSモジュールなどがあります。

参考 Import Mapsとは、ESモジュール名とその実体（JavaScriptファイル）の対応を定義しておき、ESモジュール名が参照されたときに自動的に実体にアクセスする仕組みです。実体の場所や名前にかかわらず、ESモジュール名のみで利用できるので利便性が高まります。

参考 Import MapsをサポートするのはGoogle Chrome（バージョン89以降）のみですが、ShimsライブラリによってほかのWebブラウザでもImport Mapsの機能を利用できます。Shimsライブラリは、importmap-railsに含まれており、javascript_importmap_tagsメソッドによって自動的にインポートされます。

554

8
フロントエンド開発

バンドラーを使う構成

　基本構成では不要となっているのが、**バンドル**です。バンドルとは「とりまとめる」という意味で、JavaScriptやCSSのファイルを変換、結合、圧縮する処理をいいます。これらのファイルは比較的小さく、かつ数が多くなる傾向がありますので、バンドルによってとりまとめて圧縮することで、ページ読み込み時のパフォーマンス向上を見込めます。また、ECMAScript 2015をサポートしないWebブラウザのために言語レベルでの変換（トランスパイル）も行います。前述のImport Mapsでは、これらの処理が不要なので、Import Mapsとバンドルは排他的に使うということになります。バンドルを行うライブラリはバンドラーと呼ばれます。

　Import MapsをサポートしないWebブラウザを使う、Rails 6までのWebpackerになじんでいる、という場合にはImport Mapsではなくバンドラーを使う構成を選択できます。ここでは、サポートされるバンドラーのひとつであるesbuildを使う構成を示します。他のバンドラーを選択する場合でも、ほぼ同様の構成になります。この構成では、JavaScriptモジュールはNode.jsモジュールとしてインストールされ、それがバンドラーesbuildによって単一のJavaScriptファイルにバンドルされ、CSSファイルや画像ファイルなどの静的アセットとともにアセットパイプラインによって公開フォルダに配置されます。

▼ バンドラー（esbuild）を使う構成

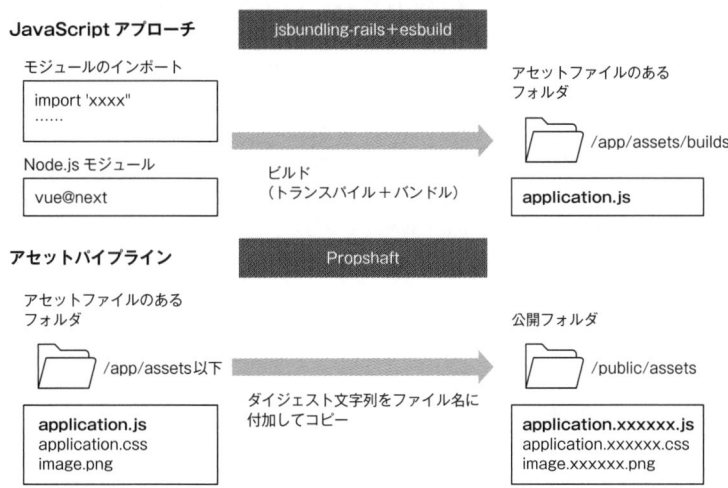

CSS プロセッサ ⇒ なし

jsbundling-rails

　バンドラーを使う場合、jsbundling-railsというJavaScriptバンドラーを利用するためのライブラリを使います。jsbundling-railsで利用できるバンドラーは、esbuild、rollup、webpackの3つです。Rails 6で標準であったwebpackも、jsbundling-railsによって利用可能です（ただし、使い方は異なります）。バンドラーごとに設定は異なりますが、パッケージのインストールの方法は共通です。バンドラーを利用する場合、Node.jsなどの環境が必要となります。

参照 ▶ P.576「JavaScriptバンドル」

Column　Import MapsとWebブラウザ

Import MapsはWebブラウザによりサポート状況が異なります。本書の執筆時点では、正式にサポートされるのはGoogle Chrome（バージョン89以降）、Microsoft Edge（バージョン89以降）、Opera（バージョン76以降）、それぞれのスマートフォン用のブラウザのみです。SafariやFirefoxではサポートされていません。

これだと困るのではないかと思われるでしょうが、Import MapsをサポートしないブラウザのためにShimsライブラリが提供されています。Railsでは、このShimsライブラリをインポートするようになっていますので、ユーザのWebブラウザを気にせずにImport Mapsを利用できるようになっているのです。

Webブラウザのサポート状況は以下で確認できます。

▼ Import maps | Can I use... Support tables for HTML5, CSS3, etc
　https://caniuse.com/import-maps

Shimsライブラリによるサポート状況は以下で確認できます。

▼ guybedford/es-module-shims: Shims for new ES modules features on top of the basic modules support in browsers
　https://github.com/guybedford/es-module-shims

8

フロントエンド開発

CSS プロセッサを使う構成

アプリケーションにCSSフレームワークなどを導入したいという場合、CSSプロセッサを先述の構成に加えることができます。

cssbundling-rails

CSSプロセッサをアプリケーションで使う場合、cssbundling-railsというCSSプロセッサを利用するためのライブラリを使用します。cssbundling-railsでサポートされるCSSプロセッサは、Tailwind CSS、Bootstrap、Bulma、PostCSS、Dart Sassの5つです。このうちTailwind CSSは、バンドラーが不要という他にはない特徴があります。よって、ここではTailwind CSSを使う構成と、他のCSSプロセッサの代表としてBootstrapを使う構成を示します。

Tailwind CSSを使う構成

Tailwind CSSはバンドラーが不要なので、Import Mapsと組み合わせることができる唯一の選択肢です。つまり、「基本的な構成」(P.553)で示した構成にCSSプロセッサを加えるだけというシンプルな構成となります。

▼ CSSプロセッサ(Tailwind CSS)を使う構成

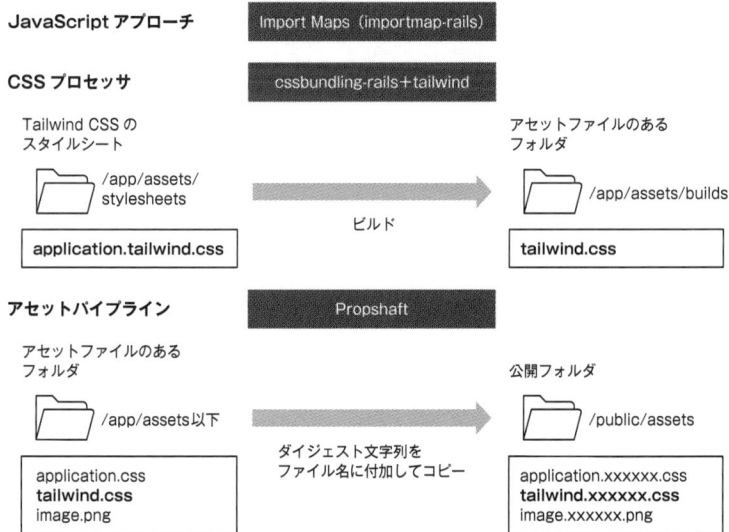

557

● Bootstrapを使う構成

CSSプロセッサにBootstrapを使う場合、Tailwind CSSとは異なった構成となります。cssbundling-railsを使うのは同様ですが、バンドラーesbuildを使うことを強制されます。つまり、「バンドラーを使う構成」（P.555）で示した構成にCSSプロセッサを加えた構成となります。

▼ CSSプロセッサ（Bootstrap）を使う構成

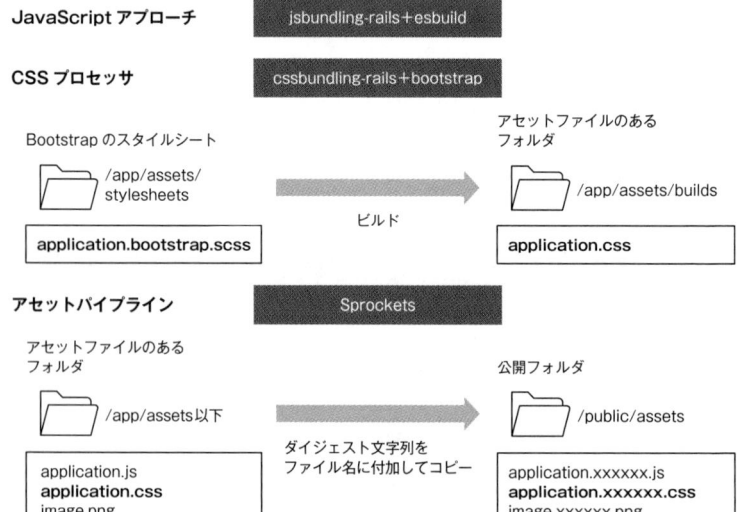

フロントエンド関連の
デフォルト構成

Railsアプリケーションをrails newコマンドで特にオプションを指定せずに作成した場合、フロントエンド関連の構成は以下のようになります。カッコ内は、関連するrails newコマンドのオプションです。

- アセットパイプラインはSprocketsが使われる(-a)
- Import Mapsが使われる、JavaScriptバンドラーは導入されない(-j)
- CSSプロセッサは導入されない(-c)
- Hotwireが導入される(--skip-hotwire／--no-skip-hotwire)

アセットパイプラインを切り替えたい場合、-aオプションでPropshaftに切り替えることができます。Import Mapsを使わずにJavaScriptバンドラーを利用する場合には、-jオプションで選択できます。CSSプロセッサを利用する場合には、-cオプションで選択できます。

8

フロントエンド開発

サンプル● アセットパイプラインにPropshaftを選択

```
> rails new app -a propshaft
```

サンプル● JavaScriptバンドラーにesbuildを選択

```
> rails new app -j esbuild
```

サンプル● CSSプロセッサにTailwind CSSを選択

```
> rails new app -c tailwind
```

Hotwireは、本章の最後で取り上げている、SPAライクなアプリケーション開発のためのフレームワークです。ReactやVueといったJavaScriptフレームワークを導入する場合には基本的に不要なので、その場合には--skip-hotwireオプションで導入を無効にします。

参考 SPAとはSingle Page Application、すなわち単ページアプリのことで、ページ遷移なしにページの部分的な更新だけで動作するアプリケーションをいいます。ページ遷移に伴うちらつきの抑制やレスポンスの向上、ネットワークトラフィックの減少などさまざまなメリットが生まれますが、ページ遷移しないことによってSEO的に不利になる、クライアントサイドの負荷が開発においても稼働においても大きくなるというデメリットもあります。

参照 P.562「アセットパイプライン」
P.570「Import Maps」
P.576「JavaScriptバンドル」
P.582「CSSバンドル」
P.585「Hotwire」

bin/devコマンド

JavaScript ／ CSS をビルドして サーバを起動する

書式 `bin/dev`

development環境で、バンドラーを使用してJavaScript／CSSをビルドしてからサーバを起動する場合は、rails serverコマンドに替わり、bin/devコマンドを使用します。rails serverコマンドではPumaなどのサーバを起動するだけですが、bin/devコマンドではバンドラーを起動してアセットをビルドする処理と、Pumaなどのサーバを起動する処理を並列に同時に実行します。

このため、bin/devコマンドでは、foremanというプロセス管理のためのライブラリを使用します。foremanによって、アセットのビルドとサーバの起動という2つの処理の実行が、1つのコマンドで行えるようになっています。

サンプル● アセットをビルドしてサーバを起動

```
> bin/dev
```

参考▶ bin/devの実体は、アプリケーションのbinフォルダにあるdevファイル（シェルスクリプト）ですので、Windows環境では実行できません。このため、Windows環境では、devファイルに書かれているforemanコマンドを直接実行します。このとき、foremanコマンドの明示的なインストールも必要になります。また、引数に指定するProcfile.devファイル内の記述も、相対パスの指定を削除する必要があります。なお、以下の例はTailwind CSSのProcfile.devファイルです。Procfile.devの内容はプロジェクトの作成オプションによって変化するので、適宜必要な修正を施してください。

▼Windows環境でforemanを明示的にインストール

```
> gem install foreman
```

▼Windows環境でbin/devの代わりに実行

```
> foreman start -f Procfile.dev
```

サンプル● Procfile.dev

```
web: rails server -p 3000 ──────────────── bin/railsをrailsに変更
css: rails tailwindcss:watch
```

参照▶ P.44「HTTPサーバを起動する」

rails assets:xxxxx コマンド

アセットを事前コンパイルする

書式	rails assets:precompile	事前コンパイル
	rails assets:clean	古いアセットのクリア
	rails assets:clobber	すべてのアセットのクリア

development環境ではSprocketsおよびPropshaftともにアセットの自動コンパイルがデフォルトで有効になっていますので、開発者がコンパイル作業を意識する必要はありません。しかし、自動コンパイル機能がデフォルトで無効になっているproduction環境などでは、アセットを事前コンパイルしておく必要があります。さもないと、アプリケーションにアクセスした時にエラーとなるためです。

アセットを事前コンパイルするには、rails assets:precompileコマンドを使用します。コンパイル済みの古いアセットをクリアするには、rails assets:cleanコマンドを使用してください。すべてのアセットをクリアするには、rails assets:clobberコマンドを使用してください。

サンプル ● アセットの事前コンパイル

```
# アセットを事前コンパイル
> rails assets:precompile

# コンパイル済みの古いアセットをクリア
> rails assets:clean

# コンパイル済みのすべてのアセットをクリア
> rails assets:clobber
I, [2022-09-08T20:18:40.521862 #13484]  INFO -- : Removed C:/Users/nao/⏎
Documents/railsample/public/assets
```

参照 ▶ P.563「Sprocketsの挙動を制御する」
P.566「Propshaftの挙動を制御する」

8
フロントエンド開発

概要

冒頭で紹介したように、Rails 7 のアセットパイプラインは Sprockets と Propshaft の二択となります。

Sprockets

Sprockets は、Rails アプリケーションの標準構成でインストールされます（-a sprockets）。Sprockets を構成するライブラリは、sprockets と sprockets-rails です。sprockets-rails を Gemfile に記述しておくことで、依存関係から sprockets も自動的にインストールされます。

Sprockets では、処理対象のファイルは**マニフェストファイル**（/app/assets/config/manifest.js）で定義します。以下のサンプルは、アプリケーションにデフォルトで用意されているマニフェストファイルの例です。「//= link_directory」は、読み込むべきフォルダとファイルを意味します。「//= link_tree」は、読み込むべきフォルダツリーと配下のファイルを意味します。なお、読み込み先のパスは、Rails.application.config.assets.paths で確認できます。

サンプル /app/assets/config/application.js

```
//= link_tree ../images                    app/assets/images配下のすべてのファイル
//= link_directory ../stylesheets .css     app/assets/stylesheetsの
                                           すべての.cssファイル
//= link_tree ../../javascript .js         app/assets/javascripts配下のすべての.jsファイル
//= link_tree ../../../vendor/javascript .js   vendorjavascripts配下の
                                               すべての.jsファイル
```

Propshaft

Propshaft は、Sprockets に替わる選択肢です。rails new コマンドの -a propshaft オプションによって Sprockets に替わりインストールされます。Propshaft を構成するライブラリは、propshaft のみです。

Propshaft では、マニフェストファイルは存在せず、/app/assets フォルダ、/lib/assets フォルダ、/vendor/javascript フォルダ配下のすべてのアセットファイルが処理対象となります。

Sprockets の挙動を制御する

書式
```
config.assets.enabled = flag                        有効/無効
config.assets.paths = path                          アセットのパス
config.assets.compress = flag                       圧縮
config.assets.debug = flag                          ソースマップの有効化
config.assets.digest = flag                         ダイジェスト
config.assets.compile = flag                        コンパイル
config.assets.quiet = flag                          ログ出力
config.assets.unknown_asset_fallback = flag         エラー時の挙動
config.assets.prefix = prefix                       作成フォルダ
config.assets.version = version                      バージョン文字列
```

引数 flag：機能を有効にするか（true／false）　path：パスの配列
prefix：ファイルを作成するフォルダ　version：バージョン文字列

▼ 環境設定のデフォルト

パラメータ	概要	デフォルト（development／production）
assets.enabled	Sprocketsを利用するか	true
assets.path	アセットの検索パスの配列	/app/assetsフォルダ以下のすべて
assets.compress	ソースの圧縮機能を有効にするか	false／true
assets.debug	ソースマップを生成するか	true／false
assets.digest	ファイル名にハッシュを付与するか	true
assets.compile	自動コンパイルを有効にするか	true／false
assets.quiet	リクエストをログへ記録しないか	false／true
assets.unknown_asset_fallback	アセットファイルが見つからないときにエラーを発生させないか	true
assets.prefix	ファイルを作成するフォルダ	'/assets'
assets.version	ハッシュの計算に与える文字列	—

　Sprocketsの挙動を制御するのがassets.xxxxxパラメータです。Sprocketsを利用するには、まずassets.enabledパラメータをtrueに設定し、有効にしておく必要があります。

　assets.digestパラメータを有効にした場合、「application-46ecc….js」のように、ファイル名にその内容から計算されたハッシュが付与されます。これによって

ファイルの内容が変化すると、そのままファイル名が変化し、キャッシュをリフレッシュできます。

　assets.compileパラメータによる自動コンパイル機能が無効である場合、アセットはrails assets:precompileコマンド（P.561）で事前コンパイルしておく必要があります。

　assets.unknown_asset_fallbackパラメータがtrueの場合はファイルが見つからないときに単にパス名が出力されます。falseに設定すると、エラーが発生します。

　assets.prefixパラメータにより、公開ファイルを置くフォルダを"/assets"から変更できます。assets.versionパラメータにより、まったく同じファイルでも、異なるファイルとして区別することができます。

サンプル● application.rb

```
# アセットパイプラインを有効にしてハッシュの計算に'1.0'を加える
config.assets.enabled = true
config.assets.version = '1.0'
```

サンプル● development.rb

```
# 圧縮する
config.assets.compress = true
# ソースマップを生成する
config.assets.debug = true
# ダイジェストを付加しない
config.assets.digest = false
# ログの出力を行わない
config.assets.quiet = true
```

サンプル● production.rb

```
# 自動コンパイルは行わない
config.assets.compile = false
# アセットのフォルダを/filesに変更
config.assets.prefix = '/files'
```

> **参考**▶ Sprocketsでトランスパイルを有効にする場合、Gemライブラリsassc-railsが必要になります。Gemfileのコメントアウトを解除してbundle installコマンドを実行してインストールしてください。
>
> > **サンプル●** Gemfile
> > ```
> > gem "sassc-rails"
> > ```

> **参考**▶ アセットの基本的な保存先は、/app/assetsフォルダです。ただし、汎用的な（＝アプリケーション固有でない）アセットは、以下のフォルダに配置するようにしてください。

▼ assets フォルダの配置先

フォルダ	種類
/lib/assets	自分で管理しているアセット
/vendor/assets	第三者から提供されるアセット

参考 /assets フォルダ配下には、任意のフォルダを作成できます（ただし、作成後はサーバの再起動が必要）。慣例的に JavaScript は /javascripts フォルダ、スタイルシートは /stylesheets フォルダ、画像は /images フォルダ配下に配置しますが、任意のフォルダを作成することで、自動的にリソースのロードパスが追加されます。ロードパスは、Rails.application.config.assets.paths で確認できます（以下は、rails console コマンドで確認した結果です）。

```
irb(main):001:0> y Rails.application.config.assets.paths
["C:/Users/nao/Documents/Rails/railsample/app/assets/audios",
 "C:/Users/nao/Documents/Rails/railsample/app/assets/config",
 "C:/Users/nao/Documents/Rails/railsample/app/assets/images",
 "C:/Users/nao/Documents/Rails/railsample/app/assets/stylesheets",
 "C:/Users/nao/Documents/Rails/railsample/app/assets/videos",
 "C:/Ruby30-x64/lib/ruby/gems/3.0.0/gems/importmap-rails-1.1.5/app↵
/assets/javascripts",
 "C:/Ruby30-x64/lib/ruby/gems/3.0.0/gems/actiontext-7.0.2.3/app/↵
assets/javascripts",
 "C:/Ruby30-x64/lib/ruby/gems/3.0.0/gems/actiontext-7.0.2.3/app/↵
assets/stylesheets",
 "C:/Ruby30-x64/lib/ruby/gems/3.0.0/gems/actioncable-7.0.2.3/app/↵
assets/javascripts",
 "C:/Ruby30-x64/lib/ruby/gems/3.0.0/gems/activestorage-7.0.2.3/app↵
/assets/javascripts",
 "C:/Ruby30-x64/lib/ruby/gems/3.0.0/gems/actionview-7.0.2.3/lib/↵
assets/compiled",
 #<Pathname:C:/Users/nao/Documents/Rails/railsample/app/↵
javascript>,
 #<Pathname:C:/Users/nao/Documents/Rails/railsample/vendor/↵
javascript>]
```

注意 ファイルは /app/assets フォルダ配下のサブフォルダに存在しますが、HTTP 経由での呼び出しでは /assets/application.js のように、あたかも /assets フォルダ直下のファイルのように見える点に注意してください。

参考 これらの設定は、/config/initializers/assets.rb ファイルに記述しておくことで、/config/application.rb ファイル、/config/environments/ENV.rb ファイル（ENV は環境名）の読み込み後に有効にしたい設定とすることができます。

参照 P.37「Rails アプリケーションを新規作成する」
P.566「Propshaft の挙動を制御する」

Propshaftの挙動を制御する

書式	config.assets.paths = path	アセットのパス
	config.assets.excluded_paths = path	除外するアセットのパス
	config.assets.quiet = flag	ログ出力
	config.assets.prefix = prefix	作成フォルダ
	config.assets.version = version	バージョン文字列

引数 path：パスの配列　flag：機能を有効にするか（true／false）
prefix：ファイルを作成するフォルダ　version：バージョン文字列

8

フロントエンド開発

▼ 環境設定のデフォルト

パラメータ	概要	デフォルト (development／production)
assets.path	アセットの検索パスの配列	アセットが置かれる全ての場所
assets.exclude_path	検索から除外するパス	空の配列
assets.quiet	リクエストをログへ記録しないか	false／true
assets.prefix	ファイルを作成するフォルダ	'/assets'
assets.version	ハッシュの計算に与える文字列	"1"

Propshaftの挙動を制御するのがassets.xxxxxパラメータです。Sprocketsと異なり、Propshaftでは常に機能が有効になっています。assets.pathsパラメータは、アセットの検索パスを配列で指定します。デフォルトでは/app/assetsフォルダ以下のすべてと/app/javascriptフォルダ、/lib/assetsフォルダ以下のすべて、/vendor/javascriptフォルダなどです。assets.excluded_pathsパラメータは、assets.pathパラメータで指定されるパスから、除外するパスを配列で指定します。

assets.prefixパラメータにより、公開ファイルを置くフォルダを"/assets"から変更できます。assets.versionパラメータにより、まったく同じファイルでも、異なるファイルとして区別することができます。

サンプル application.rb

```
# 検索パスを追加する
config.assets.paths += [
  Rails.root.join('lib', 'assets'),
  Rails.root.join("vendor", "javascript")
]
```

```
   # スタイルシートは除外する
config.assets.excluded_paths += [
  Rails.root.join('app/assets/stylesheets')
]
   # ハッシュの計算に'1.0'を加える
config.assets.version = '1.0'
```

サンプル● development.rb

```
   # ログへの出力も行わない
config.assets.quiet = true
```

サンプル● production.rb

```
   # アセットのフォルダを/filesに変更
config.assets.prefix = '/files'
```

参考▶ Sprocketsとの互換性を考慮して、assets.debug、assets.compileなどのパラメータがnilに初期化されます。

参考▶ Propshaftの処理結果として、/public/assets/.manifest.jsonファイルにJSON形式でファイル名の対応が保存されます。

参考▶ Propshaftのロードパスも、Rails.application.config.assets.pathsで確認できます(以下は、追加も除外もない初期状態をrails consoleコマンドで確認した結果です)。

```
irb(main):001:0> y Rails.application.config.assets.paths
---
- C:/Users/nao/Documents/Rails/propshaft_app/app/assets/images
- C:/Users/nao/Documents/Rails/propshaft_app/app/assets/stylesheets
- C:/Ruby30-x64/lib/ruby/gems/3.0.0/gems/stimulus-rails-1.1.0/app⏎
/assets/javascripts
…中略…
- C:/Ruby30-x64/lib/ruby/gems/3.0.0/gems/actionview-7.0.3.1/lib/⏎
assets/compiled
- !ruby/object:Pathname
  path: C:/Users/nao/Documents/Rails/propshaft_app/app/javascript
- !ruby/object:Pathname
  path: C:/Users/nao/Documents/Rails/propshaft_app/vendor/javascript
=> nil
```

参考▶ これらの設定は、/config/initializers/assets.rbファイルに記述しておくことで、/config/application.rbファイル、/config/environments/ENV.rbファイル(ENVは環境名)の読み込み後に有効にしたい設定とすることができます。

参照▶ P.37「Railsアプリケーションを新規作成する」
P.563「Sprocketsの挙動を制御する」

javascript_include_tag／stylesheet_link_tagメソッド

JavaScript／スタイルシートをインクルードする

書式　javascript_include_tag(src [,opts])　　　　　　　　JavaScript
　　　　stylesheet_link_tag(src [,opts])　　　　　　　スタイルシート

引数　src：JavaScript／CSSファイルのパス（絶対／相対パス）
　　　　opts：動作オプション

▼ 動作オプション（引数optsのキー）

オプション	概要
:extname	URLに付加する拡張子（デフォルトはfalseで付加しない）
:protocol	URLに含めるプロトコル（httpsなど）
:host	URLに含めるホスト名
:media	<link>タグのmedia属性（デフォルトはscreen、スタイルシートのみ）
:async	HTMLパースと並行に読み込む場合true
:defer	HTMLパース終了後に読み込む場合true
:skip_pipeline	アセットパイプラインをスキップする
:nonce	trueにすると自動でnonce属性を追加する（JavaScriptのみ）

　javascript_include_tag／stylesheet_link_tagメソッドは、指定された
JavaScript／CSSファイルを読み込む<script>タグ、<link>タグを作成します。
引数srcに相対パスが指定された場合、ファイルは/app/assetsフォルダ配下にあ
るものとみなされます。実際のパスは、アセットパイプラインによる処理後の/public
フォルダ配下のダイジェスト付きのものが自動的に使用されます。

サンプル ● /app/views/layouts/application.html.erb

```
<%= stylesheet_link_tag "application" %>
<%= javascript_include_tag "application", "data-turbo-track": "reload", ⏎
defer: true %>
```

参考　サンプルのjavascript_include_tagメソッドの引数にある "data-turbo-track": "reload"
は、Hotwire（P.585）のための指定です。ページ移動後のJavaScriptアセットあるいは
CSSアセットの変更を検出し、変更があればアセットを読み直します。これにより、
常に最新のアセットを使うことが保証されます。

参考　rel属性に"preload"の指定された<link>タグを生成するpreload_link_tagメソッドも
あります。引数で指定されたアセットは、Webブラウザに先読みが許可されます。

注意　/assetsフォルダからの読み込みを有効にするには、設定ファイルでassets.enabled
パラメータをtrue（デフォルト）に設定しておく必要があります（Sprocketsの場合）。

8
フロントエンド開発

JavaScriptのコードを
エスケープ処理する

書式 j(code)

引数 code：エスケープ対象のコード

jメソッドは「'」「"」、改行文字など、JavaScriptの予約文字をエスケープ処理します。エスケープ処理を正しく行わなかった場合、文字列の内容によってはJavaScriptが正しく動作しない上、クロスサイトスクリプティング脆弱性の原因にもなりますので、注意してください。

JavaScriptによる非同期通信専用のメソッドというわけではありませんが、主に非同期通信で.js.erbテンプレート（Rubyを埋め込めるJavaScriptファイル）を記述する際に利用することになるでしょう。

サンプル /view/escapej.html.erb

```
<%= j('こんにちは、"JavaScript";¥n') %>
  ➡ こんにちは、\"JavaScript\";\\n
<%= j("こんにちは、'JavaScript';") %>
  ➡ こんにちは、¥'JavaScript¥';
<%= escape_javascript('こんにちは、"JavaScript";') %>
  ➡ こんにちは、\"JavaScript\";
```

参考 jメソッドは、escape_javascriptメソッドの別名です。

8
フロントエンド開発

概要

Import Mapsは、ESモジュールをCDN等から直接読み込むための仕組みです。Import Mapsを使うときは、-jオプションを省略するか、-j importmapオプションを指定してアプリケーションを作成します。そして、インポートするモジュールをimportmapsコマンドと/config/importmap.rbファイルで指定(ピン留め)した上で、そのモジュールをJavaScriptのエントリポイント(/app/javascript/application.js)でインポートするというのが基本的な流れになります。

importmap-railsのインストールによって、アプリケーションの共通レイアウトファイル(/app/views/layouts/application.html.erb)にImport Mapsのタグが埋め込まれ、エントリポイント(/app/javascript/application.js)とマニフェストファイル(/app/assets/config/manifest.js)、importmap-railsのための設定ファイル(/config/importmap.rb)が作成されます。

● 本節のサンプルについて

本節のサンプルは、メインサンプルであるrailsampleに含まれます。サンプルに使用しているJavaScriptライブラリはVueです。本書はVueの技術解説が目的ではありませんので、シンプルなメッセージを表示するのみに機能を限定しています。Vueの動作を確認するために、Vueコントローラとtopアクションを作成しています。

```
> rails generate controller vue top
```

ページを表示するには、Webサーバを起動後、「http://localhost:3000/vue/top」にWebブラウザでアクセスしてください。サンプルはrails serverコマンドで実行します。

▼ サンプルの実行画面

参照 ▶ P.27「Railsを利用するための環境設定」
　　　　 P.44「HTTPサーバを起動する」

8
フロントエンド開発

モジュールをコマンドで
ピン留め／解除する

書式　importmap pin module [...] [--from=cdn]　　ピン留めコマンド
　　　　 importmap unpin module [...]　　　　　　　 ピン留め解除コマンド

引数　module：モジュール名
　　　　cdn：CDNの名称（jspm、jsdelivr、unpkg。既定値はjspm）

　importmapコマンドを使うと、JavaScriptモジュールのピン留め、ピン留めの
解除を実行できます。ピン留めとは、JavaScriptのモジュールの論理名に、ローカ
ルあるいはCDNにあるモジュールの実体をひも付けることです。ピン留めされた
モジュールは、Import Mapsの設定ファイルである/config/importmap.rbファイ
ルにpinメソッドとして記録されます。

サンプル モジュールをピン留めする

```
> importmap pin vue
Pinning "vue" to https://ga.jspm.io/npm:vue@3.2.29/dist/vue.runtime.esm-
bundler.js
Pinning "@vue/reactivity" to https://ga.jspm.io/npm:@vue/reactivity@3.2.
29/dist/reactivity.esm-bundler.js
Pinning "@vue/runtime-core" to https://ga.jspm.io/npm:@vue/runtime-core@
3.2.29/dist/runtime-core.esm-bundler.js
Pinning "@vue/runtime-dom" to https://ga.jspm.io/npm:@vue/runtime-dom@3.
2.29/dist/runtime-dom.esm-bundler.js
Pinning "@vue/shared" to https://ga.jspm.io/npm:@vue/shared@3.2.29/dist/
shared.esm-bundler.js
```

サンプル モジュールのピン留めを解除する

```
> importmap upin vue
```

注意 ここではimportmapコマンドの例としてvueモジュールをピン留めしましたが、自動
でピン留めされるのはバンドラー版のvueモジュールになるため、Import Maps環境
では実行時にエラーとなります。そのため、サンプルではバンドラー版を無効にして
ブラウザ版のモジュールを手動で追記しています。

注意 Windows環境ではimportmapコマンドは直接実行できません。実行する場合は、以
下のようにしてRubyインタプリタを直接呼び出してください。

```
> ruby bin\importmap pin vue
```

参照 P.572「モジュールをピン留め／解除する」

モジュールをピン留め／解除する

書式	`pin module [to: file] [,opt]`	ピン留めメソッド
	`pin_all_from path [,opt]`	まとめてピン留めメソッド

引数	module：モジュールの論理名　file：モジュールの実体ファイル
	path：モジュールのあるパス　opt：オプション

▼ オプション（opt）

オプション	概要
:preload	依存関係にあるモジュールをあらかじめ読み込んでおく
:under	論理名に付加するフォルダ名（pin_all_fromメソッドのみ）

　/config/importmap.rb ファイルは、pinメソッドとpin_all_fromメソッドによって構成される Import Maps のための設定ファイルです。pinメソッドは、to: file で指定されるモジュールの実体を、論理名moduleにマッピングします。論理名と実体が同じ名前の場合は、:toオプションは省略できます。pin_from_allメソッドは、pathで指定されるフォルダ以下のモジュールをすべてマッピングします。:preloadオプションは、依存関係にあるモジュールをあらかじめ読み込んでおきたいときに指定します。:underオプションは、モジュールの論理名に付加するフォルダ名です。このフォルダはpathに指定したパスの一部で、実際に存在している必要があります。

　これらの設定は、ビュー中で javascript_importmap_tag メソッドによって<script>タグ等に展開されます。

8

フロントエンド開発

```ruby
  # アプリケーションのエントリポイント
pin "application", preload: true
  # Action Text関連
pin "trix"
pin "@rails/actiontext", to: "actiontext.js"
  # Action Cable関連
pin "@rails/actioncable", to: "actioncable.esm.js"
pin_all_from "app/javascript/channels", under: "channels"
  # ブラウザ版のモジュールを追記
pin "vue", to: "https://ga.jspm.io/npm:vue@3.2.37/dist/vue.esm-browser.js"
  # 前項で追加した内容と、その無効化
# pin "vue", to: "https://ga.jspm.io/npm:vue@3.2.37/dist/vue.runtime.esm-⏎
bundler.js"
# pin "@vue/reactivity", to: "https://ga.jspm.io/npm:@vue/reactivity@3.2.37/⏎
dist/reactivity.esm-bundler.js"
# pin "@vue/runtime-core", to: "https://ga.jspm.io/npm:@vue/runtime-core@3.2.⏎
37/dist/runtime-core.esm-bundler.js"
# pin "@vue/runtime-dom", to: "https://ga.jspm.io/npm:@vue/runtime-dom@3.2.37/⏎
dist/runtime-dom.esm-bundler.js"
# pin "@vue/shared", to: "https://ga.jspm.io/npm:@vue/shared@3.2.37/dist/⏎
shared.esm-bundler.js"
  # コンポーネントのためのマッピング
  # components以下のファイルがたとえばcontrollers/hello_controllerとマップされる
pin_all_from "app/javascript/components", under: "components"
```

注意 ▶ ここでは自動でピン留めされるバンドラー版のvueモジュールをコメントアウトして無効とし、ブラウザ版のモジュールを手動で追記しています。

参照 ▶ P.574「マッピングをインクルードする」

マッピングをインクルードする

書式 `javascript_importmap_tag`

javascript_importmap_tag を使うと、Import Maps の設定すなわち /config/
importmap.rb ファイルの内容を <script> タグ等に展開できます。通常は rails
importmap:install コマンドの実行時に、アプリケーションの共通テンプレートで
ある views/layouts/application.html.erb ファイルに追加されますので、個別の
ビューに設定を追加する必要はありません。

サンプル ● /views/layouts/application.html.erb

```
<!DOCTYPE html>
<html>
  <head>
    …中略…
    <%= javascript_importmap_tags %>
  </head>
  …中略…
</html>
```

▼

```
<script type="importmap" data-turbo-track="reload">{
  "imports": {
    …省略…
  }
}</script>
<link rel="modulepreload" href="/assets/application-03d94….js">
<script src="/assets/es-module-shims.min-5ae73….js" async="async" data-⏎
turbo-track="reload"></script>
<script type="module">import "application"</script>
```

マッピングを出力する

書式　`importmap json`

　importmap コマンドに json パラメータを指定すると、現在のマッピング内容を
JSON 形式で出力できます。マッピングは、Web ブラウザで処理できる内容、す
なわちアセットパイプラインで処理済みのものとなります。

サンプル ● 現在のマッピング内容を出力する

```
> importmap json
{
  "imports": {
    "application": "/assets/application-bc6d9711ec189336564cddd7545b2ea99↵
2337d7ddf9d25c8530b39597e0a85ae.js",
    "trix": "/assets/trix-1563ff9c10f74e143b3ded40a8458497eaf2f87a648a5cb↵
bfebdb7dec3447a5e.js",
    "@rails/actiontext": "/assets/actiontext-28c61f5197c204db043317a8f882↵
6a87ab31495b741f854d307ca36122deefce.js",
    "@rails/actioncable": "/assets/actioncable.esm-3d92de0486af7257cac807↵
acf379cea45baf450c201e71e3e84884c0e1b5ee15.js",
    "vue": "https://ga.jspm.io/npm:vue@3.2.37/dist/vue.esm-browser.js",
    …中略…
    "channels/chat_channel": "/assets/channels/chat_channel-cfe4d24aa4930↵
726a8396d9a4d6e02aa707c04d41b69a84ca16efa4a23a20185.js",
    "channels/consumer": "/assets/channels/consumer-b0ce945e7ae055dba9cce↵
b062a47080dd9c7794a600762c19d38dbde3ba8ff0d.js",
    "channels": "/assets/channels/index-17a28d784e2cce54515e67ae1c766ffee↵
476cb2a02212206bffcf8d16a2615b1.js",
    "components/vue_top": "/assets/components/vue_top-4d943745b90091901d7↵
1af765b0882b84b471eb0260b9884f1cc69cfd5e1014c.js"
  }
}
```

参照 ▶ P.562「アセットパイプライン」

概要

Rails 7では、JavaScriptバンドラーを選択してアプリケーションに組み込むことが容易になっています。JavaScriptバンドラーは、jsbundling-railsライブラリを使ってインストールします。バンドラーは、下記から選択できます。

▼ サポートされるバンドラーとその特徴

バンドラー	オプション	概要
esbuild	esbuild	並列性に優れるGo言語で記述、ネイティブコンパイルされることによる高速なビルド
Rollup	rollup	プラグインによる高い拡張性、使いたい機能のプラグインを細かく組み合わせていく
webpack	webpack	Rails 6において標準だったバンドラーとしての実績、豊富なローダーとプラグイン

Railsアプリケーションのデフォルトでは、JavaScriptバンドラーはインストールされずにImport Mapsがインストールされます。Import MapsとJavaScriptバンドラーは排他的に利用しますので、JavaScriptバンドラーのインストールを指定すると、Import Mapsは組み込まれません。

参照 ▶ P.579「バンドラーをアプリケーションに組み込む」

環境の準備

JavaScriptバンドラーを利用する場合、Node.jsとyarnパッケージマネージャが前提になりますので、インストールしておく必要があります。

Windows環境では、下記からNode.jsのインストーラをダウンロードし、インストールします。インストールはウィザード形式で、デフォルトの設定で先に進めば完了します。

▼ Node.js
https://nodejs.org/ja/

必要に応じて、npm（パッケージマネージャ）の最新版をインストールする必要があります。この場合、下記のコマンドをPowerShellで実行してください（「8.12.1」はバージョン番号）。

```
> npm install -g npm@8.12.1
```

yarnパッケージマネージャは、Node.jsのCorepackに標準でバンドルされているものを利用できます（Corepackとは、Node.js 14.19から利用可能になったパッケージマネージャ管理ツールです）。PowerShellを管理者モードで開き、下記のコマンドを実行してください。

```
> corepack enable yarn
```

macOS環境では、第1章で紹介したHomebrewを使って、両者ともにインストールが可能です。

```
# Node.jsのインストール
% brew install nodejs
# corepackのインストール
% brew install corepack
# yarnの有効化
% corepack enable yarn
```

> **注意** Windows PowerShellではセキュリティの観点から、初期状態ではスクリプトの実行を許可していません。管理者として実行しているPowerShellにおいて、以下のコマンドで非署名のローカルスクリプトの実行を許可してから、スクリプトを実行してください。
>
> ```
> > Set-ExecutionPolicy -ExecutionPolicy RemoteSigned
> 実行ポリシーの変更
> …中略…
> Y] はい(Y) [A] すべて続行(A) [N] いいえ(N) [L] すべて無視(L) ⏎
> [S] 中断(S) [?] ヘルプ (既定値は "N"): y ──────────── yで応答
> ```

● jsbundling-railsの動作

jsbundling-rails使用時のJavaScriptバンドルとアセットパイプラインの動作は以下のようになります。

- /app/javascriptフォルダ以下のJavaScriptアセットが対象
- ビルドの成果物は/app/assets/buildsフォルダ以下に生成
- アセットパイプラインにより/app/assets/buildsフォルダ以下を処理

● 本節のサンプルについて

本節のサンプルは、JavaScript バンドラーの性質上、それぞれについてサンプルを用意しています。7章までのサンプル(railsample)とは別になります。バンドラーとサンプルの対応は以下の通りです。

- esbuild ⇒ esbuild_sample
- Rollup ⇒ rollup_sample
- webpack ⇒ webpack_sample

サンプルの基本的な構成は以下の通りです(esbuildの場合)。サンプルの目的に不要な、Action Text、Action Cable、Action Mailer、Action Mailbox、Jbuilder、Hotwireは組み込みません。

```
> rails _7.0.2.3_ new esbuild_sample -j esbuild --skip-action-cable ⏎
--skip-action-text --skip-action-mailer --skip-action-mailbox --skip-⏎
jbuilder --skip-hotwire
```

サンプルに使用している JavaScript ライブラリは Vue です。Rails アプリケーションの作成後、アプリケーションのルートフォルダにて、以下のように Vue のモジュールをインストールしておきます。

```
> yarn add vue
```

なお、本書はVueの技術解説が目的ではありませんので、シンプルなメッセージを表示するのみに機能を限定しています。Vueの動作を確認するために、Vue コントローラとtopアクションを作成しています。

```
> rails generate controller vue top
```

ページを表示するには、Webサーバを起動後、「http://localhost:3000/vue/top」にWebブラウザでアクセスしてください。サンプルはbin/devコマンドで実行します。

実際の動作についてはそれぞれのサンプルを参照してください。

参照 ▶ P.27「Railsを利用するための環境設定」
        P.570「Import Maps」
        P.560「JavaScript／CSSをビルドしてサーバを起動する」

rails new コマンド

バンドラーをアプリケーションに組み込む

書式 `rails new -j bundler`

引数 bundler：バンドラー

バンドラーをアプリケーションに組み込むには、Railsアプリケーションの作成時に -j <バンドラー>（または --javascript= <バンドラー>）オプションを指定します。このオプションの指定により、デフォルトの importmap-rails に替わり jsbundling-rails がインストールされ、指定したバンドラーが組み込まれます。

バンドラーは、Node.js環境で動作します。このとき、package.json ファイルにビルドのための build コマンドの追記が必要になることがあります。この場合は、rails new コマンドの実行中に緑色で表示される内容を package.json ファイルに追記してください。サンプルは esbuild における内容ですが、他のバンドラーでも同様です。

サンプル package.json（esbuild）

```
…中略…
"scripts": {
  "build": "esbuild app/javascript/*.* --bundle --sourcemap --outdir=app/
assets/builds"                                        esbuildのビルドコマンド
}
```

注意 サンプル rollup_sample の動作には、プラグインが必要です。rollup-plugin-replace をインストールしておきます。

```
> yarn add rollup-plugin-replace
```

参考 build コマンドの追記は、Railsのバージョンによっては不要です。たとえばバージョン7.0.3.1では自動的に追記されるので、手動での追記は不要です。

注意 Windows環境で esbuild を使うアプリケーションを作成する場合、エラーが発生します。これは、esbuild コマンドの引数である「app/javascript/*.*」（グロブを含むパス）が正常に解釈されないためです。アプリケーション自体は正しく作成されていますので、動作させる場合は「app/javascript/application.js」などグロブを含まないパスに変更してください。yarn build コマンドで修正後の動作を確認できます。

esbuild／rollup／webpackコマンド

バンドラーの動作を
カスタマイズする

書式 esbuild path options
rollup -c config
webpack --config config

引数 path：ビルドするソース
options：動作オプション
config：設定ファイルのパス

esbuildの動作は、package.jsonに記述されているesbuildコマンドへ引数と
オプションでカスタマイズできます。それぞれの意味は表の通りです（サンプルは
前項を参照してください）。

▼ esbuildのオプション

オプション	概要
--bundle	依存関係をインライン化
--sourcemap	ソースマップ（圧縮されたJavaScriptファイルをブラウザで目視しやすくする対応表）を生成
--outdir=\<dir\>	出力先を指定
--minify	ビルドしたファイルを圧縮
--watch	ウォッチモード（アセットファイルの変更を監視して自動的にビルドを実行するモード）を有効化
--loader	ローダーを有効化（例：--loader:.js=jsx）

その他のRollupとwebpackでは、バンドラーの動作を設定ファイルでカスタマ
イズできます。これらは、package.jsonに記述されているrollupコマンドの-cオ
プション、webpackコマンドの--configオプションで指定されています。それぞ
れの内容と意味はサンプルの通りです。

8

フロントエンド開発

サンプル ● rollup.config.js（太字部分は初期設定から追記・変更されている部分）

```
import resolve from "@rollup/plugin-node-resolve" ──────── プラグインのインポート
import replace from 'rollup-plugin-replace';

export default {
  input: "app/javascript/application.js", ──────────── ビルドするソースの指定
  output: { ────────────────────────────── 出力先パスを指定
    file: "app/assets/builds/application.js", ────────── 出力先ファイルを指定
    format: "es", ───────────────────────── 出力形式（esならES2015）
    inlineDynamicImports: true,
    sourcemap: true ───────────────────────── ソースマップを生成
  },
  plugins: [ ─────────────────────────────── プラグインの設定
    replace({
      "process.env.NODE_ENV": JSON.stringify("development")
    }),
    resolve()
  ]
}
```

サンプル ● webpack.config.js

```
const path    = require("path")
const webpack = require("webpack")

module.exports = {
  mode: "production", ─────────────── 動作モード（development、test、production）
  devtool: "source-map", ───────────────────── 使用する開発ツール
  entry: { ───────────────────────── アプリケーションのエントリポイント
    application: "./app/javascript/application.js"
  },
  output: { ──────────────────────────────── 出力先パス等を指定
    filename: "[name].js", ───────────────────── ファイル名の形式
    sourceMapFilename: "[name].js.map", ────────────── マップファイル名の形式
    path: path.resolve(__dirname, "app/assets/builds"), ──────── 出力先パス
  },
  plugins: [ ─────────────────────────────── プラグインの設定
    new webpack.optimize.LimitChunkCountPlugin({
      maxChunks: 1
    })
  ]
}
```

概要

Rails 7では、CSSプロセッサを選択してCSSフレームワークやCSSツールをアプリケーションに組み込むことが容易になっています。CSSプロセッサは、cssbundling-railsライブラリを使って組み込みます。CSSプロセッサは、下記から選択できます。

▼ 利用できるCSSプロセッサとその特徴

CSSプロセッサ	オプション	概要
Tailwind CSS	tailwind	ユーティリティファースト、ネイティブCLIによるコンパイル、バンドラー不要
Bootstrap	bootstrap	人気と実績がある、豊富なコンポーネントとユーティリティ、幅広いサイト構築に対応
Bulma	bulma	CSSのみで構成されるシンプルさ、JavaScriptフレームワークとのコンフリクトがない
PostCSS	postcss	CSS、AltCSSの加工をプラグインで自由自在に行える
Dart Sass	sass	SCSS構文でCSSを記述する

CSSプロセッサは、指定しない限り組み込まれません。アプリケーションの作成時にrails newコマンドに-cオプションあるいは--cssオプションを与えることで指定します。これで、cssbundling-railsも自動的にインストールされます。なお、Tailwind CSS以外のCSSプロセッサでは、バンドラーesbuildの利用が強制されます。以下は、Tailwind CSSのCSSプロセッサを組み込むことを指定してアプリケーションを作成する例です。

```
> rails new css_app -c tailwind
```

この時点で、ビューのテンプレートファイルにはCSSプロセッサを読み込むタグ、そしてクラスの一部が要素に設定されています。ビューをScaffoldingなどで自動生成すると、indexアクションやnewアクションで使用されるテンプレートにも、CSSプロセッサによってはスタイルがあらかじめ埋め込まれます（どのように埋め込まれるかは、CSSプロセッサに依存します）。

8
フロントエンド開発

● 本節のサンプルについて

本節のサンプルは、CSSプロセッサの性質上、第7章までのサンプル（railsample）とは別にそれぞれのCSSプロセッサについて用意しています。CSSプロセッサとサンプルの対応は以下の通りです。

- Tailwind CSS ⇒ tailwind_sample
- Bootstrap ⇒ bootstrap_sample
- Bulma ⇒ bulma_sample
- PostCSS ⇒ postcss_sample
- Dart Sass ⇒ dartsass_sample

すべてのサンプルは、railsampleアプリケーションと同じArticleモデルを持ち、Scaffoldingによって生成されるページに必要に応じてclass属性などを追加したものがどのように見えるかを確認するためのものです。サンプルを作成するコマンドと手順は以下の通りです（Tailwind CSSの場合）。サンプルの目的に不要な、Action Text、Action Cable、Action Mailer、Action Mailbox、Jbuilder、Hotwireは組み込みません。

```
> rails _7.0.2.3_ new tailwind_sample -c tailwind --skip-action-cable ⏎
--skip-action-text --skip-action-mailer --skip-action-mailbox --skip-⏎
jbuilder --skip-hotwire
```

- ScaffoldingでArticlesモデルのCRUDページを作成
- Articleモデルの初期データはrailsampleと共通
- indexページの表示をCSSプロセッサによって整形

ページを表示するには、Webサーバを起動後、「http://localhost:3000/articles」にWebブラウザでアクセスしてください。サンプルはbin/devコマンドで実行します。実際の動作についてはそれぞれのサンプルを参照してください。

参考 ▶ CSSプロセッサの実装は、それぞれで異なります。Tailwind CSSは独自のCLI（Command Line Interface）プログラムによって実装されていますが、他のCSSプロセッサは、そのビルドのためにNode.js環境が必要になります。

参考 ▶ CSSプロセッサの利用には、CSSプロセッサの動作のカスタマイズ、そしてそれぞれのCSSフレームワークに応じたスタイルの設定が必要です。いずれもRailsの範疇からは外れるので、本書では取り扱いを割愛しています。サンプルには具体例を用いていますので、必要に応じて参照してください。

参照 ▶ P.560「JavaScript／CSSをビルドしてサーバを起動する」

rails new コマンド

CSS プロセッサを
アプリケーションに組み込む

書式 `rails new -c css`

引数 `css：CSSプロセッサ`

CSS プロセッサをアプリケーションに組み込むには、Railsアプリケーションの作成時に-c＜CSS プロセッサ名＞（または--css=＜CSS プロセッサ名＞）オプションを指定します。このオプションの指定により、cssbundling-railsがインストールされ、指定されたCSS プロセッサが組み込まれます。アプリケーション作成後、いくつかの設定を行うことで利用可能になります。

Tailwind CSSだけはバンドラーを必要としないので、Import Maps を使う環境ではTailwind CSSが唯一の選択肢です。また、Tailwind CSSはNode.js環境も不要で、ネイティブのプログラムtailwindcssが直接ビルドします。そのため、アプリケーションの構成は非常にシンプルです。

Tailwind CSS以外のCSS プロセッサはesbuildとNode.js環境を前提としますので、package.jsonファイルにビルドのためのbuildコマンドとbuild:cssコマンドの追記が必要になることがあります。その場合は、rails newコマンドの実行中に表示される内容を package.json ファイルに追記してください。以下は、Bootstrapの例です。他のCSS プロセッサでも同様になりますので、実際の内容はサンプルを参照してください。

サンプル package.json（Bootstrap）

```
…中略…
"scripts": {
  "build": "esbuild app/javascript/*.* --bundle --sourcemap --outdir=app/⏎
assets/builds",                                    esbuildのビルドコマンド
  "build:css": "sass ./app/assets/stylesheets/application.bootstrap.scss ⏎
./app/assets/builds/application.css --no-source-map --load-path=node⏎
modules",                                     Bootstrapのビルドコマンド
}
```

参考 buildコマンドの追記は、Railsのバージョンによっては不要です。たとえばバージョン7.0.3.1では自動的に追記されるので、手動での追記は不要です。

フロントエンド開発

8

概要

Hotwireは、Rails 7から導入された、RailsアプリケーションにSPA(Single Page Application)ライクな振る舞いを簡便に導入できるフレームワークです。通常、Scaffoldingで作成したページはアクションの実行によってページが遷移しますが、可能な限り遷移しないようにして表示を高速化するのがHotwireです。このような仕組みはJavaScriptなどでAjaxを使用するか、ReactやVueといったJavaScriptフレームワークを利用するのが一般的ですが、HotwireはJavaScriptのコーディングを極力必要としない実装となっており、基本的な動作ならばJavaScriptのコーディングなしで導入できる敷居の低さが特長です。

ReactやVueなどでSPAを構築するとき、クライアントからはFetch API(fetchメソッド)でサーバにリクエストを送信し、レスポンスのJSONデータを処理してHTMLを生成し、DOMツリーを書き換えるのが基本です。これに対してHotwireでは、fetchメソッドでリクエストするのは同じですが、レスポンスが処理後のHTMLとなります。クライアントではHTMLを最低限の手間でDOMツリーに反映すればよくなり、モデルの処理やバリデーションなどはサーバサイドに集中させることで、結果的にサーバサイドの開発に集中できるなどのメリットが生まれます。

通常、SPAの開発ではクライアントサイドの負担が大きくなりますが、これを限りなく小さくし、サーバサイドすなわちRails側に持ってくるのがHotwireと言えます。

▼ Hotwireとは?

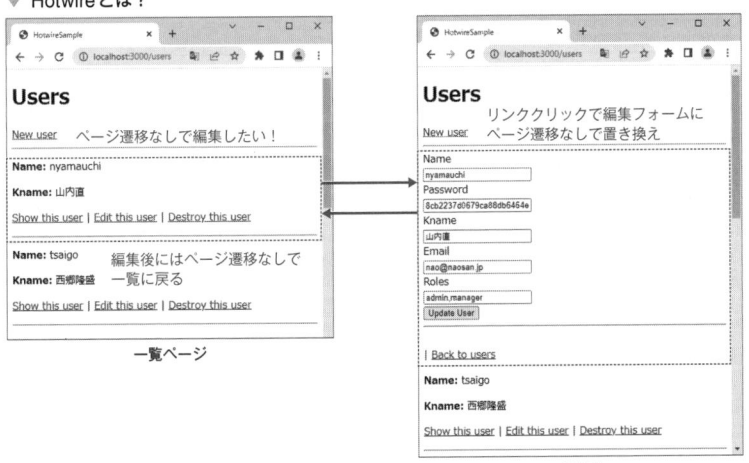

一覧ページ

編集時

Fetch API とは、JavaScript における非同期通信の新しい方法です。従来、XHR
（XmlHttpRequest）などで行われていた非同期通信は、fetch メソッドで行うようにな
ります。XHRに比べて高機能で、柔軟性のあるレスポンスの処理が可能です。

Hotwireの構成

Hotwireを構成するライブラリは表に示す3つです（RailsではTurboとStimulus
のみ使用）。

▼ Hotwire を構成するライブラリ

ライブラリ	Gem	概要
Turbo	turbo-rails	Hotwireの中心（下記の表を参照）となるライブラリ。Rails 4以降で提供されたTurbolinksを発展させたもの
Stimulus	stimulus-rails	「控えめなJavaScript」の実装を目的とするライブラリ。Turboが稼働する下地となる
Strada	—	モバイルアプリ用のライブラリ（未発表のためRailsでは不使用）

Turboは、Hotwireの中心をなすJavaScriptのライブラリであり、表に示す4つ
の機能から構成されます。

▼ Turboの機能

機能	概要
Drive	ページの<body>要素のみを置き換える（従来のTurbolinksと同じ）
Frames	<turbo-frame>タグによりページに操作対象のフレームを作成する
Streams	<turbo-stream>タグによりDOMを操作する（アクション）
Events	ページで発生するイベントを処理する

Driveは、ページのbody部のみを置き換えて画面遷移を高速化する機能、Frames
は<turbo-frame>タグによりページの一部にTurboの処理対象となるフレームを
作成する機能、Streamsは<turbo-stream>タグによりDOMを操作する機能（ア
クション）、Eventsはページで発生するイベントを処理する機能を提供します。Rails
においては、Driveはフォームヘルパーに統合され、FramesとStreamsについて
も専用のヘルパーメソッドが提供されており、Turboを簡便に使うことができるよ
うになっています。

8
フロントエンド開発

Hotwireの基本的な動作

　Railsアプリケーションのデフォルトでは、Driveの機能が有効になっています。Driveにより、フォームの送信やリンクのクリックはFetch APIのfetchメソッドの呼び出しに置き換えられ、レスポンスのHTMLで現在の\<body\>要素全体と\<head\>要素の一部を更新します。大きくは\<body\>要素の書き換えのみになるので、画面遷移が高速化されます。URLも変更されるので、見た目にはHotwireが働いていることに気付きにくいですが、ページは遷移していません。

　FramesとStreamsは、Driveの部分更新版です。Driveでは、あくまでも\<body\>要素以外が書き換わらないといったレベルなので、ページの更新を極力部分的に行うといった処理には、FramesやStreamsの機能を使ってコントローラやビューに手を入れていく必要があります。ビューには、**フレーム**と呼ぶHTML要素のブロックを\<turbo-frame\>タグ(turbo_frame_tagメソッド)によって作成します。フレーム内のフォームやリンクによるレスポンスは、Driveが\<body\>要素を置き換えるようにそのままフレームの内容を置き換えます。あるいは、コントローラで\<turbo-stream\>タグ(turbo_stream.xxxxxメソッド)を埋め込んだコンテンツをレンダリングして返すことで、フレームに対して追加や更新、削除などの処理を実行します。

▼ Hotwireの基本的な動作

- \<body\>要素 (Driveの場合)
- フレーム (Frames)
  (\<turbo-frame\> ～ \</turbo-frame\>)

- フレーム (Frames)
  (\<turbo-frame\> ～ \</turbo-frame\>)

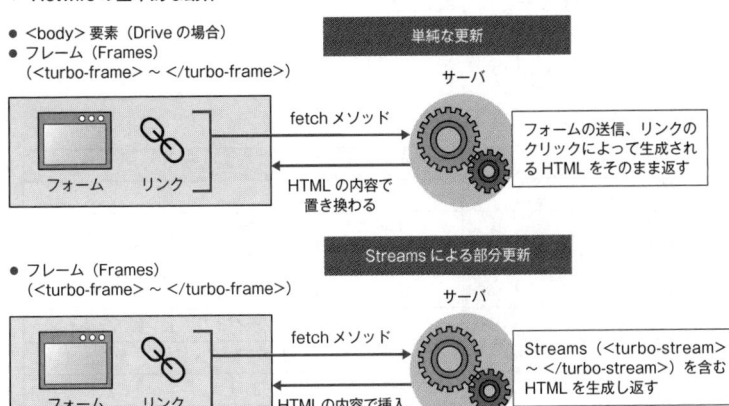

参考 ▶ RailsアプリケーションはデフォルトでDriveが有効になっているので、フォームの送信を伴うアクションでは期待通りに動作しないことがあります。そのため、メインサンプルであるrailsampleではHotwireを無効にして作成しています。

参照 ▶ P.591「フレームを作成する」

● 本節のサンプルについて

　本書のメインサンプル（railsample）は Hotwire を組み込まずに構成されています
ので、本節専用のサンプル hotwire_sample を用意しています。hotwire_sample
アプリケーションは、以下のような構成で作成されています。

```
> rails _7.0.2.3_ new hotwire_sample --skip-action-cable --skip-action-↵
text --skip-action-mailer --skip-action-mailbox --skip-jbuilder
```

　また、railsample の user モデルと同等の Scaffolding が施されており、CRUD
ページが作成されていますが、これが Hotwire によって SPA ライクに動作するよう
に Frames、Streams の処理を追加しています。実際の動作についてはサンプル
hotwire_sample を参照してください。

参照 ▶ P.27「Rails を利用するための環境設定」

Column　JavaScript バンドラーの比較

Rails では、バンドラーとして esbuild、rollup、webpack の 3 つをサポートし
ます。本書は、それぞれのバンドラーの機能には踏み込んでいませんが、簡単
に比較してみることにします。

▼ バンドラーの比較

	esbuild	rollup	webpack
ビルド速度	◎	△	△
ES6 ネイティブ対応	OK	OK	△要 Babel
ES6 モジュール対応	OK	OK	OK
CommonJS モジュール対応	OK	要プラグイン	OK
TypeScript	OK	要プラグイン	要プラグイン
JSX	OK	要プラグイン	要 Babel
ツリーシェイキング	あり	あり	なし

esbuild は速度面で他を圧倒しています。rollup、webpack と比較すると、100
倍以上の速度差があるという報告（https://esbuild.github.io/faq/#benchmark-
details）もあります。esbuild は並列処理が得意な Go 言語で記述され、esbuild
自体が並列化を意識した設計になっており、しかもネイティブコードにコンパ
イルされることで、高速化を達成しています。ツリーシェイキングは、モジュー
ルで使用されない部分をビルド時に削除して省スペース化を達成する機能です。

Hotwire をフォーム／リンク単位で無効にする

書式　form_with data: { turbo: flag }
　　　　link_to data: { turbo: flag }

引数　flag：フォームおよびリンクにおける**Hotwire**の有効/無効

　Rails 7では、Hotwireはビューに統合されており、フォーム（form_withメソッド）とリンク（link_toメソッド）においては、デフォルトでHotwireの機能が有効になっています。特定のフォームやリンクにおいてHotwireの機能を無効にしたい場合には、メソッドの :dataオプションにおいて、:turboハッシュの値をfalseに設定します。

サンプル /app/views/user/_form.html.erb

```erb
<%# フォームでHotwireを無効にする %>
<% form_with(model: user, data: { turbo: false }) do %>
…略…
<% end %>
```

サンプル /app/views/user/_new_button.html.erb

```erb
<%# リンクでHotwireを無効にする %>
<%= link_to "New user", new_user_path, data: {turbo: false} %>
```

参照 ▶ P.292「モデルと連携したフォームを生成する」
　　　　P.317「ハイパーリンクを生成する」
　　　　P.590「Hotwireをアプリケーション全体で無効にする」

Turbo.session.drive メソッド

Hotwire をアプリケーション全体で無効にする

書式 `Turbo.session.drive = flag`　　　　　　　　　　　　　　**J**

引数 flag：Hotwireの有効/無効

JavaScriptのエントリポイントなどでTurbo.session.driveメソッドを使うと、アプリケーション全体でHotwireの機能の有効と無効を動的に切り替えられます。デフォルトはtrueで有効になっていますが、falseを設定すると無効になります。この設定でHotwireが無効になっている場合、フォーム／リンク単位の設定は無視されます。

サンプル /app/javascript/application.js

```
import "@hotwired/turbo-rails"
import "controllers"

Turbo.session.drive = false;                    // Hotwireを無効にする
```

参照 ▶ P.589「Hotwireをフォーム／リンク単位で無効にする」

turbo_frame_tagメソッド

フレームを作成する

■**書式**■ `turbo_frame_tag ids [,opts]`

■**引数**■ ids：**フレームのID（オブジェクト）** opts：**オプション**

▼ オプション（opts）

オプション	概要
:src	フレームのソース
:target	ターゲット（設定値は"_top"など）

　ビューにおいてturbo_frame_tagメソッドを使うと、Turbo Framesによって
ページにフレームを作成できます。作成したフレームは、サーバからのレスポンス
に含まれるturbo_stream.appendメソッドなどによる追加、更新、削除などの実
行対象となります。引数idsでフレームのid属性を直接指定するか、オブジェクト
からid属性を決定できます。Turbo_stream.appendメソッドなどは対象のid属性
を指定しますので、ここで一致したフレームのみを処理の対象とすることができま
す。

　:srcオプションにはフレーム内に表示するコンテンツのURLを指定できます。そ
の際、:targetオプションの値に"_top"を指定すると、そのフレームは画面全体すな
わち<body>要素と同等となります（Driveと同様の動作になります）。:srcオプショ
ンとは別に、ブロック構文を使用してフレームの内容を記述すると、:srcオプショ
ンによって指定されるコンテンツが読み込まれるまで表示する内容を設定できます。

　サンプルでは、一覧（index）ページに新規作成ボタン（[New]）と個々のuserのフ
レームがあります。新規作成リンクをクリックするとフレームの内容が新規作成
フォームに入れ替わります。userの[Edit this user]ボタンをクリックすると、user
の情報が編集フォームに入れ替わります。

■**サンプル**● /app/views/users/_user_unit.html.erb

```erb
<%# userの表示単位をフレームとする %>
<%= turbo_frame_tag user do %>
    <%= render user %>
<p>
  <%= link_to "Show this user", user %> |
  <%= link_to "Edit this user", edit_user_path(user) %> |
  <%= link_to "Destroy this user", user, method: :delete %>
</p>
<% end %>
```

サンプル /app/views/users/_new_button.html.erb

```erb
<%# 新規作成ボタンをフレームとする %>
<%= turbo_frame_tag 'new_user' do %>
    <%= link_to "New user", new_user_path %>
    <hr />
<% end %>
```

サンプル /app/views/users/new.html.erb

```erb
…略…
<%# userの追加フォームをフレームとする %>
<%= turbo_frame_tag @user do %>
  <%= render "form", user: @user %>
  <br>
  <div>
    <%= link_to "Back to users", users_path %>
  </div>
<% end %>
```

サンプル /app/views/users/edit.html.erb

```erb
…略…
<%# userの編集フォームをフレームとする %>
<%= turbo_frame_tag @user do %>
  <%= render "form", user: @user %>
  <br>
  <div>
    <%= link_to "Back to users", users_path %>
  </div>
<% end %>
```

▼ フレームによって分割されたページ（一覧表示時、新規作成時、編集時）

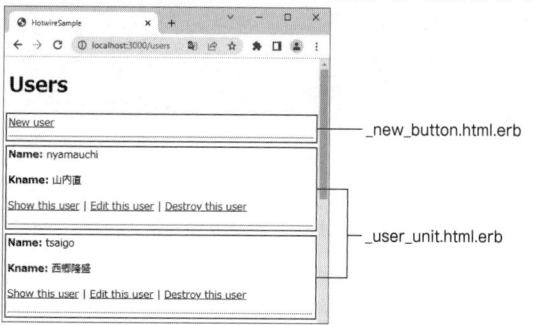

一覧（index）ページ

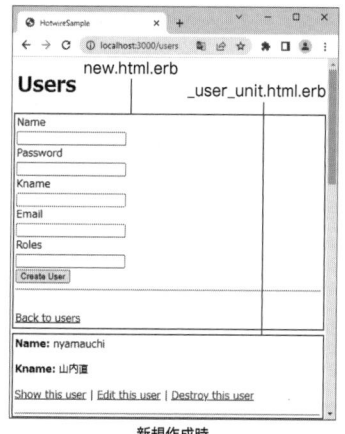

新規作成時

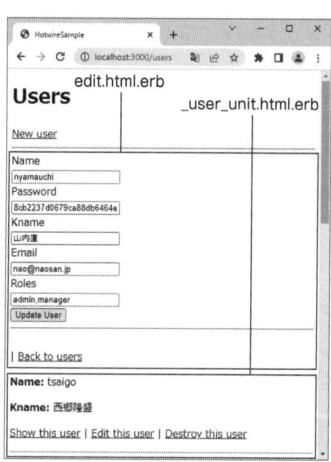

編集時

> **参考** :srcオプションで指定するコンテンツは、遅延ロードになります。すなわち、ページのレンダリングが済んだあとに、コンテンツへのリクエストが発行されます。これに対してブロック構文で指定したコンテンツは、最初にレンダリングされます。この差を利用して、:srcオプションによるコンテンツ読み出しが終了するまで表示するコンテンツ（スピナーなど）を指定できます。

```
<%= turbo_frame_tag "id_1", src: "path/to/content" do %>
    <img src="spinner.png" />
<% end %>
```

> **参照** P.594「コンテンツを挿入する」
> P.596「コンテンツを置き換える」
> P.598「コンテンツを削除する」

コンテンツを挿入する

書式　`turbo_stream.prepend target [,content]`　　対象の先頭に挿入
　　　　`turbo_stream.append target [,content]`　　対象の末尾に挿入

引数　`target`：追加先の要素（ID）　`content`：追加するコンテンツ

　turbo_stream.prependメソッド、turbo_stream.appendメソッドは、target
で指定する要素内の先頭あるいは末尾にcontentで指定するコンテンツを挿入しま
す。追加先には、要素のIDを指定します。コンテンツは、オブジェクト、文字列、
テンプレート（:partialキーと:localキー）を指定できます。contentを省略する場
合、ブロック構文でコンテンツを指定できます。

　Turbo Streamsのアクションappendとprependに対応します。ページ更新の
ために送信されるHTML（ERB）中に記述され、例えばモデルデータの新規作成後、
一覧ページの先頭や末尾に作成した内容を挿入するときなどに使用されます。

　サンプルでは、createアクションでモデルの新規作成に成功した場合、ページ更
新のためのTurbo Streamsをレンダリングして返すことで、作成したモデルの内容
を挿入しています。

サンプル /app/controllers/users_controller.rb

```ruby
def create
  @user = User.new(user_params)

  if @user.save
      # 成功時にはcreate.turbo_stream.erbをレンダリング
    render :create
  else
    render :new, status: :unprocessable_entity
  end
end
```

サンプル /app/views/users/create.turbo_stream.erb

```erb
<%# 'users'に作成したモデルを追加するTurbo Stream %>
<%= turbo_stream.prepend 'users' do %>
    <%= render 'user_unit', user: @user %>
<% end %>
```

8
フロントエンド開発

▼ 新規作成時のページ更新処理

新規作成　　　　　　　　　　　　　　　　　　作成後

参考　target に CSS セレクタを指定できる turbo_stream.prepend_all メソッド／turbo_stream.append_all メソッドもあります。対象が複数となる以外は turbo_stream.prepend メソッド／turbo_stream.append メソッドと同様です。

参考　サンプルの ERB ファイルのコンテンツタイプは「turbo_stream」すなわち Turbo Streams です。これは、Hotwire が処理の結果として返却するデータで、以下のような HTML 形式です。このデータを Hotwire が受け取ると、action 属性と target 属性に基づいて必要な処理を自動的に実行します。

```
<turbo-stream action="prepend" target="id">
  <template>
    挿入するコンテンツ
  </template>
</turbo-stream>
```

参考　コンテンツの挿入には、対象の要素の前後を指定する before アクションと after アクションに対応した turbo_stream.before メソッド、turbo_stream.after メソッドもあります。書式と使い方は turbo_stream.prepend メソッド／turbo_stream.append メソッドと同様です。

参照　P.591「フレームを作成する」

コンテンツを置き換える

| **書式** | `turbo_stream.replace target [,content]` | 要素そのものを置換 |
| | `turbo_stream.update target [,content]` | 要素内を置換 |

| **引数** | target：更新先の要素（ID）　content：更新するコンテンツ |

　turbo_stream.replaceメソッド、turbo_stream.updateメソッドを使うと、targetで指定するHTML要素そのものか、あるいはその要素内をcontentで指定するコンテンツで置き換えます。更新先には、要素のIDを指定します。コンテンツは、オブジェクト、文字列、テンプレート（:partialキーと:localキー）を指定できます。contentを省略する場合、ブロック構文でコンテンツを指定できます。

　turbo_stream.replaceメソッドは、targetで指定されるIDを持つHTML要素そのものを置き換えます。たとえば<div id="target">～</div>という<div>要素があれば、<div>要素そのものが置き換えられます。

　これに対してturbo_stream.updateメソッドは、targetで指定されるIDを持つHTML要素の子要素を置き換えます。たとえば<div id="target">～</div>という<div>要素があるとき、<div>要素はそのままで、その内部の要素が置き換えられます。

　これらのメソッドはTurbo Streamsのアクションreplace／updateに相当します。ページ更新のために送信されるHTML（ERB）中に記述され、たとえばモデルデータの作成後、フォームに置き換わっていた箇所を元の内容に戻すときなどに使用されます。

　サンプルでは、新規作成時にフォームに置き換わっていた新規作成リンクを、作成した内容の挿入とともに元の新規作成リンクに復元しています。

サンプル /app/views/users/create.turbo_stream.erb

```
…略…
<%# 新規作成リンクを復元するTurbo Stream %>
<%= turbo_stream.replace 'new_user' do %>
  <%= render 'new_button' %>
<% end %>
```

▼ 新規作成リンクの復元処理

新規作成　　　　　　　　　　　　　　　　作成後

> **参考** target に CSS セレクタを指定できる turbo_stream.replace_all メソッド／turbo_stream.update_all メソッドもあります。対象が複数となる以外は turbo_stream.replace メソッド／turbo_stream.update メソッドと同様です。

> **参照** P.591「フレームを作成する」

コンテンツを削除する

書式 `turbo_stream.remove target`

引数 `target`：削除先のHTML要素（ID）またはオブジェクト

　turbo_stream.removeメソッドを使うと、targetで指定するHTML要素を削除します。削除先には、HTML要素のIDかオブジェクトを指定します。

　Turbo Streamsのアクションremoveに相当します。ページ更新のために送信されるHTML（ERB）中に記述され、たとえばモデルデータの削除後、対応するフレームを削除するときなどに用いられます。

　サンプルでは、turbo_stream.removeメソッドを埋め込んだTurbo Streamsコンテンツをレンダリングして返すことで、対応するフレームをページから削除しています。

サンプル `/app/controllers/users_controller.rb`

```ruby
…略…
def destroy
  @user.destroy
    # turbo_stream.remove(@user)の呼び出しを埋め込んだTurbo Stream
  render turbo_stream: turbo_stream.remove(@user)
end
```

▼ モデルの削除前（左）、モデルの削除後（右）

モデルが
削除された

参考 引数にCSSセレクタを指定できるturbo_stream.remove_allメソッドもあります。対象の指定がCSSセレクタとなる以外はturbo_stream.removeメソッドと同様です。

8
フロントエンド開発

付録

本番環境へのデプロイ

Railsでは、デフォルトでPumaというHTTPサーバを提供しており、Railsをインストールしただけで、最低限、Railsアプリケーションを手元で動作できるようになっています（本書サンプルもPuma環境で動作を検証しています）。

もっとも、Pumaは単体での動作を想定した環境ですので、本番環境のように負荷分散などが要求される環境には不向きです。よって、nginxやApache HTTP ServerのようなHTTPサーバに特化したミドルウェアと、Railsアプリケーションの実行環境との組み合わせが推奨されます。また、Railsアプリケーションを手軽にアップロード＆動作できるHerokuのようなクラウドサービスも利用できます。

HTTPサーバとしては最近はnginxがシェアを伸ばしており、Phusion Passenger（以降、Passenger）というモジュールを使うことでRailsの実行環境を比較的手軽に導入できますので、ここでは本番環境移行への指針として、nginx＋Passenger、Heroku環境へのデプロイの手順を紹介します。

● nginx＋Passenger環境へのデプロイ

既述の通りPassengerは、nginxやApache HTTP Serverに組み込めるRailsアプリケーション実行のためのモジュールです。ただし、Passengerは本書執筆時点ではWindows環境では動作しませんので要注意です。以下でもmacOS環境を前提に解説を進めます。

Passengerを利用するにあたっては、まずデータベースサーバとしてMySQLを導入してください。本番環境のデータベースとしてSQLiteを利用しても構いませんが、本格的な運用にはやはり心もとないので、MySQLなどを利用するのが望ましいでしょう。

Homebrew（P.31）を利用している場合、以下のコマンドでMySQLをインストールできます。

```
% brew install mysql
```

詳細は本書では割愛しますので、著者サポートサイト「サーバサイド技術の学び舎 - WINGS」（https://wings.msn.to/）より［サーバサイド環境構築設定］を参照してください。

［1］Passengerをインストールする

Passengerは、以下の手順でインストールできます。

[2]nginxをインストールする

nginxは、Passengerを使ってインストールします。執筆時点の最新バージョンであるPassenger 6では、nginxとの統合が容易になりました。Passengerのインストールによって準備されるpassenger-install-nginx-moduleコマンドを、ターミナルを開いてsudo権限で実行します。

なお、インストーラは、nginxをダウンロード、コンパイルしてインストールしますので、コンパイラ等の開発環境が整っているかチェックします。macOSでは、コマンドラインツールがインストールされていれば、基本的にチェックはパスします。もし、コマンドラインツールがインストールされていない場合には、あらかじめ下記コマンドでインストールしておいてください。

```
% xcode-select --install
```

付録 A

インストーラを起動します。

```
% sudo passenger-install-nginx-module                    インストーラを起動
Password:                                     ログインユーザのパスワードを入力
Welcome to the Phusion Passenger Nginx module installer, v6.0.14.
```

以下、いくつかの問が表示されますので、順番に応答していくことでnginxのインストールは完了します。

```
…略…
Here's what you can expect from the installation process:

 1. This installer will compile and install Nginx with Passenger support.   選択
 2. You'll learn how to configure Passenger in Nginx.
 3. You'll learn how to deploy a Ruby on Rails application.
…略…
Which languages are you interested in?

Use <space> to select.
If the menu doesn't display correctly, press '!'

 ▸ ● Ruby                                              このまま[Enter]キー
   ○ Python
   ● Node.js
   ○ Meteor
…略…
```

```
Do you want this installer to download, compile and install Nginx for you?

 1. Yes: download, compile and install Nginx for me. (recommended) ────────選択
 …略…
 2. No: I want to customize my Nginx installation. (for advanced users)
 …略…
Where do you want to install Nginx to?

Please specify a prefix directory [/opt/nginx]: ────────────── このまま[Enter]キー
 …略…
Nginx with Passenger support was successfully installed.
 …略…
After you start Nginx, you are ready to deploy any number of Ruby on Rails
applications on Nginx.

Press ENTER to continue. ──────────────────────────── このまま[Enter]キー
 …略…
```

nginxの設定ファイルは/opt/nginx/conf/nginx.confになります。すでに
passenger_rootディレクティブとpassenger_rubyディレクティブが設定されて
いますが、今後PassengerとRubyのバイナリが変更されたら、ここも変更する必
要があります。

[3]nginx.confを編集する

Passengerを有効にする設定を、nginxの設定ファイルnginx.confに追加しま
す。また、ドキュメントルートをRailsアプリケーションの/publicフォルダに設定
してください（追記部分は太字）。

サンプル● nginx.conf

```
server {
    listen 80;
    server_name localhost;
    passenger_enabled on;
    root /opt/nginx/html/railsample/public;
}
```

注意 Passengerでは、root権限でRailsアプリケーションを動作できないようになってい
ます。Railsアプリケーションの所有者がrootユーザになっている場合には、あらかじ
め以下のようなコマンドで所有者を変更してください（以下はグループはwings、ユー
ザはnao）。

```
% chown -R nao:wings /opt/nginx/html/railsample
```

[4]mysql2アダプタを準備する

Railsアプリケーションから MySQLにアクセスするには、mysql2アダプタをインストールしておく必要があります。Gemfileに以下のようなコードを追加した上で、bundle update コマンド（P.59）を実行してください。

サンプル Gemfile

```
gem "sqlite3", "~> 1.4"
gem "mysql2"
```

[5]データベースを作成＆データを展開する

データベース設定ファイルdatabase.yml（P.140）を編集し、production環境での MySQL接続を有効にします。データベース名、ユーザ名／パスワードは適宜、自分の環境に応じて読み替えてください。

サンプル database.yml

```
production:
  adapter: mysql2
  encoding: utf8
  database: railsample
  pool: 5
  username: root
  password: "12345"
  socket: /tmp/mysql.sock
```

あとは、以下のコマンドでデータベースの作成からスキーマの構築、フィクスチャの展開を行います。フィクスチャは本来、テスト目的のデータですが、今回は動作確認のために利用させてもらうことにしましょう。

```
% rails db:create RAILS_ENV=production ───────────データベースの作成

% rails db:migrate RAILS_ENV=production ───────────マイグレーションの実行

% rails db:fixtures:load RAILS_ENV=production ──────フィクスチャの展開
```

[6]アセットを事前コンパイルする

本番環境ではデフォルトで、アセットの自動コンパイル機能が無効になっています。railsコマンドで、アセットを事前コンパイルしておく必要があります（P.561）。

```
% rails assets:precompile RAILS_ENV=production
```

[7]アプリケーションの動作を確認する

以上の手順で、nginx＋Passenger、MySQLで、Railsアプリケーションの動作が可能になりました。nginx、MySQLを起動し、以下のアドレスからアプリケーションにアクセスできることを確認しておきましょう。

```
% brew services restart mysql ────────────────── MySQLの起動
% sudo /opt/nginx/sbin/nginx ────────────────── nginxの起動
```

```
http://localhost/articles
```

▼ articlesテーブルの一覧画面を表示

> 注意 ► nginxのエラーで、Gemライブラリの不足が指摘された場合には、そのライブラリを
> Gemfileに追加してbundle installコマンドを実行したのち、再びnginxを起動してください。

Heroku環境へのデプロイ

Herokuとは、Railsアプリケーションをホストできるクラウドサービスの一種です。アプリケーションサーバのプロセスを2つ、データベースのレコード数が1,000行までであれば無償で利用できますので、まずは試してみたいという場合に

も気軽に導入できます。わずかなコマンド操作で、既存のアプリケーションも簡単にデプロイできます。

> **注意** Herokuは、2022年8月の時点で有償化方針を打ち出しています。このため、制限のある無償利用という形態は今後はなくなりますので、有償での利用を検討してください。なお、利用方法に大きな変更はないと思われます。

> **参考** Herokuに替わる選択肢としては、Render（https://render.com）、Railway（https://railway.app）、Fly.io（https://fly.io）などがあります。いずれもRailsの実行環境をサポートし、無償利用のプランもあります。

以下では、Windows環境での操作を前提に手順を説明しますが、macOS環境でもパスが異なる他は同じ手順で操作できます。

[1] Gitをインストールする

Herokuを利用するには、ソースコード管理ツールであるGitが必要です。ダウンロードページ（http://git-scm.com/download）からソースコード、またはバイナリを入手して、インストールしてください。なお、第1章の手順でRailsを導入していれば、Gitはインストール済みのはずです。

> **参考** Gitに関する詳細は、本書では扱いません。「Git入門」で検索して見つかるサイトなどを各自参考にしてください。

Gitをインストールできたら、以下の要領で、SSHの公開鍵を作成してください。これは、あとからHerokuを操作する際に必要となるものです。途中、鍵の保存先を尋ねられますので、「C:¥Users¥＜ユーザ名＞¥.ssh¥id_rsa」のようなパスを入力してください（デフォルト値として提示されます）。なお、SSH公開鍵は、以降のHeroku CLIのログイン時にも作成することができます。

```
> cd C:¥Users¥＜ユーザ名＞
> mkdir .ssh
> cd C:¥Program Files¥Git¥bin
> ssh-keygen -t rsa
```

[2] Herokuを利用するためのアカウントを準備する

Herokuを利用するには、まず、Sign Upページ（https://signup.heroku.com/identity）からユーザ登録を行ってください。メールアドレスなどの情報を入力すると、すぐに登録確認のメールが送信されますので、メール本文に記載されたURLにアクセスし、パスワードの登録を行います。

ユーザ登録に成功すると「Terms of Service」画面が表示されますので、［Accept］をクリックします。すると［Welcome to Heroku］画面が表示されますので、ペー

A
付録

ジ右肩の顔アイコンのメニューから[Account Settings]リンクをクリックします。アカウント管理画面が表示されたら、[Billing]（請求先情報）タブをクリックし、切り替わった画面で必要な請求書情報を入力してください。これは、あとからアドオンをインストールするために必要な手続きです（よって、アドオンが不要な場合にはこの作業は不要です）。

[3]デプロイの前準備を行う

アプリケーションをHerokuにデプロイする前に、いくつかの準備を済ませておきます。

(1)Heroku CLIの導入

Heroku CLI(Command Line Interface)は、アプリケーションの作成や管理をターミナルから行えるようにするツールです。下記のページにWindowsとmacOSにおけるインストール手順が示されていますので、それに従ってインストールします。

▼ The Heroku CLI | Heroku Dev Center
　https://devcenter.heroku.com/articles/heroku-cli#install-the-heroku-cli

以下のようにバージョンが表示されれば、インストールは成功です。

```
> heroku --version
heroku/7.53.0 win32-x64 node-v12.21.0
```

続けて、ログインします。ログインは、Webブラウザが自動的に起動しますので、そちらで行います。ログインできると、以下のように「Logging in... done」と表示されますので、続けてCLIによる操作を行うことができます。

```
> heroku login
heroku: Press any key to open up the browser to login or q to exit:
Opening browser to https://cli-auth.heroku.com/auth/cli/browser/af91f82f ⏎
-…?requestor=SFMyNTY…
Logging in... done
Logged in as info@naosan.jp
```

なお、Webブラウザを使わないログインも可能です。その場合には、heroku loginコマンドに--interactiveオプションを指定してください。

(2)Herokuに鍵を登録する

以下のコマンドで、Herokuに作成済みの公開鍵を登録しておきます。コマンドを実行すると、メールアドレス／パスワードを尋ねられますので、先ほどユーザ登録で設定した情報を入力してください。

```
> heroku keys:add
```

(3)アセットを事前コンパイルする

本番環境ではデフォルトで、アセットの自動コンパイル機能が無効になっています。rails assets:precompileコマンドで、アセットを事前コンパイルしておく必要があります（P.561）。

```
> cd C:¥data¥railsample
> rails assets:precompile
```

A 付録

(4)pgライブラリをインストールする

Herokuでは標準でPostgreSQLデータベースを提供しています。PostgreSQLに接続するために、アプリケーション側でもGemfileに以下を追記して、pgライブラリを有効にしておきましょう。

サンプル● Gemfile

```
gem "pg"
```

[4]アプリケーションをHerokuにデプロイする

Herokuでは、Git経由でアプリケーションを登録しますので、あらかじめアプリケーションをGitの管理下に配置してください。

```
> cd C:¥data¥railsample
> git init
> git add .
> git commit -m "MyApp Init"
```

あとは、以下のようにherokuコマンドでアプリケーションの作成から登録、マイグレーションなどを行っていきます。

```
> heroku create ───────────────────── Herokuにアプリケーションを作成
> heroku addons:add sendgrid:starter ── メール送信アドオンを登録
> git push heroku master ───────────── アプリケーションをHerokuにデプロイ
> heroku run rails db:migrate ───────── マイグレーションを実行
> heroku run rails db:fixtures:load ──── フィクスチャを展開
```

[5]アプリケーションの動作を確認する

デプロイに成功したら、Herokuの管理ページ（https://dashboard.heroku.com/apps）にアクセスしてください。

▼ Herokuのアプリケーション管理画面

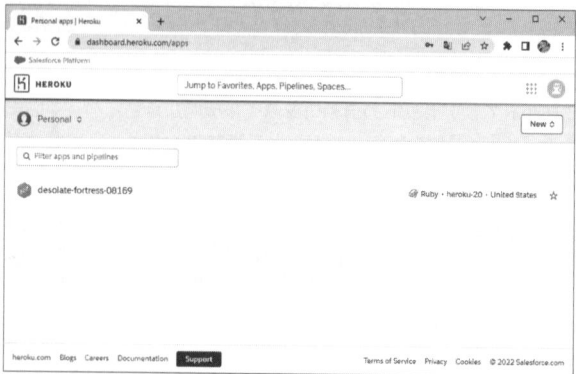

表示されているdesolate-fortress-08169のようなアプリケーション名は自動で生成されたものなので、その時どきで異なります（名前はあとから変更することもできます）。アプリケーション名に応じて「https://desolate-fortress-08169.herokuapp.com/articles」のようなURLで、ブラウザから正しくアクセスできることを確認しておきましょう。

▼ articlesテーブルの一覧画面を表示

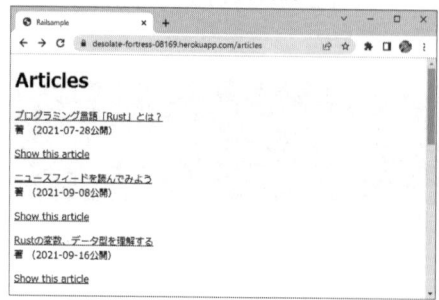

本書では積極的に取り上げていませんが、Hotwireで使われているライブラリStimulusは、HTMLの書き換えに特化したJavaScriptフレームワークです。HTMLやCSSはわかるがJavaScriptはよくわからない、ReactやVueといった本格的なフレームワークを使うほどではないが、HTMLを動的に更新したい、というニーズに向けてBasecampによって開発されました。

▼ Stimulus: A modest JavaScript framework for the HTML you already have.
https://stimulus.hotwired.dev/

その設計思想はRailsの流れを汲んだものになっています。例えば、コントローラ、アクション、そしてターゲットというStimulusの3要素にそれが見て取れます。例えば、Stimulusの公式サイトにあるHTMLは以下のようなものです。

```
<div data-controller="hello">
  <input data-hello-target="name" type="text">

  <button data-action="click->hello#greet">
    Greet
  </button>

  <span data-hello-target="output">
  </span>
</div>
```

見てわかるように、コントローラを指定するdata-controller属性、アクションを指定するdata-action属性、そしてターゲットを指定するdata-hello-target属性があります。これらをStimulusのJavaScriptコードが拾うことで、アクションの実行、ターゲットへの反映という処理がシンプルに行えるようになっています。

Railsでは、Hotwireが有効な場合には、すでに/app/javascript/controllersフォルダ以下にhello_controller.jsファイルがあります。これがコントローラのファイルで、helloコントローラのアクションをここに書いていくということになります。

Hotwireほどの機能は不要だけど、HTMLの一部をちょっとだけ書き換えたい、という場合にはStimulusが便利です。

索引

●WINGS プロジェクト紹介

有限会社 WINGS プロジェクトが運営する、テクニカル執筆コミュニティ（代表：山田祥寛）。主に
Web 開発分野の書籍／記事執筆、翻訳、講演などを幅広く手がける。2022 年 8 月時点での登録メ
ンバーは約 55 名で、現在も執筆メンバーを募集中。興味のある方は、どしどし応募頂きたい。著書、
記事多数。
RSS：https://wings.msn.to/contents/rss.php
Facebook：facebook.com/WINGSProject
Twitter：@yyamada（公式）

●著者略歴

山内 直（やまうち なお）

千葉県船橋市出身、横浜市在住。薬園台高校物理部にて 8080 搭載のワンボードマイコンに出会い、
それ以来公私ともにコンピュータ漬けの生活を送っている。電気通信大学在学中から執筆活動を開始、
秀和システムでの開発者・編集者業務を経て、現在は個人事業「たまデジ。」にて執筆・編集・Web
サイト構築に従事するほか、大学や企業研修の講師として Web デザイン・プログラミングを教える
など、幅広く活動している。近年の主な著書には、「CentOS 8 で作るネットワークサーバ構築ガイド」
（共著、秀和システム、2020 年）、「Raspberry Pi はじめてガイド」（共著、技術評論社、2021 年）、
「Bootstrap 5 フロントエンド開発の教科書」（技術評論社、2022 年）、「TECHNICAL MASTER は
じめての Android アプリ開発 Java 編」（秀和システム、2022 年）がある。また、@IT、マイナビ、
CodeZine などのサイトにて連載を執筆中。WINGS プロジェクト所属。
Web サイト：https://www.naosan.jp/
メール：nao@naosan.jp

●監修略歴

山田 祥寛（やまだ よしひろ）

静岡県榛原町生まれ。一橋大学経済学部卒業後、NEC にてシステム企画業務に携わるが、2003
年 4 月に念願かなってフリーライターに転身。Microsoft MVP for Visual Studio and Development
Technologies.執筆コミュニティ「WINGS プロジェクト」の代表でもある。主な著書に「改訂新版
JavaScript 本格入門」「Angular アプリケーションプログラミング」「Ruby on Rails 5 アプリケーシ
ョンプログラミング」（以上、技術評論社）、「はじめての Android アプリ開発 Kotlin 編」（秀和シス
テム）、「独習シリーズ（Python・Java・C#・PHP・ASP.NET）」「JavaScript 逆引きレシピ 第 2 版」（以上、
翔泳社）、「書き込み式 SQL のドリル 改訂新版」（日経 BP 社）、「これからはじめる Vue.js 実践入門」
（SB クリエイティブ）など。最近の活動内容は、監修者サイト（https://wings.msn.to/）にて。

■お問い合わせについて

本書の内容に関するご質問につきましては、下記の宛先までFAXまたは書面にてお送りいただくか、弊社ホームページの該当書籍のコーナーからお願いいたします。お電話によるご質問、および本書に記載されている内容以外のご質問には、一切お答えできません。あからじめご了承ください。

また、ご質問の際には、「書籍名」と「該当ページ番号」、「お客様のパソコンなどの動作環境」、「お名前とご連絡先」を明記してください。

●宛先
　〒162-0846
　東京都新宿区市谷左内町 21-13
　株式会社技術評論社　書籍編集部
　「Ruby on Rails 7 ポケットリファレンス」係
　FAX：03-3513-6183

●技術評論社 Web サイト
　https://gihyo.jp/book/

お送りいただきましたご質問には、できる限り迅速にお答えをするように努力しておりますが、ご質問の内容によっては、お答えするまでにお時間をいただくこともございます。回答の期日をご指定いただいても、ご希望にお応えできかねる場合もありますので、あらかじめご了承ください。
なお、ご質問の際に記載いただいた個人情報は質問の返答以外の目的には使用いたしません。また、質問の返答後は速やかに破棄いたします。

●カバーデザイン
　株式会社志岐デザイン事務所
●カバーイラスト
　吉澤崇晴
●紙面デザイン・DTP
　阿保裕美、和泉響子
　（株式会社トップスタジオ）
●編集
　向井浩太郎

ルビー オン レイルズ
Ruby on Rails 7 ポケットリファレンス

2022 年11月2日　初　版　第1刷発行

著　者　WINGS プロジェクト　山内直
　　　　　　ウィングス　　　　　　　　　　　　　やまうちなお
監修者　山田祥寛
　　　　やまだよしひろ
発行者　片岡巌
発行所　株式会社技術評論社
　　　　東京都新宿区市谷左内町 21-13
　　　　電話　03-3513-6150　販売促進部
　　　　　　　03-3513-6166　書籍編集部
印刷・製本　昭和情報プロセス株式会社

定価はカバーに表示してあります。

本書の一部または全部を著作権法の定める範囲を超えて、無断で複写、複製、転載、テープ化、ファイル化することを禁じます。

©2022　WINGS プロジェクト

造本には細心の注意を払っておりますが、万一、乱丁（ページの乱れ）や落丁（ページの抜け）がございましたら、小社販売促進部までお送りください。送料小社負担にてお取り替えいたします。

ISBN978-4-297-13062-6　C3055
Printed in Japan